土木工程科技创新与发展研究前沿丛书

高性能复合纤维材料混凝土结构设计与施工

江世永　周建庭　飞　渭　李炳宏　著

中国建筑工业出版社

图书在版编目（CIP）数据

高性能复合纤维材料混凝土结构设计与施工／江世
永等著. — 北京：中国建筑工业出版社，2023.7（2024.11重印）
（土木工程科技创新与发展研究前沿丛书）
ISBN 978-7-112-28619-5

Ⅰ. ①高… Ⅱ. ①江… Ⅲ. ①复合纤维-纤维增强混
凝土-混凝土结构-结构设计②复合纤维-纤维增强混凝
土-混凝土结构-工程施工 Ⅳ. ①TU377.9

中国国家版本馆 CIP 数据核字（2023）第 065598 号

全书共分 9 章，分别为绪论、FRP 筋材料性能及预应力锚具性能试验研究、FRP 筋
粘结性能研究、BFRP 筋混凝土简支梁受弯性能的研究、预应力 BFRP 筋混凝土梁受弯性
能研究、BFRP 连续螺旋箍筋混凝土梁受剪性能试验研究、全 CFRP 筋预应力混凝土 T 形
截面梁抗弯性能研究、玄武岩复合材料环形等径混凝土支柱力学性能研究和高性能复合纤
维材料在建筑工程中的应用案例。

本书适合从事纤维增强复合材料研究及应用的人员学习参考。

责任编辑：李天虹
责任校对：姜小莲
校对整理：李辰馨

土木工程科技创新与发展研究前沿丛书
高性能复合纤维材料
混凝土结构设计与施工
江世永　周建庭　飞　渭　李炳宏　著

*

中国建筑工业出版社出版、发行（北京海淀三里河路 9 号）
各地新华书店、建筑书店经销
北京鸿文瀚海文化传媒有限公司制版
建工社（河北）印刷有限公司印刷

*

开本：787 毫米×1092 毫米　1/16　印张：20¾　字数：516 千字
2023 年 7 月第一版　　2024 年 11 月第二次印刷
定价：**66.00** 元
ISBN 978-7-112-28619-5
（40943）

序

高性能复合纤维材料混凝土结构是对传统混凝土结构的延伸与拓展，在土木工程中两种混凝土结构能起到相互补充的作用。对于侵蚀性环境中的工程结构和对电磁干扰影响有更高要求的特殊工程结构，传统钢筋混凝土结构的耐久性很大程度上受到削弱，无法满足特定的使用功能需求，而高性能复合纤维材料混凝土结构提供了一种有效的解决方案，并在世界范围内取得了成功的工程应用。

近年来的工程应用实践也证明了此类结构在解决钢筋锈蚀、电磁干扰等问题中的有效性。世界各主要发达国家相继制定了有关高性能复合纤维材料混凝土结构设计与施工的规范和标准，并根据最新研究成果持续优化，相关研究与工程应用也在持续进行中。

我国通过长期投入，高性能复合纤维材料，特别是玄武岩纤维复合材料混凝土结构，解决了长期困扰土木工程界的一些棘手问题，有了成功的工程案例，积累了充分的技术储备，与世界先进水平相比，该领域的差距正逐渐缩小。随着高性能复合纤维材料原料制备及生产工艺的国产化，其经济成本不断降低，技术参数也得到提高和改善，有效促进了该领域的研究与应用。不过，高性能玄武岩纤维复合材料混凝土结构，是一项复杂的创新性工程实验，对其潜力和价值的挖掘和体现需要进行长期广泛深入的研究与实践。相信，通过材料和土木工程领域技术人员的共同努力，能涌现出更多的中国智慧，为传统混凝土结构注入创新动力，为土木工程领域提供创新方案。

是为序。

中国科学院院士

刘嘉麒

2023 年 5 月 20 日

前言

纤维增强复合材料（简称 FRP）具有轻质、高强、耐腐、耐久、无磁等诸多优良性能，近年来在土木工程领域中的应用越来越广，如在要求无电磁干扰环境的建筑物或构筑物中，诸如地磁观测站、变电站基础、机场跑道、医院核磁共振室等，又如在对耐久性和耐腐蚀具有较高要求环境的建筑物或构筑物中，诸如海水、高盐雾环境下的海工建筑、高铁电杆等。纤维增强复合材料价格的不断降低，进一步促进了其推广应用。

《复合纤维筋混凝土结构设计与施工》（中国建筑工业出版社，2017）出版后，作者团队又在高性能复合纤维材料混凝土的工程应用方面作了些探索实践，开展了玄武岩复合材料环形等径混凝土支柱和模块式碳晶板-玄武岩纤维复合发热地暖板相关研究，并实际应用，收到良好效果。

电气化铁路接触网环形等径混凝土支柱主要承担接触网施加的各种作用以及车辆运行过程中施加的各种作用，对铁路的安全运行起着重要作用。环形等径混凝土支柱的增强材料采用钢筋、预应力筋等传统建筑材料，因此，钢筋的锈蚀问题无法避免，特别是对于沿海、海岛、寒冷地区以及盐碱地带的线路，碱骨料反应、水相作用、混凝土碳化相对其他地区更加严重，极易导致支柱开裂。环形等径混凝土支柱表面为裸露混凝土，且处于露天环境，当直接受到冻融循环、盐碱侵蚀、湿热循环、干湿交替等外部环境作用影响时，在远未达到支柱设计使用年限的情况下，支柱内钢筋即产生较为严重的锈蚀，在锈胀力的进一步作用下，支柱表面沿钢筋方向形成显著的肉眼可见的纵向构造裂缝，严重降低了构件的耐久性，需要及时进行更换，造成了构件浪费。采用玄武岩复合材料增强环形等径混凝土支柱，可以充分利用玄武岩复合材料的技术特点，将其作为增强材料用于环形等径混凝土支柱中，可解决位于恶劣环境下（沿海、海岛、寒冷地区以及盐碱地带）的钢筋锈蚀问题，从而大幅增强结构的耐久性和可靠性，提高恶劣条件下支柱的使用寿命，保证支柱的正常使用，同时可以大幅节省支柱的后期维护、更换费用。

高海拔高寒地区自然条件恶劣，特别是冬季，高海拔、高寒地区绝对气温低，房屋地处偏远且较为分散。采用模块式碳晶板-玄武岩纤维复合发热地暖板，为高海拔高寒地区的房屋采暖提供了一种创新解决方案。模块式碳晶板-玄武岩纤维复合发热地暖板有其特殊的发热机理，与其他靠电阻发热的产品工作原理不同，它是将碳墨印在高强度绝缘材料内部，作为发热元件通电发热，在电引发的激励条件下，热阻件通过晶格振动产生热效应，通过微观粒子在不规则的导体面上的"布朗运动"，微观粒子在热阻件中做高速运动。由于大量电子不断进入激励，微观粒子之间不断撞击、摩擦，将电能转化为热能。热量以远红外线辐射的形式穿透玄武岩纤维布释放。模块式碳晶板-玄武岩纤维复合发热地暖板是一种一体化模块式新型采暖材料，集发热、保温、隔热、储能等功能于一体，还具有一定的保健功能。其所有构造单元均在工厂通过全自动智能生产线封装成型，以成品形式运输至施工现场安装。该地暖板也是一种结构与功能一体化的采暖新材料，既作为楼地面结构的构造组成部分，形成具有充足承载能力和抵抗变形能力的复合构造层，同时又作为一种采暖材料提供热量。地暖板在新建建筑和既有建筑的采暖工程施工中均能应用。

本书的出版得到重庆市技术创新与应用发展专项重点项目"玄武岩复合材料环形等径混凝土支柱"（cstc2019jscx-gksbX0161）和重庆市教育委员会科学技术研究项目"高性能复合纤维筋增强混凝土结构的桁架模型理论及非线性分析方法研究"（KJQN201900742）等资助。得到重庆交通大学、四川拜赛特高新科技有限公司、玄武岩纤维生产及应用技术国家地方联合工程研究中心、深圳大学、深圳职业技术学院、海南大学、渝建实业集团股份有限公司、重庆现代建筑产业发展研究院等的大力支持，在此表示衷心感谢。

本课题组在修订过程中，吸收了有关单位的经验和资料，谨致谢意。由于时间仓促，书中难免有不足之处，恳请读者批评指正。

目录

1 绪 论

1.1 纤维增强复合材料

纤维增强复合材料（Fiber Reinforced Polymer/Plastic，简称 FRP），是由多股连续纤维与基底进行胶合后，通过特殊模具热合加工而成的高性能新型复合材料。材料可塑性强，类型多种多样，常见的有片材、筋材、格栅、拉挤型材和压模型材等。这种材料自 20 世纪 40 年代问世以来，在航空、航天、船舶、汽车、医学和机械等领域得到了广泛应用。纤维增强复合材料以其轻质、高强、耐久的优良性能，受到工程界的广泛关注，开始在土木工程中得到应用。近年来，纤维增强复合材料价格不断降低，也在一定程度上促进了 FRP 材料的应用推广。

1.1.1 纤维与树脂

纤维增强复合材料，即 FRP 材料，是由纤维与基底树脂复合而成。FRP 材料性能与纤维及树脂的强度密切相关，且与钢材和混凝土等传统结构材料有很大的不同，其制品形式也多种多样。纤维是 FRP 材料中的主要受力材料，可分为长纤维和短纤维，其中纤维起增强作用，类型主要有玻璃纤维、碳纤维、芳纶纤维、玄武岩纤维等，如图 1.1.1 所示，工程结构中使用的 FRP 以长纤维为主。表 1.1.1 列出了常用纤维的主要力学性能指标及与钢、铝的比较。

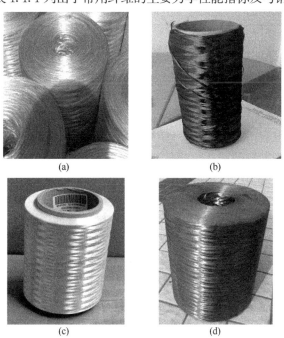

图 1.1.1 常用纤维

（a）玻璃纤维；（b）碳纤维；（c）芳纶纤维；（d）玄武岩纤维

常用纤维的主要力学性能指标及与钢、铝的比较　　　　　表 1.1.1

类　型		抗拉强度(MPa)	弹性模量(GPa)	极限伸长率(%)
碳纤维	高强型	3500~4800	214~235	1.4~2.0
	超高强型	3500~6000	214~235	1.5~2.3
	高模型	2500~3100	350~500	0.5~0.9
	超高模型	2100~2400	500~700	0.2~0.4
玻璃纤维	E 型	1900~3000	70	3.0~4.5
	S 型	3500~4800	85~90	4.5~5.5
芳纶纤维	低模型	3500~4100	70~80	4.3~5.0
	高模型	3500~4000	115~130	2.3~3.5
玄武岩纤维		3450~4900	88~91	1.5~3.2
钢	普通钢筋	420	206	18
	高强钢绞线	1860	200	3.5
铝		630	74	3.0

　　树脂基体的作用主要是将纤维粘接在一起，使纤维受力均匀，并形成所需要的制品或构件形状。表 1.1.2 中列出了一些常用树脂基体的力学性能指标。

常用树脂基体的力学性能指标　　　　　表 1.1.2

类型	热变形温度(℃)	拉伸强度(MPa)	延伸率(%)	压缩强度(MPa)	弯曲强度(MPa)	弯曲模量(GPa)
环氧树脂	50~121	98~210	4	210~260	140~210	2.1
不饱和聚酯树脂	80~180	42~91	5	91~250	59~162	2.1~4.2
乙烯基树脂	137~155	59~85	2.1~4	—	112~139	3.8~4.1
酚醛树脂	120~151	45~70	0.4~0.8	154~252	59~84	5.6~12

1.1.2　纤维增强复合材料的常见类型

　　在结构工程中，应用的纤维增强复合材料常见的类型主要有：片材（纤维布和纤维板）、筋材和索材、网格材和格栅、拉挤型材、缠绕型材、模压型材等。FRP 的力学性能对制备工艺的依赖性很强，因此在 FRP 结构的设计中必须考虑制备工艺。不同制备工艺得到的产品形式也有较大的差别。

　　纤维布是目前应用最为广泛的形式，如图 1.1.2 所示。它由连续的长纤维编织而成，通常是单向纤维布，使用前不浸润树脂。纤维布主要应用于结构工程加固，用树脂浸润后粘贴于结构表面。FRP 板是将纤维在工厂中经过层铺、浸润树脂、固化预制成型，施工中将其粘贴或机械锚固于结构表面。纤维布一般只能承受单向拉伸，FRP 板可以承受纤维方向上的拉和压，它们在垂直纤维方向上强度和弹性模量均很低。

　　FRP 筋是采用单向成型工艺（如拉挤），将单向长纤维与树脂混合成型为棒材，可对其表面进行处理，以增强其与混凝土的粘结，如图 1.1.3 所示。FRP 索是将连续的长纤维单向编织，再用少量树脂浸润固化或不用树脂固化而制成的绳索状 FRP 制品。FRP 筋材和索材可在钢筋混凝土结构中代替钢筋和预应力筋，还可用于大跨索支撑结构、张拉结构和悬索结构。

图 1.1.2　纤维布

图 1.1.3　FRP 筋

将长纤维束按照一定的间距相互垂直交叉编织，再用树脂浸润固化可形成 FRP 网格或 FRP 格栅，如图 1.1.4 所示。FRP 网格材料可替代钢筋网片，三维的 FRP 网笼可替代钢筋笼。FRP 格栅则可直接用于结构中作为楼面或制成夹心板等构件。

FRP 拉挤型材是将纤维束或纤维织物通过纱架连续喂入，经过树脂胶槽将纤维浸渍，再穿过热成型模具后进入拉引机构，按此流程可制成连续的 FRP 制品，如图 1.1.5 所示。拉挤工艺可生产出截面形状复杂的连续型材。

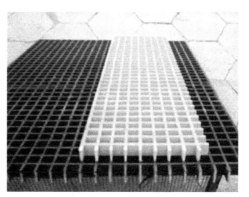

图 1.1.4　FRP 格栅

由于拉挤型材中纤维主要沿轴向分布，且纤维含量高，有很好的受力性能，可直接作为受力构件，也可以与其他材料组合受力。但拉挤型材的横向强度和剪切强度较低，一般在拉挤成型工艺中均需同时复合一定数量的毡，并且在应用中也需给予重视。

FRP 缠绕型材是将连续纤维束或纤维织物浸渍树脂后，按照一定的规律缠绕到芯模（或衬胆）表面，再经过固化形成以环向纤维为主的型材，常见形式有管、罐、球等，如图 1.1.6 所示。缠绕型材也可获得较高的纤维含量，力学性能较好，可承受很大的内压，

图 1.1.5　FRP 拉挤型材

已广泛用于压力容器、管道。

(a)

(b)

图 1.1.6　FRP 缠绕型材

(a) FRP 管；(b) FRP 罐

　　FRP 模压型材是将预浸树脂的纤维或织物放入模具中进行加温加压固化成型制成的 FRP 型材，如图 1.1.7 所示。可采用长纤维，也可以是短纤维或纤维织物。这种工艺生产出的型材尺寸准确、表面光洁、质量稳定，但通常纤维含量较低，力学性能较差。

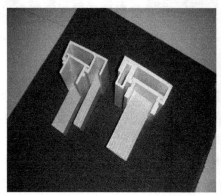

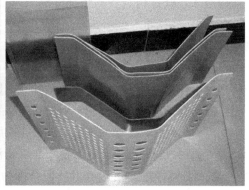

图 1.1.7　FRP 模压型材

1.1.3 纤维增强复合筋的特性

纤维增强复合筋（即 FRP 筋）是纤维增强复合材料中比较常见的一种形式，由于其连续纤维的化学成分的不同，常见的纤维增强复合筋有以下几种类型：CFRP 筋（Carbon Fiber Reinforced Plastic bar，即碳纤维增强塑料筋），AFRP 筋（Aramid Fiber Reinforced Plastic bar，即芳纶纤维增强塑料筋），GFRP 筋（Glass Fiber Reinforced Plastic bar，即玻璃纤维增强塑料筋）以及 BFRP 筋（Basalt Fiber Reinforced Plastic bar，即玄武岩纤维增强塑料筋）等，如图 1.1.8 所示。

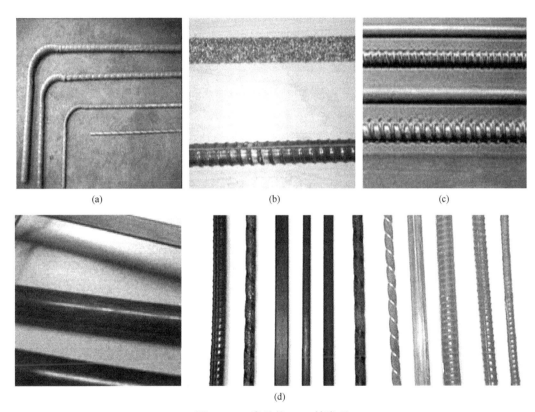

(a)　　　　　　　　(b)　　　　　　　　(c)

(d)

图 1.1.8　常见的 FRP 筋类型
(a) GFRP 筋；(b) CFRP 筋；(c) AFRP 筋；(d) BFRP 筋

纤维增强复合筋与传统结构材料有很大差别，优点主要体现在以下几个方面：

(1) 抗拉强度高

表 1.1.3 列出了常见 FRP 筋和传统钢材的性能对比。

常见 FRP 筋与传统钢材性能对比　　　　　　　　　　表 1.1.3

材料种类	密度(kg/m³)	抗拉强度(MPa)	弹性模量(GPa)	延伸率(%)
HRB400 级钢筋	7850	400	200	15
高强钢丝	7850	1400~1800	180~200	4

续表

材料种类	密度(kg/m³)	抗拉强度(MPa)	弹性模量(GPa)	延伸率(%)
GFRP筋	1200～2100	480～1670	35～65	3.3
CFRP筋	1500～1600	600～3700	120～580	1.1
AFRP筋	1300～1400	1200～2550	40～125	2.5
BFRP筋	1900～2100	600～1500	50～65	3.1

从表1.1.3可以看出，作为钢筋的一种新型替代材料，连续纤维和用其制作的FRP筋与普通钢筋及高强钢丝相比，其抗拉强度远高于普通钢筋，当采取特殊工艺时，CFRP的强度可以达到3000MPa以上，超过高强钢丝。

（2）密度小

由表1.1.3可知，各种FRP筋的密度一般仅为钢筋的16%～25%，有利于减轻结构自重，降低运输及人工成本，便于施工。另外，结合第（1）点可知，FRP筋具有轻质高强的特点，将FRP筋及FRP组合结构应用于桥梁工程和大跨空间结构体系中，可以突破传统理论设计极限跨度。

（3）良好的抗腐蚀性能

FRP筋可以在酸、碱、氯盐和潮湿的环境中长期使用，这是传统结构材料难以比拟的。对于水利工程、桥梁、码头等在潮湿环境或其他侵蚀性环境中工作的结构构件，FRP筋非常适合用作钢筋的替代材料。在化工建筑、盐渍地区的地下工程、海洋工程和水下工程中，FRP材料耐腐蚀的优点已经得到实际工程的证明。一些发达国家已经开始在寒冷地区和近海地区的桥梁、建筑中较大规模地采用FRP结构或FRP配筋混凝土结构以抵抗除冰盐和空气中盐分的腐蚀，极大地降低了结构的维护费用，延长了结构的使用寿命。

（4）无磁性

在一些特殊的建筑（如变电所基础、飞机跑道、医院以及有特殊要求的试验室）中，结构的电磁场受钢筋影响发生变化，而FRP筋是非金属材料，其无磁性的特性使之成为替代钢筋的最佳方案。

（5）抗疲劳性能好

根据试验资料，FRP筋的抗疲劳性能与钢筋相当，能够满足结构构件对抗疲劳的要求。

（6）塑性变形小

在达到极限抗拉强度之前，FRP筋的应力-应变关系基本上呈线性，在发生较大变形后仍能恢复原状，塑性变形小，有利于结构偶然超载后的变形恢复。

目前使用的FRP筋也存在一些不足，主要表现为：

（1）材料性质为各向异性，抗剪强度低

与传统结构材料不同，FRP制品通常为各向异性，沿纤维方向的强度和弹性模量较高，而垂直纤维方向的强度和弹性模量很低。由于FRP的各向异性，在受力性能上还有许多不同于传统结构材料的现象，如拉伸翘曲现象，这些都会增加FRP结构的分析与设计难度。

FRP 材料的剪切强度、层间拉伸强度和层间剪切强度仅为其抗拉强度的 5%~20%，而金属的剪切强度约为其拉伸强度的 50%。这在一定程度上限制了 FRP 筋混凝土结构的应用研究。

（2）弹性模量较低

FRP 筋拉伸时的弹性模量约为钢筋弹性模量的 25%~70%。这样，在配有 FRP 筋的混凝土结构中，如不施加预应力，不可避免出现挠度较大和裂缝开展较宽的现象。

（3）热稳定性较差

一般来说，FRP 筋的弯曲强度在温度超过 200℃后明显下降，因此在一些特殊的建筑中需专门考虑温度对 FRP 筋强度的影响。但对于一般土木工程中的基础、挡土墙、灌注桩、地面、楼板等混凝土结构，因环境温度变化较小，结构性能不会受到明显影响。

（4）成本较高且不利现场加工

FRP 筋生产制作工艺较复杂，一般需专门的长线挤拉台座才能完成，虽可制成任意形状，但由于在 FRP 筋生产时，均采用热固性树脂制作，成型后在施工现场难以改变形状（目前正研究采用热塑性树脂制作 FRP 筋）。

虽然 FRP 筋在某些方面存在不足，但其所具备的诸多优良的特性，使其在土木工程领域中有着广阔的应用空间。在桥梁工程、海洋工程、岩土工程以及许多特殊工程领域（如：非导电和非磁性结构工程、高寒环境下基础工程、地质灾害防治工程等），FRP 筋因其独特之处得到了广泛的应用。

1.2 FRP 筋在土木工程中的应用

1.2.1 FRP 筋在土木工程中的应用背景

钢筋混凝土结构使用至今已有一百多年的历史，由于其承载能力高、抗震性能好、延性好、造价较低，同时可以充分发挥钢筋和混凝土两种材料的性能等特点，使得钢筋混凝土成为目前土木工程中最常用的主要结构材料之一。但在钢筋混凝土结构的使用过程中，由于混凝土碳化、氯离子腐蚀以及环境侵蚀等原因，钢筋不可避免地会产生锈蚀，这也成了长期以来困扰着土木工程界的一个问题。

据报道，世界各国的腐蚀损失平均可占国民经济总产值（GDP）的 2%~4%，其中与钢筋腐蚀有关者可占 40%（图 1.2.1、图 1.2.2）。美国标准局（NBS）1975 年的调查表明，美国每年因钢筋腐蚀造成的损失高达 700 亿美元。世界各地的沿海地区，以氯盐为主的钢筋腐蚀破坏问题十分严重。日本在山形县温海地区沿海 25km 范围内修建了 15 座混凝土桥梁，这些桥大部分建在海岸岩礁地带，海水中盐分浸入梁体，引起混凝土逐渐剥落，甚至损伤至预应力钢筋。我国台湾澎湖大桥也受到海水的严重侵蚀。这座跨海大桥使用 7 年即发现钢筋锈蚀和裂缝，17 年后腐蚀破坏严重，承载力大幅下降，被迫拆除重建。

图 1.2.1　某码头钢筋混凝土柱锈蚀

图 1.2.2　某仓库钢筋混凝土柱锈蚀

为减轻或防止钢筋锈蚀，增加结构耐久性，目前主要从以下两方面采取措施：

1）严格保证混凝土的施工质量，从各个方面加强混凝土的密实性，以加强对钢筋的保护。各国规范对此都作了具体规定，例如规定了容许使用的最大水灰比、最小水泥用量、最低的混凝土强度等级、混凝土的保护层最小厚度、裂缝的最大允许宽度等要求，在施工中则采取有效的机械振捣以及采用外加剂（如塑化剂、减水剂）等。这些都是目前防止钢筋锈蚀的重要措施。

2）加强钢筋的耐锈蚀能力，具体方法有以下几种：

（1）阴极保护法，增加钢筋的电势，从而防止锈蚀的发生，这主要用于管道的防锈蚀及结构物的修复。由于此法需要提供附加阳极，故造价较高。

（2）钢筋附加表面涂层，此法主要是在钢筋表面涂抹两种材料：①在钢筋表面涂锌，形成锌保护层，涂锌钢筋的抗锈能力大大优于普通钢筋。②在钢筋表面喷涂环氧树脂，形成环氧涂层钢筋。但其涂层厚度必须严格加以控制，既要能保护钢筋，又不能影响钢筋与混凝土的粘结性能，工艺难度较大。这也是目前国内外研究的一个热点。

（3）采用不锈钢，不锈钢具有很好的防锈蚀能力，但其价格甚高，难以在土木工程中得到广泛应用。

通过采取以上各种措施虽然可减轻或消除钢筋混凝土结构中钢筋的锈蚀问题，但所需的费用也是很高的，而且效果也不是很理想。

另一方面，对于某些有特殊功能性要求的建筑物，如地磁观测站、变电所基础、飞机跑道以及其他一些有特殊要求的建筑物，使用过程中要求抗干扰无磁性环境。这样普通的钢筋混凝土结构不能满足需要，目前国内常用的方法是使用消磁钢筋或铜筋，但一方面，不论是消磁钢筋还是铜筋的价格均比较昂贵，另一方面，这些材料由于是良性导体，使用过程中仍有一定的磁性，用这些材料建成后因检测磁性不合格而拆除重建的事例屡有发生。

纤维增强复合筋具有优良的耐腐蚀性能，若能在混凝土结构用 FRP 筋替代钢筋，将从根本上解决目前的钢筋混凝土结构中的钢筋锈蚀问题，从而大大增加结构的耐久性，确保处于恶劣环境下建筑工程的可靠性，同时可以节省大量的后期维护、加固甚至拆除重建的费用。

FRP 是一种力学性能优异的非金属材料，其电磁绝缘性能良好，如果能替代钢筋用于混凝土结构中，将能够提供无磁性环境从而满足特殊需要。

综上所述，将 FRP 筋混凝土结构应用于恶劣环境或对电磁干扰有特殊要求的建筑工程中，一方面可彻底解决位于恶劣环境下工程的钢筋锈蚀问题，保证工程设施安全、正常地使用，同时可以节省大量的后期维护、加固甚至重建费用；另一方面可彻底解决部分对电磁干扰有特殊要求的建筑工程的功能需求，更好地发挥建筑及相关设备的使用功能。

由于 FRP 筋混凝土结构具有普通钢筋混凝土结构所不可比拟的优点，自 20 世纪 80 年代以来，各国都加强了对 FRP 混凝土结构应用的研究，目前在该领域研究领先的国家和地区主要是美国、加拿大、日本和欧洲，我国在 1990 年代末期也开始了对 FRP 在土木工程中应用的研究。

1. 美国和加拿大

美国混凝土协会于 1991 年成立了专门研究纤维增强塑料的 ACI 440 委员会，并于 1996 年公布了一个综述报告，对 FRP 筋的背景、组成成分的性能、试验方法、设计准则、构件性能、实际应用及需要研究方向等进行论述，2001 年该委员会提出 FRP 筋应用在混凝土结构中的设计和施工准则。1960 年，在密西西比州威克茨堡（Vicks-bug）的一处军工试验站，FRP 材料首次被用于加固混凝土结构，但较低模量的玻璃纤维未能发挥出良好的性能。在随后的 20 年间，由于防冻剂造成的钢筋锈蚀逐渐引起人们的关注，促使人们深层次考虑 FRP 的研发及使用。此时，美国 MarshallVeag 公司首先开发生产出 CFRP 筋。伴随复合材料工业的蓬勃发展及相关产品的陆续推出，FRP 筋逐渐被用于码头、挡土墙、核反应堆基础、机场跑道、电子试验室、隧道等混凝土结构。

加拿大于 1991 年公布了 FRP 筋用于高速公路桥的规范，1995 年成立了专门研究纤维塑料增强、加固混凝土结构的专家委员会（ISIS）。1997 和 1998 年，加拿大政府投入 3000 多万加元用于开发新型的纤维增强塑料产品以及研究纤维塑料增强、加固混凝土结构的性能。1997 年 Manitoba 省交通部在 Hendlingley 的 Assiniboine 河上建造 Talyor 桥。桥总长 165m，40% 的大梁用 CFRP 箍筋，用 FRP 索和筋施加预应力，桥板和挡土墙用 FRP 筋。1997 年 5 月在 Calgary 修建的 Crowchild 桥，在桥悬臂板中使用了 CFRP 筋。1997 年 8 月在 Sherbrooke 修建的 5 跨 Joffre 桥，在桥板中使用了 CFRP 网格，该桥梁是世界上第一座在 CFRP 格栅筋加固中引入嵌入式传感器的桥梁。

2. 日本

日本建设省于 1988 年成立连续纤维复合材料委员会，该委员会于 1991 年完成了评估 FRP 混凝土结构的方法，并于 1993 年形成了世界上第一本关于 FRP 加筋混凝土及预应力混凝土结构的设计指南（日语版）。1989 年日本土木工程学会（JSCE）成立连续纤维增强材料研究委员会，该委员会于 1997 年提出了连续纤维增强材料混凝土结构设计与施工建议。在日本，应用最多的是碳纤维，其次是芳纶纤维和玻璃纤维。在实际应用中，FRP 大致分为两类：第一类为 FRP 筋和格栅，用以替代主钢筋和预应力钢筋；第二类是纤维复合片材，用来修复和加固混凝土构件。采用 FRP 主筋和格栅进行加固的试验研究始于

1970年，并于1980年研制成FRP筋。1978年，日本开展了FRP片材的研究，作为用来提高建筑物抗震能力的一个手段。1995年阪神大地震推动了这项技术的应用和发展，加快了FRP设计和施工标准的诞生。FRP在日本土木工程中主要用于混凝土桥梁、板桥、悬索桥和斜拉桥的索、海洋工程中的桥墩、码头、隧道、地锚、喷射混凝土筋、竖直矿井加固混凝土墙、高速交通体系的导轨、磁观测站、传感器附近区域的结构筋。

3. 欧洲

在欧洲，将FRP应用于混凝土结构中的研究始于1970年，并取得了一定的研究成果。20世纪70年代，德国斯图加特大学开始了关于FRP的重要研究活动，重点放在玻璃纤维（GFRP）预应力丝束上。制造商于1978年生产出GFRP Lolystal棒材（直径为7.5mm）和一种用于后张拉设备的锚具，这些丝束在德国和奥地利的几座桥梁中得到应用。1986年德国修建了世界上第一座使用FRP后张预应力拉索的高速公路桥。1983年，荷兰开发出基于AFRP的预应力构件，称为Arapree，它呈片状和棒状，但工程应用很少。1991年到1996年，德国、荷兰合作开展"纤维复合材料和技术用于混凝土结构非金属筋"项目，研究FRP在混凝土结构中的性能。1996年，欧洲成立了研究纤维增强复合筋混凝土结构的联合攻关组织，同时设立了研究该材料及其配筋混凝土结构性能的欧共体合作研究项目（EURO-CRETE），并投入了雄厚的人力、物力。该项目的目的是研制适宜的纤维塑料产品以及制定相应的纤维塑料增强、加固混凝土结构的试验方法标准和设计施工规程。1997年，欧洲开展了"先进复合材料加强、预应力、加固混凝土结构设计准则"项目，预算130万欧元，为期4年。

4. 国内

国内从20世纪90年代后期开始对FRP材料及其在土木工程中的应用进行研究，所研究的主要材料是单向碳纤维织物和片材，主要应用于旧结构的加固，这个方面已经比较成熟，并且制定了相应的技术规程。国内对FRP筋应用于混凝土结构中的研究尚处于起步阶段，FRP筋混凝土结构的设计理论尚未建立，更没有指导FRP筋用于混凝土结构的设计、施工技术规程。

2000年6月，中国土木工程学会混凝土及预应力混凝土分会成立了纤维增强塑料及其工程应用专业委员会，同时在北京召开了我国"首届纤维增强塑料（FRP）混凝土结构学术交流会"，主要研究CFRP材料加固混凝土结构的性能；2001年召开了"纤维增强塑料（FRP）及工程应用专业委员会会议"；2002年7月召开了"第二届土木工程用纤维增强复合材料（FRP）应用技术学术交流会"，促进了纤维增强复合材料在土木工程中的研究和应用。总体说来，虽然各个相关方面还比较零散，没有形成系统化的设计施工检验理论和规程，但是有了应用于实际工程的基础。

1.2.2 FRP筋混凝土结构研究现状

1. FRP筋混凝土粘结性能研究现状

在FRP筋混凝土结构中，FRP筋的材料强度能否得到充分的利用首先在很大程度上受到FRP筋与混凝土之间的粘结效率的影响，FRP筋的粘结性能对FRP筋混凝土结构构件的受力性能有着重要的影响，FRP筋混凝土的粘结问题是FRP筋混凝土结构理论中的重要内容。由于FRP筋和钢筋的材料性能存在较大的差异，所以，对FRP筋混凝土结构而言，不能简单地套用钢筋混凝土结构的粘结理论，而需要根据 FRP 筋的材料特性和 FRP 筋混凝土的粘结特性，对钢筋混凝土结构的有关理论进行修正，建立适用于 FRP 筋混凝土结构的粘结理论。

从 20 世纪 80 年代开始，国外对 FRP 筋混凝土的粘结性能大力开展研究，Chaallal、Ehsani、Brown 和 Pleimann 等都较早地开展了相关研究。目前，国外已经取得了大量的研究成果，并出台了相应的技术规范，而国内则起步较晚，直到 20 世纪 90 年代中期才开始对 FRP 筋混凝土的粘结性能进行研究，在国内，薛伟辰首次开展了这方面的研究。

从国内外研究情况来看，在 FRP 筋混凝土粘结性能的试验研究中，绝大部分都是采用拉拔试验的方法，而较少采用梁式试验的方法。由于影响 FRP 筋混凝土的粘结性能的因素较多，因此，仅仅采用一种试验方法还不足以全面反映 FRP 筋混凝土的粘结特性，对于如何构造一种合理的试验方法来全面地测试 FRP 筋混凝土的粘结性能，诸多学者都在不懈地进行探索。

目前，FRP 筋混凝土粘结性能的研究主要有两个方面：

（1）对 FRP 筋在混凝土中的锚固长度进行深入的研究，提出合理的构造措施，从而为 FRP 筋混凝土结构的设计提供依据。

（2）对 FRP 筋混凝土的粘结机理，FRP 筋混凝土粘结界面上的传力机理以及各种类型的荷载条件下 FRP 筋混凝土的粘结-滑移本构关系进行深入的研究，从而为 FRP 筋混凝土结构的计算机仿真分析和有限元分析提供依据。

2. 非预应力 FRP 筋混凝土梁受力性能研究现状

由于 FRP 筋为线弹性的材料且弹性模量较低，所以其配筋混凝土梁通常产生过大的挠度和裂缝，并且发生脆性的受弯破坏，故在 FRP 筋混凝土梁的延性、耐久性、抗裂度和挠度等方面，国内外学者研究得较多，例如：

Abdalla 进行了 6 根 FRP 筋混凝土梁在三分点处加载的试验研究，试验结果表明，FRP 筋混凝土梁的结构性能在很多方面类似于普通钢筋混凝土梁，但由于 FRP 筋的弹性模量低，FRP 筋混凝土梁的挠度要比相应的钢筋混凝土梁大 3～4 倍，裂缝宽度也相应大得多。根据截面尺寸和 FRP 配筋率的不同，FRP 筋混凝土梁可能出现两种正截面破坏形式，即受压区混凝土压碎破坏和 FRP 筋断裂破坏，这两种均为脆性破坏，相比较之下，前者的延性较好，变形较小。

Alsayed 对 3 组 GFRP 筋混凝土梁和 1 组钢筋混凝土梁进行了抗弯性能对比试验，结果显示，FRP 筋混凝土梁的结构性能很多方面类似于普通钢筋混凝土梁，按普通钢筋混凝土梁的极限强度设计方法可较准确地估算出 FRP 筋混凝土梁的极限承载力。但由于 FRP 筋的弹性模量较低，不同类型 FRP 筋与混凝土粘结性能也有差异。此外，尽管 FRP 不像钢筋那样具有明显的屈服点，但随着应变的不断增加，纤维产生磨损以及 FRP 外表面的肋发生断裂，这些都可能造成 FRP 筋与混凝土之间的粘结滑移。

高丹盈等通过对 62 根 FRP 筋混凝土梁的弯曲试验研究，分析了 FRP 筋混凝土梁的正截面性能，结果显示，FRP 筋混凝土梁裂缝间距和宽度随着 FRP 筋配筋率的增加而减小。FRP 筋的类型对裂缝间距和宽度有一定影响；FRP 筋的配筋率对抗裂承载力的影响十分有限，可以忽略；当 FRP 筋的配筋率在一定范围内，FRP 筋混凝土超筋梁的极限抗弯承载力随着配筋率的增大而增加。

由于 FRP 筋塑性变形小，其配筋构件在破坏前没有足够的延性，往往不能满足抗震设计要求。屈文俊等提出了混杂配筋的概念，并通过对 8 根梁的弯曲对比试验得出如下结论：混杂配筋混凝土梁的延性不如钢筋混凝土梁，但是可以控制其延性系数在 3 以上，因此只要合理控制配筋率，其延性可以满足抗震设计要求。

另一方面，从 FRP 筋混凝土结构研究与应用的发展趋势来看，对 FRP 箍筋及其配筋混凝土构件的受剪性能进行研究是一个迫切需要开展的课题，这方面国外已经走在了国内同行的前面。而从国外研究情况来看，也仅限于使用矩形 FRP 箍筋替代钢箍。

R. Morphy 等对 FRP 箍筋的受剪性能进行了研究，指出在特定的受力条件下，FRP 箍筋存在较明显的缺点。R. Morphy 等还通过试验，研究了 FRP 直筋的弯折、受剪斜裂缝的开展等各种因素对 FRP 箍筋抗剪性能和材料强度的影响，并对 3 根采用 CFRP 箍筋增强的混凝土梁和 1 根采用 GFRP 箍筋增强的混凝土梁的受剪性能和破坏模式进行了试验研究。T. Nagasaka 等对 35 根采用 FRP 箍筋增强的混凝土梁的受剪性能进行了试验研究，考虑了箍筋材料类型、配箍率以及混凝土强度等因素的影响。E. Shehata 等通过 10 根增强筋混凝土梁的试验，对 FRP 箍筋配筋混凝土梁的破坏模式和 FRP 箍筋的受力机理进行了研究，考虑了箍筋材料类型、受拉主筋材料类型以及箍筋间距等因素的影响。Ahmed K. El-sayed 等采用一种新型的 CFRP 箍筋，对其配筋混凝土构件的性能进行了研究。Y. Sonobe 和 T. Kanakubo 等制作了 5 根斜向配置 FRP 筋的混凝土梁，对其施加反对称循环荷载，研究其受力性能，考虑了斜向 FRP 筋配筋率和纵筋配筋率比值的改变对构件受力性能的影响。

相比之下，国内对 FRP 箍筋抗剪性能的研究则非常欠缺，而国外却已经有了将 FRP 箍筋应用于实际工程的例子：1997 年加拿大 Manitoba 省交通部在 Hendlingley 的 Assiniboine 河上建造了 Talyor 桥，该桥总长 165m，40% 的大梁用 CFRP 箍筋，用 FRP 索和筋施加预应力，桥板和挡土墙用 FRP 筋。

从国外已有的 FRP 箍筋抗剪性能的研究情况来看，也仅限于使用矩形 FRP 箍筋替代钢箍，而新型的 FRP 连续螺旋箍筋的研究则罕有开展。对 FRP 连续螺旋箍筋而言，虽然非顺纤维方向的作用力和受剪斜裂缝也会削弱它的抗剪能力，但它具有很好的整体性能。

3. 预应力 FRP 筋混凝土梁受力性能研究现状

将 FRP 筋应用于非预应力混凝土结构时，FRP 筋的强度得不到发挥，导致材料性能上的浪费。而施加预应力后，FRP 筋对梁的预压力能有效限制刚度的降低和裂缝的发展，且 FRP 筋的高强度特性也可以得到充分利用，因此，FRP 筋更适宜应用于预应力混凝土领域，国内外学者也对此进行了大量研究，例如：

Houssam Toutanji 等对 3 根 2m 的 GFRP 筋预应力混凝土梁和 1 根足尺寸的 20m 预应力混凝土梁进行了试验研究，结果表明，GFRP 筋用于预应力混凝土结构是可行的。

S. Rizkalla 等研究了预应力碳纤维筋混凝土梁的抗弯性能，结果表明，当梁的破坏由受压区混凝土被压碎控制时，预应力 CFRP 筋混凝土梁的极限变形和预应力钢筋混凝土梁相当，而当梁的破坏由 CFRP 筋断裂控制时，梁的极限变形则低于相应的预应力钢筋混凝土梁。

F. Stoll 等对 CFRP 筋预应力混凝土梁进行了相关的试验研究，以混凝土强度和预应力水平为变量，结果显示，预应力 CFRP 筋的断裂引起了梁的最终破坏，且破坏前有明显的预兆。

韩小雷等人研究预应力芳纶纤维筋梁的弯曲特性，涉及的变量为混凝土强度、加载过程和预应力筋的种类。结果表明：预应力芳纶纤维筋混凝土梁的荷载-挠度曲线为双线性关系，由于开裂，梁刚度有所降低；高强混凝土增大了预应力梁的开裂弯矩，但极限抗弯强度几乎没有影响；预应力芳纶纤维筋梁极限状态下的挠度与混凝土强度呈反增长关系，且挠度小于相同配筋的钢筋混凝土梁。

钱洋进行了预应力 AFRP 筋混凝土梁试验研究，结果表明，预应力芳纶筋混凝土梁开裂前的力学性能与预应力钢筋混凝土梁没有差别；正常使用状态下的挠度和裂缝宽度计算也可采用现有规范，但需将 AFRP 筋按等刚度原则等效成预应力钢筋；极限荷载计算方法与现有规范不同，由力的平衡条件和平截面假定推导得出极限荷载计算值和试验值吻合较好。

总结国内外研究现状发现，非预应力 FRP 筋混凝土受弯构件在应用中存在两个问题：一是纤维筋的高强度特性不能得到充分发挥，当混凝土达到极限压应变的时候纤维筋还未达到极限强度，二是受弯构件在正常使用阶段的工作性能如梁裂缝和挠度均得不到有效限制，同时，国内外众多学者停留在混合配筋的矩形梁试验，对纵筋和箍筋均采用 CFRP 筋的 T 形梁尚无研究。

综上所述，由于 FRP 筋具有优良的抗电磁干扰特性和耐腐蚀性能，在位于恶劣环境下的建筑物以及对电磁干扰有特殊要求的建筑物中使用效果要明显优于钢筋。一方面可彻底解决原有钢筋混凝土结构带来的电磁干扰问题，更好地发挥建筑物的使用功能，更好地为社会服务，具有重大的社会意义；另一方面在环境恶劣地区的地区，可从根本上解决原有钢筋混凝土结构中的钢筋锈蚀问题，提高恶劣条件下建筑物的使用寿命，可大量减少加固、维修甚至拆除的工作量，具有很高的社会效益和经济效益。然而，目前我国对复合纤维筋在土木工程中使用的受力性能、破坏特点等研究不充分，相应的规范、标准不完善，这些都成为制约复合纤维筋在我国土木工程领域应用的瓶颈。因此，本书对 FRP 筋在土木工程中的应用展开系统的研究，为 FRP 筋混凝土结构的发展提供参考和依据。

2 FRP筋材料性能及预应力锚具性能试验研究

2.1 引言

由于FRP筋的力学性能与传统的增强材料钢筋有着显著区别，因此必须通过FRP筋的材性试验，验证其力学性能指标，才能为构件性能试验提供可靠的依据。同时，由于FRP筋的剪切强度和抗挤压性能较差，在材料性能试验以及后面的预应力试验过程中必须避免试件锚固处应力集中造成的过早破坏，因此设计专门的锚具成为材性试验成功的首要任务。

2.2 FRP筋锚具选用

国外已经研究出很多种类FRP筋锚具，但从夹持受力原理上主要分为三大类，即机械夹片型锚具（Mechanical gripping anchors）、粘结型锚具（Bond-type anchors）以及夹片粘结型锚具。机械夹片型锚具的锚固原理和钢筋锚具一样，都是用楔块原理来锚固预应力筋。机械夹片型锚具又可分为夹片式锚具（见图2.2.1）和锥塞式锚具（见图2.2.2）。夹片式锚具容易安装，现场使用方便，因而在实际工程应用中受到人们的欢迎。这种锚具通常的失效模式是在锚固区由于夹片的夹持力过大，造成纤维筋本身的局部破坏，也有的是在锚固区由于剪应力过大，造成纤维筋剪切失效。锥塞式锚具在静力荷载作用下性能较好，其不利因素是FRP筋在锚具前段不是直线型，对FRP筋的强度发挥有影响。粘结型锚具是用粘结材料（一般用树脂类）将FRP筋和钢套筒粘结在一起，钢套筒外表面有丝扣，张拉后用螺母锚固在垫板上（见图2.2.3）。其灌浆材料可采用树脂（尤其是环氧树脂）和膨胀水泥材料。夹片粘结型锚具是将夹片式锚具与粘结型锚具合并，使夹片夹持在钢套筒上，避免FRP筋横向受力破坏（见图2.2.4）。

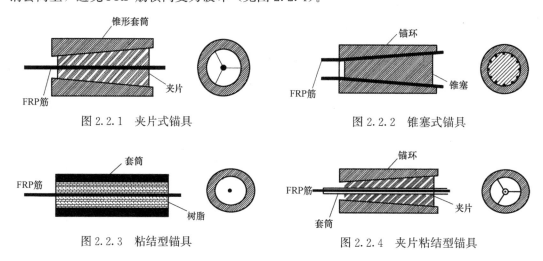

图 2.2.1 夹片式锚具   图 2.2.2 锥塞式锚具

图 2.2.3 粘结型锚具   图 2.2.4 夹片粘结型锚具

试验中设计了粘结型锚具（即套筒灌浆锚具，见图 2.2.5），灌浆材料选用环氧树脂。

图 2.2.5 套筒灌浆锚具

综合来看，这种锚固体系有如下优点：

（1）纤维筋中原有胶材与粘结套筒用胶材属同种性质，故粘结性能可靠，不会出现两种胶和纤维间发生化学反应而导致削弱的情况。

（2）在张拉预应力以及材料试验过程中，由于有套筒的保护，胶体以及 FRP 筋安全可靠。

（3）不会出现夹片式锚固体系中由于夹片对筋材的伤害而导致的局部削弱现象。

2.3 复合纤维筋力学性能试验方案

FRP 筋拉伸试件的设计要点如下：

（1）本试验采用的是 BFRP 筋和 CFRP 筋，先后采用了同一公司不同批次的产品，其中 BFRP 筋直径分别为 φ6、φ10，CFRP 直径为 φ10，第一批产品制作了 6 组 BFRP 筋试件，分别计为 6-1～6-3、10-11～10-13；第二批产品制作 6 组 BFRP 筋拉伸试件，分别记为 10-21～10-26；第三批产品制作 6 组 CFRP 筋拉伸试件，分别记为 C10-1～C10-6。

（2）φ6 的 BFRP 筋拉伸试件两端锚固段长度及自由段有效长度均为 150mm；φ10 的 BFRP 筋和 CFRP 筋拉伸试件两端锚固长度及自由段有效长度均为 250mm（见表 2.3.1）。

拉伸试验试件一览表　　　　　　　　　　　　　表 2.3.1

试件编号	6-1～6-3	10-11～10-13	10-21～10-26	C10-1～C10-6
两端锚固长度(mm)	150	250	250	250
有效长度(mm)	150	250	250	250

（3）各试件均在 FRP 筋有效长度内的中部位置处粘贴一片电阻应变片。同时在试件

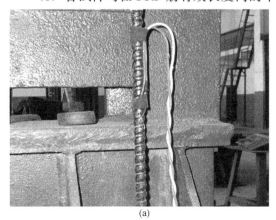

(a)　　　　　　　(b)

图 2.3.1 应变测量
(a) 应变片测量；(b) 引伸计测量

中部设置一组电子引伸计，同步监控 FRP 筋应变发展情况。试件拉伸试验前对电子引伸计进行标定（见图 2.3.1）。

（4）为排除温度效应的影响，将另一与拉伸试件上所贴应变片同规格的应变片作为温度补偿应变片，贴在一段不受力的 FRP 筋上，试验时，将贴有温度补偿应变片的那段 FRP 筋置于拉伸试件附近，使它们处于同一温度场中。

制作完成后的 FRP 筋拉伸试件如图 2.3.2 所示，拉伸试验装置如图 2.3.3 所示。

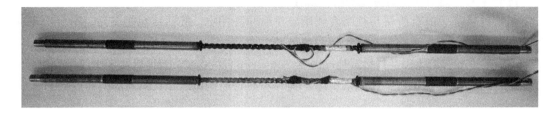

图 2.3.2　拉伸试件

图 2.3.3　拉伸试验装置

2.4　试验结果分析

2.4.1　FRP 筋拉伸试验破坏模式

试验时，为对比锚具的锚固效果，制作了一根未添加金刚砂的试件（试件 10-26），试验中，未添加金刚砂的试件出现了 FRP 筋从粘结套筒中拔出的情况，如图 2.4.1（a）所示，破坏特点是纤维筋与粘结套筒发生滑移。其余 FRP 筋试件的破坏模式均为 FRP 筋拉断破坏，如图 2.4.1（b）所示，破坏特点是自由段中部纤维丝呈爆炸状断裂散开。由此可知，加入 1％的金刚砂能有效提高胶体与锚具的锚固效果，没有加入金刚砂的试件发生了粘结滑移破坏，但与其他同批次产品的试验结果对比，试件 10-26 破坏时也接近于 BFRP 筋破坏荷载，说明本试验所用锚具的锚固效果是可靠的。

(a)

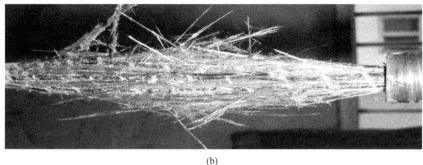

(b)

图 2.4.1 玄武岩纤维筋拉伸试件破坏模式

（a）FRP 筋端部破坏；（b）FRP 筋中部拉断

试验测得 BFRP 筋应力-应变平均值曲线如图 2.4.2 所示。CFRP 筋应力-应变平均值曲线如图 2.4.3 所示。

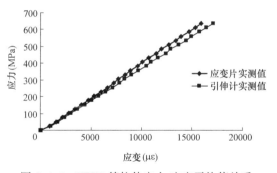

图 2.4.2 BFRP 筋拉伸应力-应变平均值关系

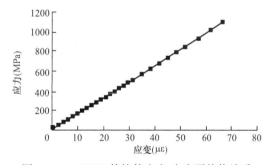

图 2.4.3 CFRP 筋拉伸应力-应变平均值关系

由图 2.4.2、图 2.4.3 可见，BFRP 筋和 CFRP 筋的应力-应变平均值曲线基本上为一条直线，说明了 FRP 筋的线弹性材料特性。它不像钢筋那样具有屈服台阶，其拉伸试件的最终破坏形式表现为承载力突然丧失的脆性破坏。此外，由图 2.4.2 可知，应变片实测应变值和引伸计实测应变值基本一致。这表明，可以使用电阻应变片监测 FRP 筋材的应变发展情况。我们后续的试验将主要采用应变片监测纤维筋的应变。

2.4.2 FRP 筋的材料性能指标

1. 特征数据的计算

（1）FRP 筋的抗拉强度

FRP 筋的抗拉强度按下式计算：

$$f_u = F_u / A \qquad (2.4.1)$$

式中，f_u 为 FRP 筋的抗拉强度；F_u 为 FRP 筋的极限受拉荷载；A 为 FRP 筋的名义横截面积。

（2）FRP 筋的抗拉弹性模量

FRP 筋的抗拉弹性模量按下式计算：

$$E_f = \frac{\Delta\sigma}{\Delta\varepsilon} = \frac{\Delta F}{\Delta\varepsilon \cdot A_f} \qquad (2.4.2)$$

式中，$\Delta\sigma$ 为 FRP 筋的应力增量；$\Delta\varepsilon$ 为 FRP 筋的应变增量；ΔF 为荷载增量；A_f 为 FRP 筋的横截面积。

（3）FRP 筋的极限拉应变

FRP 筋的极限拉应变可以根据 FRP 筋的抗拉强度和弹性模量按照以下公式进行计算：

$$\varepsilon_u = \frac{F_u}{EA} \qquad (2.4.3)$$

式中，ε_u 为 FRP 筋的极限拉应变。

2. 测试结果

由试验结果计算出的玄武岩纤维筋拉伸结果如表 2.4.1～表 2.4.3 所示。从表中结果可以看出，表 2.4.1 和表 2.4.2 产品的强度较低，而表 2.4.3 的拉伸强度较高。造成此结果的原因是几种不同批次的产品中树脂与纤维配比不同。事实上，我们在试验过程中即不断根据测试结果与厂家协商调整 BFRP 筋中纤维与树脂的含量，以期能找出综合性能最好的的配比。

说明：本试验中 BFRP 筋与混凝土的粘结锚固以及非预应力 BFRP 混凝土梁试验所用纤维筋为表 2.4.1 和表 2.4.2 的材料，预应力 BFRP 筋混凝土梁试验所用材料为表 2.4.3 的材料。CFRP 筋 T 形截面梁试验所用材料为表 2.4.4 的材料。

BFRP 筋的材料性能试验结果 （一）　　　　　　　表 2.4.1

试件编号	6-1	6-2	6-3	平均值
极限抗拉力(kN)	18.2	19.3	17.8	18.4
抗拉强度 f_u(MPa)	642.3	682.6	630.4	651.8
极限延伸率(%)	2.01	2.21	2.14	2.12
抗拉弹性模量 E_f(GPa)	39.3	40.6	39.6	39.8

BFRP 筋的材料性能试验结果 （二）　　　　　　　表 2.4.2

试件编号	10-11	10-12	10-13	平均值
极限抗拉力(kN)	50.2	52.6	50.8	51.2
抗拉强度 f_u(MPa)	639.5	670.1	647.1	652.2
极限延伸率(%)	2.25	2.37	2.35	2.32
抗拉弹性模量 E_f(GPa)	39.3	40.6	39.6	40.5

BFRP 筋的材料性能试验结果（三）　　　　　　　　　　　　表 2.4.3

试件编号	10-21	10-22	10-23	10-24	10-25	平均值
极限抗拉力(kN)	72.4	74.8	76.6	70.7	74.3	73.8
抗拉强度 f_u(MPa)	922.3	952.9	975.8	900.6	946.5	940.1
极限延伸率(%)	1.99	2.49	2.31	1.93	2.23	2.19
抗拉弹性模量 E_f(GPa)	40.6	39.8	40.9	41.3	40.1	40.5

CFRP 筋的材料性能试验结果　　　　　　　　　　　　表 2.4.4

试件编号	C10-1	C10-2	C10-3	平均值
极限抗拉力(kN)	131.47	127.07	125.40	—
抗拉强度 f_u(MPa)	1864.82	1802.41	1826.58	1831.27
抗拉弹性模量 E_f(GPa)	160.61	133.80	145.99	146.80

3 FRP 筋粘结性能研究

3.1 引言

FRP 筋与混凝土的粘结是影响 FRP 筋加强混凝土构件的破坏性能（强度）和使用性能的重要因素，在承载能力和正常使用极限状态下，FRP 筋强度能否得到利用取决于粘结的有效程度。

FRP 筋与混凝土的粘结问题不仅在工程实践上很重要，而且在理论上也具有重要意义。诸如裂缝宽度、塑性铰转动能力、剪切破坏以及非线性有限元分析等问题的解决都要求对粘结性能进行深入的试验研究和理论分析，以便了解粘结应力沿锚固长度上的分布规律，建立纤维聚合物筋混凝土的粘结应力（τ）与相对滑移（s）的本构关系模型，提出锚固长度的计算方法。所以，粘结性能的研究也是 FRP 筋混凝土基本理论中最重要的问题之一。

FRP 筋物理、力学性能与钢筋差异很大，传统的钢筋混凝土的粘结理论、设计和施工方法不能直接用于 FRP 筋混凝土结构。因此，必须建立新的 FRP 筋与混凝土之间的粘结理论模型和计算方法。

3.2 BFRP 筋粘结锚固性能试验研究

粘结应力是在纤维聚合物筋与混凝土的界面上平行于纤维聚合物筋作用的剪切应力。由于粘结应力的作用，纤维聚合物筋的应力沿其长度而变化；反之，粘结应力与纤维聚合物筋应力变化的速度有关。因此，可通过检测纤维聚合物筋应力得到粘结应力。实际应用中多通过测量拔出荷载得到平均粘结强度，常用的粘结试验方法有拉拔试验、简支梁式试验和悬臂梁式试验，本书采用拉拔试验和简支梁式试验。

3.2.1 BFRP 筋粘结锚固性能的拉拔试验

中心拉拔试验因为存在混凝土压应力的影响，减少了裂缝发生的可能性，提高了粘结强度，但是这种试验的试件制作及试验装置比较简单，试验结果便于分析，且其试验可考虑较多因素的变化，因而更能反映 BFRP 筋粘结锚固的固有性质。本书作者进行了 30 个试件的拉拔试验，目的是观察粘结锚固受力破坏的全过程，分析其粘结机理。

3.2.1.1 试验方案

由于 BFRP 筋与混凝土二者之间粘结问题的复杂性，为分别考虑各种锚固条件对 BFRP 筋粘结锚固性能的影响，并参考国内外已有的试验资料和结合试验室条件，共设计了 PA、PB、PC、PD 四组共 27 个试件，分别探讨混凝土强度、锚筋直径、埋长和配箍率的影响。同时为了比较钢筋混凝土和 BFRP 筋的粘结性能，设置了一组编号为 PE 的对比试件，每组试件均为中心置筋。各组试件的具体情况见表 3.2.1。

3.2.1.2 试件制作

试件在制作时，每组均包括 3 个拉拔试件（示意图见图 3.2.1a），试件的加载端置硬塑料管保证一段无粘结长度以避免局部挤压的影响。为避免加载时 BFRP 加载端剪切破坏，在 BFRP 筋的施力端设置套筒锚具，采用的灌浆材料为环氧树脂，套筒长度与 BFRP 筋直径有关，与直径为 6mm、8mm、10mm 的 BFRP 配套使用的套筒长度分别为 150mm、200mm、250mm。为了确定每组拉拔试件的混凝土强度等级同时制作了 3 个立方体试件（尺寸为 100mm×100mm×100mm），浇筑混凝土为普通碎石混凝土，其各项配制指标见表 3.2.2。

拉拔试件明细表 表 3.2.1

试件编号	设计混凝土强度等级	锚筋直径 d(mm)	埋长 L_d(mm)	保护层厚度 c(mm)	配箍	试件数量
PA1	C30	10	50	46	—	3
PA2	C50	10	50	46	—	3
PA3	C70	10	50	46	—	3
PB1	C30	6	50	46	—	3
PB2	C30	8	50	46	—	3
PC1	C30	10	100	46	—	3
PC2	C30	10	200	46	—	3
PD1	C30	10	200	46	$\phi 6@40$	3
PD2	C30	10	200	46	$\phi 6@60$	3
PE	C30	10	50	46	—	3

混凝土的配制指标 表 3.2.2

混凝土强度等级	水泥强度等级	砂砾类别	碎石粒径	水灰比	砂率(%)	坍落度
C30	42.5	细砂	≤10	0.52	40	30～50
C50	62.5	细砂	≤10	0.42	36	30～50
C70	62.5	细砂	≤10	0.36	36	30～50

3.2.1.3 试验加载方法和量测内容

1. 加载方法

整个拔出试验采用穿心千斤顶，在穿心千斤顶前安装 1 个荷载传感器，在拔出面处的 BFRP 筋上固定夹具，其上对称地设置 2 个百分表，量测各级荷载下加载端和自由端滑移。试验装置如图 3.2.1（b）所示，试件垂直于承压钢板，承压垫板的边长大于试件的边长，其厚度为 20mm。承压垫板中心孔径为 BFRP 筋直径的 2 倍。本次试验研究进行破坏性试验，参照《混凝土结构试验方法标准》GB/T 50152—2012 中的加载要求执行。

当出现下面四种情况之一的时候停止试验：（1）BFRP 筋或钢筋发生断裂；（2）混凝土保护层劈裂；（3）BFRP 筋或钢筋的自由端滑动位移超过 5mm；（4）BFRP 筋从混凝土中完全拔出。

2. 量测内容

（1）BFRP 筋加载端、自由端开始滑移时的荷载值。

（2）与各级荷载值相应的 BFRP 筋加载端、自由端的滑移值。

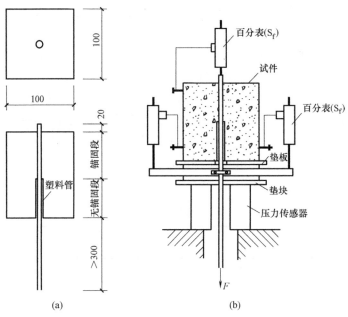

图 3.2.1 试件及试验装置示意图

（a）试件示意图（单位：mm）；（b）试验装置示意图

（3）BFRP 筋粘结破坏时的最大荷载值。

（4）粘结破坏时 BFRP 筋加载端、自由端的最大滑移值。

3. 数据处理

BFRP 筋、钢筋与混凝土之间的粘结应力的计算公式为：

$$\tau_{av} = \frac{F}{\pi d_b l_d} \tag{3.2.1}$$

式中，τ_{av} 为 BFRP 筋、钢筋与混凝土之间的平均粘结应力；F、d_b 和 l_d 分别为加载端的拉拔力、筋的直径和埋置长度。

由于 BFRP 筋的弹性模量约为钢筋的 1/4，所以计算 BFRP 筋加载端的滑移时应减去 BFRP 筋埋置长度顶端和测量点之间的弹性伸长量。考虑 BFRP 筋的弹性伸长量以后，其加载端的滑移可以表达为：

$$s_l = s_t - s_c \tag{3.2.2}$$

$$s_c = \frac{FL}{E_f A_f} \tag{3.2.3}$$

式中，s_l、s_t 和 s_c 分别为是埋置长度顶端滑移量、测量所得的滑移量和 BFRP 筋的弹性伸长量；F、L、E_f 和 A_f 分别为加载端的拉拔力、埋置长度顶端到百分表测量点之间的距离、BFRP 筋的截面面积和弹性模量。

3.2.2 BFRP 筋粘结锚固性能的梁式试验

拉拔试验的试件制作及试验装置简单，试验结果便于分析，但因为存在混凝土压应力的影响，减少了裂缝发生的可能性，提高了粘结强度。而梁式试验中 FRP 筋周围的混凝土处于受拉状态，尽管有箍筋的约束作用，但还是增大了 FRP 筋与混凝土界面裂缝的出现和发展的概率，能更好地模拟 FRP 筋在梁中的粘结锚固状态。

3.2.2.1 试验方案

本次试验参照《混凝土结构试验方法标准》GB/T 50152—2012 中测定钢筋与混凝土的粘结强度的试验方法进行，探讨混凝土强度、锚筋直径、埋长等锚固条件对 BFRP 筋粘结锚固性能的影响。试件分为 4 组，共 16 个，均配置箍筋。试件明细见表 3.2.3，试件简图见图 3.2.2。

梁式试件明细表　　　　　　　　　　　　表 3.2.3

构件编号	设计混凝土强度等级	锚筋直径 d (mm)	埋长 L (mm)	配箍	构件数量
BA1	C30	10	100(10d)	ϕ6@50	2
BA2	C50	10	100(10d)	ϕ6@50	2
BA3	C70	10	100(10d)	ϕ6@50	2
BB1	C30	6	100	ϕ6@50	2
BB2	C30	8	100	ϕ6@50	2
BC1	C30	10	200(20d)	ϕ6@50	2
BC2	C30	10	300(30d)	ϕ6@50	2
BD	C30	10	100(10d)	ϕ6@50	2

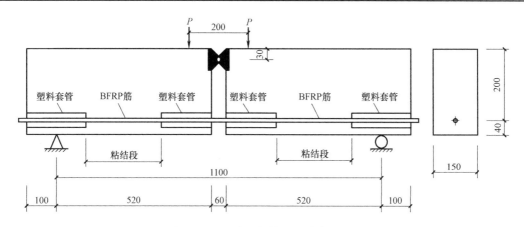

图 3.2.2　梁式试件简图（单位：mm）

3.2.2.2 试件制作

试件在制作时，BFRP 筋与混凝土隔离部分设置塑料套管，并在套管端部用橡胶圈密封，但橡胶圈与 BFRP 筋不能太紧。这样做既可以固定 BFRP 筋在梁中的位置，保证在混凝土浇筑时水泥浆不进入隔离段，又不会因为外界因素较大影响试验结果。

混凝土为普通碎石混凝土，为了确定试件的混凝土强度等级，同时制作了 3 个立方体试件（尺寸为 100mm×100mm×100mm），混凝土各项配制指标仍见表 3.2.2。

3.2.2.3 试验加载方法和量测内容

1. 加载方法

整个试验采用油压千斤顶—反力架体系进行加载，试验装置如图 3.2.3 所示。本次试验研究进行破坏性试验，当 BFRP 筋与混凝土的粘结锚固失效或受力筋断裂时停止试验。

2. 量测内容

（1）各级荷载及各级荷载对应的 BFRP 筋加载端、自由端的位移值；

（2）BFRP 筋粘结破坏或断裂时的最大荷载值；

（3）粘结破坏时 BFRP 筋加载端、自由端的最大位移值。

3. 数据处理

BFRP 筋、钢筋与混凝土之间的粘结应力的计算公式为：

$$\tau_{av} = \frac{N_l}{\pi d_b l_d} \tag{3.2.4}$$

式中，τ_{av} 为 BFRP 筋、钢筋与混凝土之间的平均粘结应力；N_l、d_b 和 l_d 分别为加载端的拉拔力、筋的直径和埋置长度。

图 3.2.3　梁式试验装置图

由于 BFRP 筋的弹性模量较小，所以计算 BFRP 筋加载端的滑移时应减去 BFRP 筋埋置长度顶端和测量点之间的弹性伸长量。考虑 BFRP 筋的弹性伸长量以后，其加载端的滑移可以表达为：

$$s_l = s_t - s_c \tag{3.2.5}$$

$$s_c = \frac{N_l L}{E_f A_f} \tag{3.2.6}$$

式中，s_l、s_t 和 s_c 分别为埋置长度顶端位移量、测量所得的位移量和 BFRP 筋的弹性伸长量；N_l、L、E_f 和 A_f 分别为加载端的拉拔力、埋置长度顶端到百分表测量点之间的距离、BFRP 筋的弹性模量和截面面积。

3.2.2.4　其他材料

1. 混凝土

在混凝土拉拔试件和梁式试件浇筑的同时，同批每个浇筑了一组混凝土立方体试块（100mm×100mm×100mm）。各试验构件对应的混凝土强度见表 3.2.4 和表 3.2.5。

拉拔试件混凝土试块试验结果　　　　　　　　　　　　　　　　　　表 3.2.4

试件编号	试块抗压强度（MPa）			μf_{cu}（MPa）	σf_{cu}（MPa）	f_{cuk}（MPa）
	试块 1	试块 2	试块 3			
PA1	38.6	34.6	38.9	37.4	2	34.1
PA2	55.1	53.8	54.5	54.5	0.5	53.6
PA3	72.5	73.4	71.5	72.5	0.8	71.2
PB1	34.8	34.5	35.5	34.9	0.4	34.2
PB2	37.6	35.6	35.2	36.1	1	34.4
PC1	38.4	37.9	38.5	38.3	0.3	37.8
PC2	35.4	36.5	37.1	36.3	0.7	35.2
PD1	31.7	38.5	37.6	35.9	3	31
PD2	38.5	36.1	37.6	37.4	1	35.8
PE	33.2	37.6	39.4	36.7	2.6	32.4

注：符号含义见《混凝土物理力学性能试验方法标准》GB/T 50081—2019。

2. 钢筋

试验所用钢筋的性质见表 3.2.6。

梁式试件混凝土试块试验结果 表 3.2.5

试件编号	试块抗压强度（MPa）			μf_{cu} (MPa)	σf_{cu} (MPa)	f_{cuk} (MPa)
	试块 1	试块 2	试块 3			
BA1	35.8	34.5	37.5	35.9	1.2	33.9
BA2	57.8	58.6	52.7	56.4	2.6	52.1
BA3	71.5	68.7	69.8	70	1.2	68.1
BB1	38.5	33.6	35.4	35.8	2	32.5
BB2	37.8	35.2	36.9	36.6	1.1	34.9
BC1	34.7	35.7	38.9	36.4	1.8	33.5
BC2	36.4	33.1	35.2	34.9	1.4	32.7
BD	34.5	36.4	37.1	36	1.1	34.2

注：符号含义见《混凝土物理力学性能试验方法标准》GB/T 50081—2019。

钢筋强度、弹性模量试验结果表 表 3.2.6

钢筋种类	屈服应力（MPa）	极限应力（MPa）	延伸率（%）	弹性模量（MPa）
$\phi 10$	359.6	415.2	28	2.05×10^5

3.2.3 试验现象分析

3.2.3.1 拉拔试验的荷载-滑移（τ-s）曲线及受力过程

拉拔试件的试验结果见表 3.2.7、表 3.2.8。部分拉拔试件 BFRP 筋的 τ-s 曲线见图 3.2.4。

BFRP 筋拉拔试验结果表 表 3.2.7

试件编号	BFRP 筋直径(mm)	锚固长度(mm)	混凝土强度(MPa)	破坏荷载(kN)	平均极限粘结应力(MPa)	破坏特征
PA1-1		50		19.63	12.5	混凝土拉裂
PA1-2	10	50	37.4	16.96	10.8	混凝土拉裂
PA1-3		50		17.74	11.3	混凝土拉裂
PA2-1		50		41.05	26.1	混凝土拉裂
PA2-2	10	50	54.5	37.86	24.1	纤维筋拔出
PA2-3		50		34.90	22.1	混凝土拉裂
PA3-1		50		49.54	31.6	纤维筋拔出
PA3-2	10	50	72.5	47.11	30	混凝土拉裂
PA3-3		50		42.84	27.3	纤维筋拔出
PB1-1		50		14.44	15.3	纤维筋拔出
PB1-2	6	50	34.9	16.3	17.3	混凝土拉裂
PB1-3		50		13.9	14.8	纤维筋拔出
PB2-1		50		18.24	14.5	混凝土拉裂
PB2-2	8	50	36.1	17.35	13.8	纤维筋拔出
PB2-3		50		16.52	13.1	纤维筋拔出
PC1-1		100		33.91	10.8	混凝土劈裂
PC1-2	10	100	38.3	32.97	10.5	混凝土劈裂
PC1-3		100		35.8	11.4	混凝土劈裂
PC2-1		200		45.6	7.26	混凝土劈裂
PC2-2	10	200	36.3	47.5	7.56	混凝土劈裂
PC2-3		200		49.7	7.91	混凝土劈裂

续表

试件编号	BFRP 筋 直径(mm)	锚固长度 (mm)	混凝土强 度(MPa)	破坏荷载 (kN)	平均极限粘 结应力(MPa)	破坏特征
PD1-1		200		55.4	8.82	
PD1-2	10	200	35.9	57.5	9.16	局部混凝土压碎， 纤维筋被拔出
PD1-3		200		52.8	8.41	
PD2-1		200		63.5	10.1	
PD2-2	10	200	37.4	67.5	10.7	局部混凝土压碎， 纤维筋被拔出
PD2-3		200		66.3	10.6	

钢筋拉拔试验结果表

表 3.2.8

试件编号	钢筋 直径(mm)	锚固长度 (mm)	混凝土强度 (MPa)	破坏荷载 (kN)	平均极限粘 结应力(MPa)	破坏特征
PE-1		50		18.59	11.84	混凝土劈裂
PE-2	10	50	36.7	20.16	12.84	混凝土劈裂
PE-3		50		17.89	11.39	混凝土劈裂

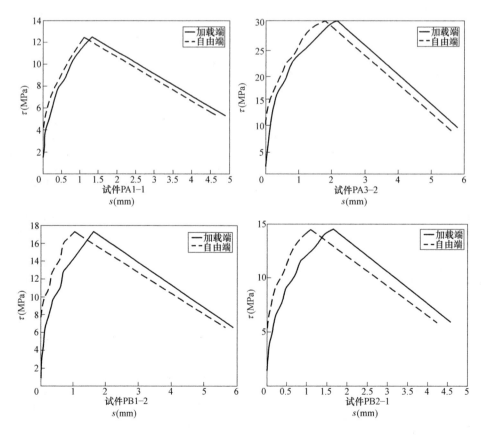

图 3.2.4　部分拉拔试件 BFRP 筋的 τ-s 曲线

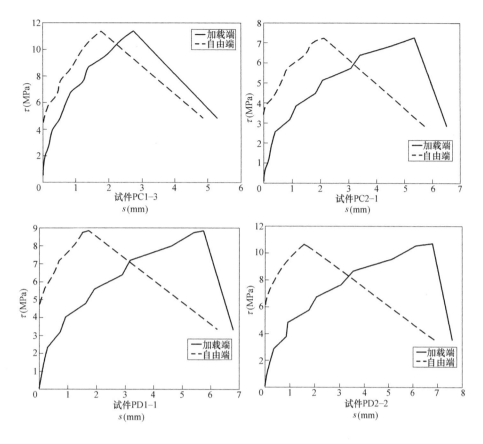

图 3.2.4　部分拉拔试件 BFRP 筋的 τ-s 曲线（续）

由试验量测和观察分析，锚固 BFRP 筋的受力可分为 5 个阶段：

（1）微滑移段：此阶段以开始加载为起点，筋端部开始滑移为终点。加载初期，自由端未发生滑移，而加载端滑移值较小，反映了混凝土的黏着作用破坏和滑移尚未达到自由端。

（2）滑移段：当加载至极限荷载的 0.3 倍左右时，自由端的黏着力破坏，开始出现滑移，此后，滑移与荷载进入一段较为短暂的稳定增长阶段，自由端和加载端的滑移逐渐接近，开始呈现非线性状态。

（3）劈裂段或拔出段：加载至极限荷载的 0.7～0.9 倍左右时，在荷载稍微增加甚至不增加的情况下，滑移有较大的增长，呈现明显的非线性状态。当荷载逐渐增加至极限荷载时，若保护层厚度较薄或是混凝土强度较低，则会沿混凝土保护层最薄处发生纵向劈裂，形成了 τ-s 曲线上的明显转折点。劈裂后，荷载几乎不增长，混凝土分崩成几块，发生脆性破坏。若混凝土保护层厚度比较大，或者混凝土强度较高，又或者 BFRP 筋表面肋较浅时，试件可能保持完整，直至 BFRP 被拔出，对配箍试件，劈裂后荷载可能稍有增长。

（4）下降段：达到峰值后，荷载迅速下降，滑移大幅增长。对于配箍试件，荷载的下降则比较缓慢。

（5）残余段：当滑移达到一定的限值时，荷载不再下降。

3.2.3.2 梁式试验的荷载-滑移（τ-s）曲线及受力过程

梁式试件的试验结果见表 3.2.9。

BFRP 筋梁式试验结果表

表 3.2.9

试件编号	BFRP 筋直径(mm)	锚固长度（mm）	混凝土强度（MPa）	破坏荷载（kN）	平均极限粘结应力(MPa)	破坏特征
BA1-1	10	100	35.9	37.7	12.0	混凝土沿纵筋方向有裂纹，筋被拔出
BA1-2		100		33.9	10.8	
BA2-1	10	100	56.4	49.6	15.8	混凝土沿纵筋方向有裂纹，筋被拔出
BA2-2		100		45.5	14.5	
BA3-1	10	100	70	55	17.5	纤维筋拔出
BA3-2		100		58.4	18.6	纤维筋拔出
BB1-1	6	100	35.8	26.2	13.9	纤维筋拔出
BB1-2		100		23.9	12.7	纤维筋拔出
BB2-1	8	100	36.6	32.2	12.8	纤维筋拔出
BB2-2		100		30.1	12.0	纤维筋拔出
BC1-1	10	200	36.4	43.8	6.98	混凝土沿纵筋方向有裂纹，筋被拔出
BC1-2		200		43.2	6.88	
BC2-1	10	300	34.9	64.5	6.85	纤维筋拉断
BC2-2		300		65.7	6.97	纤维筋拉断
BD-1	10	100	36	41.49	13.21	钢筋拉断
BD-2		100		35.67	11.36	钢筋拉断

施加拉力时，BFRP 筋与混凝土的粘结应力是由加载端逐步传递到自由端的，因此，BFRP 筋在加载端的变形滑移也明显大于自由端。例如：编号为 BA2-1 的试件，τ-s 曲线如图 3.2.5 所示。从 τ-s 曲线可以看出，当加载至 0.05 倍极限强度时，加载端开始产生少量滑移；约 0.5 倍极限强度时自由端才开始产生滑移。随着荷载的不断增加，滑移与荷载也几乎均匀增加，在 0.48 倍极限强度时混凝土在筋附近产生纵向裂纹，且滑移明显加快。当荷载加至 0.73 倍极限强度时，荷载难以稳定，滑移增大；继续加载至 0.81 倍极限强度时，加载端滑移值突然增大，瞬间相对滑移 0.813mm，累计滑移 3.158mm，而自由端相对滑移 0.255mm，累计滑移 1.008mm。之后又继续加载，当加至极限强度时，由于滑移及 BFRP 筋变形加大，荷载很不稳定，且混凝土纵向裂缝自加载端筋表面顺筋方向延伸至试件表面并不断扩大直至自由端，最终导致加载端仪表崩脱，而自由端仪表还可以读取数据。此后，筋被拔出。滑移可分为下面四个阶段：

（1）微滑移段：此时的荷载较小，滑移刚刚开始（0.05 倍极限强度～0.15 倍极限强度），此时锚筋与周围介质之间的胶结力是组成其粘结力的最主要的成分。

（2）正常滑移段：随着荷载增加，滑移也逐渐增加（0.15 倍极限强度～0.75 倍极限强度），此时锚筋与周围介质之间的摩擦力和锚筋的肋与周围介质的机械咬合力是其与周围介质之间的粘结力的主要成分。

（3）加速滑移段：荷载难以稳定滑移迅速增加（0.75 倍极限强度～1.0 倍极限强度），呈现明显的非线性状态。

（4）下降段：达到最大荷载时，荷载迅速下降之后暂时稳定。然后，滑移加速增加直至筋被拔出（1.0 倍极限强度～0.4 倍极限强度）。

部分梁式试件 BFRP 筋 τ-s 曲线如图 3.2.5 所示。

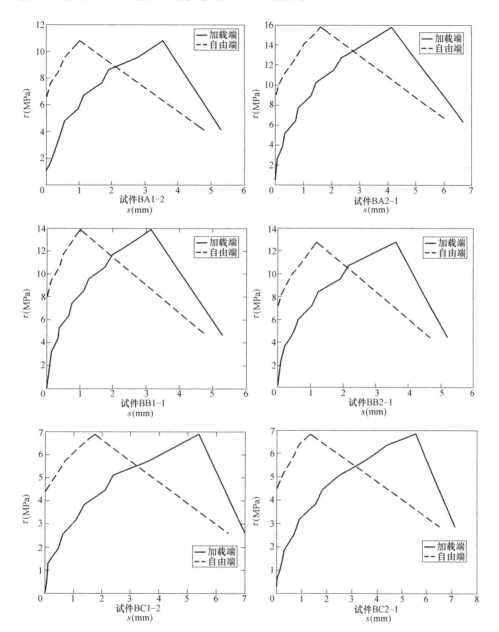

图 3.2.5　部分梁式试件 BFRP 筋的 τ-s 曲线

3.2.3.3　粘结破坏模式

1. 粘结破坏模式的种类

力从变形 BFRP 筋向混凝土的传递主要是依靠由 BFRP 筋的表面变形（凸肋、横肋、压痕和螺纹等）辐射出的斜向压力。斜向压力的径向分力由 BFRP 筋周围混凝土的拉应力平衡，使得变形 BFRP 筋传递荷载到周围混凝土的能力主要受其本身性能及在周围混凝土中形成的拉力环的破坏的限制。若直径相对较小的 BFRP 筋锚固在保护层较厚的混凝土中，BFRP 筋可能由于混凝土沿变形 BFRP 筋表面边缘的圆柱的剪切破坏或 BFRP 筋的横肋（或凸肋）被剪坏而拔出，这种现象通常称为拔出破坏。反之，BFRP 筋表面的混凝土保护层较薄时将会发生劈裂破坏。除了劈裂和拔出破坏外，BFRP 筋也可能在混凝土试件外发生拉伸破坏。

为方便描述，试验中所有破坏模式可以分为以下五类：

（1）纤维筋被拔出破坏。

（2）混凝土拉裂破坏：试件表面仅能看见细微裂缝，或肉眼无法判断，但实际混凝土已经被破坏而退出工作，破坏过程较为平静。

（3）混凝土劈裂破坏：主要表现在试件在无横向约束钢筋时，试件表面有较大裂缝，有时劈裂碎块会突然散落，或部分较小的劈裂混凝土碎块飞出一定距离，且征兆不明显。

（4）混凝土出现局部破坏、纤维筋被拔出：主要表现在试件配有横向约束钢筋时，破坏时一般表现为混凝土局部沿纵筋方向出现裂纹，或者被局部拉裂、压碎，同时纤维筋被拔出破坏。

（5）纤维筋被拉断破坏。

2. 拉拔试验粘结破坏模式

拉拔试验的结果见表 3.2.7、表 3.2.8。

从表中拉拔试件的试验结果可以看出，绝大多数的 BFRP 筋拉拔试件的破坏均表现为如前述的第（1）、（2）、（3）、（4）种破坏模式，同时，BFRP 筋表面横肋也有轻微损伤。

大多数的无配箍试件均因为混凝土的劈裂而表现为第（2）、（3）种破坏模式。若混凝土强度维持一定水平（如 C30），当试件的锚固长度较小（如 $l_a \leqslant 10d$ 时），试件的极限破坏荷载与埋长的变化基本成正比关系；当试件的锚固长度较大（如 $l_a \geqslant 10d$）时，虽再增加埋长，但试件的极限破坏荷载增长缓慢，因此，这说明除埋长外，混凝土强度对于 BFRP 筋加强混凝土的极限破坏荷载有很大影响。

大部分的配箍试件均表现为第（4）种破坏模式。在构件破坏后，荷载可稍有增长，由此可见，横向箍筋可以明显改善钢筋混凝土试件的破坏形态，增加试件的延性。

试验中的可见裂缝是由加载端向自由端延伸的纵向劈裂，且随荷载的增加，宽度逐渐加大。保护层很厚时，裂缝未能贯通保护层，钢筋多在无明显劈裂的情况下拔出破坏。一般情况下，试件破坏的劈裂裂缝有多条，并呈辐射状。如图 3.2.6 所示为劈裂裂缝的各种形态。劈裂破坏主要集中表现在混凝土试件内粘结端，在无粘结端则可能保持劈裂破坏试件的局部完整，如图 3.2.7 所示。

主劈裂缝多发生在保护层最薄处。当各向厚度相同时，多半沿 BFRP 筋纵肋方向发生。这是由于螺旋纹 BFRP 筋不是极对称截面，挤压力多集中在纵肋两侧的缘故。试验过程中有时出现的沿与主劈裂方向垂直的纵向劈裂，其原因在于试件在试验时，主劈裂方向受到约束。

当试件较小，埋长段也较小时（如尺寸为 100mm×100mm×100mm 的试件，埋长为 50mm），破坏表现为第（2）种破坏模式，破坏时极限破坏荷载较小，试件表面仅能看见细微裂缝，多为混凝土劈裂为两半；当试件埋长段较大时，多表现为第（3）种破坏模式，此时劈裂破坏亦有不同的表现形式，如尺寸为 100mm×100mm×200mm 的试件，埋长为100mm，劈裂破坏时极限破坏荷载较大，试件表面有较大裂缝，有时劈裂碎块会突然散落，表现出十分明显的脆性破坏特征。当试件埋长段进一步增大时（如尺寸为 100mm×

100mm×400mm 的试件，埋长为 200mm），劈裂破坏时极限破坏荷载虽没有明显增大，但试件表面裂缝却进一步增大，有时试件劈裂后，部分较小的劈裂混凝土碎块飞出 0.5m 远，且征兆不明显。

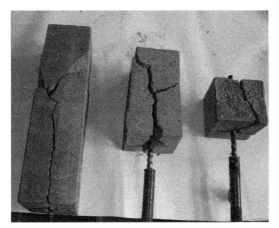

图 3.2.6　劈裂裂缝形态（f_{cu}＜30MPa）

图 3.2.7　无粘结段局部完整图

打开发生劈裂破坏的试件观察内部，可见混凝土中的劈裂裂缝及横肋对混凝土咬合齿挤压的痕迹，混凝土的咬合齿有局部损坏，如图 3.2.8 所示；再观察相对应的 BFRP 筋的横肋，除有轻微擦痕外，损伤也很小，如图 3.2.9 所示。

图 3.2.8　混凝土粘结界面破坏特征

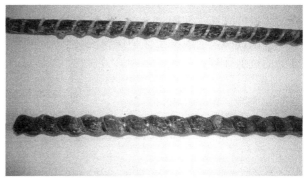

图 3.2.9　BFRP 筋破坏特征（f_{cu} 约为 30MPa）

当试件的相对保护层厚度（即混凝土保护层厚度与筋直径之比）较小时，由于环向拉力而出现内部径向裂缝，最终使混凝土劈裂破坏（如图 3.2.10 所示）。同时，BFRP 筋表面横肋也有局部损伤。试验中的可见裂缝是由加载端向自由端延伸的纵向劈裂，且随荷载的增加，宽度逐渐加大。但是主劈裂缝未发生在保护层最薄处，这可能与埋置 BFRP 筋时，其外缠肋的放置方向有关。打开发生劈裂破坏的试件观察内部，未见筋横肋对混凝土挤压破碎的痕迹，混凝土粘结界面的破坏现象与混凝土强度较高的拔出破坏相似。在这种情况下，可认为 BFRP 筋混凝土的粘结强度主要决定于混凝土的抗拉强度和保护层厚度。

3. 梁式试验主要破坏模式

由试验结果可以看出，由于 BFRP 筋直径较小，混凝土保护层厚度较大，加之梁配置了较密的抗剪横向箍筋，试件没有发生劈裂破坏，主要表现为第（1）、（4）及第（5）种

图 3.2.10　劈裂破坏试件

破坏模式。当混凝土抗压强度较低或者埋长较短，主要为第（4）种破坏模式，发生拔出破坏的 BFRP 筋表面横肋受到的损伤相当轻微（如图 3.2.11 所示），混凝土表面沿纵筋方向出现裂纹，纤维筋被拔出时带有少量的混凝土粉末。当混凝土的抗压强度较大或埋长较长，以及 BFRP 筋表面肋较浅时，粘结锚固的失效是由于 BFRP 筋表面横肋发生破坏，而粘结锚固段混凝土基本未发生破坏，这时表现为第（1）种破坏模式。当埋长达到一定程度时，BFRP 筋与混凝土的粘结锚固力达到 BFRP 筋的纵向极限承载力，最终导致 BFRP 筋发生拉伸破坏（如图 3.2.12 所示），这就是纤维筋被拉断的第（5）种破坏模式。这种破坏现象说明，当混凝土保护层厚度足够时，影响粘结破坏模式的关键在于 BFRP 筋表面横肋的抗剪强度。

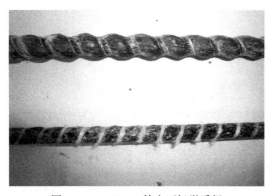

<table>
<tr><td align="center">图 3.2.11　BFRP 筋表面轻微受损</td><td align="center">图 3.2.12　BFRP 筋发生拉伸破坏</td></tr>
</table>

3.3　BFRP 筋粘结机理分析

3.3.1　粘结机理分析

荷载作用下，保证两者之间有足够的粘结力来传递内力，共同抵抗外力和变形。混凝土结构中使用钢筋或 BFRP 筋，是为了增强和改善混凝土结构的使用性能，提高结构的承载力，因此，可简称为增强混凝土结构。由钢筋混凝土原理可知，增强筋与混凝土在外荷载作用下，影响两者之间共同工作、协调变形的关键因素是粘结力的传递，通过粘结力传递增强筋的内力，协调两者之间变形。实际上，增强筋外围混凝土的应力及变形状态比较复杂，粘结力使增强筋应力沿筋的埋长而变化，反之，没有增强筋的应力变化，就不存在粘结应力。

3.3.1.1 粘结力的组成

由于钢筋和 BFRP 筋均是为增强混凝土结构性能而使用的加强筋，因此，BFRP 筋和混凝土粘结力的组成类似于钢筋混凝土结构，主要有下面三种：

（1）化学胶结力：筋与混凝土接触面上的化学吸附作用力也称胶结力。来源于浇筑时水泥浆体向筋表面渗透和养护过程中的水泥晶体的生长和硬化，从而使水泥胶体与筋表面产生吸附胶着作用。这种力一般很小，当接触面发生相对滑动时就消失，仅在局部无滑移区段内起作用。

（2）摩阻力：混凝土收缩后，将筋紧紧地握裹住而产生的力。筋和混凝土之间的挤压力越大，接触面越粗糙，则摩擦力越大。光面的 BFRP 直筋，在产生相对滑动后，粘结力主要来自摩阻力。

（3）机械咬合力：筋表面凹凸不平与混凝土发生机械咬合作用而发生力。对于表面变形带肋的 BFRP 筋，咬合力是指带肋筋嵌入混凝土而形成的机械咬合作用，这种咬合作用往往很大，是变形带肋 BFRP 筋与混凝土粘结力的主要来源。

光面的 BFRP 直筋，由于其表面较光滑、平整，与混凝土粘结时，只有化学吸附力和少量的摩擦力，因此，粘结强度很低。

表面带肋的 BFRP 筋，主要由化学吸附力、摩擦力和机械咬合力组成。由于机械咬合力很大，因此其粘结强度大大超过表面光滑的 BFRP 筋。

3.3.1.2 工作机理

对于光面的 BFRP 直筋，由于表面过于光滑，破坏时，一般以滑移拔出破坏为主。对于表面变形带肋 BFRP 筋，一般由变形肋与混凝土的挤压作用产生斜向作用力，斜向力在筋表面会产生切向分力和径向分力，径向分力使截面混凝土处于环向受拉状态。当加载到一定荷载时，界面混凝土因环向拉应力的作用产生内裂缝，若混凝土保护层较薄，环向拉应力超过混凝土抗拉强度时，试件内形成径向-纵向裂缝，这种裂缝由筋表面沿径向往试件外表发展，同时由加载端往自由端延伸，最后导致混凝土劈裂破坏。若混凝土保护层较厚或有横向裂缝的约束，径向裂缝的发展受到限制，不至于产生劈裂破坏，但筋的滑移会大幅增加。随着 BFRP 筋肋的不断削弱和滑移的继续，最终导致筋被拔出的滑移破坏。

与表面变形钢筋不同的是变形 BFRP 筋的表面硬度、抗剪强度低于混凝土。因此，发生滑移破坏时，一般以表面肋被削弱、剥离或剪切破坏为主要特征。对于普通 BFRP 筋混凝土，在 BFRP 筋被拔出的初始阶段，化学吸附力起主要作用。产生滑移后，化学吸附力退出工作，即在粘结滑移曲线的上升段中，由摩擦力和变形肋的机械咬合力承担主要抗拔作用。

3.3.1.3 粘结应力分布

粘结应力是指在 BFRP 筋与混凝土接触的界面上沿筋方向上的剪切应力。由粘结试验可知，BFRP 筋沿埋长方向的粘结应力分布是很不均匀的，在近加载端某处达到最大值，当接近自由端时，粘结应力趋于零，见图 3.3.1。而且随着埋长的增大，粘结应力分布也越来越不均匀。

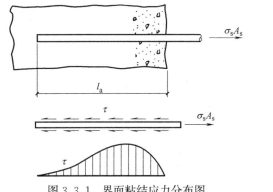

图 3.3.1　界面粘结应力分布图　　　　图 3.3.2　增强筋和混凝土的局部粘结图

公式 $\tau_m = F_u / \pi d l_a$ 实际是指沿埋长方向的平均粘结应力。当外荷载达到最大值时，对应的平均粘结应力称为粘结强度。分析梁内增强筋的平衡条件，如图 3.3.2 所示任取一段，增强筋两端的应力差都由其表面的纵向剪应力所平衡，此剪应力即为周围混凝土所提供的粘结应力。

由平衡关系可得：

$$(\sigma_s + d\sigma_s - \sigma_s) \cdot \pi d^2 / 4 = \tau_u \cdot \pi d \cdot dx \qquad (3.3.1)$$

$$\tau_u = \frac{d}{4} \cdot \frac{d\sigma_s}{dx} \qquad (3.3.2)$$

式中，τ_u 为最大平均粘结应力；d 为 BFRP 筋直径；σ_s 为拉应力。

由（3.3.2）式可知，增强筋两端的拉力差是由筋表面的粘结应力来平衡的。由于粘结应力的存在，拉应力沿长度方向才会发生变化，没有拉应力的变化，也就不存在粘结应力。

3.3.2　BFRP 筋的粘结性能及其影响因素

3.3.2.1　BFRP 筋的粘结强度

BFRP 筋与混凝土的粘结强度通常是指埋长范围的平均粘结强度，一般可采用拔出试验来测定。设拔出力为 F，则以粘结破坏（筋被拔出或混凝土劈裂）时 BFRP 筋与混凝土界面上的最大平均粘结应力作为粘结强度 τ_u，即：

$$\tau_u = \frac{F}{\pi d l} = \frac{\sigma_s A_s}{\pi d l} \qquad (3.3.3)$$

式中，τ_u 为平均粘结强度；l 为锚固长度或埋长；A_s 为 BFRP 筋截面积。

由于进行标准拔出试验时，埋入长度一般较短，粘结应力在埋入长度范围内的分布相对比较均匀。平均粘结应力也较高，因此按式（3.3.3）确定的平均粘结强度较高；埋入长度越大，则粘结应力分布越不均匀，平均粘结强度较小，但总粘结力随埋入长度的增加而增大。

3.3.2.2　影响 BFRP 筋粘结锚固性能的主要因素

1. 混凝土强度

为探讨混凝土强度的影响，制作了 PA 类拉拔试件 3 组（每组 3 个试件）及 BA 类梁式试件 3 组（每组 2 个试件），强度等级分别为 C30、C50 和 C70。混凝土强度与粘结强度的关系见图 3.3.3。

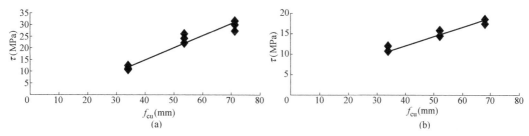

图 3.3.3 混凝土强度与粘结强度的关系
（a）拉拔试验；（b）梁式试验

试验表明，BFRP 筋与混凝土的粘结强度随着混凝土强度等级的提高而提高。

2. 埋长

为探讨埋长的影响，制作了 PC 类拉拔试件 2 组（每组 3 个试件）及 BC 类梁式试件 2 组（每组 2 个试件），同时参考部分 PA 类或 BA 类试件。埋长与粘结强度的关系见图 3.3.4。

试验表明，随着 BFRP 筋埋长的增加，拉拔力亦增加，但平均极限粘结强度减小，即粘结强度随埋长的增加而降低。原因是埋长较大时，应力分布很不均匀，高应力区相对较短，故平均极限粘结强度较低；埋长较小时，高应力区相对较大，应力丰满，平均极限粘结强度较高，且随埋长的增加，粘结应力的变化趋于平缓。

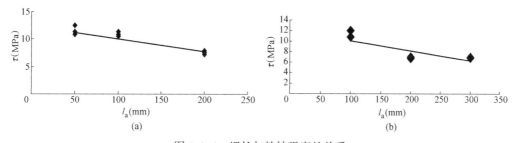

图 3.3.4 埋长与粘结强度的关系
（a）拉拔试验；（b）梁式试验

3. 直径

为探讨直径的影响，制作了 PB 类拉拔试件 2 组（每组 3 个试件）及 BB 类梁式试件 2 组（每组 2 个试件），同时参考部分 PA 类或 BA 类试件。直径与粘结强度的关系见图 3.3.5。

试验表明，直径较大的 BFRP 筋的平均极限粘结应力比直径较小的 BFRP 筋的小。这主要是由于以下几方面的原因：（1）BFRP 筋的粘结面积与截面周界长度成正比，而拉拔力与截面积成正比，二者比值（$4/d_f$，d_f 为 BFRP 筋直径）反映 BFRP 筋的相对粘结面积，直径越大的 BFRP 筋，相对粘结面积减小，不利于极限粘结强度的改善；（2）埋长：由于大直径筋为获得同样的粘结应力需要更多的埋长，而前面已经指出，粘结强度随着埋长的增加而降低；（3）泊松效应：在纵向应力作用下，泊松效应将导致筋横截面略微减

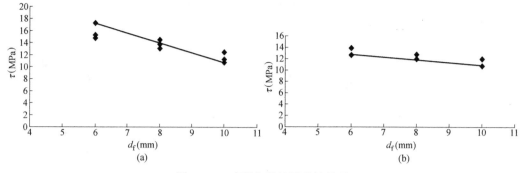

图 3.3.5　直径与粘结强度的关系
(a) 拉拔试验；(b) 梁式试验

小，而这种减小的趋势随筋直径的增大而增加，最终削弱了与混凝土之间的摩擦力和机械咬合力。

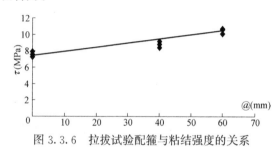

图 3.3.6　拉拔试验配箍与粘结强度的关系

4. 配箍率

为探讨配箍率的影响，制作了 PD 类拉拔试件（每组 3 个试件），同时参考部分 PC 类试件。试验表明：由于横向钢筋径向内裂缝向试件表面发展，限制了劈裂裂缝的开展，改善了试件受力的非均匀性，从而改善了锚固性能，提高了 BFRP 筋的锚固强度。箍筋对延缓劈裂的作用较小，而最明显的作用是在劈裂发生后维持侧向约束，从而提高极限粘结强度。劈裂后的粘结强度增量与劈裂面上的配箍率大体成正比，配箍与粘结强度的关系见图 3.3.6。

5. BFRP 筋的外形

BFRP 筋表面上的凸肋形状和尺寸多有不同，肋的外形几何尺寸，如肋高、肋宽、肋距和肋斜角等都对混凝土的咬合力有一定影响。与钢筋混凝土相似，增大肋高、减小肋间距、增大肋与纵轴的倾角都使给定滑移下的粘结应力增大，提高 BFRP 筋的粘结强度。另外，粘结强度会随横向约束的提高而有所增加，而且在同样的约束条件下，普通钢筋与混凝土之间的粘结强度比 BFRP 筋与混凝土之间的粘结强度要稍高一些；当然，如果增大 BFRP 筋表面变形和突纹或者对 BFRP 筋进行粘砂处理，BFRP 筋与混凝土之间的粘结强度也会提高。研究资料表明，通过有效地改变 BFRP 筋表面的变形和突纹，BFRP 筋与混凝土之间的粘结强度可比普通钢筋与混凝土之间的粘结强度高出 50% 以上。

6. 混凝土的组分和其他因素

混凝土的组分也对其粘结性能有一定影响。水泥用量过多时，粘结强度显著降低；骨料的粒径和组分对粘结强度也有明显影响。凡是对混凝土的质量和强度有影响的各个因素，例如混凝土制作过程中的坍落度、浇捣质量、养护条件、各种扰动等，又如 BFRP 筋的浇筑位置、BFRP 筋在截面的顶部或底部、BFRP 筋离构件表面的距离等，都对 BFRP 筋和混凝土的粘结性能产生一定影响。值得注意的是，构件的侧压力（如支座压力）能提高粘结锚固强度；受压 BFRP 筋的粘结锚固性能一般比受拉 BFRP 筋有利；构件的剪力会导致纵向劈裂提前发生，因而弯剪构件中 BFRP 筋的粘结锚固强度大大降低。

此外，BFRP 筋的粘结性能很大程度上还依赖于温度的变化。由于 FRP 筋与混凝土之间热胀系数的差别，当提高构件养护和试验之间的温差时，粘结强度会降低。

3.3.2.3 BFRP 筋混凝土和钢筋混凝土粘结性能对比

1. 滑移

在粘结破坏时，纤维聚合物筋与混凝土的相对滑移比钢筋与混凝土的相对滑移大得多，这是由于纤维聚合物筋的弹性模量比钢筋的弹性模量低得多，纤维聚合物筋埋入部分或全长的变形比钢筋大。这意味着，对于纤维聚合物筋，应采用较长的锚固长度，较小的直径，或者采用弯钩等机械锚固措施，以提高粘结强度，减小粘结滑移。

2. 受力过程

试验表明：宏观上，在埋长基本相同的情况下，BFRP 筋出现初始位移时的粘结应力低于钢筋，BFRP 筋的 τ-s 曲线在峰值点处的滑移则大于钢筋（图 3.3.7）。微观上，钢筋混凝土在初加载时，主要由化学胶着力起作用，但这种胶着力很小，在不大的荷载下，胶着力就发生破坏，钢筋开始滑动。这时，肋对混凝土的挤压力及钢筋与周围混凝土的摩擦力成为粘结力的主要部分，随着荷载的增大，钢筋肋对混凝土的斜向挤压力不仅使混凝土被挤碎，同时使外围混凝土出现内部斜裂缝和径向裂缝。内裂缝的出现和发展使钢筋沿新的滑移而产生较大的相对滑动，此时粘结力主要由钢筋肋与混凝土之间的咬合力承担。随着荷载的继续增大，内裂缝向试件的纵深及表面发展，当径向裂缝到达试件表面，加载端出现纵向劈裂裂缝，并向自由端发展。而与前述 BFRP 筋的受力破坏过程比较，两者在裂缝形式、破坏过程等方面均存在不同。

3. 粘结强度

同钢筋混凝土一样，纤维聚合物筋与混凝土间的粘结力由黏着力、摩阻力和机械咬合力组成，本试验大量采用的直径为 10mm 纤维聚合物筋的表面螺纹、凸肋或横肋比较深，所以纤维聚合物筋粘结力中的机械咬合力丝毫不逊于钢筋，如图 3.3.7 所示。

4. 破坏形式

钢筋混凝土试件主要发生劈裂破坏，打开发生劈裂破坏的试件观察内部，可见混凝土中的劈裂裂缝及横肋对混凝土挤压破碎的痕迹；与此相应，钢筋横肋前有挤压形成楔状堆积。对加载至钢筋屈服和拔出的试件，混凝土的咬合齿已被剪断，内孔壁形成较光滑的纵向擦痕，看不到横肋的痕迹。钢筋的凹处完全被混凝土的碎屑填满。

而 BFRP 筋在拉拔试验和梁式试验中的破坏形式有区别。拉拔试验中，在混凝土强度较低的情况下，主要发生劈裂破坏，破坏形式与钢筋十分相似，在混凝土强度较高的情况下，BFRP 筋混凝土试件的破坏大都属于拔出破坏，其中有些试件中，纤维聚合物筋的表面变形在从混凝土中拔出时被剪坏，

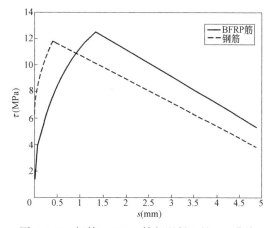

图 3.3.7　钢筋、BFRP 筋与混凝土的 τ-s 曲线

与钢筋混凝土的拔出试验和梁试验类似，纤维聚合物筋混凝土的粘结强度取决于纤维聚合物筋直径的大小。从拔出试验中得出的粘结强度要比从梁试验中得出的粘结强度高约 10% 以上。这是因为，在拔出试验中，纤维聚合物筋周围的混凝土处于受压状态，减小了裂缝发生的可能性，因此提高了粘结强度。相反，梁试验中纤维聚合物筋周围的混凝土处于受拉状态，使得在较小的应力下就出现了裂缝，降低了粘结强度。尽管有箍筋的约束作用，一般认为从梁试验中得到的结论更符合实际，因为它更好地模拟了受弯构件的特性。

3.4 BFRP 筋与混凝土粘结锚固的 τ-s 本构关系及数值分析结果

由于有限元方法在混凝土基本理论和结构分析中的应用，要求确定 BFRP 筋与混凝土之间粘结-滑移的准确关系，提出能反映 BFRP 筋与混凝土粘结滑移受力全过程的 τ-s 本构关系，以满足目前结构弹塑性有限元分析中亟待解决的问题，推进混凝土结构的计算机仿真的发展。

本章就是在前述试验的基础上，通过统计回归和数值分析，采取对现有 τ-s 模型进行修正的方法，提出适于 BFRP 筋的 τ-s 计算模型。

3.4.1 BFRP 筋 τ-s 本构关系

3.4.1.1 τ-s 基本模式

粘结滑移本构关系要求描述的是锚固长度范围内各点的局部粘结锚固应力 τ 和该处滑移 s 的关系。用拉拔试验和相应的分析计算确定了各临界状态 τ 和 s 的特征值后，就可以得出局部 τ-s 关系的基本模式。

为便于分析，通过两个特征点来描述三阶段的局部 τ-s 曲线全过程，以反映 τ-s 关系的主要特征。两个粘结锚固特征强度分别定义为：

极限强度 τ_m：混凝土咬合齿挤压破碎或 BFRP 筋外缠肋剪切破坏，达到加载曲线的峰值，即极限粘结应力。

残余强度 τ_u：混凝土咬合齿切断或 BFRP 筋外缠肋完全破坏后，以摩阻力维持，曲线下降段的终点和水平段的起点。

相应的特征滑移为 s_m、s_u。

这些特征点的数值由试验数据根据统计方法确定。

（1）上升段。形式为：

$$\tau=K_1K_2\tau_m(1-\exp\{-s/s_u\})^\beta+K_3 \quad (s<s_m) \tag{3.4.1a}$$

式中，τ_m 是极限粘结应力；s_u 为残余强度对应的滑移特征值；K_1、K_2、K_3、β 是根据试验数据的曲线拟合得到的参数。

（2）下降段。简化为经过极限点和残余点的直线，形式为：

$$\tau=\tau_m-\frac{\tau_m-\tau_u}{s_u-s_m}(s-s_m) \quad (s_m\leqslant s\leqslant s_u) \tag{3.4.1b}$$

（3）残余段。τ_u 为常值，与滑移无关，其形式为：

$$\tau=\tau_u \quad (s>s_u) \tag{3.4.1c}$$

上述三式即为 τ-s 基本关系的具体形式，尽管由于分段描述带来表达式上的繁琐，而且模型在峰值点并不是光滑连续，但是该模型物理概念明确，可通过探讨拟合参数，反映主要锚固参数对本构关系的定量影响，因而更加简单精确，此外它全面反映了从微滑移到拔出的受力全过程，能对高应力（直至破坏）、大变形（直至拔出）进行大范围的描述，较之一般模式仅在初加载的小范围内讨论上升段的 τ-s 关系有了较大拓展。

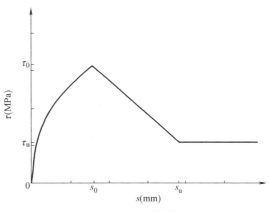

图 3.4.1 τ-s 曲线形式

τ-s 曲线形式见图 3.4.1。

3.4.1.2 试验验证

通过对本书 27 个 BFRP 筋试件的试验数据进行分析，结果表明本章所提出的曲线模型与试验数据基本吻合，现以两个试件的实测曲线与本书建议的理论曲线进行分析，BFRP 筋试件由试验得出的加载端粘结滑移特征值及拟合参数见表 3.4.1，理论曲线和试验曲线对比见图 3.4.2，因为下降段和残余段均被简化成直线，因此，只需比较理论值和试验值的上升段曲线即可。

BFRP 筋粘结滑移特征值及拟合参数　　　　　　　　　　　表 3.4.1

试件编号	粘结滑移特征值				拟合参数		
	τ_m(MPa)	s_m(mm)	τ_u(MPa)	s_u(mm)	K_1	K_2	β
PA1-1	12.5	1.345	5.3	4.9	1.9	—	0.45
BB2-2	12	3.47	4	5.7	1.54	0.95	0.55

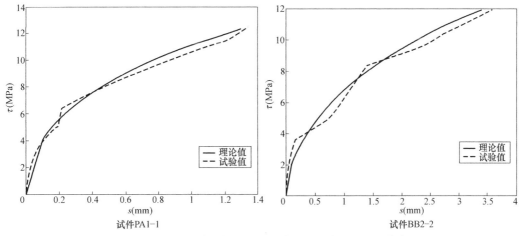

图 3.4.2 部分 BFRP 筋试件粘结滑移曲线理论曲线和试验曲线对比图

3.4.2 粘结锚固的基本方程

BFRP 筋混凝土受力后会在沿 BFRP 筋和混凝土接触面上产生剪应力，通常把这种剪应力称为粘结应力。当这种粘结能够得到有效发挥时，就使 FRP 筋和混凝土这两种材料形成一种复合结构，从而共同受力。

粘结锚固作用在握裹层混凝土中引起的应力状态十分复杂，但考虑锚固受力主要与纵向应力、应变及界面上的相互作用有关，可利用轴对称性近似简化为下面的一维问题考虑。从工程结构中截取受力 BFRP 筋及周围的握裹层混凝土，可得粘结锚固状态如图 3.4.3 所示。

直径 d_f 的 BFRP 筋在混凝土中的埋深为 l_a，一端加拉拔力 F，在锚固深度 x 时引起 BFRP 筋应力 $\sigma_f(x)$ 和应变 $\varepsilon_f(x)$，因界面粘结应力 $\tau(x)$ 的作用，引起混凝土的应力 $\sigma_c(x)$ 和应变 $\varepsilon_c(x)$，两者之间的应变差引起相对滑移 $s(x)$。取微段 dx 分析受力变形，建立粘结锚固基本方程如下：

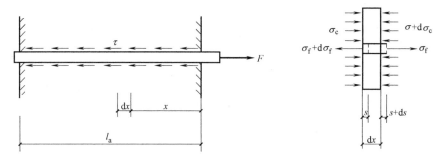

图 3.4.3　粘结锚固基本量及相互关系

平衡方程

$$\tau + \frac{d_f}{4}\frac{d\sigma_f}{dx} = 0 \tag{3.4.2}$$

$$\frac{\pi}{4}d_f^2 d\sigma_f + A_c d\sigma_c = 0 \tag{3.4.3}$$

变形方程

$$ds = (\varepsilon_f + \varepsilon_c)dx \qquad \varepsilon_f \text{拉为正}, \varepsilon_c \text{压为正} \tag{3.4.4}$$

物理方程

$$\sigma_f = f_1(\varepsilon_f) \tag{3.4.5}$$

$$\sigma_c = f_2(\varepsilon_c) \tag{3.4.6}$$

$$\tau = f_3(s) \tag{3.4.7}$$

由式（3.4.2）可以看出，粘结应力与 BFRP 筋中的应力变化率密切相关，在任意两个截面之间，若 BFRP 筋应力没有变化，粘结应力就不存在。式（3.4.5）～式（3.4.7）分别为 BFRP 筋、混凝土及粘结滑移的本构关系，其中式（3.4.7）（即局部 τ-s 本构关系）是几乎所有粘结锚固试验研究都致力探索的核心问题。

对 BFRP 筋应力和局部滑移进行积分，可求得 x 处的 BFRP 筋内力 $F(x)$ 和相对滑移 $s(x)$：

BFRP 筋内力

$$F(x) = F + \int_0^x \pi d_f \tau(x)dx \tag{3.4.8}$$

相对滑移

$$s(x) = s_l + \int_0^x ds \tag{3.4.9}$$

式中，F 和 s_l 分别为加载端的 BFRP 筋拉拔力和相对滑移。

3.4.3 BFRP 筋端锚固问题的数值分析

有了粘结滑移本构关系，就可以用解析的或有限元的方法解基本方程，实现对筋端锚固问题的计算机模拟。

3.4.3.1 数值分析的方法步骤

由前述 3.4.1 节建立的粘结锚固本构关系及实测每级荷载下的试件两端滑移，可由下面的方法得到试件的各级计算拉拔力，以此验证式（3.4.1）所示 $\tau\text{-}s$ 本构关系的可靠性。

具体步骤如下：

（1）输入锚固试件的基本参数及粘结滑移特征参数；

（2）将锚固长度 l_a 划分为 N 个微段，共 $N+1$ 个节点，对每个节点 x_i（$i=1$，…，$N+1$）依次计算 $s(x_i)$；

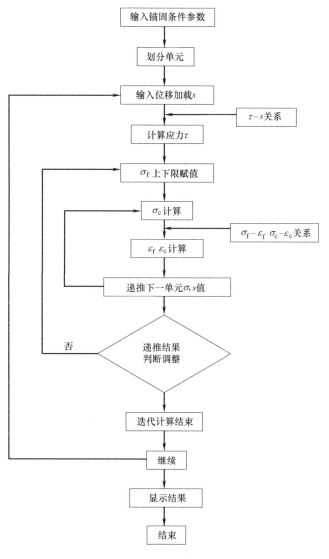

图 3.4.4　粘结锚固计算程序框图

（3）由式（3.4.1）所示 $\tau\text{-}s$ 本构关系，可得到每个节点 x_i 的粘结应力 $\tau(x_i)$，及相应的拉拔力 F_i；

（4）将 F_i 从自由端到加载端依次累加即得到该级荷载下的计算拉拔力 F。

以上求解过程用程序框图表示如图 3.4.4 所示。

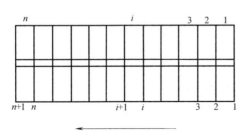

图 3.4.5　单元划分和递推方向

3.4.3.2　单元划分和递推计算

对于数值上的有限元分析，一般采用把锚固长度 l_a 划分成 n 个单元，再利用线弹性微分方程来对每一个区域进行逐步递推计算（如图 3.4.5 所示），将 BFRP 筋锚固长度划分成单元长为 $\Delta x = l_a/n$ 的 n 个单元。在加载端施加滑移 s（位移加载对应单值函数），引起锚长内各单元各变量的变化。利用基本方程式（3.4.2）、式（3.4.3）可递

推计算埋长范围内各单元基本变量的变化，并在允许的误差范围内满足边界条件。递推计算关系见式（3.4.10）～式（3.4.12）。

$$\sigma_f(i+1) = \sigma_f(i) - 4\frac{\tau(i)}{d_f} \cdot \Delta x \tag{3.4.10}$$

$$\sigma_c(i+1) = \sigma_c(i) - [\sigma_f(i) - \sigma_f(i+1)]\frac{A_s}{A_c} \tag{3.4.11}$$

$$s(i+1) = s(i) - \left[\frac{\varepsilon_f(i) + \varepsilon_f(i+1)}{2} - \frac{\varepsilon_c(i) + \varepsilon_c(i+1)}{2}\right] \cdot \Delta x \tag{3.4.12}$$

由 $s(i+1)$ 按局部 $\tau\text{-}s$ 本构关系计算下一单元的应力 $\tau(i+1)$ 及 $\sigma_f(i+2)$。依次递推，直至最后一个重元（第 n 个单元）满足自由边界条件或某一单元（有效锚固长度末端），其 BFRP 筋应力 σ_f 和粘结锚固应力 τ 都等于零（小于误差限值 $\Delta\sigma_f$ 和 $\Delta\tau$）为止。

3.4.3.3　应力调整的递推计算方法

递推计算起点取加载端单元 $\sigma_f(1) = \sigma_f^*$，对递推计算结果进行分析并调整所设应力 $\sigma_f(1)$。调整方向（增大或减小）按下列原则判定：

（1）递推至 i 节点（$i < n+1$）时，如 $\sigma_f(i) < \Delta\sigma_f$，$\tau(i) < \Delta\tau$ 则递推计算结束有效锚长为 $i \cdot \Delta x$。

（2）若 $\sigma_f(i) < \Delta\sigma_f$ 但 $\tau(i) > \Delta\tau$，意味着 BFRP 筋应力衰减为零，向内递推计算得 BFRP 筋为压应力，这不可能。此时应提高 $\sigma_f(1)$，向增大方向调整。

（3）若 $\sigma_f(i) > \Delta\sigma_f$ 但 $\tau(i) < \Delta\tau$，此时情况相反，应降低所设 $\sigma_f(1)$，向减小方向调整。

（4）若递推至 $n+1$ 节点（自由端），表明受力区已经渗入全长。如果递推计算得结果为 $\sigma_f(n+1) < \Delta\sigma_f$，表明有效锚长恰好达到自由端，BFRP 筋应力为零而结束。

（5）若 $\sigma_f(n+1) > \Delta\sigma_f$ 表明自由端尚有 BFRP 筋应力存在，与边界条件不符，应降低 $\sigma_f(1)$ 值，向减小方向调整。

用对分法调整所设应力 $\sigma_f(1)$，进行循环迭代计算，直至在允许范围内满足边界条件（收敛）为止。

当出现 $\sigma_{\mathrm{f}}(i)-f_{\mathrm{u}}<\Delta\sigma_{\mathrm{f}}$ 时表明 BFRP 筋已破坏，与拔出问题不相符，应减小筋埋入混凝土的长度。

3.4.3.4 数值分析用于模拟加载程序

由上述数值分析的步骤，输入锚固试件的基本参数及粘结滑移特征参数（表3.4.2），在试件两端逐级施加位移荷载，通过计算机运算可得到该试件的加载曲线。与同条件试验试件的实测 τ-s 曲线比较，拟合程度较好。图 3.4.6 为试件 PA1-1 实测 τ-s 曲线与数值模拟曲线的对比，二者大致符合。

BFRP 筋粘结滑移特征参数 表 3.4.2

试件编号	τ_{m}(MPa)	s_{m}(mm)	τ_{u}(MPa)	s_{u}(mm)
PA1-1	12.5	1.345	5.3	4.9

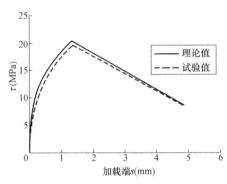

图 3.4.6　试件 PA1-1 实测 τ-s 曲线与数值模拟曲线对比图

3.5　BFRP 筋锚固长度的计算

3.5.1　纤维聚合物筋与混凝土粘结计算的基本公式

纤维聚合物筋与混凝土接触面上的粘结应力（剪应力）是纤维聚合物筋与混凝土共同工作的前提。通过粘结应力，纤维聚合物筋与混凝土之间能进行应力传递并协调变形。因此，用粘结试验方法（如拉拔试验、简支梁式试验和悬臂梁式试验）通过检测纤维聚合物筋的应力得到粘结应力，实际应用中一般通过测量拔出荷载得到平均粘结强度。

粘结性能研究中，纤维聚合物筋混凝土之间的传力机理可用一段长度为 $\mathrm{d}x$ 的纤维聚合物筋的受力状态来描述，由力的平衡条件得到粘结应力与沿长度为 $\mathrm{d}x$ 的纤维聚合物筋应力变化的关系式为

$$\tau(\pi d_{\mathrm{b}}\mathrm{d}x)=A_{\mathrm{f}}(f_{\mathrm{f}}+\mathrm{d}f_{\mathrm{f}})-A_{\mathrm{f}}f_{\mathrm{f}} \tag{3.5.1}$$

根据式（3.5.1），当纤维聚合物筋沿纵向的应力变化已知时，粘结应力可由下式计算：

$$\tau=\frac{A_{\mathrm{f}}}{\pi d_{\mathrm{b}}}\cdot\frac{\mathrm{d}f_{\mathrm{f}}}{\mathrm{d}x} \tag{3.5.2}$$

当粘结应力 τ 的分布已知时，纤维聚合物筋沿纵向由位置 x_1 到位置 x_2 之间的应力变

化值为

$$\Delta f_f = \frac{\pi d_b}{A_f} \int_{x_1}^{x_2} \tau \mathrm{d}x \tag{3.5.3}$$

对于拉拔试验，由式（3.5.3）得加载端纤维聚合物筋的应力和拔出力为

$$f_{fl} = \frac{\pi d_b}{A_f} \int_0^{l_d} \tau \mathrm{d}x \tag{3.5.4a}$$

$$F_{fl} = \pi d_b \int_0^{l_d} \tau \mathrm{d}x \tag{3.5.4b}$$

式（3.5.1）～式（3.5.4）中，A_f 为纤维聚合物筋的截面面积（mm^2）；d_b 为纤维聚合物筋的直径（mm）；f_f 为纤维聚合物筋的应力（MPa）；l_d 为纤维聚合物筋的埋长（mm）。

由式（3.5.4b）可见，把纤维聚合物筋拔出混凝土所需要的力随着纤维聚合物筋在混凝土中埋长的增大而增加。当埋长足够大时，纤维聚合物筋会在被拔出混凝土之前发生受拉破坏；否则，纤维聚合物筋被拔出混凝土时不会达到其极限强度。最佳锚固长度（即临界锚固长度或基本锚固长度）定义为达到纤维聚合物筋的极限强度所需要的最小埋入长度。

根据基本锚固长度的定义，用平均粘结应力的极限值（即粘结强度）τ_u 和纤维聚合物筋的极限强度 f_{fu} 分别代替式（3.5.4a）中的 τ 和 f_{fl}，则基本锚固长度 l_{bf} 可由下式计算：

$$l_{bf} = \frac{A_f}{\pi d_b} \cdot \frac{f_{fu}}{\tau_u} \tag{3.5.5}$$

其中，l_{bf} 是基本锚固长度（mm）；f_{fu} 是纤维聚合物筋的极限拉伸强度（MPa）。

以前的钢筋混凝土的粘结试验已经证实，钢筋与混凝土的粘结强度是混凝土抗压强度和钢筋直径的函数，即

$$\tau_u = k \sqrt{f_c'}/d_b \tag{3.5.6}$$

式中，τ_u 是钢筋与混凝土的粘结强度（MPa）；k 是个常数；f_c' 是混凝土的圆柱体抗压强度（MPa）；d_b 是钢筋的名义直径（mm）。

为了简化分析并与钢筋混凝土中已应用的理论保持一致，在本书中将钢筋混凝土的粘结强度随 $\sqrt{f_c'}/d_b$ 线性变化的结论应用到 BFRP 筋混凝土的粘结强度计算中，并通过修正系数加以修正。可以看出，影响 BFRP 筋与混凝土粘结性能的因素包括破混凝土强度、BFRP 筋直径等，得到比较一致的体现。

BFRP 筋与混凝土粘结强度的计算公式可以表达为

$$\tau_{fu} = K_1 \sqrt{f_c'}/d_b \tag{3.5.7}$$

式中，τ_{fu} 是 BFRP 筋与混凝土的平均粘结强度；K_1 为粘结强度修正系数；f_c' 是混凝土的圆柱体抗压强度；d_b 是 BFRP 筋直径。

粘结强度修正系数 K_1 通过试验确定，表 3.5.1 和表 3.5.2 列出了 K_1 的试验统计值。

拉拔试验 K_1 的统计值　　　　　　　　　　　　　　　　　表 3.5.1

编号	直径(mm)	f_{cu}(MPa)	f_c'(MPa)	τ_m(MPa)	K_1
PA1-1	10	37.4	29.5	12.5	23.0
PA1-2	10	37.4	29.5	10.8	19.9

编号	直径(mm)	f_{cu}(MPa)	f'_c(MPa)	τ_m(MPa)	K_1
PA1-3	10	37.4	29.5	11.3	20.8
PA2-1	10	54.5	43.1	26.1	39.8
PA2-2	10	54.5	43.1	24.1	36.7
PA2-3	10	54.5	43.1	22.1	33.7
PA3-1	10	72.5	57.3	31.6	41.8
PA3-2	10	72.5	57.3	30	39.6
PA3-3	10	72.5	57.3	27.3	36.1
PB1-1	6	34.9	27.6	15.3	17.5
PB1-2	6	34.9	27.6	17.3	19.8
PB1-3	6	34.9	27.6	14.8	16.9
PB2-1	8	36.1	28.5	14.5	21.7
PB2-2	8	36.1	28.5	13.8	20.7
PB2-3	8	36.1	28.5	13.1	19.6
PC1-1	10	38.3	30.3	10.8	19.6
PC1-2	10	38.3	30.3	10.5	19.1
PC1-3	10	38.3	30.3	11.4	20.7
PC2-1	10	36.3	28.7	7.26	13.6
PC2-2	10	36.3	28.7	7.56	14.1
PC2-3	10	36.3	28.7	7.91	14.8
PD1-1	10	35.9	28.4	8.82	16.6
PD1-2	10	35.9	28.4	9.16	17.2
PD1-3	10	35.9	28.4	8.41	15.8
PD2-1	10	37.4	29.5	10.1	18.6
PD2-2	10	37.4	29.5	10.7	19.7
PD2-3	10	37.4	29.5	10.6	19.5

梁式试验 K_1 的统计值　　　　　　　　表 3.5.2

编号	直径(mm)	f_{cu}(MPa)	f'_c(MPa)	τ_m(MPa)	K_1
BA1-1	10	35.9	28.4	12	22.5
BA1-2	10	35.9	28.4	10.8	20.3
BA2-1	10	56.4	44.6	15.8	23.7
BA2-2	10	56.4	44.6	14.5	21.7
BA3-1	10	70	55.3	17.5	23.5
BA3-2	10	70	55.3	18.6	25.0
BB1-1	6	35.8	28.3	13.9	15.7
BB1-2	6	35.8	28.3	12.7	14.3
BB2-1	8	36.6	28.9	12.8	19.0

编号	直径(mm)	f_{cu}(MPa)	f'_c(MPa)	τ_m(MPa)	K_1
BB2-2	8	36.6	28.9	12	17.9
BC1-1	10	36.4	28.8	6.98	13.0
BC1-2	10	36.4	28.8	6.88	13.1
BC2-1	10	34.9	27.6	6.85	13.0
BC2-2	10	34.9	27.6	6.97	13.3

由表 3.5.1 及表 3.5.2 可以看出 K_1 的试验取值中，最小的 K_1 值为 13.00，为保守起见，取 $K_1=13.00$，所以，BFRP 筋与混凝土粘结强度的计算公式为

$$\tau_{fu}=13.00\sqrt{f'_c}/d_b \tag{3.5.8}$$

3.5.2 基本锚固长度的计算

3.5.2.1 基本锚固长度计算

根据 3.5.1 节的分析结果，将式（3.5.8）代入式（3.5.5）

$$l_{bf}=0.019 \cdot \frac{f_{fu} \cdot d_b^2}{\sqrt{f'_c}} \tag{3.5.9}$$

式中，l_{bf} 是基本锚固长度（mm）；d_b 是纤维聚合物筋的直径（mm）；f_{fu} 是纤维聚合物筋的极限拉伸强度（MPa）；f'_c 是混凝土的圆柱体抗压强度（MPa）。

3.5.2.2 试验验证

现通过式（3.5.9）对直径为 10mm 的 BFRP 筋的基本锚固长度进行计算，并与试验结果相比较，以验证其可靠性。

锚固条件和计算参数如下：BFRP 筋直径为 10mm，供应商提供的材料保证强度为 950MPa，弹性模量为 30×10^3MPa；混凝土的强度为 C30，实测混凝土抗压强度约为 34.9MPa。

由《混凝土结构设计规范》GB 50010—2010（2015 年版），混凝土的圆柱体抗压强度 f'_c 为：

$$f'_c=0.79 \cdot f_{cu,k}=0.79\times34.9=27.57(MPa)$$

则 BFRP 筋的基本锚固长度为：

$$l_{bf}=0.019 \cdot \frac{f_{fu} \cdot d^2}{\sqrt{f'_c}}=0.019\times\frac{950\times10^2}{\sqrt{27.57}}=343mm$$

由计算结果知，当 BFRP 筋发生拉伸破坏时，其锚固长度约为 $35d$，与梁式试验试件 BC2-1 和 BC2-2 的试验结果相符。所以，该公式是具有一定可靠性的，可以根据不同的锚固条件求出与实际情况相符的基本锚固长度。

3.5.2.3 锚固长度影响系数

1. 顶部修正系数

郑州大学高丹盈教授等对 82 个 FRP 筋混凝土试件的粘结性能进行了系统的试验研究，得到了 FRP 筋基本的锚固长度及修正系数。试验已经表明浇筑位置对单调静力荷载下的粘结强度影响很大。在美国现行的 ACI318—96 和加拿大的 CAN/CSA A23.3 规范

中，对放置在距试模底部 300mm 以上的顶部浇筑筋的埋长，考虑顶部筋效应的方法是把钢筋的基本锚固长度分别乘以修正系数 1.3 或 1.4。

本书作者采用高丹盈教授的建议，修正系数采用 1.3 来反映顶部筋效应。

2. 保护层修正系数

混凝土保护层厚度对纤维聚合物筋的粘结破坏类型有很大的影响。例如保护层厚度为一倍纤维聚合物筋直径时，会发生劈裂破坏；保护层厚度大于等于两倍纤维聚合物筋直径就可能会发生拔出破坏或纤维聚合物筋拉伸破坏。

为了考虑不同混凝土保护层厚度的作用，ACI318-96 对于钢筋规定的修正系数为 1.0、1.4、2.0。在 Ehsani 进行的试验中，混凝土保护层厚度取两倍于纤维聚合物筋直径所测得的粘结强度与混凝土保护层厚度为一倍于纤维聚合物筋直径的粘结强度的比值范围是 1.2~1.5，建议的修正系数是 1.5。因此为了反映混凝土保护层厚度的影响。基本锚固长度 l_{db} 必须乘上保护层修正系数，当混凝土保护层厚度小于等于纤维聚合物筋的直径时取为 1.5，当保护层厚度大于一倍纤维聚合物筋直径时取 1.0。

3.5.2.4 锚固长度设计建议

锚固长度 l_{df} 是基本锚固长度 l_{bf} 与不同影响因素的乘积。由于目前的研究成果尚不充分，从设计角度来说，对 BFRP 筋的粘结界面强度尚存在不确定因素的影响，特别是局部 $\tau\text{-}s$ 本构关系的合理性、安全性尚待进一步研究。因此，为提高可靠性而增设安全系数 K，本书作者综合考虑到可靠度系数及其他影响因素，取 $K=1.4\sim1.5$。

同时考虑，国外学者 Benmokrane 等建议 FRP 筋的最小锚固长度应不小于 $20d_f$。

综上所述，BFRP 筋的锚固长度 l_{df} 应按式（3.5.10）取值：

$$l_{df}=\max(K \cdot l_{bf}, 20d_f) \tag{3.5.10}$$

式中，K 取值为 1.4~1.5；d_f 为 BFRP 筋直径。

4 BFRP筋混凝土简支梁受弯性能的研究

4.1 引言

（1）进行 BFRP 筋混凝土简支梁的受弯性能试验研究。试验主要对 BFRP 筋混凝土简支梁的破坏模式、开裂荷载、极限荷载、变形发展情况以及裂缝开展情况等进行研究。

（2）根据试验结果，对 BFRP 筋混凝土梁受弯工作各受力阶段的特点及各项受弯性能指标的表现进行研究；对不同配筋率的 BFRP 筋混凝土梁在破坏模式及各项受弯性能指标上的影响进行比较；采用非线性有限元的分析方法，对 BFRP 筋混凝土梁的受力性能以及 BFRP 筋混凝土梁和钢筋混凝土梁进行等强度代换的对比分析。

（3）在试验研究的基础上，对 BFRP 筋混凝土梁的破坏模式、正截面极限抗弯承载力、挠度求解、配筋率限制、最大裂缝宽度、配筋率与各项受弯性能指标之间的关系、弯矩-曲率关系以及荷载-挠度关系进行分析。通过理论研究，期望初步建立适用于 BFRP 筋混凝土梁的有关理论计算公式或计算模型。

4.2 BFRP筋混凝土简支梁受弯性能的试验研究

试验目的：研究 BFRP 筋混凝土简支梁在纯弯状态下的受弯性能，包括其各受力阶段的特点、破坏模式、抗裂承载力、极限抗弯承载力、变形发展情况以及裂缝开展情况等。

试验仪器及设备：手动液压千斤顶、电阻应变片、ZSY-16B3 智能应变仪、百分表、钢卷尺、门式反力架、分配梁、荷载传感器、SCLY-2 数字测力仪、裂缝观测显微镜。

4.2.1 简支梁试验方案

4.2.1.1 BFRP 筋混凝土梁试件的设计

BFRP 筋混凝土梁试件的设计要点：

（1）试验主要研究 BFRP 筋混凝土梁在纯弯状态下的受弯性能，因此，为排除剪切作用的影响，在构件上划分了一定长度的纯弯段。构件由锚固段、纯弯段和剪弯段组成，其中，锚固段的长度为 450mm，纯弯段和剪弯段的长度各为 700mm。BFRP 筋混凝土梁受力简图如图 4.2.1 所示。

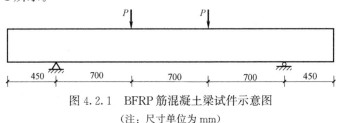

图 4.2.1　BFRP 筋混凝土梁试件示意图

（注：尺寸单位为 mm）

（2）BFRP 筋混凝土梁设计时，均按 BFRP 筋能够发挥到其极限抗拉强度的 70％以上进行配筋设计。

（3）各 BFRP 筋混凝土梁均在全梁中配置 $\phi 8@100$ 的箍筋，经验算，配箍能够保证构件不发生斜截面上的剪切破坏。

（4）为避免构件发生粘结锚固破坏，在梁端加强了 BFRP 筋与混凝土之间的锚固。所采用的措施为：在各 BFRP 筋两端设置套筒灌胶式锚具，并且在梁端面进一步采取了机械锚固措施，以进一步加强锚固。梁端锚固措施如图 4.2.2 所示。

（5）根据试验需要，进行配筋及截面设计。BFRP 筋混凝土梁试件的配筋情况如表 4.2.1 所示，配筋及截面设计示意图如图 4.2.3 所示。

图 4.2.2　梁端锚固措施

BFRP 筋混凝土梁配筋情况一览　　　　　　　　　　　　　　　　表 4.2.1

梁编号	设计混凝土强度（MPa）	配筋	配筋率（%）
BF1		B4ϕ6	0.207
BF2	30	B2ϕ10	0.291
BF3		B3ϕ10	0.437

注：B 表示 BFRP 筋。

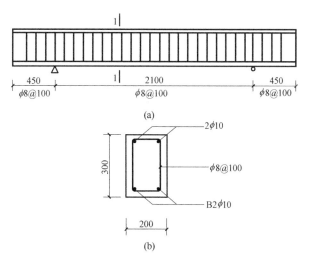

图 4.2.3　BFRP 筋混凝土梁配筋及截面设计示意图
（a）BFRP 筋混凝土梁全梁配筋示意图；（b）1-1 截面配筋示意图
（注：尺寸单位为 mm）

（6）为全面地观测 BFRP 筋上各受力区段在加载过程中的应力和应变发展情况以及 BFRP 筋在梁端的粘结锚固情况，在 BFRP 筋上的纯弯段、剪弯段以及锚固段均设置了应变片（如图 4.2.4 所示）。

图 4.2.4　BFRP 筋上应变片的粘贴位置
（注："▢" 表示应变片，尺寸单位为 mm）

为了测定截面边缘的最大应力或应变、测定截面中和轴位置以及验证平截面假定，于跨中位置处梁顶面和底面的中线位置处各布置一片应变片，在梁跨中一个侧面上沿梁高均匀布置三片应变片，各应变片的纵轴线都需平行于梁的纵轴线。混凝土上应变片的布置简图如图 4.2.5 所示。

图 4.2.5　混凝土上应变片的粘贴位置
（注："▬" 表示应变片，"△" 表示应变测点位置）

（7）各试件预估荷载及弯矩如表 4.2.2 所示。

BFRP 筋混凝土梁试件预估荷载及弯矩　　　表 4.2.2

梁编号	预估开裂荷载(kN)	预估开裂弯矩(kN·m)	预估破坏荷载(kN)		预估破坏弯矩(kN·m)		预计破坏形式
			P_{th}	P_{nu}	M_{th}	M_{nu}	
BF1	18.2	6.3	47.7	48.3	16.7	16.9	BFRP 筋拉断
BF2	18.4	6.4	73.4	73.7	25.7	25.8	BFRP 筋失效
BF3	18.2	6.3	108.0	109.4	37.8	38.3	BFRP 筋失效

注：P_{th}、M_{th} 为理论计算结果，P_{nu}、M_{nu} 为有限元计算结果。

4.2.1.2　简支梁试验加载方案

1. 加载方式

试验在门式反力架上进行，利用分配梁采用三分点加载方式对试验梁进行加载，采用手动液压千斤顶对试件施加竖向荷载，液压千斤顶与门式反力架之间通过荷载传感器相连，以量测竖向荷载值的大小。试件加载装置如图 4.2.6 所示。

2. 加载程序

因为试验为破坏性的，首先需要确定构件的承载力极限状态试验荷载值，即预估破坏荷载，见表 4.2.2。BFRP 筋混凝

图 4.2.6　试件加载装置

土梁试件的加载程序参照《混凝土结构试验方法标准》GB/T 50152—2012的有关规定进行，总体上分为预载、静载试验和卸载三个步骤。

4.2.2　试验梁制作及所用材料性能

1. 混凝土

在浇梁的同时，浇筑混凝土立方体试块。混凝土养护28d后，压一组混凝土试块，评定28d龄期混凝土的强度，以后每做一根梁的载荷试验，就压一组混凝土试块，评定试验时混凝土的强度。

混凝土立方体试块抗压强度的试验结果如表4.2.3所示。

混凝土立方体试块抗压强度试验结果　　　　　　　　　　　　　　表 4.2.3

组号	试块抗压强度（MPa）			$f_{cu,k}$(MPa)	f_{ck}(MPa)	f_{tk}(MPa)
	试块 1	试块 2	试块 3			
一	32.4	34.3	36.8	32.8	21.9	2.11
二	33.6	37.5	34.1	33.3	22.3	2.14
三	36.5	33.2	32.9	32.5	21.7	2.10

2. BFRP 筋

本试验采用的BFRP筋的力学性能测试方法见本书第2.4.2节，测试结果见表2.4.1和表2.4.2。

3. 钢筋

试验中配筋为Φ10和Φ8光圆钢筋，各种配筋材料实测力学性能如表4.2.4所示。

试验梁配筋材料性能指标实测值　　　　　　　　　　　　　　表 4.2.4

配筋种类	屈服应力（MPa）	极限拉应力（MPa）	弹性模量（GPa）	伸长率（%）
Φ 10 光圆钢筋	311	438	201.2	28.5
Φ 8 光圆钢筋	302.1	423.6	200.7	33.40

4.2.3　简支梁试验结果分析

4.2.3.1　BFRP 筋混凝土梁的受力过程

通过试验观察及分析，本书将BFRP筋混凝土梁的受弯工作分为未裂阶段、带裂缝工作阶段至破坏阶段两个受力阶段。其中，未裂阶段和带裂缝工作阶段之间的临界状态为混凝土开裂。下面以BF1梁为例，对BFRP筋混凝土简支梁受弯工作各受力阶段的特点进行说明。

1. 未裂阶段

混凝土开裂之前的受力阶段为未裂阶段，该阶段BFRP筋混凝土梁受弯工作的特点如下：（1）截面弯矩和截面各部分的应变都很小，应变发展比较缓慢，截面各部分的应变沿梁高基本上为线性变化。（2）构件挠度发展十分缓慢，各级荷载之间的挠度增量十分微小，构件的荷载-挠度关系呈线性发展。此时，凭肉眼尚察觉不到构件的变形。

总的来说，混凝土开裂之前，BFRP筋混凝土梁的截面弯矩、截面各部分的应变以及挠度都还很小，没有较大的发展变化，构件作为一个完整的共同工作的整体，基本上是处于弹性工作状态的。

2. 带裂缝工作阶段至破坏阶段

该阶段 BFRP 筋混凝土梁受弯工作的特点如下：

（1）当竖向荷载加载到 20kN 时，测力计上显示的荷载值突然下降，截面弯矩减小，即表明混凝土已经开裂。此时，在构件纯弯段内出现了第一条裂缝，其开展宽度约为 0.3mm，沿梁侧表面的延伸高度约为 196.6mm。可见，混凝土一旦开裂，裂缝沿梁侧表面即延伸较高，接近于梁高的 2/3（图 4.2.7）。混凝土开裂时所承受的荷载约为极限荷载的 28%。

图 4.2.7　BFRP 筋混凝土梁的带裂缝工作阶段

（2）较之混凝土开裂前，混凝土开裂后，构件挠度的发展明显加快，这表现为荷载-挠度关系曲线发生转折，转折点即对应构件开裂的临界状态。混凝土开裂后，受拉区混凝土逐渐退出工作，截面中和轴上升，截面弯曲刚度减小，构件挠度开始进入快速发展期，混凝土开裂前后，构件跨中挠度的增幅为 2～3mm 之间。随着竖向荷载的不断增加，构件跨中挠度快速发展的趋势愈加明显，当加载到极限荷载的 65% 时，构件跨中挠度已经达到 20mm 左右，此时凭肉眼已经可以明显察觉到构件的变形。随着受拉区混凝土不断退出工作，各级荷载作用下跨中挠度的增幅也变得十分明显，在竖向荷载较大的情况下，甚至凭肉眼即可察觉构件挠度的变化。

（3）随着竖向荷载的不断增加，构件上不断有新的裂缝出现（主要是纯弯段裂缝）。每出现一条新的裂缝，均伴随着荷载值突然下降，截面弯矩减小的现象。新裂缝一旦出现，它沿梁侧表面就已经延伸较长，均在梁高 2/3 的位置左右。当加载到极限荷载的 70% 左右时，构件上的裂缝基本上已经出齐。此后，荷载继续增加，裂缝沿梁侧表面的延伸已经很少，此时主要是内部裂缝的扩展延伸，内部受拉区混凝土不断退出工作，裂缝宽度开始出现较大较快的增长。至裂缝基本出齐时，裂缝宽度已经较大，最大裂缝宽度已经达到了 2.3mm 左右。

（4）随着荷载的不断增加，构件的挠度及裂缝的宽度继续增加，当构件所承受的荷载约为极限荷载的 75% 左右时，其裂缝的开展宽度和延伸长度以及跨中挠度都已经很大，凭肉眼观测都十分明显。此时，继续加载，构件的挠度和裂缝宽度的增长速度都明显快于前面，给人以构件即将要发生破坏的感觉。当加载到 70kN 的时候，最大裂缝宽度达到了 5mm 左右，其延伸长度达到了 272.2mm，跨中挠度也达到了 41.709mm。此后，进入持荷阶段，荷载持续约 1min，突然发出一声清脆的响声，构件因 BFRP 筋被拉断而发生破坏。从破坏现象来看，属于脆性破坏类型。

虽然构件的最终破坏是突然发生的，但在破坏前，构件已经表现出即将要发生破坏的诸多明显特征，主要表现在以下几个方面：（1）构件的裂缝宽度的增长速度明显加快，且裂缝宽度已经十分明显，透过裂缝甚至可以清晰地看到混凝土中的 BFRP 筋；（2）构件挠度的增长速度明显加快，已经无法准确读取跨中挠度值，此时，为避免百分表的损坏，需要提前撤走百分表；（3）可以清晰地听到 BFRP 筋即将被拉断时由于纤维的陆续断裂和剥离而发出的"嗞嗞"响声。最后才是 BFRP 筋突然被拉断，构件突然发生破坏。

4.2.3.2 BFRP 筋混凝土梁的破坏模式

三根 BFRP 筋混凝土梁的最终破坏都是因为 BFRP 筋丧失承载力，从而使裂缝迅速延伸至混凝土受压区，导致混凝土梁从裂缝处断裂而发生受拉破坏，其破坏现象如图 4.2.8 所示。

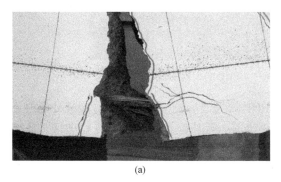 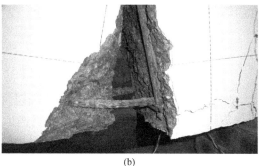

(a)　　　　　　　　　　　　　　　(b)

图 4.2.8　BFRP 筋混凝土梁的受拉破坏

（a）筋直径为 6mm 的梁；（b）筋直径为 10mm 的梁

通过试验发现，BFRP 筋混凝土梁的受弯破坏模式与一般增强筋混凝土梁的受弯破坏模式有所区别，讨论如下：

（1）BF1 梁中配置 $\phi 6$ 的 BFRP 筋。BFRP 筋拉伸试验的结果表明，$\phi 6$ 的 BFRP 筋的极限抗拉荷载为 18kN 左右，最终 BFRP 筋由于纤维断裂而发生破坏。BF1 梁的破坏模式即表现为 BFRP 筋被拉断（如图 4.2.9 所示），裂缝处混凝土由于承受不了截面弯矩的作用，裂缝迅速延伸至混凝土受压区，从而发生受拉破坏。

图 4.2.9　BF1 梁中 BFRP 筋被拉断的现象

从破坏现象来看，BF1 梁的破坏是突然发生的，属于脆性破坏，但破坏前已有较大的变形和裂缝。

（2）BF2 梁和 BF3 梁中配置 $\phi 10$ 的 BFRP 筋。BFRP 筋拉神试验的结果表明，$\phi 10$ 的 BFRP 筋的极限抗拉荷载为 50kN 左右，但它并没有被拉断，其破坏现象值得注意（如图 4.2.10 所示）。由图可见，BFRP 筋最终表现为纤维与粘结树脂之间剥离脱落导致承载力丧失而发生破坏，但纤维并未断裂，在此，我们称 BFRP 筋的这种破坏形式为 BFRP 筋失效。

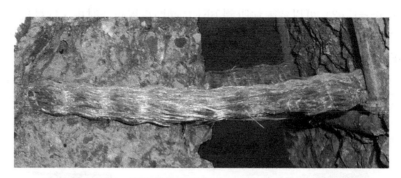

图 4.2.10　BF2 梁和 BF3 梁中 BFRP 筋失效的现象

BF2 梁和 BF3 梁最终的破坏模式表现为 BFRP 筋失效后丧失其承载力。裂缝处混凝土由于承受不了截面弯矩的作用，裂缝迅速延伸至混凝土受压区，从而发生受拉破坏。从破坏现象来看，BF2 梁和 BF3 梁的破坏也是突然发生的，属于脆性破坏，但其在破坏之前也是有预兆的，其具体表现基本上与 BF1 梁相同。

引起 BFRP 筋混凝土梁中 BFRP 筋失效和 BFRP 筋拉伸试验中 BFRP 筋失效的原因是有所不同的。BFRP 筋混凝土梁中，BFRP 筋除了受顺纤维方向的拉力作用外，还受到垂直纤维方向的销栓力作用，即横向剪力的作用，而 BFRP 筋的横向抗剪强度是比较低的，因此，BFRP 筋混凝土梁中 BFRP 筋的失效是由顺纤维方向的拉力和垂直于纤维方向的销栓力共同引起的；而在 BFRP 筋拉伸试验中，在确保拉伸试件对中的情况下，BFRP 筋的失效仅仅是由顺纤维方向的拉力引起的。

4.2.3.3　抗裂承载力

各 BFRP 筋混凝土梁的抗裂承载力如表 4.2.5 所示。

	BFRP 筋混凝土梁的抗裂承载力	表 4.2.5
梁编号	配筋率（%）	开裂弯矩（kN·m）
BF1	0.207	7.12
BF2	0.291	7.87
BF3	0.437	7.35

可见，在不同配筋率的条件下，各 BFRP 筋混凝土梁的抗裂承载力基本相当，配筋率对 BFRP 筋混凝土梁抗裂承载力的影响比较微小，这在很大程度上归因于 BFRP 筋抗拉弹性模量较低的材料特性。

增强筋混凝土受弯构件的抗裂承载力一般按照弹性理论，并采用换算截面的方法来进行计算。对于试验中所设计的 BFRP 筋混凝土梁试件而言，BFRP 筋和钢筋的横截面积分别为 $113\sim236\text{mm}^2$ 和 101mm^2，它们与混凝土弹性模量的比值分别为 $\alpha_E = E_f/E_c \approx 1.29$ 和 $\alpha'_E \approx 6.47$，则换算截面中它们各自的换算面积分别为 $145.7\sim304.4\text{mm}^2$ 和 653.5mm^2，总换算面积为 $799.2\sim957.9\text{mm}^2$，换算面积占换算截面总面积的 1.3%～1.6%。由此可见，换算面积对构件换算截面惯性矩的贡献是相当微小的，如此一来，对于不同配筋率的 BFRP 筋混凝土梁而言，其换算截面惯性矩基本相当，因而其抗裂承载力也基本相当，所以，在进行 BFRP 筋混凝土梁抗裂承载力的计算时，可不考虑配筋率的影响。

4.2.3.4 极限抗弯承载力

各 BFRP 筋混凝土梁的极限抗弯承载力如表 4.2.6 所示。

BFRP 筋混凝土梁的极限抗弯承载力 表 4.2.6

梁编号	配筋率(%)	极限弯矩(kN·m)	破坏形式
BF1	0.207	17.6	BFRP 筋拉断
BF2	0.291	27.1	BFRP 筋失效
BF3	0.437	40.4	BFRP 筋失效

试件极限抗弯承载力与配筋率的关系如图 4.2.11 所示。

试验结果及理论分析表明：配筋率对 BFRP 筋混凝土梁的极限抗弯承载力的影响是比较明显的。当配筋率在一定范围内时，随着配筋率的增加，BFRP 筋混凝土梁的极限抗弯承载力也随之增大。

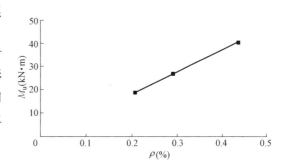

图 4.2.11 极限抗弯承载力与配筋率的关系

4.2.3.5 挠度发展情况

各 BFRP 筋混凝土梁的极限挠度如表 4.2.7 所示。

BFRP 筋混凝土梁的极限挠度 表 4.2.7

编号	配筋率(%)	极限挠度(mm)
BF1	0.207	28.946
BF2	0.291	33.159
BF3	0.437	34.056

试件极限挠度与配筋率的关系如图 4.2.12 所示。

试验结果表明：当配筋率在一定范围内时，BFRP 筋混凝土梁的极限挠度随配筋率的增加而增大。

根据试验中所测得的数据，绘制各 BFRP 筋混凝土梁的荷载-挠度关系曲线如图 4.2.13 所示。

可见，BFRP 筋混凝土梁的荷载-挠度关系曲线分为两段，曲线上的转折点即对

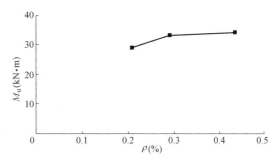

图 4.2.12 极限挠度与配筋率的关系

应于构件开裂的临界状态。混凝土开裂之前，构件基本上处于弹性工作状态，因而其荷载-挠度关系呈线性发展。由于开裂前构件受力很小，因此构件挠度发展十分缓慢，三根试验梁在达到它们各自的开裂荷载时的平均跨中挠度约为 0.326mm；构件开裂以后，由

于受拉区混凝土陆续退出工作，构件挠度进入快速发展期，这在荷载-挠度关系曲线上表现为曲线发生转折。由于 BFRP 筋线弹性的材料特性，构件开裂后，其荷载-挠度关系基本上仍然是呈线性发展的。

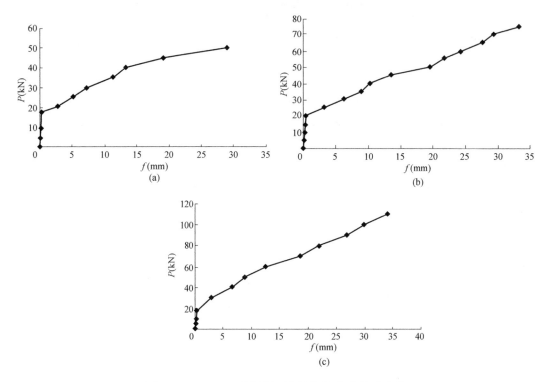

图 4.2.13　BFRP 筋混凝土梁的荷载-挠度关系曲线
(a) BF1 梁；(b) BF2 梁；(c) BF3 梁

4.2.3.6　裂缝

各 BFRP 筋混凝土梁纯弯段的裂缝开展情况如表 4.2.8 所示。

BFRP 筋混凝土梁的裂缝开展情况　　　　　　　　　　表 4.2.8

梁编号	配筋率(%)	ω_m(mm)	ω_{max}(mm)	l_m(mm)
BF1	0.207	5.22	6.26	110.6
BF2	0.291	3.02	5.11	126.5
BF3	0.437	2.96	4.98	138.2

注：ω_m 为平均裂缝宽度，ω_{max} 为最大裂缝宽度，l_m 为平均裂缝间距。

试件裂缝宽度、平均裂缝间距与配筋率的关系如图 4.2.14 所示。

试验结果及理论分析表明：影响 BFRP 筋混凝土梁裂缝开展宽度的因素很多，诸如 BFRP 筋的材料性能、BFRP 筋直径、混凝土保护层厚度以及 BFRP 筋混凝土的粘结性能均对其有影响。在以上影响因素相同的情况下，随着配筋率的增加，BFRP 筋混凝土梁的裂缝宽度随之减小，而其裂缝间距随之增大。

各 BFRP 筋混凝土梁试件的裂缝开展图如图 4.2.15 所示。

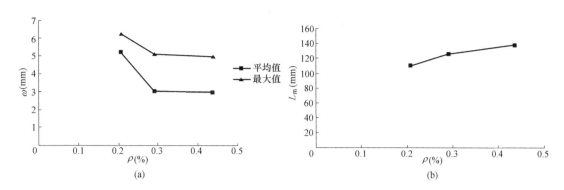

图 4.2.14 裂缝与配筋率的关系

（a）裂缝宽度与配筋率的关系；（b）平均裂缝间距与配筋率的关系

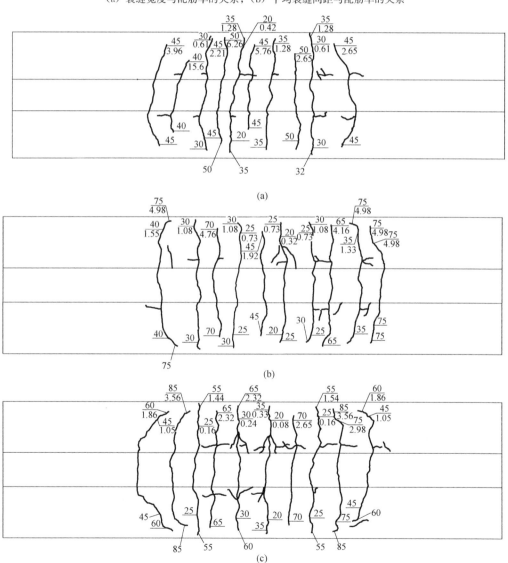

图 4.2.15 BFRP 筋混凝土梁试件的裂缝开展图

（a）BF1 梁；（b）BF2 梁；（c）BF3 梁

由裂缝开展图可见，BFRP 筋混凝土梁的裂缝宽度、裂缝间距以及裂缝沿梁侧表面的延伸长度都比较大，在不同配筋率的条件下，三根 BFRP 筋混凝土梁试件的裂缝数目和裂缝沿梁高的延伸长度基本上是一致的。试验中观察到，当施加于试件上的竖向荷载达到试件极限荷载的 70%～85% 之间时，试件上的裂缝已经基本上出齐。

4.3　理论分析

钢筋和 BFRP 筋的材料性能迥异，但是钢筋混凝土结构和 BFRP 筋混凝土结构却有其共同点：无论是钢筋，还是 BFRP 筋，它们都是作为增强筋置于混凝土之中，并与混凝土一起共同工作，以充分利用增强筋和混凝土这两种材料的强度，从而显著改善混凝土结构的受力工作性能。因此，从广义上来讲，BFRP 筋混凝土结构和钢筋混凝土结构都属于增强筋混凝土结构，二者在理论分析上具有很多相似之处。所以，在进行 BFRP 筋混凝土梁受弯性能的理论分析时，可以参考钢筋混凝土梁的有关理论成果，并根据 BFRP 筋混凝土梁的特点进行适当的修改与调整。

4.3.1　基本假定及材料本构关系

1. 基本假定

为理论分析上的方便，参考钢筋混凝土受弯构件正截面极限抗弯承载力分析的基本假定以及有关文献资料，作基本假定如下：

（1）截面应变保持平面；

（2）不考虑混凝土的抗拉强度，拉力全部由 BFRP 筋承担；

（3）纵向受压钢筋仅起架立筋的作用，不考虑其对混凝土抗压能力的贡献；

（4）BFRP 筋与混凝土之间的粘结锚固良好，不产生相对滑移；

（5）BFRP 筋混凝土梁的抗剪承载力足够，且不考虑剪切变形的影响。

2. 材料本构关系

（1）混凝土受压应力-应变关系按《混凝土结构设计规范》GB 50010—2010（2015 年版）的规定采用。如图 4.3.1 所示，其应力-应变曲线由上升段和水平段组成，其中上升段为二次抛物线。

上升段：$\varepsilon_c \leqslant \varepsilon_0$　　　　$\sigma_c = f_c\left[1-\left(1-\dfrac{\varepsilon_c}{\varepsilon_0}\right)^2\right]$ （4.3.1）

水平段：$\varepsilon_0 < \varepsilon_c \leqslant \varepsilon_{cu}$　　　　$\sigma_c = f_c$ （4.3.2）

此时，等效矩形应力图形系数 α_1 和受压区高度系数 β_1 的取值分别为：

当 $\varepsilon_c \leqslant \varepsilon_0$ 时

$$\alpha_1 = \frac{1}{\beta_1}\frac{\varepsilon_c}{\varepsilon_0}\left(1-\frac{\varepsilon_c}{3\varepsilon_0}\right)$$ （4.3.3）

$$\beta_1 = 2 \cdot \frac{1-\dfrac{\varepsilon_c}{4\varepsilon_0}}{3-\dfrac{\varepsilon_c}{\varepsilon_0}}$$ （4.3.4）

当 $\varepsilon_0 < \varepsilon_c \leqslant \varepsilon_{cu}$ 时

$$\alpha_1 = \frac{1}{\beta_1}\left(1 - \frac{\varepsilon_0}{3\varepsilon_c}\right) \tag{4.3.5}$$

$$\beta_1 = \frac{1 - \frac{2}{3}\dfrac{\varepsilon_0}{\varepsilon_c} + \frac{1}{6}\left(\dfrac{\varepsilon_0}{\varepsilon_c}\right)^2}{1 - \frac{1}{3}\dfrac{\varepsilon_0}{\varepsilon_c}} \tag{4.3.6}$$

式中，$\varepsilon_0 = 0.002$；f_c 为混凝土轴心抗压强度设计值；ε_{cu} 为混凝土极限压应变，取 $\varepsilon_{cu} = 0.0033$。

（2）BFRP 筋为完全线弹性的材料，其应力-应变关系为：

$$\sigma_f = E_f \varepsilon_f \tag{4.3.7}$$

$$\varepsilon_f \leqslant \varepsilon_{fu} \tag{4.3.8}$$

BFRP 筋从开始受拉直至破坏的全过程中，其应力-应变关系始终保持线性，没有屈服点。为保证 BFRP 筋有足够的强度储备，参考高强钢丝名义屈服强度的定义及其他文献资料，BFRP 筋的名义屈服强度一般取其极限抗拉强度的 $70\% \sim 85\%$。本试验取 BFRP 筋的名义屈服强度为其极限抗拉强度的 70%：

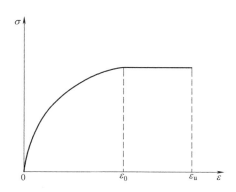

图 4.3.1　规范规定的混凝土应力-应变曲线

$$f_{fy} = 0.7 f_{fu} \tag{4.3.9}$$

$$f_{fy} = E_f \varepsilon_{fy} \tag{4.3.10}$$

$$f_{fu} = E_f \varepsilon_{fu} \tag{4.3.11}$$

式中，f_{fy}、ε_{fy} 为 BFRP 筋的名义屈服强度和名义屈服应变；f_{fu}、ε_{fu} 为 BFRP 筋的极限抗拉强度和极限拉应变。

根据拉伸试验的结果，BFRP 筋的材料性能如表 4.3.1 所示。

BFRP 筋的材料性能				表 4.3.1
极限强度 f_{fu}(MPa)	名义屈服强度 f_{fy}(MPa)	抗拉弹模 E_f(GPa)	极限应变 ε_{fu}	名义屈服应变 ε_{fy}
652	456.4	40	0.016	0.011

4.3.2　BFRP 筋混凝土梁的破坏模式

仅从破坏形式上来看，BFRP 筋混凝土梁的最终破坏要么表现为 BFRP 筋被拉断的受拉破坏类型，要么表现为受压区混凝土被压碎的受压破坏类型。这里，根据 BFRP 筋混凝土梁发生破坏时，BFRP 筋是否达到其名义屈服强度 f_{fy}，将 BFRP 筋混凝土梁的破坏模式可分为以下两种：

（1）适筋破坏：发生此种破坏时，BFRP 筋已经达到或超过了其名义屈服强度 f_{fy}。由适筋破坏的定义可见，BFRP 筋混凝土梁发生适筋破坏时，其最终破坏形式可能表现为

BFRP 筋被拉断，也可能表现为受压区混凝土被压碎。

在适筋破坏模式下，还包含有少筋破坏这种特殊情况，即构件开裂的同时，BFRP 筋就已经达到或超过了其名义屈服强度。发生少筋破坏时，由于构件一旦开裂，BFRP 筋就已经达到较高的应力水平，因此，很有可能发生构件一裂就坏的现象。所以，为使构件有足够的强度储备，应避免将 BFRP 筋混凝土梁设计成少筋梁。

（2）超筋破坏：发生此种破坏时，BFRP 筋尚未达到其名义屈服强度，而受压区混凝土已被压碎。

理论上来说，介于适筋破坏与超筋破坏之间有一个界限破坏状态，即 BFRP 筋达到其名义屈服强度 f_{fy} 的同时，受压区混凝土被压碎破坏（实际上这种界限破坏状态是很难达到的）。令发生界限破坏时的 BFRP 筋的配筋率为 ρ_{fb}，BFRP 筋的实际配筋率为 ρ_f，则当 $\rho_f < \rho_{fb}$ 时，发生适筋破坏；当 $\rho_f > \rho_{fb}$ 时，发生超筋破坏。

由于 FRP 筋不像钢筋那样具有明显的屈服台阶，其应力-应变关系始终保持为线弹性，因此，无论是适筋破坏、超筋破坏，还是界限破坏，均属于脆性破坏类型。

4.3.3 BFRP 筋混凝土梁的正截面极限抗弯承载力分析

1. 界限破坏

发生界限破坏时，截面应变和应力状态图如图 4.3.2 所示。

界限相对受压区高度 ξ_{fb} 定义如下：发生界限破坏时，截面混凝土实际受压区高度 x_{cb} 与截面有效高度 h_0 的比值，即 $\xi_{fb} = x_{cb}/h_0$。其中截面有效高度 h_0 为由截面受压区边缘到 BFRP 筋截面中心的距离。

根据平截面假定，有：

$$\frac{\varepsilon_{cu}}{\varepsilon_{fy}} = \frac{x_{cb}}{h_0 - x_{cb}} \quad (4.3.12)$$

由此可得界限相对受压区高度：

$$\xi_{fb} = \frac{x_{cb}}{h_0} = \frac{\varepsilon_{cu}}{\varepsilon_{cu} + \varepsilon_{fy}} \quad (4.3.13)$$

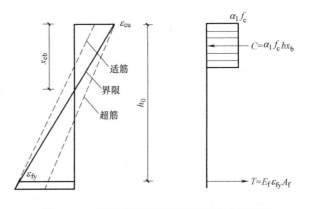

图 4.3.2　界限破坏时截面应变和应力状态图

由截面应变状态图可见：

当实际相对受压区高度 $\xi_f < \xi_{fb}$ 时，此时 $\rho_f < \rho_{fb}$，构件发生适筋破坏；

当实际相对受压区高度 $\xi_f > \xi_{fb}$ 时，此时 $\rho_f > \rho_{fb}$，构件发生超筋破坏。

发生界限破坏时，受压区混凝土边缘纤维达到了极限压应变 ε_{cu}，因此，为简化计算，受压区混凝土的理论应力图形可用等效矩形应力图形来代换。

根据内力平衡，有：

$$\alpha_1 f_c b x_b = E_f \varepsilon_{fy} A_{fb} \quad (4.3.14)$$

则：

$$A_{fb} = \frac{\alpha_1 f_c b x_b}{E_f \varepsilon_{fy}} \quad (4.3.15)$$

界限配筋率为：

$$\rho_{fb}=\frac{A_{fb}}{bh_0}=\frac{\alpha_1 f_c x_b}{E_f \varepsilon_{fy} h_0}\qquad(4.3.16)$$

其中，x_b 为界限破坏时等效矩形应力图形的高度，$x_b=\beta_1 x_{cb}$。

界限破坏时截面极限抗弯承载力为：

$$M_u=\alpha_1 f_c b x_b\left(h_0-\frac{x_b}{2}\right)\qquad(4.3.17)$$

2. 适筋破坏

当 $\xi_f<\xi_{fb}$ 时，发生适筋破坏。根据最终破坏形式，分两种情况讨论。

（1）BFRP 筋先被拉断

根据受压区混凝土边缘纤维应变 ε_c 的大小，分别讨论如下：

① 当 $\varepsilon_c\leqslant\varepsilon_0$ 时

此时截面应变和应力状态图如图 4.3.3 所示。

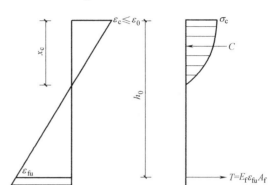

图 4.3.3　BFRP 筋被拉断时截面应变和应力状态图（a）

受压区混凝土的合力 C 可由以下积分得到：

$$C=\int_0^{x_c}\sigma(\varepsilon)\cdot b\cdot\mathrm{d}y\qquad(4.3.18)$$

将混凝土受压应力-应变关系式代入上式，可得：

$$C=f_c b x_c\frac{\varepsilon_c}{\varepsilon_0}\left(1-\frac{\varepsilon_c}{3\varepsilon_0}\right)\qquad(4.3.19)$$

进一步可求得合力 C 的作用点到受压区混凝土边缘纤维的距离：

$$y_c=\frac{1-\dfrac{\varepsilon_c}{4\varepsilon_0}}{3-\dfrac{\varepsilon_c}{\varepsilon_0}}x_c\qquad(4.3.20)$$

根据平截面假定，有：

$$\frac{\varepsilon_c}{\varepsilon_{fu}}=\frac{x_c}{h_0-x_c}\qquad(4.3.21)$$

根据内力平衡，有：

$$C=E_f\varepsilon_{fu}A_f\qquad(4.3.22)$$

将式（4.3.19）代入式（4.3.22）中，联立式（4.3.21）、式（4.3.22），可求出 ε_c 和 x_c，再由式（4.3.20）求出 y_c，则截面极限抗弯承载力为：

$$M_u=E_f\varepsilon_{fu}A_f(h_0-y_c)\qquad(4.3.23)$$

② 当 $\varepsilon_0<\varepsilon_c<\varepsilon_{cu}$ 时

此时截面应变和应力状态图如图 4.3.4 所示。

此时，受压区混凝土的应力应变曲线分为两段，需分段积分，积分后可得受压区混凝

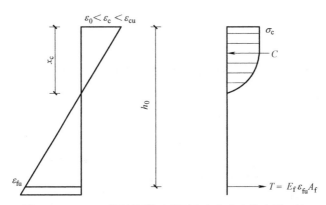

图 4.3.4　BFRP 筋被拉断时截面应变和应力状态图（b）

土的合力：

$$C'=f_c bx_c-\frac{f_c b}{3}\left(\frac{\varepsilon_0}{\varepsilon_c}\right)x_c \tag{4.3.24}$$

进一步可求得合力 C' 的作用点到受压区混凝土边缘的距离：

$$y'_c=\frac{\dfrac{1}{2}-\dfrac{1}{3}\dfrac{\varepsilon_0}{\varepsilon_c}+\dfrac{1}{12}\left(\dfrac{\varepsilon_0}{\varepsilon_c}\right)^2}{1-\dfrac{1}{3}\dfrac{\varepsilon_0}{\varepsilon_c}}x_c \tag{4.3.25}$$

根据内力平衡，有：

$$C'=E_f\varepsilon_{fu}A_f \tag{4.3.26}$$

将式（4.3.24）代入式（4.3.26）中，联立式（4.3.21）、式（4.3.26），可求出这种情况之下的 ε_c 和 x_c，再由式（4.3.25）求出 y'_c，则截面极限抗弯承载力为：

$$M_u=E_f\varepsilon_{fu}A_f(h_0-y'_c) \tag{4.3.27}$$

（2）受压区混凝土先被压碎

此时截面应变和应力状态图如图 4.3.5 所示。

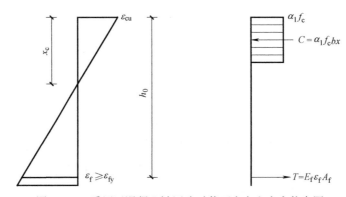

图 4.3.5　受压区混凝土被压碎时截面应变和应力状态图

受压区混凝土边缘纤维已达到极限压应变，为简化计算，受压区混凝土的合力可由等效矩形应力图形求出。

由平截面假定，有：

$$\frac{\varepsilon_{cu}}{\varepsilon_f} = \frac{x_c}{h_0 - x_c} \tag{4.3.28}$$

由内力平衡，有：

$$\alpha_1 f_c b x = E_f \varepsilon_f A_f \tag{4.3.29}$$

其中，x 为受压破坏时等效矩形应力图形的高度，$x = \beta_1 x_c$，联立式（4.3.5）、式（4.3.6）、式（4.3.28）、式（4.3.29），可求出 ε_f 和 x_c，再求出 $x = \beta_1 x_c$，则截面极限抗弯承载力：

$$M_u = \alpha_1 f_c b x \left(h_0 - \frac{x}{2} \right) \tag{4.3.30}$$

3. 超筋破坏

当 $\xi_f > \xi_{fb}$ 时，发生超筋破坏。此时，BFRP 筋尚未达到其名义屈服强度，而受压区混凝土已被压碎。

截面应变和应力状态图如图 4.3.6 所示。

超筋破坏时的正截面极限抗弯承载力分析同适筋破坏情况下受压破坏时的情形，见式（4.3.28）～式（4.3.30）。

以上分别对界限破坏、适筋破坏、超筋破坏三种情况下的正截面极限抗弯承载力进行了分析。需要注意的是：由于 BFRP 筋为线弹性的材料，它无屈服点，无屈服台阶，故而规定了它的名义屈服点，对于 BFRP 筋混凝土梁的破坏模式的界

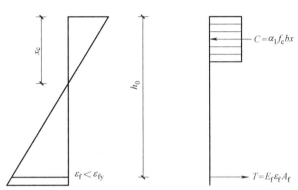

图 4.3.6 超筋破坏时截面应变和应力状态图

定，就是以 BFRP 筋是否达到了其名义屈服强度来衡量的。BFRP 筋混凝土梁发生破坏时，若 BFRP 筋已达到或超过其名义屈服强度，则为适筋破坏；若 BFRP 筋尚未达到其名义屈服强度，则为超筋破坏。因此，对 BFRP 筋混凝土梁破坏模式的有关描述与规定，同钢筋混凝土梁相比是有所区别的。

4.3.4 BFRP 筋混凝土梁的开裂弯矩

BFRP 筋混凝土梁与钢筋混凝土梁都作为增强筋混凝土梁，它们在混凝土开裂之前的力学行为是一致的，即筋与周围混凝土之间不产生相对滑移，二者之间具有相同的应变。在接近开裂的临界状态时，受拉区混凝土的塑性虽然有所发展，但从整个未裂阶段来看，构件基本上是处于弹性工作状态的。因此，BFRP 筋混凝土梁开裂弯矩的计算公式可参照钢筋混凝土梁开裂弯矩的计算公式，如下：

$$M_{cr} = \gamma f_{ctk} W_0 \tag{4.3.31}$$

$$\gamma = \left(0.7 + \frac{120}{h} \right) \gamma_m \tag{4.3.32}$$

$$f_{ctk} = 0.55 f_{tk} \tag{4.3.33}$$

式中，γ 为截面抵抗矩塑性影响系数；γ_m 为混凝土构件的截面抵抗矩塑性影响系数基本值，对于矩形截面，$\gamma_m = 1.55$；W_0 为换算截面受拉边缘的弹性抵抗矩；f_{ctk} 为素混凝土轴心抗拉强度标准值；f_{tk} 为混凝土轴心抗拉强度标准值；h 为截面高度（mm）。

BFRP 筋混凝土梁的换算截面惯性矩计算如下：

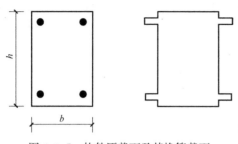

令 BFRP 筋与混凝土之间的弹性模量之比 $\alpha_E = E_f / E_c$。构件开裂之前，混凝土基本上是处于弹性工作状态的，且 BFRP 筋与混凝土具有相同的拉应变，则有 $\varepsilon_c = \sigma_c / E_c = \varepsilon_f = \sigma_f / E_f$，所以 BFRP 筋所受的拉力为 $T = \sigma_f A_f = \alpha_E \sigma_c A_f$，因此，可以将 BFRP 筋的横截面积 A_f 在保持其形心位置不变的前提下，换算成 α_E 倍的混凝土面积；同理，对于受压区的纵

图 4.3.7　构件原截面及其换算截面

向架立钢筋，令钢筋与混凝土之间的弹性模量比值为 $\alpha'_E = E_s / E_c$，则钢筋的横截面积 A_s 在保持其形心位置不变的前提下，也可以换算成 α'_E 倍的混凝土面积。这样，BFRP 筋混凝土梁的截面就转化成了单一混凝土材料的换算截面，其中换算截面受拉区和受压区两侧挑出的面积分别为 $(\alpha_E - 1) \cdot A_f$，$(\alpha'_E - 1) \cdot A_s$（如图 4.3.7 所示）。

4.3.5　BFRP 筋混凝土梁的挠度分析

4.3.5.1　混凝土开裂之前的挠度计算

混凝土开裂之前，BFRP 筋与其周围受拉区混凝土之间是协调变形的，二者具有相同的拉应变，虽然构件在接近开裂的临界状态时，受拉区混凝土的塑性有所发展，但从整体上看来，构件还是基本上处于弹性工作状态的。因此，在将构件截面转换成单一混凝土材料之后，便可利用弹性匀质材料的有关公式来近似的计算构件的挠度。BFRP 筋混凝土梁开裂之前的挠度计算公式如下：

$$f = S \cdot \frac{M l_0^2}{E_0 I_0} \tag{4.3.34}$$

其中，l_0 为简支梁的计算跨度；S 为与荷载形式、支承条件有关的挠度系数，对于试验中所设计的 BFRP 筋简支梁而言，$S = 23/144$；M 为简支梁未开裂之前所承受的弯矩，$M \leqslant M_{cr}$。

4.3.5.2　混凝土开裂之后的挠度计算

混凝土开裂之后，构件开始表现出明显的塑性特征，且其截面惯性矩随着中和轴的不断上升也不断发生着变化，因此，混凝土开裂之后的挠度分析较之开裂之前要复杂得多，建立 BFRP 筋混凝土梁开裂之后的挠度计算公式才是 BFRP 筋混凝土梁挠度分析的重点所在。

由于 FRP 筋所具有的高强度和低弹模的特点，FRP 筋混凝土受弯构件的挠度和裂缝宽度都比普通钢筋混凝土构件的要大，最大裂缝宽度约为相同钢筋混凝土受弯构件的 3～5 倍，所以，在很多情况下，FRP 筋混凝土受弯构件的设计不像钢筋混凝土那样受承载能力极限状态的控制，而是受正常使用极限状态的制约，并且在进行 FRP 筋混凝土受弯构件挠度与裂缝的分析时，传统的钢筋混凝土理论往往不能给出满意的结果，因此，必须建立适合于 FRP 筋混凝土受弯构件挠度与裂缝的分析计算模型。

目前，许多针对普通钢筋混凝土梁的计算方法在用于 FRP 筋混凝土梁的挠度计算时，其结果均偏小，在 FRP 筋混凝土受弯构件的挠度计算方面有两种计算模型：一种是采用有效惯性矩的横截面模型，即将未开裂截面的惯性矩与对应开裂状态的截面惯性矩进行线性组合，按弹性方法分析计算受弯构件的挠度；另一种是考虑 FRP 筋与混凝土之间相互作用的块模型。目前，国内外有关 FRP 筋混凝土梁的挠度研究多采用有效惯性矩的概念。

1. 横截面模型

采用有效惯性矩的横截面模型如下：

Favre 和 Chari 曾根据 CEB-FIP（1990）设计规范提出了一种针对普通钢筋混凝土梁挠度的计算公式，即短期挠度 f 可用下式计算：

$$f = f_2 - (f_2 - f_1)\beta' \frac{M_{cr}}{M} \tag{4.3.35}$$

式中，f_1 为未开裂截面的挠度值；f_2 为已开裂且不考虑混凝土受拉作用时的挠度值；系数 $\beta' = \beta_1 \cdot \beta_2$（符号的具体意义见相关文献）。

国内学者张鹏、薛伟辰等人采用有效惯性矩的概念，对以上公式进行了修正，建立了采用有效惯性矩的横截面模型。他们给出的 FRP 筋混凝土梁在荷载短期效应组合下的挠度计算建议公式为：

$$f = \frac{S l_0^2}{E_c} \cdot \frac{M}{I_e} \tag{4.3.36}$$

式中，I_e 为梁横截面的有效惯性矩，其表达式为：

$$I_e = \frac{I \cdot I_{cr}}{I_{cr}\varepsilon + 1.18I(1-\varepsilon)} \tag{4.3.37}$$

$$\varepsilon = \frac{0.5M_{cr}}{M} \tag{4.3.38}$$

式中，I_{cr} 为梁已开裂截面只考虑混凝土受压区的换算截面惯性矩；M_{cr} 为梁开裂弯矩，$M_{cr} = (I/y)f_1$，其中 I 为梁毛截面惯性矩，y 为梁毛截面形心至截面最外部受拉纤维的距离。

2. 挠度的简化计算方法

为方便快捷地求解 BFRP 筋混凝土梁的挠度，下面介绍一种较为简单的挠度计算方法。

BFRP 筋混凝土梁的受力简图及其曲率分布图如图 4.3.8 所示。

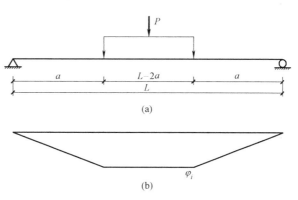

图 4.3.8　BFRP 筋混凝土梁的受力简图及其曲率分布图
(a) BFRP 筋混凝土梁受力简图；(b) BFRP 筋混凝土梁曲率分布图

由结构力学方法，构件跨中挠度可通过对截面曲率积分得到，即：

$$f_i = \int_0^{l/2} \varphi(x)x\,\mathrm{d}x = \int_0^a \frac{\varphi_i}{a}x^2\,\mathrm{d}x + \int_a^{l/2} \varphi_i x\,\mathrm{d}x$$

$$= \frac{1}{24}\varphi_i(3l^2 - 4a^2) \qquad\qquad (4.3.39)$$

式中，$\varphi(x)$ 为距支座截面 x 处的截面的曲率。由此，在求得各级荷载 P_i 作用下构件纯弯段的曲率 φ_i 后，即可得到相应的构件跨中挠度 f_i。

经比较，采用这种简化计算方法所得到的挠度值与采用非线性有限元的求解方法所得到的挠度值是十分接近的。可见，挠度的简化计算方法不仅计算公式简单明了，而且计算结果也比较可靠。

4.3.6 BFRP 筋混凝土梁的最大裂缝宽度

关于 FRP 筋混凝土梁的裂缝宽度限制问题，目前有两种观点：一种观点认为由于 FRP 筋具有较好的耐腐蚀性能，因此建议应该适当放宽 FRP 筋混凝土梁在正常使用荷载下的裂缝宽度要求；另一种观点则认为由于 FRP 筋混凝土梁与普通钢筋混凝土梁相比在开裂后刚度降低较多，同时考虑到裂缝位置处 FRP 筋容易发生销栓破坏，其剪切位移对梁的裂缝宽度有明显的影响，从而导致其裂缝宽度问题不仅会对梁的正常使用产生影响，而且还会影响到梁的承载力及破坏模式，故提出对 FRP 筋混凝土梁进行设计时裂缝的控制应相对严格些。

BFRP 筋混凝土简支梁受弯性能的试验研究表明，BFRP 筋混凝土梁开裂后，其挠度开始出现较大且较快的增长，这是由于 BFRP 筋的抗拉弹性模量较低，因此混凝土开裂后构件的弯曲刚度降低较多。对比分析的结果表明，BFRP 筋混凝土梁的裂缝宽度远大于对应的钢筋混凝土梁，在同等强度的条件下，BFRP 筋混凝土梁的裂缝宽度约为对应钢筋混凝土梁的 12～14 倍。由于 BFRP 筋混凝土梁的裂缝宽度很大，且 BFRP 筋为各向异性的材料，因此，裂缝位置处的 BFRP 筋势必受到较大的销栓作用的影响。

综上所述，对 BFRP 筋混凝土梁来讲，第二种观点更加符合实际情况，因此，关于 BFRP 筋混凝土梁的裂缝宽度限制问题，本书作者倾向于采纳第二种观点。

BFRP 筋混凝土粘结锚固性能的试验研究结果表明：在混凝土强度、锚固长度、筋直径以及横向约束等条件相同的情况下，BFRP 筋混凝土的平均粘结强度与对应的钢筋混凝土基本相当（BFRP 筋混凝土的平均粘结强度约为对应钢筋混凝土平均粘结强度的 0.9～1.1 倍）。鉴于 BFRP 筋混凝土良好的粘结锚固性能，本书作者建议参考钢筋混凝土受弯构件裂缝分析的有关理论来进行 BFRP 筋混凝土梁的裂缝分析。钢筋混凝土受弯构件最大裂缝宽度的计算公式为：

$$\omega_{s,max} = \alpha_{cr}\psi \frac{\sigma_{sk}}{E_s}\left(1.9c + 0.08\frac{d_{eq}}{\rho_{te}}\right) \qquad\qquad (4.3.40)$$

BFRP 筋混凝土受弯构件最大裂缝宽度的计算公式即参照上式进行修正。BFRP 筋与钢筋的区别主要有以下三点：（1）材料性质不同，BFRP 筋为完全线弹性的材料，而钢筋为弹塑性的材料；（2）抗拉弹性模量和极限抗拉强度不同，BFRP 筋的抗拉弹性模量仅为钢筋的 1/5～1/4，而其极限抗拉强度约为钢筋的两倍；（3）与混凝土之间的粘结锚固性能不同。

其中，影响 BFRP 筋混凝土受弯构件裂缝开展宽度的主要因素为 BFRP 筋的抗拉弹性模量以及 BFRP 筋混凝土的粘结锚固性能。因此，在对式（4.3.40）进行修正时，主要应该考虑 BFRP 筋和钢筋在抗拉弹性模量以及它们与混凝土之间的粘结锚固性能上的区别。

张鹏、薛伟辰在钢筋混凝土受弯构件最大裂缝宽度计算公式的基础上，采用等价钢筋的概念，加入了考虑 FRP 筋抗拉弹性模量和 FRP 筋混凝土粘结强度的两项修正项，得到了按荷载效应的标准组合并考虑长期荷载作用影响的 FRP 筋混凝土梁的最大裂缝宽度计算公式：

$$\omega_{f,max}=\alpha_{cr}\psi\frac{\sigma_{sk}}{E_s}\left(1.9c+0.08\frac{d_{eq}}{\rho_{te}}\right)\times\left(\frac{E_s}{E_f}\right)\left(\frac{I_{b,s}}{I_{b,f}}\right)^{2/3} \tag{4.3.41}$$

式中，$I_{b,s}$、$I_{b,f}$ 分别为普通钢筋及 FRP 筋的粘结强度指标。由于 BFRP 筋混凝土的粘结强度与钢筋混凝土相当，因此，本书作者建议仅对抗拉弹性模量进行修正，对式（4.3.41）进行简化，建议 BFRP 筋混凝土梁最大裂缝宽度的计算公式为：

$$\omega_{f,max}=\alpha_{cr}\psi\frac{\sigma_{sk}}{E_s}\left(1.9c+0.08\frac{d_{eq}}{\rho_{te}}\right)\times\frac{E_s}{E_f}$$

$$=\alpha_{cr}\psi\frac{\sigma_{sk}}{E_f}\left(1.9c+0.08\frac{d_{eq}}{\rho_{te}}\right) \tag{4.3.42}$$

式中符号意义参照《混凝土结构设计规范》GB 50010—2010（2015 年版）的说明，在 BFRP 筋混凝土梁裂缝的计算公式中，有关针对普通钢筋的参数计算均为与 BFRP 筋同直径、同数量的相应普通钢筋的计算值。

4.3.7 基于正常使用功能的 BFRP 筋混凝土梁的配筋率限制

由于 BFRP 筋材料的弹性模量低以及线弹性的应力-应变关系等特点常常会导致其混凝土梁出现初始裂缝后刚度降低非常明显，梁挠度偏大，因此若按钢筋混凝土结构中以满足承载能力为设计控制指标，会使设计出的 BFRP 梁在正常使用阶段挠度、裂缝偏大。国外许多研究者都认为对 FRP 筋混凝土梁的设计在很多情况下主要应根据其使用性能标准的要求来进行，特别是挠度及裂缝；课题尝试采用限制 BFRP 筋混凝土梁的最大挠度，然后确定与之对应的 BFRP 筋配筋率，从而得到满足正常使用极限状态要求的 BFRP 筋的配筋率限制。

1. 以配筋率为控制标准

FRP 筋的一个显著特点是：其抗拉弹性模量较低（BFRP 筋的弹性模量约为钢筋的 20%～25%），由此造成 BFRP 筋混凝土受弯构件开裂后，其抗弯刚度也较低。与同等强度条件下的钢筋混凝土受弯构件相比，在正常使用极限状态下，BFRP 筋混凝土受弯构件的挠度都较大。鉴于这方面的原因，在进行 BFRP 筋混凝土梁的设计时，为避免因 BFRP 筋混凝土梁的挠度过大而影响其正常使用性能，需限制 BFRP 筋的最小配筋率 ρ_{fmin}。

在确定 BFRP 筋的最小配筋率时，由于 BFRP 筋与钢筋在弹性模量上的显著差异，若按照钢筋混凝土的相关规定来确定 BFRP 筋的最小配筋率，则会导致 BFRP 筋混凝土梁的实际挠度比设计挠度要偏大。因此，必须针对 BFRP 筋的特点，确定适合于 BFRP 筋混凝土梁的最小配筋率。张玉成等参照美国混凝土协会标准（ACI-440-2001）关于 FRP 筋混凝土梁最小配筋率的经验公式并结合我国混凝土试验参数给出了 FRP 筋混凝土梁最小配筋率的计算公式：

$$\rho_{fmin} = 0.54 \frac{\sqrt{f_c}}{f_{fu}} \qquad (4.3.43)$$

其中，f_c 为混凝土轴心抗压强度设计值；f_{fu} 为 FRP 筋的极限抗拉强度设计值。

在实际 FRP 筋受弯构件中，满足最小配筋率的梁，绝大多数是由于受压区混凝土先被压碎而发生的脆性破坏，但这种梁有时仍不能满足挠度要求。为使 FRP 筋混凝土梁满足变形上的要求，Newhook 等在大量试验的基础上，提出了 FRP 筋混凝土梁的最大配筋率 ρ_{fmax} 的计算公式：

$$\rho_{fmax} = 0.24 \frac{\beta_1 f_c}{E_f \varepsilon_{fy}} \qquad (4.3.44)$$

其中，β_1 按照《混凝土结构设计规范》GB 50010—2010（2015 年版）的规定采用；ε_{fy} 值目前欧美一般控制在 $1600 \times 10^{-6} \leqslant \varepsilon_{fy} \leqslant 2400 \times 10^{-6}$，在计算中常取 2000×10^{-6}。

用上式求得的最大配筋率比较大，如果 FRP 筋梁配筋率超过最大配筋率，再增加 FPP 筋对结构的挠度影响作用非常小。在 FRP 筋梁受弯构件正截面承载力设计中，最大配筋率一般不作为控制性指标，可作为调整梁截面尺寸的指标。

如前所述，FRP 筋所具有的低弹模的特点将会使其配筋混凝土受弯构件产生较大的变形与裂缝，因此，一般建议在进行 FRP 筋混凝土受弯构件设计时，将其设计成超筋构件，即其最终破坏形式表现为受压区混凝土先被压碎，从而控制 FRP 筋混凝土受弯构件的变形在合理范围内，满足正常使用功能上的要求以及构件延性上的要求。

2. 以挠度为控制标准

由于 FRP 筋抗拉弹性模量较低、与混凝土的粘结强度较低以及其线弹性的材料特性，使得其配筋混凝土受弯构件开裂后刚度降低非常明显，构件挠度偏大。因此，国外许多研究者都认为，对 FRP 筋混凝土梁的设计在很多情况下主要根据其使用性能标准的要求来进行，特别是挠度及裂缝。

为满足正常使用极限状态的要求，本书建议限制 BFRP 筋混凝土梁的最大挠度，然后确定与之对应的 BFRP 筋配筋率，从而得到满足正常使用极限状态要求的 BFRP 筋的配筋率限制。令 BFRP 筋混凝土梁的挠度限值为 f_{lim}，则由式（4.3.39）可得与 f_{lim} 对应的截面曲率：

$$\varphi_{lim} = \frac{24 f_{lim}}{3l^2 - 4a^2} \qquad (4.3.45)$$

非线性全过程分析表明，构件开裂后，BFRP 筋混凝土梁的弯矩-曲率关系曲线为一条直线，令该直线的斜率为 K，则有

$$K = \frac{M_{u,i} - M_{cr}}{\varphi_{u,i} - \varphi_{cr}} \qquad (4.3.46)$$

式中，$M_{u,i}$、$\varphi_{u,i}$ 分别为极限弯矩和极限曲率；M_{cr}、φ_{cr} 分别为开裂弯矩和开裂曲率。则与 φ_{lim} 对应的截面弯矩 $M_{lim,i}$ 为

$$M_{lim,i} = K(\varphi_{lim} - \varphi_{cr}) + M_{cr} \qquad (4.3.47)$$

由 BFRP 筋混凝土梁配筋率与极限挠度的关系曲线可见，当配筋率小于界限配筋率时，挠度是随着配筋率的增加而增大的，当配筋率大于极限配筋率时，挠度是随着配筋率

的增大而减小的。由于 BFRP 筋混凝土梁开裂后的荷载-挠度关系理论曲线为线性，所以，配筋率与各级荷载作用下的挠度仍然以界限配筋率为分界点而表现为不同的增量关系。所以，为使构件满足正常使用极限状态下挠度限值 f_{lim} 的要求，应使 BFRP 筋的配筋率大于界限配筋率，即应将 BFRP 筋混凝土梁设计为超筋梁。所以，应限制 BFRP 筋的配筋率如下：

$$\rho_{fb} \leqslant \rho_{fi} \leqslant \rho_{fmax} \tag{4.3.48}$$

式中，ρ_{fb} 为界限配筋率；ρ_{fmax} 为给定的配筋率的上限。令配筋率的初始值为 $\rho_{fi} = \rho_{f0} = \rho_{fb}$，则与配筋率 ρ_{fi} 对应的极限弯矩和极限曲率 $M_{u,i}$、$\varphi_{u,i}$ 均可确定，由此即可确定与 ρ_{fi} 和 φ_{lim} 对应截面弯矩 $M_{lim,i}$。

根据平截面假定，有

$$\varphi_{lim} = \frac{\varepsilon_c + \varepsilon_f}{h_0} = \frac{\varepsilon_c}{x_c} \tag{4.3.49}$$

受压区混凝土的合力 C 可由积分得到，根据受压区混凝土边缘纤维应变 ε_c 的大小，合力 C 的表达式有所不同。

由截面内力平衡，有

$$C = E_f \varepsilon_f A_{flim,i} \tag{4.3.50}$$

由力矩平衡，有

$$M_{lim,i} = E_f \varepsilon_f A_{flim,i}(h_0 - y_c) \tag{4.3.51}$$

式中，y_c 为合力 C 作用点到受压区混凝土边缘的力臂长度。联立式（4.3.19）、式（4.3.20）、式（4.3.49）、式（4.3.50）和式（4.3.51）或式（4.3.24）、式（4.3.25）、式（4.3.49）、式（4.3.50）和式（4.3.51），可得与 $M_{lim,i}$ 对应的 BFRP 筋的横截面积 $A_{flim,i}$ 和 BFRP 筋的配筋率 $\rho_{flim,i} = A_{flim,i}/bh_0$，若满足 $|\rho_{fi} - \rho_{flim,i}| \leqslant \varepsilon$（$\varepsilon$ 为任一最小正数），则可接受 $\rho_{flim,i}$ 为满足正常使用极限状态的配筋率限值，若不满足以上条件，则令 $\rho_{fi} = \rho_{fi} + \Delta\rho$（$\Delta\rho$ 为配筋率增量），重复以上步骤，直至寻得满足条件的配筋率为止。以上求解过程利用 MAT-LAB 软件实现。

联立式（4.3.19）、式（4.3.20）、式（4.3.49）、式（4.3.50）和式（4.3.51）求解时，ε_c 的求解结果要满足 $\varepsilon_c \leqslant \varepsilon_0$ 的条件，联立式（4.3.24）、式（4.3.25）、式（4.3.49）、式（4.3.50）和式（4.3.51）求解时，ε_c 的求解结果要满足 $\varepsilon_0 < \varepsilon_c < \varepsilon_{cu}$ 的条件。构件在弯矩 M_{lim} 作用下的截面应变和应力状态图如图 4.3.9 所示。

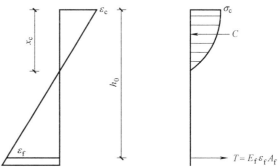

图 4.3.9 弯矩 M_{lim} 作用下的截面应变和应力状态图

4.4 非线性有限元分析

FRP 筋混凝土是由 FRP 筋和混凝土两种性质不同的材料组成的一种不匀质的非弹性材料。在 FRP 筋混凝土梁的相关计算分析中，存在以下几方面的问题：

（1）尽管 FRP 筋是一种线弹性材料，而由于混凝土的非线性性质，FRP 筋混凝土梁在整体上作为一个结构构件，在其受力工作的过程中是处于非线性工作状态的。

（2）在 FRP 筋混凝土梁的设计中，在内力分析时，往往按弹性理论计算，而在截面设计时，却按极限状态进行计算，其结果是内力分析和截面设计的结果都不能反映构件的实际受力状态，造成了 FRP 筋混凝土梁内力分析和截面设计的严重脱节。

针对以上两方面的问题，对 FRP 筋混凝土梁采用非线性的分析方法，将会更确切地反映构件的实际受力状态，更准确地预测其抗弯极限承载能力及其受力工作过程中的变形情况。因此，本文在进行 BFRP 筋混凝土梁抗弯极限承载能力及其变形的数值分析时，采用非线性全过程分析的方法。

4.4.1 基本假定及材料本构关系

分析时所采用的基本假定见 4.3 节的有关内容。

（1）混凝土的应力-应变关系采用 E. Hognestad 建议的模型，如图 4.4.1 所示。模型的上升段为二次抛物线，下降段为斜直线。

$$上升段：\varepsilon_c \leqslant \varepsilon_0 \qquad \sigma_c = f_c \left[1 - \left(1 - \frac{\varepsilon_c}{\varepsilon_0} \right)^2 \right] \qquad (4.4.1)$$

$$下降段：\varepsilon_0 < \varepsilon_c \leqslant \varepsilon_{cu} \qquad \sigma_c = f_c \left[1 - 0.15 \frac{\varepsilon_c - \varepsilon_0}{\varepsilon_{cu} - \varepsilon_0} \right] \qquad (4.4.2)$$

式中，$\varepsilon_0 = 0.002$；f_c 为混凝土轴心抗压强度设计值；ε_{cu} 为混凝土极限压应变，取 $\varepsilon_{cu} = 0.0033$。

（2）钢筋的应力-应变关系采用完全弹塑性的双直线模型，如图 4.4.2 所示。

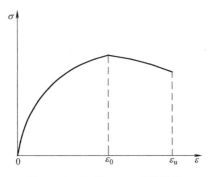

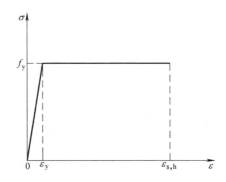

图 4.4.1　E. Hognestad 建议的
混凝土应力-应变关系

图 4.4.2　钢筋应力-应变关系

（3）BFRP 筋的应力-应变关系为完全线弹性。

4.4.2 截面分层

在进行 BFRP 筋混凝土梁的非线性有限元分析时，鉴于混凝土的非线性性质，为了能进行数值计算，首先需要将混凝土的截面划分成若干条带，并假定每一条带上的应力和应变为均匀分布。在条带划分时，为了能使混凝土截面上的应力分布接近实际情况，一般采用多条带划分，条带划分得愈细致，则分析精度愈高。采用网格划分法比采用条带划分法具有更高的精度。具体划分时，应视所研究问题的精度要求而定。常用的截面分层方法如图 4.4.3 所示。

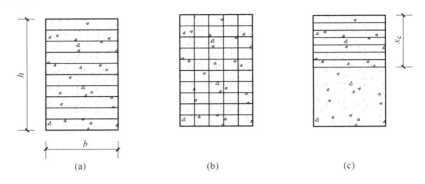

(a)　　　　　　　　　　(b)　　　　　　　　　　(c)

图 4.4.3　常用截面分层方法

(a) 全条带划分法；(b) 网格划分法；(c) 受压区条带划分法

为分析上的方便，不考虑受拉区混凝土的作用，在截面分层时，仅对受压区混凝土进行条带划分，采用受压区条带划分的方法。根据欧洲混凝土委员会（CEB）推荐的方法，将截面受压区混凝土平均划分为 7 个条带，并假定各混凝土条带上的应力、应变为均匀分布，各混凝土条带的应力、应变值取其中心位置处的应力、应变值。

设任一混凝土条带中心的应力、应变分别为 σ_{ci}、ε_{ci}，任一混凝土条带中心距中性轴的距离为 y_i，则

$$y_i = \frac{x_c}{7} \cdot \frac{1}{2} + \frac{x_c}{7} \cdot (i-1) = \frac{x_c}{7} \cdot \left(i - \frac{1}{2}\right) \tag{4.4.3}$$

规定各混凝土条带中心距中性轴的距离从中性轴往上依次为 y_1，y_2，$\cdots$，y_7，如图 4.4.4 所示。

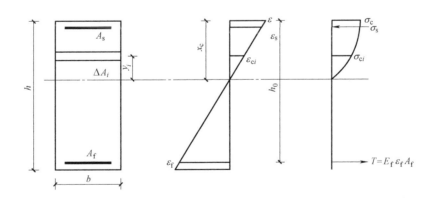

图 4.4.4　BFRP筋混凝土梁的正截面应变和应力状态图

4.4.3　弯矩-曲率求解

BFRP 筋混凝土梁在任一弯矩 M（$M < M_u$）作用下，其正截面应变和应力状态图如图 4.4.4 所示。

根据平截面假定，有：

$$\varepsilon_c = \varphi x_c \quad (4.4.4)$$

$$\varepsilon_{ci} = \varphi y_i \quad (4.4.5)$$

$$\varepsilon_f = \varphi(h_0 - x_c) \quad (4.4.6)$$

其中，φ 为截面曲率；ε_c、ε_{ci}、ε_f 分别为受压区混凝土边缘纤维、各混凝土条带中心和 BFRP 筋的应变。

则由式（4.4.4），可得受压区混凝土高度为：

$$x_c = \frac{\varepsilon_c}{\varphi} \quad (4.4.7)$$

根据内力平衡，有：

$$\sum_{i=1}^{7} \sigma_{ci} \Delta A_i + \sigma_s A_s = E_f \varepsilon_f A_f \quad (4.4.8)$$

根据力矩平衡，有：

$$M = E_f \varepsilon_f A_f (h_0 - x_c) + \sum_{i=1}^{7} \sigma_{ci} \Delta A_i y_i + \sigma_s A_s (x_c - a_s) \quad (4.4.9)$$

1. 界限破坏

此时，构件正截面应变和应力状态图如图 4.4.5 所示。

由图可知，发生界限破坏时，截面曲率为：

$$\varphi_{cr} = \frac{\varepsilon_{cu} + \varepsilon_{fy}}{h_0} \quad (4.4.10)$$

2. 适筋破坏

分两种情况讨论。

（1）BFRP 筋被拉断

此时，构件正截面应变和应力状态图如图 4.4.6 所示。

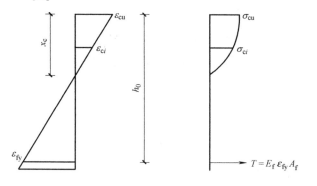

图 4.4.5 界限破坏时正截面应变和应力状态图

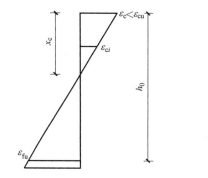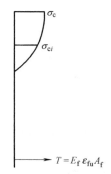

图 4.4.6 适筋破坏时正截面应变和应力状态图（一）
（注：BFRP 筋被拉断，受压区混凝土未被压碎）

此时截面曲率为：

$$\varphi_{cu} = \frac{\varepsilon_c + \varepsilon_{fu}}{h_0} \qquad (4.4.11)$$

其中，ε_c 的值可由式（4.3.19）、式（4.3.21）、式（4.3.22）或式（4.3.21）、式（4.3.24）、式（4.3.26）联立解方程得到。联立式（4.3.19）、式（4.3.21）、式（4.3.22）求解时，ε_c 的结果要满足 $\varepsilon_c \leqslant \varepsilon_0$ 的条件；联立式（4.3.21）、式（4.3.24）、式（4.3.26）求解时，ε_c 的结果要满足 $\varepsilon_0 < \varepsilon_c < \varepsilon_{cu}$ 的条件。

（2）混凝土被压碎

此时，构件正截面应变和应力状态图如图 4.4.7 所示。

此时截面曲率为：

$$\varphi_{cu} = \frac{\varepsilon_{cu} + \varepsilon_f}{h_0} \qquad (4.4.12)$$

其中，ε_f 的值可由式（4.3.5）、式（4.3.6）、式（4.3.28）、式（4.3.29）联立解方程得到。

3. 超筋破坏

此时，构件正截面应变和应力状态图如图 4.4.8 所示。

此时截面曲率的计算同适筋破坏情况下混凝土被压碎时的情形。

综上可知，M-φ 求解的主要思路是：计算构件从开始受力直至发生破坏的全过程中各级截面曲率 φ 所对应的截面弯矩 M，从而得到构件加载至破坏的全过程中 M-φ 的对应关系。因此，在进行 M-φ 求解时，首先需从 M 和 φ 两者之中选定一个作为已知，来确定另外一个，故可采用分级加荷载和分级加变形两种方法。课题组在对构件的弯矩-曲率关系进行求解时，采用了分级加变形的方法，即先假定 φ 为已知，然后求得相应的 M 值。具体求解步骤如下：

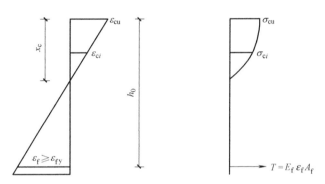

图 4.4.7　适筋破坏时正截面应变和应力状态图（二）

（注：BFRP 筋未被拉断，受压区混凝土被压碎）

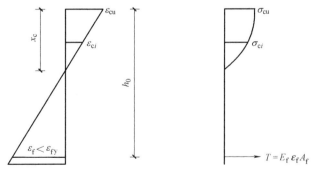

图 4.4.8　超筋破坏时正截面应变和应力状态图

（1）取曲率 $\varphi := \varphi + \Delta\varphi$；

（2）假定梁截面受压区混凝土边缘纤维的应变 ε_c；

（3）求各混凝土条带、钢筋和 BFRP 筋的应变；

（4）根据混凝土、钢筋和 BFRP 筋的本构关系求与应变相对应的应力值；

（5）判别截面内力是否满足内力平衡条件 $\Sigma N=0$；

（6）若不满足内力平衡条件，则需调整 ε_c 的值，重复步骤（3）～（5）；

（7）若满足，则求出截面弯矩 M，从而得到曲率 φ 所对应的弯矩 M；

（8）循环步骤（1）～（7），直至取到临界曲率 φ_{cr} 或极限曲率 φ_{cu}，从而得到构件从开始加载直至破坏的全过程中的 M-φ 关系。

在进行 M-φ 求解时，需要先假定受压区混凝土边缘纤维的应变值 ε_c，再判断是否满足内力平衡条件。这其中会遇到数值计算的逐次逼近问题，ε_c 一般不可能一次假定就刚好满足平衡条件，而需要不断地调整 ε_c 的值。令函数

$$y=N(\varepsilon)=\sum_{i=1}^{7}\sigma_{ci}\Delta A_i+\sigma_s A_s-E_f\varepsilon_f A_f \qquad (4.4.13)$$

通过调整 ε，使 $y=N(\varepsilon)=0$，则 ε 调整到位。函数 y 的插值函数为

$$\varphi(\varepsilon)=y_1+\frac{y_2-y_1}{\varepsilon_2-\varepsilon_1}(\varepsilon-\varepsilon_1) \qquad (4.4.14)$$

式中，$y_1=N(\varepsilon_1)$，$y_2=N(\varepsilon_2)$。为使 $\varphi(\varepsilon)=0$，由式（4.4.14），可得 $\varepsilon=\varepsilon_3$。再将 ε_3 代入函数 y 中，看 $y_3=N(\varepsilon_3)\leqslant|\varepsilon_N|$ 是否成立，若不成立，则重复上述步骤进行插值运算，直至 $y_i=N(\varepsilon_i)\leqslant|\varepsilon_N|$（$|\varepsilon_N|$ 为任一最小正数）。

利用 MATLAB 编制计算程序进行 M-φ 求解并绘制 M-φ 关系曲线，M-φ 计算框图如图 4.4.9 所示。

4.4.4 荷载-挠度求解

在得到 M-φ 关系，求得构件各截面处的曲率后，即可运用共轭梁法求得任一截面的转角 θ_i 和挠度 δ_i，从而进一步求得构件任意点的挠度。为了能够进行数值计算，首先需要对梁进行单元划分，将梁视为包含着若干微段的变刚度杆单元。为此，将梁划分成 n 个小段，相应的节点为 $n+1$ 个，并假定各节点之间每一小段内的截面曲率 φ 为均匀分布。为保证足够的精度，通常取 $n\geqslant16$。具体进行梁段划分

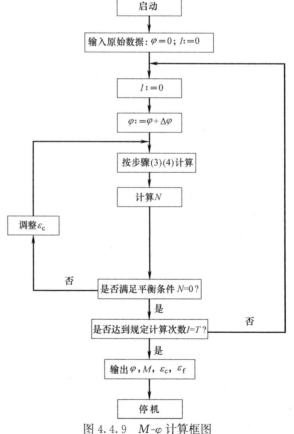

图 4.4.9 M-φ 计算框图
（注：框图中 T 为规定的计算次数）

时，将纯弯段平均划分为 16 等分，剪弯段平均划分为 5 等分。梁段划分及杆段曲率分布如图 4.4.10 及图 4.4.11 所示。

由图 4.4.11，根据虚荷载平衡条件，有

图 4.4.10　梁段划分示意图

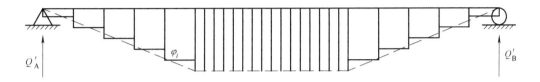

图 4.4.11　曲率分布图

(注：图中虚线所示为构件的理论曲率分布)

$$\varphi_{A} = Q'_{A} = \sum_{i}^{n} \varphi_i \Delta x (l - x_i) / l \qquad (4.4.15)$$

则跨中位移为

$$\delta_{l/2} = M'_{l/2} = Q'_{A} \cdot \frac{l}{2} - \sum_{i}^{n/2} \varphi_i \Delta x (l/2 - x_i) \qquad (4.4.16)$$

在进行 P-δ 关系求解时，也有分级加荷载和分级加变形两种方法，本书采用分级加变形的方法进行 P-δ 求解。此时分级加变形又可分为分级加曲率和分级加挠度两种，这里，采用分级加曲率的方法。对于简支梁而言，即以其最大弯矩截面——跨中截面处的曲率 $\varphi_{l/2}$ 作为控制值，逐级增加曲率求解。具体求解步骤如下：

（1）取跨中截面处的曲率 $\varphi_{l/2} := \varphi_{l/2} + \Delta\varphi$；

（2）确定与 $\varphi_{l/2}$ 对应的弯矩值 $M_{l/2}$；

（3）根据 $M_{l/2}$ 确定施加于构件上的荷载值 P；

（4）根据 P 计算构件各截面处的弯矩值 M_i；

（5）根据 M_i 确定构件各截面处的曲率 φ_i；

（6）根据 φ_i 计算构件各截面处的挠度 δ_i；

（7）循环步骤（1）～（6），直至取到 $\varphi_{l/2}$ 的临界值 φ_{cr} 或 φ_{cu}，从而得到构件从开始加载直至破坏的全过程中的 P-δ 关系。

4.5　对比分析

4.5.1　理论计算结果与试验结果的比较

在理论分析方面，主要对 BFRP 筋混凝土梁的正截面极限抗弯承载力、跨中挠度、BFRP 筋的配筋率限制以及最大裂缝宽度进行了理论分析与讨论，并对其弯矩-曲率关系和荷载-挠度关系进行了非线性有限元分析与求解。下面，将从极限抗弯承载力、挠度和裂缝等方面对理论计算结果与试验结果进行比较，以检验所提出的理论计算公式，以及所编制的非线性有限元计算程序对 BFRP 筋混凝土梁的适用性。

4.5.1.1　极限抗弯承载力

本书在对 BFRP 筋混凝土梁的极限抗弯承载力进行理论计算时，采用了理论计算公式计算和非线性有限元计算两种方法，它们与极限抗弯承载力试验值的对比见表 4.5.1。

BFRP 筋混凝土梁极限抗弯承载力理论值与试验值的对比　　　　表 4.5.1

变量	BF1	BF2	BF3
b(mm)	200	200	200
h_0(mm)	272	270	270
ρ(%)	0.207	0.291	0.437
f_{ck}(N/mm^2)	21.9	22.3	21.7
M_{exp}(kN·m)	17.6	27.1	40.4
M_{th}(kN·m)	16.7	25.7	37.8
M_{nu}(kN·m)	16.9	25.8	38.3
M_{th}/M_{exp}	0.948	0.948	0.936
M_{nu}/M_{exp}	0.960	0.952	0.948

注：表中 M_{exp}，M_{th} 和 M_{nu} 分别为极限抗弯承载力的实测值、理论公式计算值和非线性有限元计算值。

可见，BFRP 筋混凝土梁的极限抗弯承载力的理论值与试验值吻合良好，说明在计算 BFRP 筋混凝土梁的极限抗弯承载力方面，本书所提出的理论计算公式和所编制的非线性有限元计算程序具有良好的适用性，并且采用理论计算公式和非线性有限元求解这两种方法的计算结果也十分接近。

4.5.1.2　挠度发展情况

非线性有限元分析的结果表明，BFRP 筋混凝土梁开裂后，其荷载-挠度关系是呈线性发展的；试验结果也表明，BFRP 筋混凝土梁开裂后，其荷载-挠度关系基本上为线性变化。构件开裂前，基本上处于弹性工作状态，且开裂前构件挠度发展十分缓慢，配筋率对挠度的影响也十分微小。因此，主要对构件开裂后的荷载-挠度关系进行比较。三根试验梁开裂后，其荷载-挠度关系的理论值和试验值的比较如图 4.5.1 所示。

由图 4.5.1 可见，三根试验梁荷载-挠度关系的非线性有限元求解结果和试验结果在构件受力后期吻合良好，而在构件受力前期有一定的偏差。这是因为在进行荷载-挠度关系的非线性有限元求解时，采用了共轭梁的计算方法，这实际上是一种结构力学的计算方法，因此，各级荷载所对应的挠度乃是构件变形充分后的结果；构件受力前期，变形发展比较缓慢，因而试验中测得的各级荷载所对应的挠度并非构件变形充分后的结果；而构件受力后期，变形发展较快，测得的各级荷载对应的挠度也更加接近构件变形充分后的真实值。所以，就出现了构件荷载-挠度关系的非线性有限元求解结果和试验结果在构件受力后期吻合较好，而在构件受力前期却有偏差的现象。

在进行 BFRP 筋混凝土梁跨中最大挠度的计算时，采用了简化计算方法 ［式（4.3.39）］ 计算和非线性有限元求解两种方法，理论值与试验值的比较如表 4.5.2 所示。

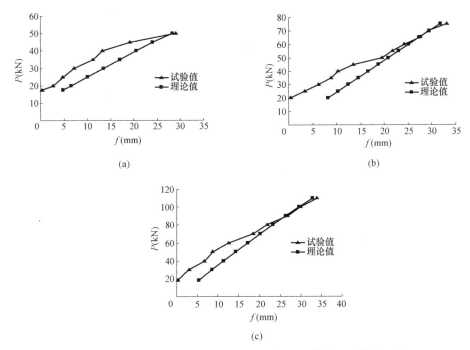

图 4.5.1 BFRP 筋混凝土梁荷载-挠度关系理论值与试验值的比较
(a) BF1 梁；(b) BF2 梁；(c) BF3 梁

BFRP 筋混凝土梁跨中最大挠度理论值与试验值的比较 表 4.5.2

梁编号	$\rho(\%)$	P_u (kN)	跨中最大挠度(mm)			δ_{exp}/δ_{th}	δ_{exp}/δ_{nu}
			δ_{exp}	δ_{th}	δ_{nu}		
BF1	0.207	50.0	28.946	27.609	28.271	1.05	1.02
BF2	0.291	77.5	33.159	30.418	31.166	1.09	1.06
BF3	0.437	115.5	34.056	31.046	32.622	1.11	1.04

注：P_u 为极限荷载，δ_{exp} 为试验值，δ_{th} 为理论值，δ_{nu} 为非线性有限元求解结果。

此外，采用挠度的简化计算方法［式（4.3.39）］求解 BFRP 筋混凝土梁的荷载-挠度关系，也可得到与非线性有限元求解十分接近的结果。

4.5.1.3 裂缝开展情况

用本书所提出的裂缝计算公式对 BFRP 筋混凝土梁的裂缝宽度和裂缝间距进行计算，并与试验结果进行比较，比较结果如表 4.5.3 所示。

可见，BFRP 筋混凝土梁最大裂缝宽度的理论值与试验值吻合较好，而平均裂缝宽度和平均裂缝间距的理论值与试验值存在一定的偏差。BFRP 筋混凝土梁的裂缝开展情况与 BFRP 筋混凝土的粘结性能有着密切的关系，由于 BFRP 筋和钢筋在材料性能上的显著差异，BFRP 筋混凝土的粘结性能有其自身的特点，因此，对 BFRP 筋混凝土梁平均裂缝宽度和平均裂缝间距的计算公式，尚应通过进一步的试验研究和理论分析来确定。

此外，由于在 BFRP 筋混凝土梁最大裂缝宽度的计算公式中包含有长期荷载作用的影响。因此，严格来说，该计算公式为长期荷载作用下最大裂缝宽度的计算公式。所以，最大裂缝宽度的理论值较试验值为大。

BFRP 筋混凝土梁裂缝有关指标理论值与试验值的比较 　　表 4.5.3

指标		BF1	BF2	BF3
配筋率(%)		0.207	0.291	0.437
平均裂缝宽度 (mm)	$\omega_{m,exp}$	5.22	3.02	2.96
	$\omega_{m,th}$	4.68	2.18	2.16
	$\omega_{m,exp}/\omega_{m,th}$	1.115	1.385	1.370
最大裂缝宽度 (mm)	$\omega_{max,exp}$	6.26	5.11	4.98
	$\omega_{max,th}$	6.92	5.75	5.42
	$\omega_{max,exp}/\omega_{max,th}$	0.905	0.889	0.919
平均裂缝间距 (mm)	$l_{m,exp}$	110.6	126.5	138.2
	$l_{m,th}$	122.5	146.5	146.5
	$l_{m,exp}/l_{m,th}$	0.903	0.863	0.943

注：下标中有"exp"的符号表示试验值，下标中有"th"的符号表示理论值。

4.5.2 BFRP 筋混凝土梁和钢筋混凝土梁的对比分析

以下将采用非线性有限元的分析方法，分别对 BFRP 筋混凝土梁和钢筋混凝土梁的受弯性能进行研究，并对两者的受弯性能进行等强度代换的对比分析，通过对比研究，希望更加全面地了解新型纤维塑料类增强筋混凝土受弯构件——BFRP 筋混凝土梁的受弯性能。非线性有限元分析的具体思路及步骤详见第 4.4 节内容。

分析时所采用的基本假定如下：

（1）截面应变符合平截面假定；

（2）不考虑混凝土的抗拉强度；

（3）BFRP 筋与混凝土之间的粘结锚固性能良好，不发生锚固破坏；

（4）BFRP 筋混凝土梁和钢筋混凝土梁的抗剪强度足够，不发生剪切破坏；

（5）BFRP 筋的名义屈服强度取其极限抗拉强度的 70%。

分析时所采用的材料本构关系如下：

（1）混凝土受压应力-应变关系采用 E. Hognestad 建议的模型（如图 4.4.1 所示）；

（2）BFRP 筋为完全线弹性的材料，其应力-应变成正比关系；

（3）钢筋的应力-应变关系采用完全弹塑性的双直线模型（如图 4.4.2 所示）。

钢筋的材料性能指标取以下值：（1）屈服强度取 335MPa；（2）极限强度取 600MPa；（3）抗拉弹模取 200GPa。

根据等强度代换的原则，将 BFRP 筋等效替换为钢筋，各钢筋混凝土梁的尺寸及有关材料参数均与对应的 BFRP 筋混凝土梁相同。钢筋混凝土梁的配筋情况如表 4.5.4 所示。

钢筋混凝土梁配筋一览表 　　表 4.5.4

梁编号	配筋	配筋率(%)	最小配筋(%)	界限配筋率(%)	破坏模式
RC1	2Φ10	0.291			混凝土压碎
RC2	3Φ10	0.437	0.285	3.18	混凝土压碎
RC3	4Φ10	0.581			混凝土压碎

对比分析时，将 BF1 梁和 RC1 梁、BF2 梁和 RC2 梁、BF3 梁和 RC3 梁各分为一组，各组之内的构件进行比较。

4.5.2.1　极限抗弯承载力

BFRP 筋混凝土梁和钢筋混凝土梁极限抗弯承载力的比较如表 4.5.5 所示。

BFRP 筋混凝土梁和钢筋混凝土梁极限抗弯承载力的比较　　　　　　　表 4.5.5

梁编号	b(mm)	h_0(mm)	ρ(%)	f_{ck}(N/mm²)	M_{nu}(kN·m)	K
BF1	200	272	0.207	21.9	17.6	1.34
RC1		270	0.291		14.1	
BF2	200	270	0.291	22.3	27.1	1.32
RC2		270	0.437		20.6	
BF3	200	270	0.437	21.7	40.4	1.49
RC3		270	0.581		27.0	

注：K 值为 BFRP 筋混凝土梁和对应的钢筋混凝土梁极限承载力的比值。

有限元分析的结果表明，在等强度的条件下，钢筋混凝土梁的极限抗弯承载力要低于对应的 BFRP 筋混凝土梁。这主要是由钢筋和 BFRP 筋不同的材料性质造成的：BFRP 筋为线弹性的材料，它没有屈服点，不存在塑性变形和强度硬化，从开始受力直到断裂或失效，BFRP 筋始终处于弹性工作阶段；而钢筋为弹塑性的材料，从屈服点开始到断裂，其塑性工作区域很大，比弹性工作区域约大 200 倍，并且钢筋的极限抗拉强度和屈服强度的比值也较大（1.5~1.9）。因此，在等强度的条件下，在同一应变水平下，当钢筋仍处于较低的塑性发展水平时，BFRP 筋已经达到极限抗拉强度，并且直至受压区混凝土被压碎破坏，钢筋的塑性发展仍处于较低的水平。所以，虽然钢筋混凝土梁最终发生受压破坏，BFRP 筋混凝土梁最终发生受拉破坏，但是由于构件最终发生破坏时，钢筋还处于较低的塑性发展水平，而 BFRP 筋的强度已经得到充分的发挥利用，故而 BFRP 筋混凝土梁的极限抗弯承载力要大于对应的钢筋混凝土梁。

4.5.2.2　挠度发展情况

BFRP 筋混凝土梁和钢筋混凝土梁荷载-挠度关系的比较如图 4.5.2 所示。

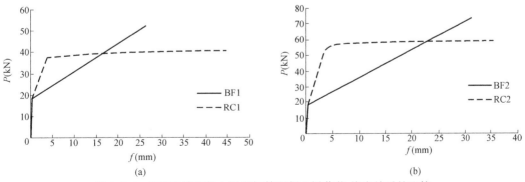

图 4.5.2　BFRP 筋混凝土梁和钢筋混凝土梁荷载-挠度关系的比较

（a）BF1 梁；（b）BF2 梁

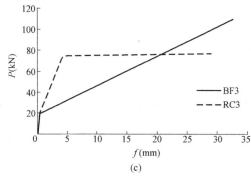

图 4.5.2　BFRP 筋混凝土梁和钢筋混凝土梁荷载-挠度关系的比较（续）

(c) BF3 梁

BFRP 筋混凝土梁和钢筋混凝土梁跨中最大挠度的比较如表 4.5.6 所示。

BFRP 筋混凝土梁和钢筋混凝土梁跨中最大挠度的比较　　　　　表 4.5.6

梁编号	BF1	RC1	BF2	RC2	BF3	RC3
δ_{max}（mm）	28.271	44.648	31.166	35.329	32.622	28.941
K	0.63		0.85		1.06	

注：δ_{max} 为构件跨中最大挠度，K 为 BFRP 筋混凝土梁和对应的钢筋混凝土梁跨中最大挠度的比值。

根据以上比较，有以下几点结论：

（1）BFRP 筋混凝土梁的荷载-挠度关系曲线由两段组成，分别对应于梁开裂前和开裂后，且两段关系曲线都保持为线性发展。

（2）钢筋混凝土梁的荷载-挠度关系曲线由三段组成，分别对应于梁开裂前、梁开裂后钢筋屈服前以及钢筋屈服后。梁开裂前和梁开裂后钢筋屈服前，由于钢筋尚处于弹性工作阶段，其荷载-挠度关系曲线都保持为线性发展；钢筋屈服后，由于钢筋塑性的发展，构件开始表现出挠度较荷载增长速度更快的塑性特征。从钢筋屈服直至构件达到承载力极限状态，构件的跨中挠度平均增长了 8 倍多，而构件所承受的竖向荷载平均仅增长了 1.05 倍左右。

（3）从比较结果看出，在混凝土梁开裂前，BFRP 筋梁与钢筋混凝土梁挠度发展差不多，但在混凝土开裂后，BFRP 筋混凝土梁挠度发展很快，远大于钢筋混凝土梁，在正常使用极限状态下，钢筋混凝土梁的挠度明显小于 BFRP 筋混凝土的挠度。

由于 BFRP 筋的抗拉弹性模量较低，仅为钢筋的 20% 左右，并且在等强度的条件下，BFRP 筋的配筋率也要低于钢筋的配筋率，因此，混凝土开裂后，BFRP 筋混凝土梁的截面弯曲刚度要比钢筋混凝土梁降低得多，所以，在正常使用极限状态下，BFRP 筋混凝土梁的挠度要大于对应的钢筋混凝土梁。

因此，在工程实际中，进行 BFRP 筋混凝土梁的设计时，不能像钢筋混凝土一样以配筋率来进行控制，而应该更多地考虑其使用性能，以其使用性能为标准来进行控制。

4.5.2.3 裂缝开展情况

根据钢筋混凝土受弯构件的裂缝理论，计算得到各钢筋混凝土梁裂缝的有关指标，它们与 BFRP 筋混凝土梁裂缝的比较如表 4.5.7 所示。

钢筋混凝土梁和 BFRP 筋混凝土梁裂缝的比较   表 4.5.7

梁编号	配筋率(%)	平均裂缝宽度(mm)	最大裂缝宽度(mm)	平均裂缝间距(mm)
BF1	0.207	5.22	6.26	110.6
RC1	0.291	0.15	0.38	127.5
BF2	0.291	3.02	5.11	126.5
RC2	0.437	0.14	0.36	127.5
BF3	0.437	2.96	4.98	138.2
RC3	0.581	0.14	0.35	123.9

一般来说，钢筋混凝土梁裂缝开展的特点是：裂缝数目较多，裂缝间距较小，裂缝宽度很小；FRP 筋混凝土梁的裂缝开展特点是：裂缝数目较少，裂缝间距较大，裂缝宽度很大。

根据以上的对比结果，有以下两点结论：（1）BFRP 筋混凝土梁的裂缝宽度要远大于对应的钢筋混凝土梁；（2）BFRP 筋混凝土梁的裂缝间距与对应的钢筋混凝土梁相差不大，但 BFRP 筋混凝土梁的裂缝间距随配筋率的增加而增大，而钢筋混凝土梁的裂缝间距随配筋率的增加而减小。

造成两者裂缝开展情况不同的原因在于：BFRP 筋和钢筋的材料性能以及它们与混凝土之间的粘结锚固性能不同。BFRP 筋为完全线弹性的各向异性材料，而钢筋为弹塑性的各向同性材料，虽然两者与混凝土之间的粘结锚固机理基本相同，并且 BFRP 筋的表面变形特征也比较明显，但是由于两者在其材料性能上的显著差异，它们与混凝土之间的粘结锚固性能有着各自的特点，导致 BFRP 筋混凝土梁和钢筋混凝土梁裂缝开展情况的差异。

4.5.2.4 BFRP 筋混凝土梁和钢筋混凝土梁的对比结果

根据本节对 BFRP 筋混凝土梁和钢筋混凝土梁的对比分析结果可知，虽然 BFRP 筋混凝土梁最终的极限承载力大于钢筋混凝土梁，但在正常使用阶段时，BFRP 筋混凝土梁的挠度、裂缝宽度都远大于钢筋混凝土梁，不能满足正常使用功能的要求。要解决此问题，一方面可以如本书前述的以 BFRP 筋混凝土梁在使用阶段的性能（如挠度）为设计控制依据，但如此一来势必造成 BFRP 筋配筋量增大，不利于造价控制。另一方面，可以采用预应力 BFRP 混凝土结构，这样一方面可以充分利用 BFRP 筋的高强性能，另一方面可以有效减小结构构件的变形，推迟裂缝的出现以及减小裂缝的宽度。

5 预应力 BFRP 筋混凝土梁受弯性能研究

5.1 引言

根据第 4 章的研究结果，且国内外其他专家学者进行的非预应力 FRP 筋混凝土受弯构件试验研究均表明，由于 FRP 筋弹性模量较低，直接将 BFRP 筋以非预应力形式应用于混凝土结构会导致裂缝较宽、挠度较大，使得 BFRP 筋混凝土梁正常使用的性能不佳。

因此，FRP 筋应用于非预应力混凝土结构时，就不能按照普通钢筋混凝土梁的设计方法进行设计，而应主要根据其使用性能标准的要求来进行，特别是挠度及裂缝，第 4 章对基于挠度控制的 BFRP 混凝土梁的配筋率限值进行了初步探讨。但是，若以梁的正常使用性能作为 BFRP 梁的设计依据，会使梁中 BFRP 的配筋率大很多，BFRP 筋强度得不到发挥，导致材料浪费。而施加预应力后，BFRP 筋对梁的预压力能有效限制刚度的降低和裂缝的发展，且 BFRP 筋的高强度特性也可以得到充分利用。综上所述，BFRP 筋更适宜应用于预应力混凝土领域。

综上所述，BFRP 筋非预应力混凝土受弯构件工作性能较差，但由于其高强度特性，可以通过施加预应力解决 FRP 筋弹性模量较低带来的问题。本章对 BFRP 筋无粘结和有粘结预应力混凝土梁在静力荷载下的受弯性能进行了深入、系统的研究。

5.2 试验梁的设计、测试方案及预应力梁的制作

5.2.1 试验研究的原则

通过研究国外的相关文献，纤维塑料筋混凝土梁的受力、延性性能及耗能能力普遍较钢筋混凝土梁差。为获得更好性能，本书采用混合配筋方案，以纤维塑料筋作为预应力筋，以普通钢筋作为非预应力筋。

设计梁采用两种方案，一种以玄武岩纤维筋为有粘结预应力筋，采用先张法施工；一种以玄武岩纤维筋为无粘结预应力筋，采用后张法施工。

5.2.2 试验梁所用材料性能

5.2.2.1 试验梁配筋的材料性能

试验中采用配筋包括 ϕ10 BFRP 筋、Φ12 热轧带肋钢筋和 Φ8 光圆钢筋，各种配筋材料实测力学性能如表 5.2.1 所示。

5.2.2.2 混凝土强度

试验梁混凝土强度设计等级为 C40，实际立方体抗压强度 $f_{cu,k}$ 由试验确定。

试验梁配筋材料性能指标实测值				表 5.2.1
配筋种类	屈服应力(MPa)	极限拉应力(MPa)	弹性模量(GPa)	伸长率(%)
φ10 BFRP	—	940.1	40.2	2.16
Φ12 热轧带肋钢筋	356.9	540.1	202.7	30.10
Φ8 光圆钢筋	302.1	423.6	200.7	33.40

混凝土立方体试块抗压强度试验结果见表 5.2.2,表中第 1 组试压数据为标准养护 28d 评定的混凝土强度;第 2 组试压数据为标准养护 7d 评定的混凝土强度;第 3 组为预应力放张当天的混凝土强度;第 4~7 组混凝土试块分别为与梁同期养护的混凝土试块,在各试验梁载荷试验当天的混凝土试块材料性能指标。

		混凝土立方体试块抗压强度试验结果						表 5.2.2	
组号	龄期(d)	试块抗压强度试验值(MPa)				变异系数	$f_{cu,k}$ (MPa)	f_{ck} (MPa)	f_{tk} (MPa)
		试块 1	试块 2	试块 3	标准差				
1	28	45.4	45.5	46.9	0.68	0.00	43.6	29.2	2.76
2	7	34.5	37.0	37.4	1.28	0.01	34.5	23.1	2.42
3	12	41.2	41.3	40.6	0.31	0.00	39.0	26.1	2.60
4	21	42.5	43.7	43.3	0.50	0.00	41.0	27.4	2.67
5	22	40.4	44.6	45.5	2.32	0.02	41.3	27.6	2.65
6	24	47.0	47.1	42.0	2.38	0.02	43.1	28.8	2.72
7	26	47.9	44.6	46.2	1.35	0.01	43.9	29.4	2.76

5.2.2.3 BFRP 筋松弛性能试验研究

1. BFRP 筋松弛性能试验方案

共制作了两组用于测定 φ10BFRP 筋应力松弛率的试件,BFRP 筋和材料性能试验用筋同批生产,因此具有相同的物理化学及力学性能。两组试件参数一致,在 BFRP 筋的两端设置粘结型套筒,试件尺寸及持荷值如表 5.2.3 所示。

BFRP 筋松弛性能试验参数				表 5.2.3
参数类别	张拉端套筒长度(mm)	锚固端套筒长度(mm)	自由段长度(mm)	持荷值(kN)
参数值	830	710	2560	$0.5F_{pu}$

松弛性能试验装置如图 5.2.1 所示,试验装置安放于避光处,试验时正值冬季雨期,环境温度稳定在 7℃±1℃,湿度稳定在 80%±5%,试验基本满足恒温恒湿要求。

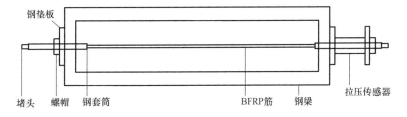

图 5.2.1 BFRP 筋松弛性能试验装置示意图

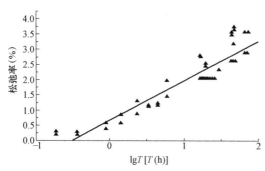

图 5.2.2　松弛率与 lgT 关系拟合结果

加载方式参考日本测量纤维塑料筋松弛损失的方法 JSCE-E534-1995，在三分钟内均匀加载完毕，之后持荷 2min 锚固，开始记录试件拉力的变化。之所以未采用国内测量钢绞线松弛的方法持荷 1min，主要是因为试件是由纤维筋和钢套筒通过胶粘剂粘结而成，增加持荷是为了降低 BFRP 筋和套筒滑移对应力松弛的影响。

2. BFRP 筋松弛性能试验结果及分析

根据试验数值，以时间对数值为横坐标，松弛损失百分率为纵坐标，进行最小二乘法拟合，结果如图 5.2.2 和式（5.2.1）所示，BFRP 筋松弛损失率和时间对数变量呈线性关系。

$$\gamma = 0.6727 + 1.2999 \lg T \qquad (5.2.1)$$

式中，γ 为 BFRP 筋松弛率；T 为持荷时间（h）。

由此推算持荷 $0.5F_{pu}$ 时各个时间点 BFRP 筋松弛率如表 5.2.4 所示。

BFRP 筋松弛率推算值　　　　　　　　　　　　　　　　　表 5.2.4

时间	12h	17h	1000h	1 年	5 年	10 年	100 年
松弛率（%）	2.08	2.27	4.39	5.72	6.63	7.02	8.32

由表 5.2.4 可知，12h 后 BFRP 筋松弛率达到 17h 的 91.6%，而试验梁预计可在 5h 内加载完毕。因此，无粘结预应力 BFRP 筋混凝土梁短期试验研究可以在张拉 12h 后进行。5 年后 BFRP 筋松弛率达到 100 年的 80%，因此可以认为 5 年后 BFRP 筋基本稳定。

5.2.3　试验梁的设计

5.2.3.1　试验梁的设计要点

（1）试验梁共 7 根，包括有粘结和无粘结全预应力梁各一根，有粘结和无粘结部分预应力梁各两根，其中有粘结梁采用先张法施工，无粘结梁采用后张法施工。由于本试验所采用的 BFRP 筋与本书非预应力梁所采用的 BFRP 筋不是同一批次，为更好地比较，制作了非预应力对比梁一根。具体试验梁方案详见表 5.2.5。

（2）所有梁均为简支梁形式，矩形截面，截面 $b \times h = 200\text{mm} \times 300\text{mm}$，梁全长 3000mm，净跨 2100mm。梁试件示意图见图 5.2.3。

（3）所有试验梁预应力玄武岩纤维筋均采用直线束型。梁底预应力玄武岩纤维筋和非预应力普通钢筋采用单排布筋，预应力玄武岩纤维筋布置在两端，非预应力普通钢筋布置在中间，所有受拉纵筋距梁底的保护层厚度取 30mm。

（4）为保证构件具有足够的抗剪承载力，确保构件不致因抗剪承载力不足而发生斜截面上的剪切破坏。本试验配置了足够的箍筋，以提供足够的抗剪承载力。

（5）关于试验梁编号：Y 表示有粘结预应力，U 代表无粘结，B 表示玄武岩纤维筋，数字代表预应力混凝土梁中非预应力普通钢筋的数量；ϕ_f 为玄武岩纤维筋标识符；ϕ 为普通钢筋标识符。非预应力玄武岩纤维筋混凝土对比梁记为 B1。

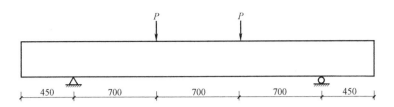

图 5.2.3　预应力玄武岩纤维筋混凝土梁试件示意图（尺寸单位：mm）

表 5.2.5 列出了试验梁的截面参数和配筋信息。以试验梁 YB2 为例，图 5.2.4 为梁配筋及截面设计。

			试验梁方案		表 5.2.5
预应力方式	有粘结	无粘结	预应力筋	非预应力筋	截面尺寸(mm)
全预应力	YB0	UB0	$2\phi_f10$	无	
部分预应力	YB1	UB1	$2\phi_f10$	$1\phi12$	200×300
	YB2	UB2	$2\phi_f10$	$2\phi12$	
非预应力		B1	无	$2\phi_f10$	

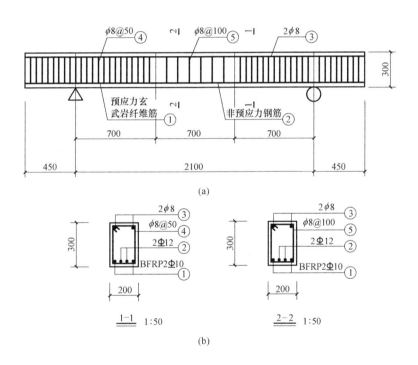

图 5.2.4　YB2 梁配筋及截面设计示意图（尺寸单位：mm）

（a）预应力 BFRP 筋混凝土梁配筋图；（b）1-1、2-2 截面配筋图

5.2.3.2　试验梁配筋参数

预应力及非预应力玄武岩纤维筋混凝土梁配筋参数见表 5.2.6，涉及的主要参数有：

（1）综合配筋率 β_0：

$$\beta_0 = (\sigma_{fe}A_f + f_{yk}A_s)/(f_{ck}bh_f) \qquad (5.2.2)$$

（2）等效配筋率（$\rho_{feq}+\rho_s$）：预应力 BFRP 筋按强度折换成钢筋和非预应力普通钢筋的综合配筋率，即：

$$\rho_{feq}+\rho_s=(f_{fu}/f_{yk})\cdot\rho_f+\rho_s \tag{5.2.3}$$

（3）预应力度 λ：

$$\lambda=\sigma_{fe}A_f/(\sigma_{fe}A_f+f_{yk}A_s) \tag{5.2.4}$$

式中，σ_{fe} 为预应力 BFRP 筋有效预应力。

试验梁配筋参数 表 5.2.6

类别	梁号	A_f (mm²)	A_s (mm²)	b (mm)	h_0 (mm)	ρ_f (%)	ρ_s (%)	ρ (%)	σ_{fe} (MPa)	λ	β_0
有粘结	YB0	157	0	200	270	0.29	0.00	0.29	405.3	1.00	0.044
	YB1	157	113	200	270	0.29	0.21	0.50	399.8	0.61	0.071
	YB2	157	226	200	270	0.29	0.42	0.71	391.6	0.43	0.098
无粘结	UB0	157	0	200	270	0.30	0	0.30	461.1	1.000	0.049
	UB1	157	113	200	270	0.30	0.21	0.51	461.8	0.642	0.073
	UB2	157	226	200	270	0.30	0.42	0.72	458.2	0.471	0.098

5.2.4 试验梁的加载及测试方案

5.2.4.1 试验仪器及设备

试验仪器和设备有：DS20 经纬仪一台、FUKUDA 激光投线仪一台、手动液压千斤顶一台、电阻应变片、ZSY-16B3 智能应变仪一台、SDY2202 静态数字应变仪、百分表 5 只、百分表读数系统、钢片尺、门式反力架、分配梁、BLR-1 型 20t 荷重传感器、SCLY-2 数字测力仪、裂缝判读卡试验梁加载图示见图 5.2.5。

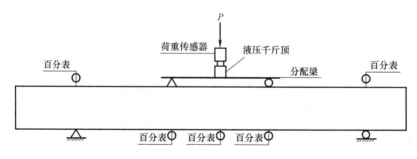

图 5.2.5 试验梁加载图示

5.2.4.2 试验中所需量测的内容

试验中所需量测的内容包括试件的开裂荷载、裂缝、挠度、极限荷载以及各应变测点的应变。

1. 荷载量测

试验中，采用液压千斤顶对构件施加竖直荷载，用力传感器量测竖直荷载值的大小。

2. 开裂荷载

开裂荷载的取值规定如下：在加载过程中出现初裂缝时，取前一级荷载值作为开裂荷载；在规定的荷载持续时间内出现初裂缝时，取本级荷载与前一级荷载的平均值作为开裂荷载；在规定的荷载持续时间结束后出现初裂缝时，取本级荷载值作为开裂荷载。

3. 裂缝量测

在各级荷载持续时间结束时，取目测宽度最大的三条裂缝进行观测，量测每条裂缝的宽度、延伸长度及裂缝间距，按照裂缝出现的顺序用笔在构件上标出，绘制裂缝开展图。

4. 挠度量测

用百分表对构件跨中截面处的挠度进行观测，在梁跨中底面、两加载点对应的梁底及两支座顶端各安装一个百分表。测得跨中挠度值后经过支座沉降影响和结构自重影响的修正后，得到构件的真实挠度。

5. 极限荷载

对于 FRP 筋混凝土梁而言，试验中若观察到以下现象之一，则可判定构件已经达到或超过了承载能力极限状态：

（1）在荷载不再增加的情况下，由设置在构件纯弯段内 BFRP 筋上的应变测点测出连续变化的应变，或 BFRP 筋已经达到其极限拉应变；（2）BFRP 筋被拉断；（3）受压区混凝土被压碎；（4）斜截面受剪破坏；（5）构件锚固段的锚固破坏。

极限荷载的取值规定如下：在加载过程中达到承载力极限状态时，取前一级荷载值作为极限荷载；在规定的荷载持续时间内达到承载力极限状态时，取本级荷载与前一级荷载的平均值作为极限荷载；在规定的荷载持续时间结束后达到承载力极限状态时，取本级荷载值作为极限荷载。

6. 应变测量

通过实时监测混凝土和 BFRP 筋的应变，可以判断混凝土的开裂荷载，测量受压区混凝土压应变变化，验证平截面假定，判断构件所处的受弯工作状态，判断构件是否已经达到或超过了承载能力极限状态。

7. 平截面假定

在梁顶、梁侧、梁底混凝土表面设置电阻应变片，通过各测点的应变值验证平截面假定。

5.2.4.3 简支梁试验加载方案

根据试验梁的情况，采用三分点加载，如图 5.2.6 所示。本次试验分级加载，加载为 10kN 一级，至试验梁开裂前；接近试验梁开裂荷载至非预应力普通钢筋屈服时，加载为 5kN 一级；以准确控制梁出现裂缝时的荷载，观察裂缝发展情况。

在非预应力钢筋屈服后，继续以每 5kN 一级进行加载，但当加载不足 5kN 而位移已超过 5mm 时，则以每 5mm 位移一级加载至试验梁破坏，破坏的标志是混凝土压碎或 BFRP 筋拉断破坏。

卸载时，荷载分三级全部卸完，第一级卸载至极限荷载的 50%，第二级卸载至极限荷载的 25%，第三级卸载完全，每级荷载间歇时间为 10min。试验梁破坏后缓慢卸载至 0kN。

图 5.2.6　简支梁试验装置

5.2.5 预应力 BFRP 筋的张拉与试验梁的制作

5.2.5.1 张拉控制应力

目前，国际上尚无有关 BFRP 筋张拉控制应力 σ_{con} 取值的有关规定，参照其他几种 FRP 筋 σ_{con} 取值的研究和限定来确定 BFRP 筋张拉控制应力。由于 FRP 筋松弛损失较大，且存在自身的徐变变形，尤其在持续高应力作用下或者外界环境急剧变化时（如低温、高温、冻融）会发生脆断，FRP 筋张拉控制应力不应太高。参照国内外其他 FRP 筋的张拉控制应力（表 5.2.7），本次试验张拉控制应力取为 $0.50f_{fu}$。

FRP 筋的最大允许应力　　　　　　　　　　　　　　表 5.2.7

FRP 类型	张拉阶段		传力阶段	
	先张法	后张法	先张法	后张法
AFRP	$0.40f_{fu}$	$0.40f_{fu}$	$0.38f_{fu}$	$0.35f_{fu}$
CFRP	$0.70f_{fu}$	$0.70f_{fu}$	$0.60f_{fu}$	$0.60f_{fu}$
GFRP	不适用	$0.55f_{fu}$	不适用	$0.48f_{fu}$

5.2.5.2 有粘结梁的制作和张拉

1. 门式反力架-压杆式先张预应力台座的设计

本试验 BFRP 有粘结预应力混凝土梁采用先张法施工，利用门式反力架-压杆式台座进行预应力张拉，该体系由以下几个部分组成：门式反力架、地沟、地锚、压杆（工字钢或钢筋混凝土梁）、反力横梁（工字钢或槽钢）、钢垫板，如图 5.2.7、图 5.2.8 所示。

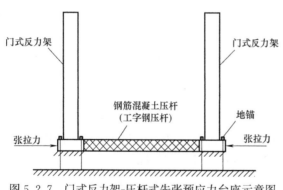

图 5.2.7　门式反力架-压杆式先张预应力台座示意图

2. 预应力 BFRP 筋的张拉与放张

预应力建立的步骤为：

（1）将配筋骨架装入木模，玄武岩纤维筋穿出预留好的孔洞并盖上一端侧模，安装门式反力架-压杆式台座；

（2）张拉端安装钢板、限位螺帽、支撑钢碗、油压千斤顶，锚固端安装钢垫板、拉压传感器，两端用钢垫板和高强螺帽锚固于反力横梁上；

（3）开启油压千斤顶，分级张拉至张拉控制应力，并实时监控玄武岩纤维筋上应变片应变的发展；同时拧紧限位螺帽，使之紧贴反力横梁；

（4）超张拉 5%，拧紧限位螺帽，回油，建立预应力，利用应变仪监控预应力玄武岩纤维筋应变的变化，定时记录拉压传感器测量的预应力大小，以测量预应力各项损失；

（5）三天后，重复步骤（2）（3），补拉至张拉控制应力，拧紧限位螺帽，回油，建立预应力；

（6）混凝土的浇筑和振捣，在预应力玄武岩纤维筋张拉完毕三天后进行混凝土的浇筑、振捣、表面抹平；

（7）预应力放张，待混凝土达到规定强度后进行预应力的放张，预应力放张采用两台油压千斤顶同时放张，放张时采用应变仪监控 BFRP 应变变化，并利用百分表测量梁的变形。

BFRP 筋长 4000mm，两端套筒1440mm；纤维筋中间自由段长 2560mm，两端套筒各伸进木模 220mm。玄武岩纤维筋的张拉控制应力、卸张后有效预应力如表 5.2.8 所示。

图 5.2.8　张拉试验装置图
（①—反力横梁；②—支撑钢碗；③—油压千斤顶；
④—拉压力传感器；⑤—钢垫板）

BFRP 筋的张拉控制应力及有效预应力　　　表 5.2.8

预应力筋编号	张拉力(kN)	张拉控制应力	有效预应力(MPa)
YB0—1	36	0.49	439.5
YB0—2	36	0.49	452.2
YB1—1	36.5	0.49	424.2
YB1—2	36.8	0.50	462.4
YB2—1	36.9	0.50	440.8
YB2—2	36.7	0.50	451.0

5.2.5.3　无粘结梁制作和张拉

本试验 BFRP 无粘结预应力梁采用后张法施工，试验梁预应力 BFRP 筋均采用直线束型，预应力筋护套采用内径 28mm，外径 32mm 内注防腐油脂的塑料水平管。

将塑料水平管和箍筋、架立筋、非预应力钢筋整体绑扎，见图 5.2.9。然后浇筑混凝土，养护 28d 后进行张拉。

预应力 BFRP 筋张拉制度与松弛试验相同，在 3min 内均匀张拉至 σ_{con}，之后持荷2min 锚固。

由于试验梁预应力 BFRP 筋均为两根，为降低分次张拉对已张拉预应力筋的影响，采用两根筋同时张拉的方式，且在锚固端设置拉压传感器配套数字测力仪监控张拉力变化，具体张拉锚固装置见图 5.2.10。

图 5.2.9　试验梁骨架绑扎

图 5.2.10　BFRP 筋张拉

具体张拉步骤如下：

先将两端套筒上的螺帽初步拧紧，记录应变仪和百分表的初值，然后两根筋同时开始张拉。为尽量保证两根筋同步张拉，分五步张拉至控制应力 σ_{con}：第一步张拉至 5kN，增加记录千斤顶伸出值作为测量 BFRP 筋伸长量的初值，第二步张拉至 10kN，第三、四步张拉 10kN，最后一步张拉至 σ_{con}。每次加荷完毕待 BFRP 筋变形稳定后进行读数。最后一次读数完毕后将张拉端锚固螺栓拧紧，然后同时松开两个油泵的油门进行卸载。

5.3 试验结果分析

5.3.1 试验梁概况

5.3.1.1 对比梁受力过程

对比梁 B1 的受弯过程可两个阶段：未裂阶段、带裂缝工作阶段至破坏阶段。其中，未裂阶段和带裂缝工作阶段之间的临界状态为混凝土开裂。由于 BFRP 筋为线弹性材料，无明显屈服点，荷载-挠度曲线开裂后至破坏阶段无明显转折点。

（1）第 I 阶段：未裂阶段

B1 梁开裂之前荷载-挠度、弯矩-曲率关系均呈线性变化，梁顶混凝土压应变以及 BFRP 筋纯弯段的应变缓慢线性增长。应变沿混凝土高度直线变化，符合平截面假定。此时跨中挠度仅为 0.2mm，混凝土基本上处于弹性工作阶段。

随着弯矩增大，应变随之增大，由于混凝土抗拉能力远小于抗压能力，当达到 $0.57M_{cr}$ 时，梁底跨中混凝土拉应变达到 $82\mu\varepsilon$，接近混凝土极限拉应变理论值 $84\mu\varepsilon$。之后受拉区混凝土表现出应变较应力增长快的塑性特征。当受拉控制应变达到 $193\mu\varepsilon$ 时，试验梁处于开裂边缘状态，此时 BFRP 筋应变增量很小，换算的应力水平很低，约为 4.3MPa。第 I 阶段特点为：①混凝土未开裂；②受压区混凝土压应变线弹性增长，受拉区混凝土拉应变前期直线增长，后期出现塑性特征；③弯矩-曲率基本保持线性关系。

（2）第 II 阶段：带裂缝工作阶段至破坏阶段

开裂试验现象：当荷载刚加至 35kN 时，伴随明显"砰"的一声，纯弯段右侧出现第一条裂缝，裂缝宽 0.3mm，沿梁高延伸至 247mm。同时，数字测力仪显示的力值出现一定的掉值现象。当荷载恢复至 34kN 持荷过程后，梁的跨中以及纯弯段左侧相继出现对称裂缝，同时延伸至 260mm，达到梁高的 87%。混凝土开裂后，荷载-挠度曲线、弯矩-曲率曲线出现第一次偏折，跨中挠度、纯弯段曲率随荷载增长明显加快；BFRP 筋应变增量较大，相应的平均应力从开裂前的 4.3MPa 阶跃至 208.6MPa，玄武岩纤维筋上 PB1-3 号应变增量最大，达到 $15824\mu\varepsilon$；纯弯段梁顶混凝土压应变也出现阶跃，从开裂前的 $137\mu\varepsilon$ 增至开裂后的 $589\mu\varepsilon$。

随着弯矩继续增大，裂缝宽度出现较大较快的增长，荷载达到 60kN 左右时，构件上的裂缝基本出齐，平均裂缝宽度达到 1.73mm，最大裂缝宽度已达到 2.9mm。

弯矩增大至接近极限弯矩过程中，跨中挠度、曲率急剧增长，挠度已经达到 46mm，凭肉眼可以明显看出梁的弯曲变形。裂缝不断加宽，平均裂缝宽度为 3.6mm，裂缝高度接近于梁顶，达到 280～290mm；梁顶混凝土压应变塑性增长，至破坏时梁顶混凝土应变

最大达到 $2885\mu\varepsilon$，接近混凝土极限压应变 0.0033。梁的最大裂缝处混凝土剥离，可以看到外露的 BFRP 筋，伴随着荷载增大，BFRP 筋混凝土梁发出"嗞嗞"响声，并有加剧的趋势，可以作为判别普通 BFRP 筋混凝土梁破坏的征兆。梁在 120kN 持荷过程中发生脆性破坏，破坏形式为 BFRP 筋拉断。

5.3.1.2 BFRP 筋有粘结预应力混凝土梁受力过程

1. BFRP 筋有粘结全预应力混凝土梁

全预应力 BFRP 筋混凝土梁的受力过程大致可以分为两个阶段：未裂阶段、带裂缝工作直至破坏阶段。

（1）第 I 阶段：未裂阶段

全预应力 BFRP 筋混凝土梁在开裂之前荷载-位移曲线呈直线变化；混凝土应变沿梁高直线增长，符合平截面假定；BFRP 筋应变、梁顶混凝土压应变缓慢线性增长。接近开裂状态时，跨中挠度仅为 0.16mm，小于普通 BFRP 筋混凝土梁同期挠度。BFRP 筋的平均应力增量达到 8.2MPa，高于普通 BFRP 筋混凝土梁中 BFRP 筋的同期应力增量。

（2）第 II 阶段：带裂缝工作直至破坏阶段

在接近开裂时梁荷载-位移曲线出现转折点。65kN 持荷期间开裂，与普通梁不同，预应力梁开裂时未出现"砰"的一声开裂，无无明显征兆，初始裂缝宽 0.04mm，高 158mm，延伸高度以及宽度都较非预应力梁的相应数值小。

混凝土开裂后荷载-位移曲线出现第一次偏折，位移随着荷载的增长较之前有所加快，梁不断出现新裂缝并且裂缝逐渐开展。预应力筋和非预应力筋的应力增量逐渐增大，到 78kN 时梁的纯弯段基本不再出现新裂缝，而现有的裂缝则不断向上延伸并加宽，到 95kN 弯剪段靠近加载点附近出现 0.6mm 的斜裂缝，到此时裂缝全部出齐。此时纤维塑料筋的应力增量较大，而梁顶混凝土压应变、梁跨中位移迅速增大。接近极限状态时，挠度急剧增长至 16.5mm，远远小于普通混凝土梁同期挠度。梁顶混凝土压应变增大至 $2535\mu\varepsilon$，接近极限压应变。BFRP 筋平均应力达到 788.4MPa，最后试验结束于玄武岩纤维筋拉断破坏。

全预应力与普通 BFRP 筋混凝土梁受力过程不同点：①由于预应力筋的存在，使得开裂弯矩有很大程度提高。②开裂后梁的荷载-挠度曲线继续线性增长，直至出现 BFRP 筋拉断的破坏形式，无明显的条件屈服点。③预应力 BFRP 筋混凝土梁的裂缝数量为 4 条，其中纯弯段 3 条，剪弯段 1 条。非预应力 BFRP 筋对比梁的裂缝数量为 6 条，其中纯弯段 3 条，剪弯段 3 条。两者纯弯段裂缝数量相同，位置基本形同，预应力梁的剪弯段裂缝数量较少，说明施加预应力后，混凝土受压限制了剪弯段斜裂缝的开展，提高了梁的抗剪能力。④预应力能有效控制挠度变形，预应力梁极限状态的挠度变形远远小于普通梁的极限挠度。

2. BFRP 筋有粘结部分预应力混凝土梁

预应力 BFRP 筋与非预应力普通钢筋混合配筋梁的受力过程呈现明显的三个阶段：未裂阶段、带裂缝工作阶段和破坏阶段。其中，未裂阶段和带裂缝工作阶段之间的临界状态为混凝土开裂，带裂缝工作阶段和破坏阶段之间的临界状态为非预应力普通钢筋屈服。

BFRP 筋有粘结部分预应力混凝土梁在开裂之前荷载和位移之间呈现线弹性变化，在接近开裂时梁荷载-位移开始出现转折。梁 YB1 刚加至 70kN 时开裂，而后力掉至 68kN。

梁 YB2 刚加至 80kN 时开裂，而后力掉至 78.7kN。

在混凝土开裂后荷载-位移曲线出现第一次偏折，位移随着荷载的增长较之前有所加快，梁不断出现新裂缝并且原有裂缝逐渐开展，预应力筋和非预应力筋的应力增量逐渐增大，之后非预应力钢筋屈服（约 $2200\sim2800\mu\varepsilon$），梁的荷载-位移曲线出现第二次偏折。非预应力钢筋屈服之后，YB1、YB2 梁的纯弯段基本不再出现新裂缝，而现有的裂缝则不断向上延伸并加宽，此时荷载增长缓慢，BFRP 筋的应力增量较大，而梁顶混凝土压应变、梁跨中位移迅速增大。

YB1 梁顶混凝土压应变增大至接近极限压应变（约 $-2000\sim-3000\mu\varepsilon$）。与此同时，玄武岩纤维筋的应变接近 $20000\mu\varepsilon$，进入 BFRP 筋极限拉应变状态（约 $18000\sim22000\mu\varepsilon$）。当竖向荷载达到 145kN 时，梁"嗞嗞"作响，玄武岩纤维筋拉断，试验梁宣告破坏。

YB2 梁接近极限状态时，梁顶混凝土应变片 H3 的数值达到 $-3555\mu\varepsilon$，达到混凝土的极限压应变（约 $-3000\sim-4000\mu\varepsilon$），而同时 BFRP 筋的应变增大至 $19000\mu\varepsilon$ 左右，已经处于破坏边缘。当竖向荷载达到 190kN 时，梁顶混凝土局部压碎的同时 BFRP 筋拉断，试验梁破坏。

3. 破坏模式

试验表明，受预应力大小、综合配筋率（$\rho_{s}+\rho_{feq}$）等因素的影响，预应力 BFRP 筋混凝土梁正截面受弯破坏形态有三种形式：BFRP 筋拉断、混凝土压碎、混凝土压碎和 BFRP 筋拉断同时发生的界限形式。

（1）BFRP 筋拉断破坏

其特点是 BFRP 筋达到极限拉应变而拉断，受压区混凝土进入塑性状态而未被压碎（如图 5.3.1 所示）。破坏前梁的挠度变形、纯弯段曲率激增，裂缝宽度开展急剧加大，并伴随 BFRP 筋拉断过程发出的"嗞嗞"响声，可以作为明显的破坏预兆，破坏形式属于脆性破坏。

（2）混凝土压碎破坏

其特点是梁顶局部混凝土应变达到极限压应变（约 $-3000\sim-4000\mu\varepsilon$），梁顶混凝土在压力作用下开始酥松，出现横向裂纹，表面起皮；而玄武岩纤维筋未被拉断（图 5.3.2）。

（3）界限破坏

其特点是受拉 BFRP 筋达到极限强度后纤维丝束逐渐破断的同时，受压区混凝土压碎。如图 5.3.3 所示，YB1 梁顶混凝土的压碎深度较浅，约为 20mm，BFRP 筋肋被拉直，基底树脂和纤维丝束剥离，纤维丝破断从而丧失承载力。

5.3.1.3 BFRP 筋无粘结预应力混凝土梁受力过程

1. BFRP 筋无粘结全预应力混凝土梁

（1）加载至开裂阶段

UB0 梁仅配置两根无粘结预应力 BFRP 筋，由于预加力的作用，梁顶部受拉底部受压，开裂前刚度较大，百分表及应变仪读数变化缓慢、均匀，且由于无粘结预应力筋应变增量沿筋全长平均分布的特点，两根 BFRP 筋锚固端拉压传感器读值增长极为缓慢。加载至 65kN 时，构件跨中挠度仅有 0.643mm，BFRP 筋应力增量约为 3MPa，可见各个数据

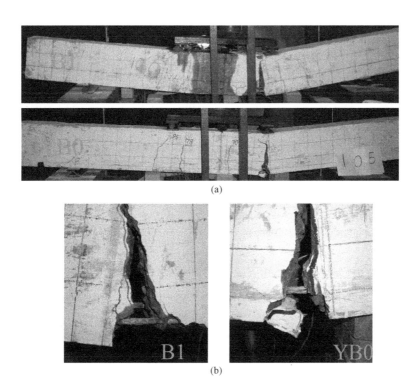

(a)

(b)

图 5.3.1　B1、YB0 梁拉断破坏形态

（a）B1、YB0 梁极限破坏状态；（b）B1、YB0 梁拉断破坏细部图

图 5.3.2　YB2 梁破坏形态

图 5.3.3　混凝土压碎、纤维筋拉断界限破坏形式

变化均不明显。

当荷载在 70kN 持荷过程中，测力计上显示的荷载值突然降至 56kN，跨中百分表、拉压传感器、应变仪的读数也突然增大，在梁上查找发现纯弯段跨中出现一条沿梁测表面延伸高度约为 218mm，开展宽度约为 0.41mm 的竖向裂缝，如图 5.3.4 所示。该梁也是一开裂就快速发展，延伸高度达到梁高的 2/3 左右。

图 5.3.4　UB0 梁开裂情况

1.894mm，残余应力增量为 14.2MPa。

（2）破坏现象

荷载从 56kN 向上补力时构件变形才开始快速发展，当补至 69.6kN 时挠度达到 18.484mm，BFRP 筋应力增量达到 166.2MPa。此时观察到梁顶纯弯段内出现一小块混凝土被压碎，如图 5.3.5 所示，压碎区高度约为 12.22mm，宽度约为 78.31mm。可见，全预应力梁基本上是在开裂荷载持荷作用下破坏，具有"一裂就坏"的特点。

试件卸载后的状态如图 5.3.6 所示，可见，梁的变形基本恢复，残余变形仅为

图 5.3.5　UB0 梁破坏情况

图 5.3.6　UB0 梁卸载情况

2. UB1 梁

（1）加载至开裂阶段

UB1 梁除配置两根无粘结预应力 BFRP 筋外，还设置了一根粘结钢筋。同 UB0 梁一样，开裂前梁刚度较大，百分表及应变仪读数变化缓慢、均匀。

当加载至 73.5kN 时，测力计上显示的荷载值突然降至 71.7kN，钢筋应变片读数骤增，在梁上查找发现纯弯段内与跨中位置对称处出现两条竖向裂缝，两条裂缝延伸高度与宽度基本一致，沿梁测表面延伸高度约为 146mm，开展宽度约为 0.06mm，如图 5.3.7 所示。由于非预应力钢筋的作用，开裂后百分表与拉压传感器的读数变化不如 UB0 梁明显，且裂缝较 B1 梁及 UB0 梁开展缓慢。

（2）加载至非预应力钢筋屈服阶段

梁开裂后挠度发展明显变快，荷载-挠度发展趋势出现转折，且陆续有新裂缝出现，新出现裂缝延伸高度均在 1/2～2/3

图 5.3.7　UB1 梁开裂情况

梁高之间，宽度均小于 0.15mm。当加载 $0.7M_u$ 时，钢筋应变突然增大至 $2700\mu\varepsilon$，表明钢筋屈服，此时可以明显观察到百分表和拉压传感器读值突然增大。

（3）破坏阶段

钢筋屈服后挠度发展比屈服前变快，荷载-挠度发展趋势再次出现转折。加载至 $0.8M_u$ 时裂缝出齐，此时最大裂缝宽度仅为 1.24mm，裂缝最高延伸至 260mm，明显小于 B1 梁及 UB0 梁。当加载至 130kN 时，发现纯弯段梁顶有一块混凝土被压碎，如图 5.3.8 所示，压碎区高度约为 23.53mm，宽度约为 102.21mm，压碎区域明显大于 UB0 梁。此时梁变形为 31.326mm，BFRP 筋极限应力增量为 291.5MPa，均大于 UB0 梁极限状态的读值。

试件卸载后如图 5.3.9 所示，卸载后残余变形为 8.233mm，BFRP 筋残余应力增量为 173.9MPa，远大于 UB0 梁残余变形和残余应力增量。

图 5.3.8　UB1 梁破坏情况

图 5.3.9　UB1 梁卸载情况

3. UB2 梁

（1）加载至开裂阶段

UB2 梁设置了两根非预应力粘结钢筋，开裂前的现象同 UB0 梁、UB1 梁类似。

在 70kN 持荷过程中，测力计上显示的荷载值降至 69.3kN，且一处钢筋应变的读数突然增大，在梁上仔细查找发现纯弯段内出现一条竖向裂缝，裂缝沿梁侧表面延伸高度约为 80mm，开展宽度约为 0.01mm，如图 5.3.10 所示。由于设置了两根非预应力钢筋，开裂特征不太明显，且裂缝延伸高度与宽度均小于 CB2 梁、UB0 梁及 UB1 梁。

（2）加载至非预应力钢筋屈服阶段

梁开裂后挠度发展稍微变快，荷载-挠度发展趋势出现转折，且陆续有新裂缝出现，新出现裂缝延伸高度均在 $1/3 \sim 1/2$ 梁高之间，宽度均小于 0.04mm，裂缝发展明显慢于 UB1 梁。加载至约 $0.71M_u$ 时裂缝出齐，此时最大裂缝宽度仅为 0.25mm，裂缝最高延伸至 206mm，明显小于前三根梁。当加载至 $0.84M_u$ 时，钢筋应变突然增大至 $2600\mu\varepsilon$，表明钢筋屈

图 5.3.10　UB2 梁开裂情况

服，此时可以明显观察到百分表和拉压传感器读值突然增大。

（3）破坏阶段

钢筋屈服后挠度发展比屈服前明显变快，荷载-挠度发展趋势再次出现转折。当加载至 155kN 时，发现纯弯段梁顶有一区域混凝土被压碎，如图 5.3.11 所示，压碎区高度约为 44.61mm，宽度约为 125.13mm，压碎区域明显大于 UB0 梁及 UB1 梁。梁变形为 33.617mm，BFRP 筋极限应力增量为 251.4MPa，极限应力增量大于全预应力梁 UB0，小于部分预应力梁 UB2。

试件卸载后如图 5.3.12 所示，卸载后残余变形为 14.797mm，BFRP 筋残余应力增量为 178.3MPa，均大于 UB0 梁、UB1 梁残余变形和残余应力增量。

图 5.3.11　UB2 梁破坏情况

图 5.3.12　UB2 梁卸载情况

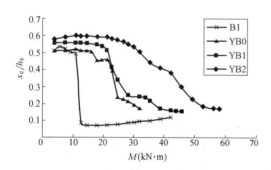

图 5.3.13　预应力和非预应力玄武岩纤维筋混凝
土梁相对中和轴高度-弯矩曲线

5.3.2　平截面假定

试验中，梁顶纯弯段等间距布置了三个电阻应变片，梁底玄武岩纤维筋和非预应力普通钢筋在各自纯弯段范围内都布置了三个电阻应变片。对梁顶混凝土压应变数据进行平均得到梁顶平均压应变 ε_{cm}，对受拉区纵筋水平位置的拉应变取平均得到纵筋重心处平均拉应变 ε_{sm}。由此得到各梁中和轴相对高度 x_c/h_s，如图 5.3.13 和表 5.3.1 所示。其中，第二个角码 m 表示平均值。

试验梁各阶段相对中和轴高度　　　　　　表 5.3.1

梁号	开裂状态			屈服状态			接近极限状态		
	ε_{cm}	ε_{sm}	x_c/h_s	ε_{cm}	ε_{sm}	x_c/h_s	ε_{cm}	ε_{sm}	x_c/h_s
B1	−137	142	0.49	−1309	15349	0.12	−2175	16128	0.10
YB0	−216	336	0.39	−501	1748	0.22	−1241	4970	0.20
YB1	−372	602	0.38	−822	2517	0.25	−2223	14290	0.13
YB2	7	633	0.42	−933	2574	0.27	−2556	17780	0.13
平均值			0.42			0.20			0.14

从图 5.3.13 及表 5.3.1 可以看出相对中和轴高度有以下特点：

（1）开裂前，梁处于线弹性状态，x_c/h_s 在 0.5～0.6 之间，中和轴接近矩形截面重心，开裂状态相对中和轴高度有所降低，平均值为 0.42。

（2）混凝土开裂后，x_c/h_s 陡然下降，受压区高度急剧减小。其中，以非预应力梁下降最陡最快，因为 B1 梁的抗弯刚度最小，开裂后中和轴加速上升。对于预应力梁，非预应力钢筋配筋率越大，梁的抗弯刚度越大，x_c/h_s 下降段越平缓。非预应力钢筋屈服或者玄武岩纤维筋达到条件屈服阶段时，x_c/h_s 在 0.08～0.27 之间，平均值为 0.20。

（3）极限状态时，x_c/h_s 在 0.10～0.20 之间，平均值为 0.14。试验中，在梁的纯弯段跨中位置沿梁高布置了 5 片 100mm 标距的电阻应变片，距梁底距离分别为 30mm、60mm、90mm、150mm、210mm、270mm。

总结试验过程中纯弯段混凝土应变变化情况，绘出平截面假定验证曲线如图 5.3.14 所示，并得出以下结论：

（1）试验梁纯弯段范围内，其平均应变均符合平截面假定。

（2）由于混凝土开裂后，随着跨中裂缝从梁底向上延伸并贯穿应变片，混凝土应变片从受拉区至受压区开始失效破坏。因而，在屈服阶段至破坏阶段，往往由于混凝土破坏而不能测得全截面的应变发展情况。

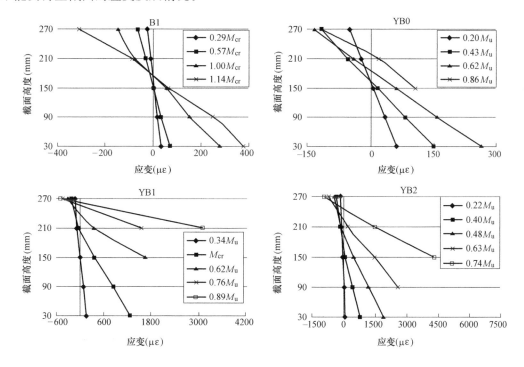

图 5.3.14 试验梁平截面假定验证曲线

加载过程中，BFRP 筋无粘结预应力梁试件跨中截面 5 个应变测点应变发展情况如图 5.3.15 所示。

UB1 梁开裂后裂缝从应变片处通过，UB0 梁开裂后试件即破坏，图 5.3.15 仅反映了这两根梁开裂前沿梁截面高度方向混凝土应变变化情况。而 UB2 梁由于裂缝开展缓慢，

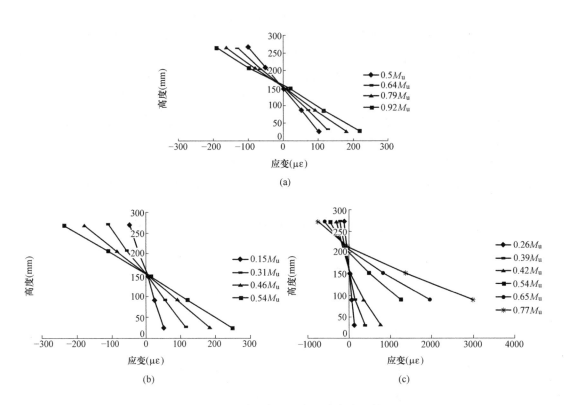

图 5.3.15　试验梁侧面混凝土应变发展情况

(a) UB0 梁；(b) UB1 梁；(c) UB2 梁

开裂后仅最下面应变片立即破坏。开裂前阶段应变沿梁试件截面高度近似呈线性分布，这一结果验证了梁混凝土截面平截面假定基本成立。

5.3.3　梁顶混凝土压应变变化

1. 有粘结预应力 BFRP 筋混凝土梁梁顶混凝土压应变变化

对梁顶三组应变片压应变数据进行平均得到弯矩-梁顶平均压应变曲线如图 5.3.16 所示，每根试验梁梁顶纯弯段压应变变化如图 5.3.17 所示。从两组图中曲线可以看出：

(1) 对于预应力梁，在非预应力钢筋屈服之前，随着荷载的增加，梁顶压应变增量较小，非预应力钢筋屈服之后，梁顶应变急剧增长，直至混凝土压碎或者受拉玄武岩纤维筋破断。

(2) 预应力梁中，非预应力普通钢筋配筋率越大，极限状态混凝土压应变越大，梁顶平均压应变从 $2000\mu\varepsilon$ 递增至 $3100\mu\varepsilon$，逐渐接近混凝土极限压应变。

(3) 从试验梁梁顶压应变数值可以看出：开裂前弹性阶段，梁顶

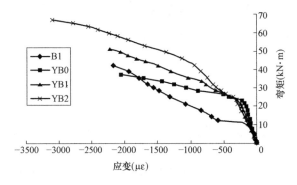

图 5.3.16　弯矩-梁顶平均压应变曲线

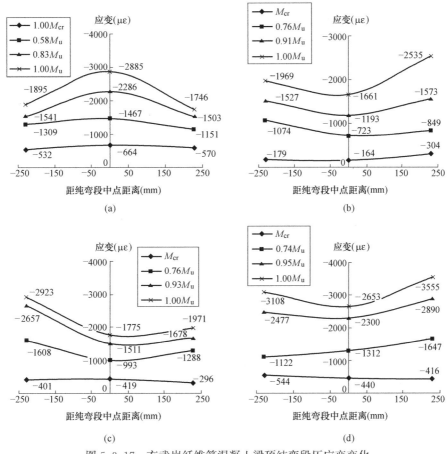

图 5.3.17　玄武岩纤维筋混凝土梁顶纯弯段压应变变化

(a) 试验梁 B1；(b) 试验梁 YB0；(c) 试验梁 YB1；(d) 试验梁 YB2

各测区压应变差距较小，且压应变增量较小。屈服阶段至破坏阶段，梁顶压应变发展明显加快，虽然各组数据存在差异，但考虑压应变基数较大，梁顶纯弯段基本承受着均匀压应变，符合纯弯段力学原理。

2. 无粘结预应力 BFRP 筋混凝土梁梁顶混凝土压应变变化

无粘结预应力 BFRP 筋混凝土梁梁顶各区域混凝土压应变变化情况如图 5.3.18 所示，在刚施加荷载时各梁不同测点的压应变数据比较均匀，梁顶承受着均匀的压应变。梁开裂或非预应力钢筋屈服后，除全预应力梁 UB0 外，其余各梁梁顶应变片的数据之间虽然有一定的差异，但由于基数较大，所以梁顶仍可看作承受着均匀的压应变。全预应力梁 UB0 由于是在开裂荷载持荷作用下破坏，在开裂前不同区域应变发展也较为均匀，故各试验梁从加载至破坏都呈现出明显的纯弯特征。

对于全预应力无粘结梁 UB0，由于没有配置非预应力粘结钢筋，纯弯段梁顶混凝土压应变在开裂前增长较为缓慢，开裂后突然增大，且梁顶局部出现压应力集中现象，直至梁顶混凝土压碎，梁呈现脆性破坏特征。

对于部分预应力梁 UB1 及 UB2，在非预应力钢筋屈服前梁顶混凝土压应变增量较少且比较均匀。非预应力钢筋屈服后，裂缝迅速向梁顶逼近，梁顶混凝土压应变迅速增长直至混凝土压碎。

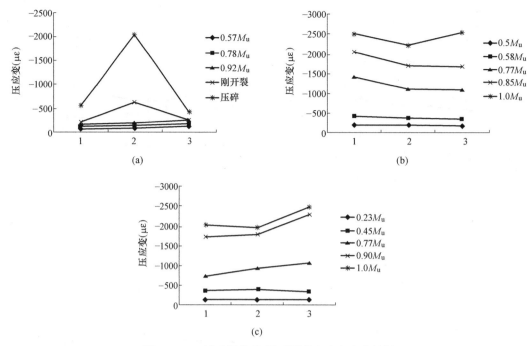

图 5.3.18 试验梁荷载-梁顶混凝土应变变化情况
(a) UB0 梁；(b) UB1 梁；(c) UB2 梁

5.3.4 特征荷载值

5.3.4.1 开裂荷载

试验得出的各试验梁的开裂弯矩如表 5.3.2 所示，由于试验过程无法精确读出初始裂缝出现时的荷载。因此，根据开裂试验现象只给出开裂荷载范围。

将各预应力玄武岩纤维筋混凝土梁的开裂弯矩与普通玄武岩纤维筋混凝土对比梁的开裂弯矩进行比较（为便于比较，每一荷载级别的起始值），比较结果见表 5.3.2，可以看出预应力玄武岩纤维筋混凝土梁的开裂弯矩比对比梁的开裂弯矩提高了最少一倍，这表明，施加预应力能有效提高构件的抗裂能力。

另外，从表中可以看出，6 根预应力试验梁开裂荷载基本一致，这表明在 BFRP 筋配筋率及有效预应力一定的情况下，开裂荷载与非预应力钢筋配筋率及粘结形式关系不大。

非预应力及预应力玄武岩纤维筋混凝土梁开裂弯矩 表 5.3.2

梁编号	B1	YB0	YB1	YB2	UB0	UB1	UB2
开裂荷载(kN)	30～35	60～65	65～70	70～75	65～70	70～75	65～70
与 B1 比值	1.00	2.00	2.17	2.33	2.17	2.33	2.17

5.3.4.2 屈服荷载

受拉区非预应力钢筋的屈服荷载是预应力 BFRP 筋混凝土梁的一个重要参数，是构件刚度变化的一个转折点。该荷载值可通过钢筋上的应变片反映出的数值来确定，见表 5.3.3。

非预应力及预应力玄武岩纤维筋混凝土梁屈服荷载				表 5.3.3
梁编号	YB1	YB2	UB1	UB2
钢筋屈服荷载(kN)	95	120	95	120

在其他参数均一样的情况下，BFRP 筋部分预应力混凝土梁非预应力钢筋屈服点荷载与非预应力筋配筋率有关，在一定范围内，提高非预应力钢筋配筋率可以有效提高屈服点荷载。

在配筋情况相同的情况下，BFRP 筋有粘结预应力梁与相应的无粘结梁非预应力钢筋屈服点荷载基本一致。

5.3.4.3 极限荷载

各试验梁实测极限荷载见表 5.3.4。

非预应力及预应力玄武岩纤维筋混凝土梁实测极限荷载							表 5.3.4
梁编号	B1	YB0	YB1	YB2	UB0	UB1	UB2
极限荷载(kN)	120	105	145	190	70	130	155

由此可得出以下几点结论：

（1）在 BFRP 筋等配筋率的情况下，预应力 BFRP 筋混凝土梁和普通 BFRP 筋混凝土梁极限荷载相当。预应力筋提高了梁的抗裂度，而极限承载力没有提高。

（2）YB1 梁、YB2 梁的极限荷载相对于 YB0 梁分别提高了 38%、81%，说明对于有粘结预应力 BFRP 筋混凝土梁，在 BFRP 筋配筋率相同的情况下，非预应力普通钢筋配筋率越大，梁的极限承载力越大。但是当梁为混凝土压碎破坏时，增加非预应力钢筋则不能提高承载力。

（3）全预应力无粘结梁 UB0 由于只配置了两根无粘结 BFRP 预应力筋，开裂后中性轴快速上移，造成梁顶局部压应力集中，最终导致开裂后即压碎破坏，所以该梁极限承载力远小于其他几根试验梁。非预应力梁 B1 极限承载力和 UB1 梁相近，但小于 UB2 梁。对比三根 BFRP 筋无粘结预应力梁极限承载力，UB1 梁、UB2 梁的极限荷载相对于 UB0 梁分别提高了 86%、121%，同样证明，在一定范围内，对于无粘结预应力 BFRP 混凝土梁来说，提高非预应力钢筋的配筋率能有效提高构件的极限承载力。

（4）对比无粘结预应力梁与有粘结预应力梁可以发现，在配筋相同的情况下，无粘结全预应力梁、部分预应力梁极限承载力分别是有粘结梁的 66.7%、89.7%、81.6%。可见，相同配筋情况下，无粘结梁极限承载力低于有粘结梁。

5.3.5 反拱及张拉伸长量

1. 预应力产生的反拱 f_{2l}

预应力张拉时构件会产生反拱，此时预应力筋对构件的作用相当于外荷载，而不与预应力筋的种类有关，所以对预应力 BFRP 筋混凝土梁反拱的计算可完全采用现有的对预应力钢筋混凝土梁的计算方法。

在施加预应力阶段，构件基本按弹性体工作。因此，计算构件短期反拱值时（张拉时），截面刚度 B_s 可按弹性刚度 $E_c I_0$ 确定，同时应按产生第一批预应力损失后的情况计算。于是短期反拱值 f_{2l} 可按下列公式计算：

$$f_{2l} = \frac{N_{p0\mathrm{I}} e_{p0\mathrm{I}} l_0^2}{8 B_s} \tag{5.3.1}$$

式中，B_s 为预应力混凝土受弯构件的短期刚度；$N_{p0\mathrm{I}}$ 为第一批预应力损失后的 BFRP 筋的有效预应力；$e_{p0\mathrm{I}}$ 为第一批预应力损失后的 BFRP 筋的有效预应力的偏心距。

由表 5.3.5、表 5.3.6 可知，预应力反拱后挠度试验值与理论值有良好的一致性，试验值偏小。

有粘结预应力 BFRP 筋混凝土梁放张后反拱 表 5.3.5

梁号	放张前百分表数值(mm)	放张后百分表数值(mm)	反拱试验值(mm)	理论值(mm)	误差(%)
YB0	1.405	1.915	0.51	0.54	5.88
YB1	0.752	1.208	0.46	0.52	13.04
YB2	6.872	7.366	0.49	0.51	4.08

无粘结预应力 BFRP 筋混凝土梁 f_{2l}^{exp}、f_{2l}^{cal} 对比 表 5.3.6

梁编号	f_{2l}^{exp}(mm)	f_{2l}^{cal}(mm)	误差(%)
UB0	0.596	0.656	10.07
UB1	0.685	0.612	10.66
UB2	0.538	0.590	9.67

2. 预应力 BFRP 筋张拉伸长量

BFRP 筋张拉采用套筒灌胶粘结型锚具，试件长 4m，有粘结及无粘结预应力 BFRP 筋张拉完毕后试件伸长量实际值和理论值如表 5.3.7 和表 5.3.8 所示。

预应力 BFRP 筋张拉伸长量 表 5.3.7

纤维筋编号	张拉控制应力(kN)	伸长量试验值(mm)	伸长量理论值(mm)	误差(%)
YB0-1	36	51.8	45.6	0.12
YB0-2	36	51.6	45.6	0.12
YB1-1	36.5	53.2	46.3	0.13
YB1-2	36.8	53.5	46.6	0.13
YB2-1	36.9	53.9	46.8	0.13
YB2-2	37.2	54.1	47.2	0.13
平均值	36.6	53.0	46.3	0.13

预应力 BFRP 筋伸长量 ΔL^{exp}、ΔL^{cal} 对比 表 5.3.8

BFRP 筋	UB0-1	UB0-2	UB1-1	UB1-2	UB2-1	UB2-2
ΔL^{exp}(mm)	26.94	29.31	27.66	28.20	28.89	29.31
ΔL^{cal}(mm)			25.26			
误差(%)	6.64	16.03	9.48	11.64	14.37	16.03

注：梁号后的数字 1、2 分别代表两根预应力 BFRP 筋，下同。

由表 5.3.7 和表 5.3.8 可知，各梁 BFRP 筋伸长量试验值均比理论值大。由于采用套筒灌胶式锚固体系，在进行 BFRP 筋材张拉时，套筒内的胶体要承受很大的剪力，而胶体本身的弹性模量很小，使胶体的剪切变形变大，最终导致纤维筋的伸长值增大。而纤维筋与胶体、胶体与套筒之间都可能存在一定的微量滑移，也会导致 BFRP 筋的伸长值增大。

5.3.6 荷载-挠度曲线

5.3.6.1 有粘结预应力 BFRP 筋混凝土梁的荷载-挠度关系

采用非预应力钢筋和预应力混合配筋的部分预应力梁的荷载-挠度曲线，和全部采用预应力 BFRP 筋配筋梁不完全相同，见图 5.3.19（b）～（d）。部分预应力 BFRP 筋混凝土梁的荷载-挠度曲线呈三折线状，两个折点分别对应于梁的开裂荷载和非预应力普通钢筋屈服荷载。三段直线分别反映不开裂弹性、开裂弹性和塑性三个不同的工作阶段，见图 5.3.19（c）（d）。全预应力梁由于采用完全线弹性 BFRP 筋进行受拉区配筋，没有屈服平台，因而其荷载-挠度曲线由两段直线组成，反映梁开裂前弹性、开裂后弹性直至破坏两个不同的工作阶段，见图 5.3.19（b）。

普通 BFRP 筋混凝土梁荷载-挠度曲线形状与全预应力 BFRP 筋混凝土梁相似，同为两段式曲线。不同的是，普通梁的开裂前阶段很短，开裂荷载小，开裂后荷载-挠度大致保持线性关系。而全预应力梁的开裂荷载明显提高，开裂前弹性阶段较长，开裂后至破坏阶段较短，极限挠度明显小于非预应力梁。

下面以 YB2 为例说明典型有粘结部分预应力 BFRP 筋混凝土梁挠度发展全过程，见图 5.3.19（d）：

在加载初期，构件处于弹性状态，构件的挠度随着荷载的增加而增长，但增长速率很小，荷载-挠度曲线呈直线状态。

当荷载接近于开裂荷载时，受拉区混凝土进入塑性状态，荷载-挠度曲线开始偏离原直线。当构件开裂后，受拉区

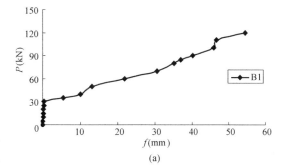

(a)

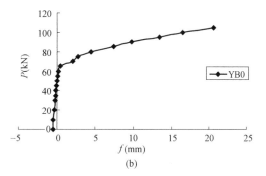

(b)

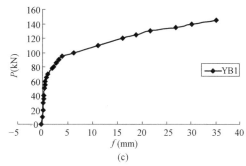

(c)

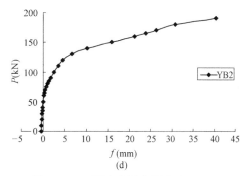

(d)

图 5.3.19 预应力及非预应力 BFRP 筋混凝土梁荷载-挠度曲线

(a) 非预应力 B1 梁；(b) 预应力 YB0 梁；
(c) 预应力 YB1 梁；(d) 预应力 YB2 梁

混凝土逐渐退出工作，截面的拉应力完全由非预应力普通钢筋和预应力 BFRP 筋承担，构件的截面刚度减小，挠度增长速率加快，荷载-挠度曲线出现第一个拐点，此后的曲线斜

率相对开裂前要小许多,但曲线大体仍呈直线状态。

当荷载继续增加,非预应力钢筋应变不断增大而达到受拉屈服点时,钢筋所承受的应力不再增加,继续增加的荷载必须由 BFRP 筋承担,由于 BFRP 筋弹性模量较小,导致构件截面的刚度大幅下降,挠度增长速率大大加快,荷载-挠度曲线出现第二个拐点。此后的曲线斜率相对非预应力钢筋屈服前又要小许多,但曲线大体直线发展直至试验梁破坏。图 5.3.19 列出各试验梁的荷载-挠度曲线。

各阶段挠度发展数据表 表 5.3.9

类型	梁号	M_{cr}		$0.6M_u$		M_u	
		f_0(mm)	挠跨比	f_0(mm)	挠跨比	f_0(mm)	挠跨比
非预应力梁	B1	5.46	1/385	36.01	1/58	54.56	1/38
预应力梁	YB0	0.41	1/5066	2.11	1/994	20.60	1/102
	YB1	1.02	1/2063	4.15	1/506	35.05	1/60
	YB2	1.04	1/2027	4.22	1/498	40.30	1/52

第 4 章对不同配筋率的非预应力 BFRP 筋梁进行了受弯性能试验研究,各试验梁极限跨中挠度如表 4.2.7 所示。

从表 5.3.9 及表 4.2.7 以及本章对比梁的试验结果可以得出以下结论:

(1)在 BFRP 等配筋率的情况下,有粘结预应力能明显控制梁的挠度。预应力梁 YB0、YB1、YB2 的极限挠度分别为非预应力对比梁挠度的 38%、64%、74%。

(2)预应力梁在张拉控制应力及预应力 BFRP 筋配筋率相同的情况下,梁的挠度变形随着非预应力钢筋配筋率的增大而增大。极限状态下,部分预应力梁 YB1、YB2 的极限挠度相对全预应力梁 YB0 分别提高 70%、96%。

(3)预应力构件在非预应力钢筋屈服前一级荷载时的挠跨比在 1/1000~1/500,是比较理想的挠跨比值,说明对于预应力 BFRP 筋混凝土构件,可以以其非预应力钢筋屈服点荷载作为构件的正常使用极限荷载。

(4)由对比梁以及第 4 章的试验结果看出,非预应力 BFRP 筋混凝土梁的极限挠跨比相差不大,平均在 1/60~1/50。

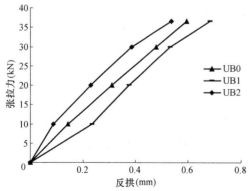

图 5.3.20 无粘结预应力 BFRP 筋混凝土
梁张拉力-反拱曲线

5.3.6.2 无粘结预应力 BFRP 筋混凝土梁的荷载-挠度关系

1. 无粘结预应力 BFRP 筋混凝土梁张拉过程中反拱发展情况

各无粘结试验梁预应力筋张拉过程中反拱发展情况如图 5.3.20 所示。

各试验梁预应力 BFRP 筋张拉控制应力 σ_{con} 相同,如图 5.3.20 所示,张拉结束后各梁反拱值差别不大。由于未出现反拱裂缝,则各试件刚度不变,反拱值均随着张拉力的增长呈线性增长。

2. 试验梁加载过程中变形发展情况

加载过程中各试验梁荷载-变形曲线如图 5.3.21 所示。

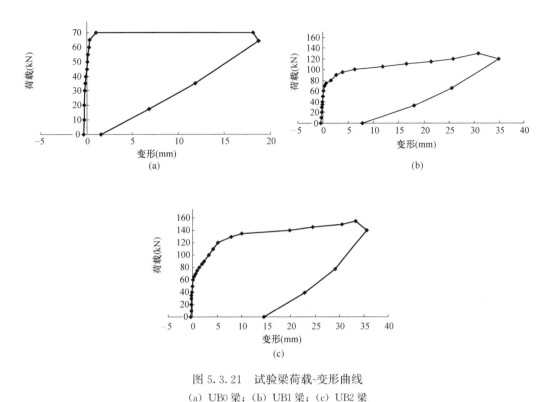

图 5.3.21 试验梁荷载-变形曲线
(a) UB0 梁；(b) UB1 梁；(c) UB2 梁

由图 5.3.21 可知，试验梁荷载-变形曲线有以下特点：

（1）各试验梁开裂之前，基本上处于弹性工作状态，因而其荷载-变形关系呈线性发展，由于开裂前梁刚度较大，因此构件挠度发展十分缓慢。无粘结预应力梁开裂荷载较高，因此开裂前预应力梁荷载-变形过程较非预应力梁持久。

（2）非预应力梁 B1 及全预应力无粘结梁 UB0 由于在受拉区没有配置普通钢筋，试件的荷载-变形关系曲线明显呈现双直线特征，转折点即对应于混凝土开裂的临界状态。构件开裂后，由于受拉区混凝土陆续退出工作，构件挠度增长变快，这在荷载-变形关系曲线上表现为曲线发生转折。由于 BFRP 筋线弹性的材料特性，构件开裂后，其荷载-变形关系基本上仍然是呈线性发展的。UB0 梁由于是在开裂荷载作用下持荷破坏，因此该梁开裂后荷载-挠度曲线基本呈水平线状态。

（3）由于在部分预应力梁 UB1、UB2 中配置了非预应力钢筋，试件的荷载-变形关系曲线明显呈现三阶段特征，该三阶段的两个转折点分别是混凝土开裂和非预应力筋屈服两个临界状态。由于非预应力钢筋配筋率较低，梁 UB1 开裂后至钢筋屈服阶段明显短于钢筋配筋率高的梁 UB2，这是由于较多的非预应力钢筋能有效限制梁刚度的衰减，从而抑制钢筋应变发展。非预应力筋屈服后，荷载主要由 BFRP 筋承担，由于 BFRP 筋弹性模量较低，因此梁刚度衰减加快，荷载-变形曲线斜率明显变小。

（4）无粘结预应力梁极限变形仅为非预应力梁的 35%～60%，明显较小。说明施加预应力能有效提高梁整体刚度，从而限制了变形的发展。

对比三根无粘结预应力梁可以发现，全预应力梁 UB0 具有"一裂就坏"的特点，而非预应力钢筋限制了部分预应力梁中和轴的上升，因此部分预应力梁开裂后仍然具有承载能力，极限变形能力也显著提高。说明配置非预应力钢筋可以明显改善梁的变形能力。

（5）本次试验三根无粘结预应力混凝土梁均为压碎破坏，之后对梁进行卸载，由卸载曲线可见，全预应力混凝土梁 UB0 残余变形很小，卸载结束后由于 BFRP 筋内预应力的作用，梁的位移得到恢复。两根部分预应力混凝土梁由于配置了非预应力钢筋，且在加载过程中非预应力钢筋均达到屈服，并且有了一定的塑性变形，在卸载结束后这些变形无法恢复，所以残余变形较大，且非预应力配筋较多的梁 UBS2-212 残余变形明显大于钢筋配置较少的梁 UBS2-112。

5.3.7 裂缝性能试验研究

5.3.7.1 有粘结预应力 BFRP 筋混凝土梁裂缝性能

对于非预应力 BFRP 筋混凝土梁，在加载至开裂弯矩时，试验梁中非预应力钢筋水平位置的混凝土表面应变达到 $300\sim400\mu\varepsilon$，此时梁出现第一条可见裂缝，宽度约 0.3mm。当梁开裂之后，继续加载一至两级（一级 5kN），裂缝逐渐在纯弯段范围内出现，间隔约 250mm 都会出现一条裂缝，但此时的裂缝宽度一般在 0.4~0.9mm 之间。当荷载加到极限荷载的 40% 左右时，纯弯段范围内裂缝出齐。随着荷载增加，裂缝宽度增大，纯弯段无新裂缝出现。当荷载加至极限荷载的 50% 时，弯剪段靠近两个加载点各出现一条裂缝，呈对称分布，至此，所有裂缝出齐。极限状态平均裂缝宽度达到 3.6mm。

对于有粘结部分预应力 BFRP 筋混凝土梁，非预应力钢筋屈服之后继续对梁加载，梁的刚度迅速衰减，裂缝宽度增长加快；YB0、YB1、YB2 梁的荷载分别达到各自极限荷载的 80%、81%、79% 时，裂缝基本出齐。当试验梁达极限承载力时，平均裂缝宽度范围在 0.9~1.83mm 之间。

裂缝开展图如图 5.3.22 所示，图中引出点位置表示裂缝出现时的开展高度，引出线上方数字表示裂缝出现时对应荷载，引出线下方数字表示裂缝初始宽度。

对比全预应力梁 YB0 和普通梁 B1 的裂缝图，普通梁的裂缝数量要多于全预应力梁。两者纯弯段的裂缝数量和裂缝分布基本一致，由于预应力的存在限制了弯剪段斜裂缝的开展。

对比各预应力 BFRP 筋混凝土梁的裂缝图，部分预应力梁的裂缝数量明显多于全预应力梁。结果说明，非预应力钢筋可以分散裂缝，减小裂缝间距，提高试验梁破坏时的延性。非预应力及预应力玄武岩纤维筋混凝土梁的最大裂缝宽度与平均裂缝宽度比值 ω_{max}/ω_m 在 1.22~1.50 之间。

由表 5.3.10 数据可得出：（1）预应力能有效控制裂缝宽度的开展，预应力梁 YB0、YB1、YB2 各受力阶段的平均裂缝宽度明显小于非预应力梁 B1；（2）在预应力筋配筋率相同的情况下，非预应力钢筋配筋量增大，平均裂缝宽度和纯弯段平均裂缝间距随之减小。

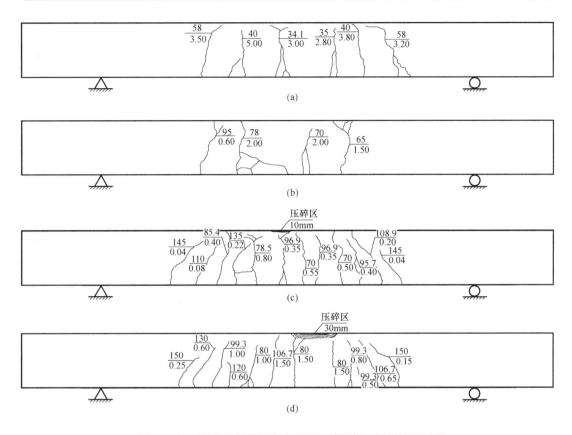

图 5.3.22 预应力与非预应力 BFRP 筋混凝土梁裂缝开展图

(a) B1 梁；(b) YB0 梁；(c) YB1 梁；(d) YB2 梁

预应力及非预应力 BFRP 筋混凝土梁纯弯段裂缝发展情况（单位：mm）　表 5.3.10

梁号	屈服阶段		破坏阶段		纯弯段平均裂缝间距
	ω	ω_m	ω	ω_m	
B1	0.80~3.00	1.93	2.80~5.00	3.60	276.5
YB0	0.60~1.10	0.90	1.50~2.00	1.83	305.5
YB1	0.10~0.30	0.21	0.22~1.35	0.90	156.6
YB2	0.06~0.15	0.14	0.60~1.50	1.15	142.4

由弯矩-裂缝宽度曲线（图 5.3.23）可知：

（1）对于部分预应力 BFRP 筋混凝土梁，非预应力配筋量越大，非预应力钢筋屈服时弯折点越明显。开裂后至非预应力钢筋屈服段，裂缝宽度增长缓慢。非预应力钢筋屈服后，裂缝宽度增长急剧加快，直至梁破坏。

（2）全预应力梁裂缝-宽度曲线无明显弯折点。

5.3.7.2 无粘结预应力 BFRP 筋混凝土梁裂缝性能

各试验梁裂缝发展形态如图 5.3.24 所示。

由图 5.3.24 可知，试验梁裂缝开展有以下特点：

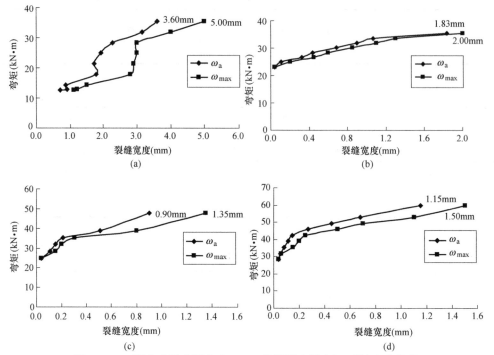

图 5.3.23　预应力及非预应力 BFRP 筋混凝土梁弯矩-裂缝宽度曲线

(a) B1 梁；(b) YB0 梁；(c) YB1 梁；(d) YB2 梁

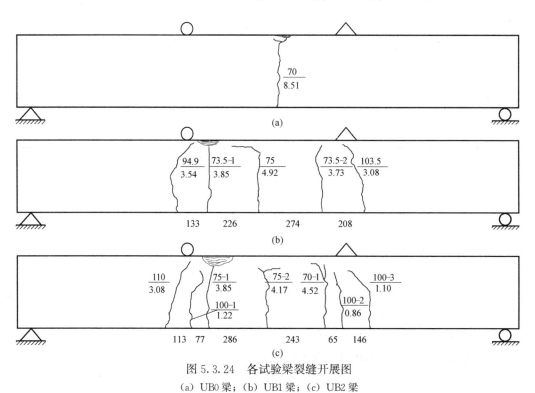

图 5.3.24　各试验梁裂缝开展图

(a) UB0 梁；(b) UB1 梁；(c) UB2 梁

(注：横线上数字为观测到裂缝出现时的竖向荷载值，单位：kN；横线下为极限状态下裂缝宽度，

单位：mm；梁下方数字为裂缝间距，单位：mm)

非预应力梁裂缝在 $0.5M_u$ 时就已出齐，且出现很多水平裂缝。而无粘结部分预应力梁在（$0.7\sim0.8$）M_u 时裂缝才出齐，且由前面试验现象分析可知，刚开裂时预应力梁裂缝延伸高度也低于非预应力梁。这表明，混凝土预压应力不仅可以提高梁开裂荷载，而且可以有效抑制裂缝的发展。

BFRP 筋无粘结部分预应力梁纯弯段平均裂缝宽度、最大裂缝宽度如图 5.3.25 所示。

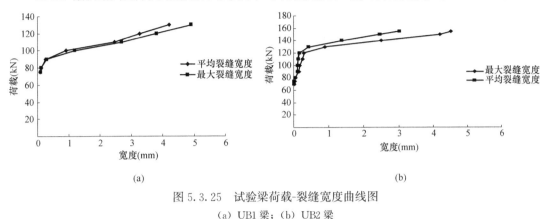

图 5.3.25　试验梁荷载-裂缝宽度曲线图
(a) UB1 梁；(b) UB2 梁

由图 5.3.25 可知，与荷载-变形曲线类似，部分预应力梁荷载-裂缝宽度曲线呈双直线特征，转折点为非预应力钢筋屈服点，非预应力钢筋屈服后裂缝宽度发展明显加快。而非预应力梁荷载-裂缝宽度曲线开裂后呈线性发展，直至试件破坏。

5.4　理论分析

5.4.1　材料本构关系

（1）混凝土受压应力-应变关系按《混凝土结构设计规范》GB 50010—2010（2015 年版）的规定采用。如图 5.4.1（a）所示，其应力-应变曲线由上升段和水平段组成，其中上升段为二次抛物线。

上升段：
$$\varepsilon_c \leqslant \varepsilon_0 \qquad \sigma_c = f_c \left[1 - \left(1 - \frac{\varepsilon_c}{\varepsilon_0} \right)^n \right] \tag{5.4.1}$$

水平段：
$$\varepsilon_0 < \varepsilon_c \leqslant \varepsilon_{cu} \qquad \sigma_c = f_c \tag{5.4.2}$$

式中，当混凝土强度$\leqslant$C50 时，$n=2$，$\varepsilon_0=0.002$，$\varepsilon_{cu}=0.0033$；f_c 为混凝土轴心抗压强度设计值；ε_{cu} 为混凝土极限压应变。

（2）受拉钢筋采用理想弹塑性的应力与应变关系，纵向钢筋的极限拉应变取为 0.01。其应力-应变图形如图 5.4.1（b）所示。

$$\delta_s = E_s \cdot \varepsilon_s \leqslant f_y \tag{5.4.3}$$

BFRP 筋为完全线弹性的材料，从开始受拉直至破坏的全过程其应力-应变关系一直保持线性，无屈服点，如图 5.4.1（c）所示。

$$\sigma_f = E_f \varepsilon_f \tag{5.4.4}$$

$$\varepsilon_f \leqslant \varepsilon_{fu} \tag{5.4.5}$$

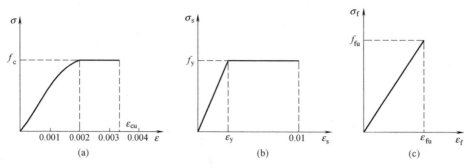

图 5.4.1　三种材料的应力-应变关系曲线

5.4.2　基本假定

为理论分析上的方便，参考钢筋混凝土受弯构件正截面极限抗弯承载力分析的基本假定以及有关文献资料，作基本假定如下：

（1）有粘结部分预应力 BFRP 筋混凝土梁在纯弯段范围内，其平均应变分布符合平截面假定；由于混凝土是不匀质材料，在裂缝出现以后，钢筋和混凝土发生相对位移，在开裂截面处的平截面假定是不成立的。但是，国内外大量的试验表明，若受拉区的应变是采用跨过几条裂缝的长标距量测时，就其平均应变来说，大体上还是符合平截面假定的。第 4 章试验结果表明，纯弯段内平均应变分布符合平截面假定。

对于无粘结预应力梁，无粘结 BFRP 筋的应变是两锚固点间混凝土应变总和的均值，因此，平截面假定仅适用于混凝土梁体的平均变形，以及梁体和非预应力钢筋的应变协调。

（2）受压区混凝土的应力图形简化为等效的矩形应力图，不考虑混凝土的抗拉强度，拉力全部由 BFRP 筋承担。

（3）受压钢筋仅起架立筋的作用，不考虑对混凝土抗压能力的贡献。

（4）对有粘结预应力 BFRP 混凝土梁，BFRP 筋与混凝土之间的粘结锚固良好，不产生相对滑移。

（5）BFRP 筋混凝土梁的抗剪承载力足够，且不考虑剪切变形的影响。

5.4.3　BFRP 筋有粘结预应力混凝土梁正截面受弯承载力

5.4.3.1　受弯承载力的计算

1. 脆性系数（Brittle Ratio）

对于纤维塑料筋有粘结预应力混凝土梁受弯承载力计算问题，国外学者认为其取决于梁的破坏模式，而梁的破坏模式有混凝土压坏、纤维塑料筋破断以及混凝土压坏的同时纤维塑料筋破断三种。破坏模式可通过纤维塑料筋配筋率 ρ 和脆性界限配筋率 ρ_{br} 的比较得出。

当梁配筋率为 ρ_{br} 时，梁的破坏模式是混凝土压坏的同时纤维塑料筋破断，ρ_{br} 是利用截面应变协调条件和力的平衡条件进行推导而得出的，截面应力应变情况如图 5.4.2 所示。

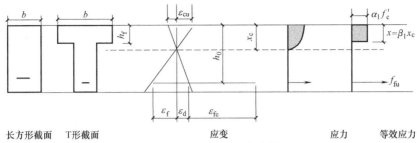

图 5.4.2　截面的应力应变情况

应变协调条件：
$$\frac{x_c}{h_0} = \frac{\varepsilon_{cu}}{\varepsilon_{cu} + \varepsilon_f} \tag{5.4.6}$$

纤维塑料筋应变增量：
$$\varepsilon_f = \varepsilon_{fu} - \varepsilon_{fe} - \varepsilon_d \tag{5.4.7}$$

力的平衡条件：
$$\alpha_1 f_c \beta_1 b x_c = f_{fu} \rho_{br} b h_0 \tag{5.4.8}$$

联立上三式得出脆性配筋率 ρ_{br}：

$$\rho_{br} = \alpha_1 \beta_1 \frac{f_c}{f_{fu}} \cdot \frac{\varepsilon_{cu}}{\varepsilon_{cu} + \varepsilon_{fu} - \varepsilon_{fe} - \varepsilon_d} \tag{5.4.9}$$

式中，x_c 为截面中和轴至梁顶面的距离；ε_{fu} 为纤维塑料筋的极限拉应变；ε_{fe} 为纤维塑料筋由有效预应力引起的拉应变；ε_d 为纤维塑料筋水平位置处混凝土弹性压缩应变。

根据纤维塑料筋配筋率 ρ 的不同，梁受弯承载力的计算可分为以下三种情况：

（1）$0.5\rho_{br} \leqslant \rho \leqslant \rho_{br}$ 时，纤维塑料筋发生破断，且混凝土的应力-应变关系为非线性，此时为确定梁受弯承载力可以对混凝土的应力分布进行矩形等效，再对等效后的混凝土受压区重心取矩，可以得到受弯承载力 M_n（nominal）：

$$M_n = \rho b h_0 f_{fu} \left(h_0 - \frac{x}{2} \right) \tag{5.4.10}$$

$$x = \frac{\rho h_0 f_{fu}}{\alpha_1 f_c} \tag{5.4.11}$$

将式（5.4.11）代入式（5.4.10）得出：

$$M_n = \rho b h_0^2 f_{pu} \left(1 - \frac{\rho}{2\alpha_1} \frac{f_{fu}}{f_c} \right) \tag{5.4.12}$$

（2）当 $\rho \leqslant 0.5\rho_{br}$ 时，梁表现出少筋梁的特征，纤维塑料筋破断，混凝土应力-应变关系可近似为线性，中和轴至梁顶面的距离可以定义为 $x_c = k h_0$，Nilson 在 1991 年解出 $k = [(\rho n)^2 + 2\rho n]^{1/2} - \rho n$，其中 $n = E_f / E_c$。这样对混凝土受压区重心取矩得到：

$$M_n = \rho b h_0^2 f_{pu} \left(1 - \frac{k}{3} \right) \tag{5.4.13}$$

（3）当 $\rho > \rho_{br}$，梁的破坏起于混凝土的压坏，而纤维塑料筋不会破断，梁的中和轴位置可设为 $x_c = k_u h_0$，此时纤维塑料筋的总应变可近似表示为 $\varepsilon_{fe} + \varepsilon_f$，$\varepsilon_f$ 可以由截面应变协调条件得出：

$$\varepsilon_f = \varepsilon_{cu}(1 - k_u)/k_u \tag{5.4.14}$$

再由力的平衡条件推出 k_u 为：

$$k_u = \sqrt{\rho\omega + \left[\rho\omega \left(1 - \frac{\varepsilon_{fe}}{\varepsilon_{cu}} \right) \right]^2} - 0.5\rho\omega \left(1 - \varepsilon_{fe}\varepsilon_{cu} \right) \tag{5.4.15}$$

$$\omega = \frac{E_f \varepsilon_{cu}}{\alpha_1 f_c \beta_1} \tag{5.4.16}$$

对纤维塑料筋的位置取矩得到:

$$M_n = \alpha_1 f_c b \beta_1 k_u h_0^2 \left(1 - \frac{\beta_1 k_u}{2}\right) \tag{5.4.17}$$

2. 计算简图

根据 5.4.2 节的条件建立有粘结部分预应力 BFRP 筋混凝土梁的计算简图如图 5.4.3 所示。

3. 界限配筋率

为计算梁的受弯承载力,设混凝土压坏的同时预应力 BFRP 筋破断为界限破坏,此时梁中预应力 BFRP 筋及非预应力钢筋按非预应力钢筋强度折算的配筋率为界限等效配筋率 $(\rho_{feq} + \rho_s)_{cr}$。

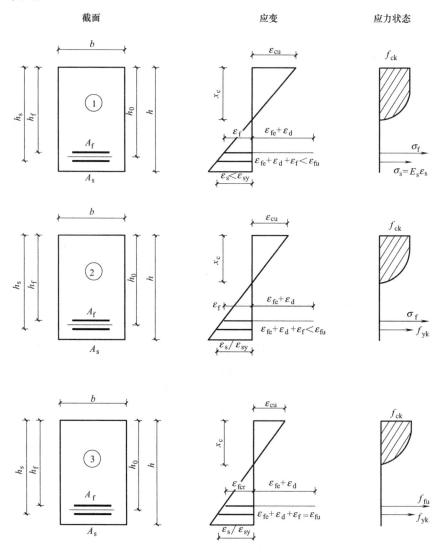

图 5.4.3　有粘结部分预应力 BFRP 筋混凝土梁计算简图

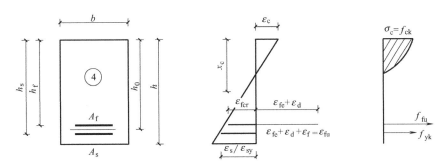

图 5.4.3　有粘结部分预应力 BFRP 筋混凝土梁计算简图（续）

从图 5.4.3 中的状态③可知，在界限破坏状态下，BFRP 筋的应变增量 ε_{fcr} 为：

$$\varepsilon_{fcr} = \varepsilon_{fu} - \varepsilon_{fe} - \varepsilon_d \tag{5.4.18}$$

此时的应变协调关系如下式所示：

$$\frac{x_c}{h_f} = \frac{\varepsilon_{cu}}{\varepsilon_{fcr} + \varepsilon_{cu}} \tag{5.4.19}$$

式中，ε_{fcr} 为界限状态下 BFRP 筋应变增量；ε_{fu} 为 BFRP 筋极限拉应变；ε_{fe} 为扣除损失后 BFRP 筋的有效预拉应变；ε_d 为由预压应力造成的混凝土弹性压缩应变；ε_{cu} 为混凝土极限压应变。

由于预压应力所造成的混凝土弹性压缩应变 ε_d 数值很小，在力的平衡条件中可将其忽略不计，再代入 $\sigma_{fe} = \varepsilon_{fe} E_f$，则得到界限破坏状态下力的平衡条件如下：

$$(\sigma_{fe} + E_f \varepsilon_{fcr}) A_f + f_{yk} A_s = \alpha_1 f_{ck} b \beta_1 x_c \tag{5.4.20}$$

将式（5.4.19）和式（5.4.20）联立求解即可得到界限等效配筋率 $(\rho_{feq} + \rho_s)_{cr}$：

$$(\rho_{feq} + \rho_s)_{cr} = \frac{f_{fu}}{f_{yk}} \rho_f + \rho_s = \frac{\alpha_1 \beta_1 f_{ck} x_c}{f_{yk} h_s} = \frac{\alpha_1 \beta_1 f_{ck} h_f}{f_{yk} h_s} \cdot \frac{\varepsilon_{cu}}{\varepsilon_{fcr} + \varepsilon_{cu}} \tag{5.4.21}$$

式中，α_1 为受压区混凝土矩形应力图的应力值与混凝土轴心抗压强度设计值的比值；β_1 为矩形应力图受压区高度与中和轴高度的比值；ρ_{feq} 为将预应力 BFRP 筋按强度等效为非预应力钢筋的等效配筋率。

4. 受弯承载力计算公式

根据图 5.4.3，有粘结部分预应力 BFRP 筋混凝土梁受弯承载力的计算可以分为以下 4 种情况：

（1）对应于图 5.4.3 中的状态①，当有粘结部分预应力 BFRP 筋混凝土梁处于 $\varepsilon_{ct} = \varepsilon_{cu}$，$\varepsilon_s < \varepsilon_{sy}$ 与 $\varepsilon_f < \varepsilon_{fu}$ 时，梁的破坏模式为混凝土压坏而非预应力钢筋未屈服，BFRP 筋未拉断，此时可以列出应变相容条件和内力平衡条件如下：

$$\frac{x_c}{h_s} = \frac{\varepsilon_{cu}}{\varepsilon_s + \varepsilon_{cu}} \tag{5.4.22}$$

$$\frac{x_c}{h_f} = \frac{\varepsilon_{cu}}{\varepsilon_f + \varepsilon_{cu}} \tag{5.4.23}$$

$$(\varepsilon_{fe} + \varepsilon_f) E_f A_f + \varepsilon_s E_s A_s = \alpha_1 f_{ck} b \beta_1 x_c \tag{5.4.24}$$

对上述三式联立，从中可以解出 x_c：

$$x_c = \frac{-B + \sqrt{B^2 - 4AC}}{2A} \tag{5.4.25}$$

式中，$A = \alpha_1 f_{ck} b \beta_1$；$B = (\varepsilon_{cu} - \varepsilon_{fe}) E_f A_f - \varepsilon_{cu} E_s A_s$；$C = (E_f A_f h_f - E_s A_s h_s)$。

由中和轴高度 x_c 可以得到状态①的梁受弯承载力 M_u：

$$M_u = \sigma_f A_f (h_f - 0.5\beta_1 x_c) + \sigma_s A_s (h_s - 0.5\beta_1 x_c) \tag{5.4.26}$$

式中，预应力 BFRP 筋应力 σ_f 及非预应力钢筋应力 σ_s，按下列公式计算：

$$\sigma_f = \sigma_{fe} + \varepsilon_{cu} E_f \frac{h_f - x_c}{x_c} \tag{5.4.27}$$

$$\sigma_s = \varepsilon_{cu} E_s \frac{h_s - x_c}{x_c} \tag{5.4.28}$$

（2）对应于图 5.4.3 中的状态②，当有粘结部分预应力 BFRP 筋混凝土梁处于 $\varepsilon_{ct} = \varepsilon_{cu}$，$\varepsilon_s \geqslant \varepsilon_{sy}$，$\varepsilon_f < \varepsilon_{fu}$ 时，梁的破坏模式为混凝土压坏，非预应力钢筋屈服，而 BFRP 筋未被拉断。

此时，代入 $\varepsilon_s E_s = f_{yk}$，并对状态①进行简化，得到关于 x_c 的一元二次方程：

$$\alpha_1 f_{ck} b \beta_1 x_c^2 + (\varepsilon_{cu} E_f A_f - \sigma_{fe} A_f - f_{yk} A_s) x_c - \varepsilon_{cu} h_f E_f A_f = 0 \tag{5.4.29}$$

从中可以解出 x_c：

$$x_c = \frac{-B + \sqrt{B^2 - 4AC}}{2A} \tag{5.4.30}$$

式中，$A = \alpha_1 f_{ck} b \beta_1$；$B = \varepsilon_{cu} E_f A_f - \sigma_{fe} A_f - f_{yk} A_s$；$C = -\varepsilon_{cu} h_f E_f A_f$。

从而得到状态②的梁受弯承载力 M_u：

$$M_u = \sigma_f A_f (h_f - 0.5\beta_1 x_c) + f_{yk} A_s (h_s - 0.5\beta_1 x_c) \tag{5.4.31}$$

式中预应力 BFRP 筋的应力 σ_f 按下式计算：

$$\sigma_f = \sigma_{fe} + \varepsilon_{cu} E_f \frac{h_f - x_c}{x_c} \tag{5.4.32}$$

（3）对应于图 5.4.3 中的状态③，有粘结部分预应力 BFRP 筋混凝土梁处于界限破坏状态，即 $\varepsilon_{ct} = \varepsilon_{cu}$，$\varepsilon_s \geqslant \varepsilon_{sy}$ 且 $\varepsilon_f = \varepsilon_{fu}$ 时，梁的破坏模式为混凝土压坏的同时 BFRP 筋破断，且非预应力钢筋已屈服。按力的平衡方程，即可得到 x：

$$x = \frac{f_{fu} A_f + f_{yk} A_s}{\alpha_1 f_{ck} b} \tag{5.4.33}$$

从而得到状态③的受弯承载力 M_u：

$$M_u = f_{fu} A_f (h_f - 0.5x) + f_{yk} A_s (h_s - 0.5x) \tag{5.4.34}$$

（4）对应于图 5.4.3 中的状态④，即 $\varepsilon_{ct} < \varepsilon_{cu}$，$\varepsilon_s \geqslant \varepsilon_{sy}$ 且 $\varepsilon_f > \varepsilon_{fu}$ 时，梁破坏于 BFRP 筋的拉断，非预应力钢筋已屈服，但梁顶混凝土压应变 ε_c 低于其极限压应变 ε_{cu}，未被压坏。由于梁顶混凝土压应变未知，为简化计算，设梁顶混凝土压应变 $\varepsilon_c = \varepsilon_{cu}$，即可根据应变协调条件近似得出梁偏大的中和轴高度 x_c：

$$x_c = \frac{\varepsilon_{cu}}{\varepsilon_{fcr} + \varepsilon_{cu}} h_f \tag{5.4.35}$$

为偏于安全，在按高度为 $\beta_1 x_c$ 混凝土矩形压应力图形计算时，将得到的受弯承载力按 0.85 倍取值：

$$M_u = 0.85[f_{fu}A_f(h_f - 0.5\beta_1 x_c) + f_{yk}A_s(h_s - 0.5\beta_1 x_c)] \tag{5.4.36}$$

5.4.3.2 受弯承载力的校核

根据式（5.4.21）确定有粘结预应力 BFRP 筋混凝土梁界限等效配筋率 $(\rho_{feq} + \rho_s)_{cr}$ 为 1.08。根据 $(\rho_{feq} + \rho_s)$ 与 $(\rho_{feq} + \rho_s)_{cr}$ 的大小关系，采用式（5.4.34）和式（5.4.36）计算试验梁的受弯承载力，结果如表 5.4.1 所示。

由表 5.4.1 可知，试验梁的受弯承载力理论计算值比试验值小，计算值与试验值之比平均为 0.95，变异系数为 0.008，理论值与试验结果有很好的一致性。

有粘结预应力 BFRP 筋混凝土梁受弯承载力校核   表 5.4.1

梁号	$\rho_{feq} + \rho_s$	$(\rho_{feq} + \rho_s)_{cr}$	$M_u^{cal}(kN \cdot m)$	$M_u^{exp}(kN \cdot m)$	M_u^{cal}/M_u^{exp}
YB0	0.7639	1.0800	34.7	37.1	0.93
YB1	0.9733	1.0800	48.7	51.1	0.95
YB2	1.1824	1.0800	64.8	66.9	0.97
平均值/变异系数					0.95/0.008

5.4.3.3 破坏模式的判别

验证试验梁的破坏模式，YB0 梁的等效配筋率小于等效界限配筋率，无非预应力配筋，理论破坏模式为 BFRP 筋拉断；YB1 梁等效配筋率与界限配筋率很接近，可能 BFRP 筋拉断破坏，也可能 BFRP 筋拉断和混凝土压碎同时发生；YB2 梁等效配筋率大于界限配筋率，但是高出界限配筋率不多，可能为混凝土压碎，也可能为界限破坏形式。对比试验梁实际破坏模式，YB0 为 BFRP 筋拉断破坏；YB2 梁为压碎破坏；YB1 梁介于前两者之间，拉断和压碎同时发生。实际破坏模式符合理论预测结果。

由于 BFRP 筋拉断为脆性破坏形式，属于不利情况。同时考虑到混凝土实际抗压强度可能高出实际设计强度，为使试验梁破坏形式为混凝土压碎而不发生 BFRP 筋拉断，根据试验结果提出以 1.3 $(\rho_{feq} + \rho_s)_{cr}$ 为控制截面 BFRP 筋拉断破坏的界限配筋率。从而得出预应力 BFRP 筋破坏模式判别式如下：

（1）当 $\rho_{feq} + \rho_s > 1.3 (\rho_{feq} + \rho_s)_{cr}$ 时，梁的破坏形式为混凝土压碎。

（2）当 $1.0 (\rho_{feq} + \rho_s)_{cr} \leqslant \rho_{feq} + \rho_s \leqslant 1.3 (\rho_{feq} + \rho_s)_{cr}$，梁的破坏形式为混凝土压碎和 BFRP 筋拉断破坏，属于界限破坏范围。

（3）当 $\rho_{feq} + \rho_s < 1.0 (\rho_{feq} + \rho_s)_{cr}$ 时，梁的破坏形式为 BFRP 筋拉断破坏。

5.4.4 BFRP 筋无粘结预应力混凝土梁正截面受弯承载力

5.4.4.1 张拉阶段应力分析

本书结合试验具体情况将张拉阶段分为两部分分析：预应力 BFRP 筋张拉锚固阶段、锚固至进行梁试件竖向荷载试验前阶段。

1. 张拉锚固阶段

在预应力筋张拉过程中，梁未出现反拱开裂，处于弹性工作阶段，因此可采用材料力学中有关方法计算构件应力。张拉预应力筋的同时混凝土受到偏心力挤压，上下边缘受到不均匀的预应力作用，如图 5.4.4 所示。

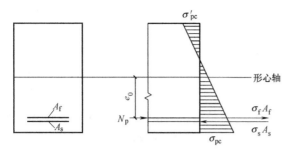

图 5.4.4 张拉过程中混凝土截面应力

N_p—张拉预应力筋时混凝土受到的偏心压力；

σ'_{pc}、σ_{pc}—混凝土上下边缘应力；e_0—预压力偏心距

张拉过程中有时候必须考虑预应力筋与孔道壁的摩擦损失 σ_{l1}，则刚张拉完毕时，预应力 BFRP 筋和非预应力钢筋内力的合力 N_p 为：

$$N_p = (\sigma_{con} - \sigma_{l1})A_f - A_s\sigma_s \tag{5.4.37}$$

预应力筋锚固后由于锚具变形和钢筋内缩引起 BFRP 筋预应力损失 σ_{l2}，至此 BFRP 筋完成第一批预应力损失 σ_{lI}：

$$\sigma_{lI} = \sigma_{l1} + \sigma_{l2} \tag{5.4.38}$$

完成第一批预应力损失后，N_{pI} 合力作用点至换算截面形心轴的偏心距 e_{0I} 可由下式求得：

$$e_{0I} = \frac{(\sigma_{con} - \sigma_{lI})A_f y_f - A_s\sigma_s y_s}{N_{pI}} \tag{5.4.39}$$

式中，y_f 为预应力 BFRP 筋至换算截面形心轴的距离；y_s 为受拉区非预应力钢筋至换算截面形心轴的距离。

截面任一点的混凝土法向应力为：

$$\sigma_{pcI} = \frac{N_{pI}}{A_n} \pm \frac{N_{pI}e_{0I}}{I_0}y \tag{5.4.40}$$

式中，A_n 为包括非预应力钢筋的混凝土净截面换算截面面积；I_0 为净截面惯性矩；y 为混凝土应力计算点至净截面换算截面形心轴的距离；σ_{pcI} 为预应力筋锚固后计算点混凝土的法向应力；正号为压应力，负号为拉应力。

2. 锚固后应力松弛阶段

本次试验采用锚固 12h 后再进行竖向加载的研究方法，在锚固期间预应力 BFRP 筋完成应力松弛损失 σ_{l3}，由于只进行短期加载试验，则可近似认为完成第二批应力损失 σ_{lII}。此时可求得预应力 BFRP 筋有效预应力 σ_{fe}：

$$\sigma_{fe} = \sigma_{con} - \sigma_{lI} - \sigma_{lII} \tag{5.4.41}$$

则预应力 BFRP 筋和非预应力钢筋内力的合力 N_{pII}，N_{pII} 合力作用点至换算截面形心轴的偏心距 e_{0II}，及截面任一点的混凝土法向应力 σ_{pcII} 可分别由式（5.4.42）～式（5.4.44）求得：

$$N_{pII} = \sigma_{fe}A_f - A_s\sigma_s \tag{5.4.42}$$

$$e_{0II} = \frac{\sigma_{fe}A_f y_f - A_s\sigma_s y_s}{N_{pII}} \tag{5.4.43}$$

$$\sigma_{pcII} = \frac{N_{pII}}{A_n} \pm \frac{N_{pII}e_{0I}}{I_0}y \tag{5.4.44}$$

受拉区非预应力钢筋的应力为：

$$\sigma_s = \alpha_E\sigma_{cs} \tag{5.4.45}$$

式中，σ_{cs} 为按式（5.4.44）计算得到的非预应力钢筋重心位置处混凝土应力值。

5.4.4.2 加载阶段应力分析

本阶段是指试件制作完成后，开始承受外加竖向荷载的阶段。根据构件受力后出现的特征状态，可分为以下几个受力过程：

1. 加载至构件下边缘混凝土应力为零

当构件在自重及外荷载产生的弯矩 M_0 作用下，在截面下边缘产生的混凝土拉应力恰好等于预压应力 σ_{pcII} 时，下边缘混凝土应力为零，如图 5.4.5 所示。

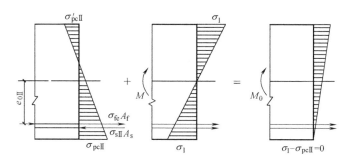

图 5.4.5　消压状态下梁截面混凝土应力

在 M_0 作用下，混凝土截面下边缘产生的拉应力为 M_0/W_0，若使由 M_0 所引起的截面下边缘拉应力抵消预压应力 σ_{pcII}，则有：

$$\begin{cases} \sigma_{pcII} - \dfrac{M_0}{W_0} = \sigma_{pcII} - \dfrac{M_0 y_0}{I_0} = 0 \\ M_0 = \sigma_{pcII} W_0 \end{cases} \tag{5.4.46}$$

式中，W_0 为换算截面下边缘的弹性抵抗矩；y_0 为混凝土截面下边缘至换算截面重心轴的距离。

2. 加载至构件下边缘混凝土应力为零

当受弯构件在到达消压状态后继续加载，并使受拉区混凝土应力达到 f_{tk} 时，如图 5.4.6 所示，裂缝即将出现，此时外荷弯矩值即为开裂弯矩 M_{cr}：

$$M_{cr} = M_0 + \gamma_m f_{tk} W_0 \tag{5.4.47}$$

非预应力梁的开裂弯矩为：

$$M_{cr} = \gamma_m f_{tk} W_0 \tag{5.4.48}$$

式中，γ_m 为截面抵抗矩塑性系数，对本试验梁取为 1.55。

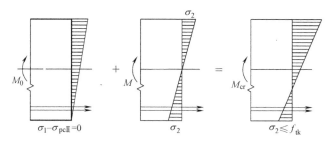

图 5.4.6　即将开裂状态下梁截面混凝土应力

对比非预应力梁的开裂弯矩，由于预压力的存在，BFRP筋无粘结预应力混凝土梁在开裂前需要经过消压过程，所以预应力梁开裂将比非预应力梁推迟。

5.4.4.3 BFRP筋无粘结全预应力混凝土梁极限承载力分析

1. 全预应力无粘结梁破坏形式

试验研究表明，全预应力无粘结梁由于没有粘结筋与混凝土接触，当配筋较少时，无论是在一点集中荷载还是在两点荷载作用下等弯矩区均只出现一条裂缝；当配筋较多时，在纯弯段内将出现几条裂缝，但裂缝条数仍然很少，其宽度增长的速度也比相应的有粘结梁快得多。随着裂缝的向上延伸，混凝土被压碎而引起梁的破坏。

出现这种破坏现象的主要原因是，由于无粘结预应力筋与混凝土之间不存在粘结力，预应力筋能够相对于混凝土发生滑动。在荷载作用下，各截面处预应力筋的应变增量不再与混凝土的应变增量相协调，而是其总伸长量与它整个长度范围内预应力筋周围混凝土的总伸长量相等。受弯构件破坏时，无粘结筋的极限应力远达不到极限强度。从这一点看，全预应力无粘结混凝土受弯构件更接近于带拉杆的扁拱。

综上所述，全预应力无粘结混凝土受弯构件拉区混凝土开裂后，裂缝少且发展快，有"一裂即坏"的特点，破坏呈明显的脆性，而且预应力筋强度得不到发挥，这从试验梁UB0试验结果也得到充分证明。

2. 全预应力无粘结BFRP筋混凝土梁极限承载力

依据上述分析，本书认为，全预应力无粘结BFRP筋混凝土受弯构件仅适用于严格不出现裂缝的情况，大致相当于《混凝土结构设计规范》GB 50010—2010（2015年版）中裂缝控制等级为一级。其极限弯矩 M_u 即为构件的开裂弯矩 M_{cr}，如图5.4.7所示。

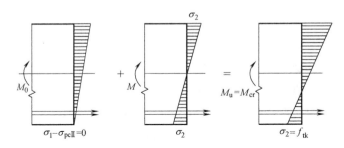

图5.4.7 全预应力梁设计极限状态下截面混凝土应力

3. 全预应力梁无粘结BFRP筋应力增量

混凝土开裂前，由荷载引起的无粘结BFRP筋应力增量可以通过变形协调条件，即无粘结筋的总伸长应和它整个长度周围混凝土的总伸长相等的条件来求得。设 M 为无粘结梁任一截面的弯矩，则 M 对该截面上 BFRP筋重心位置处引起的混凝土应变为：

$$\varepsilon_c = \frac{\sigma_c}{E_c} = \frac{My_f}{E_c I_0} \tag{5.4.49}$$

则沿无粘结BFRP筋全长周围，混凝土的总伸长变形为：

$$\Delta = \int \varepsilon_c \mathrm{d}x = \int \frac{My_f}{E_c I_0} \mathrm{d}x \tag{5.4.50}$$

无粘结BFRP筋的应变增量为：

$$\frac{\Delta}{l} = \int \frac{M y_{\mathrm{f}}}{l E_{\mathrm{c}} I_0} \mathrm{d}x \tag{5.4.51}$$

无粘结 BFRP 筋的应力增量为：

$$\Delta \sigma_{\mathrm{f}} = E_{\mathrm{f}} \frac{\Delta}{l} = \frac{\alpha_{\mathrm{f}}}{l} \int \frac{M y_{\mathrm{f}}}{I_0} \mathrm{d}x \tag{5.4.52}$$

由试验结果和前面分析可知，全预应力无粘结梁在开裂荷载持荷状态下破坏，持荷时梁裂缝快速发展，刚度降低较快，无粘结 BFRP 筋应力继续增加。

国外对于全预应力无粘结梁的研究开始得较早，美国学者 Warwaruk、Mattock 等人根据试验结果认为，无粘结筋极限应力增量 $\Delta\sigma_{\mathrm{f}}$ 同混凝土抗压强度与预应力筋的配筋率比 $f_{\mathrm{c}}/\rho_{\mathrm{f}}$ 呈线性关系，但他们提出的公式对全预应力无粘结梁开裂后性能较差认识不足。根据以上的研究成果，美国 ACI 318-05 提出了更为安全的计算公式：

$$\begin{cases} \text{当}\dfrac{l_0}{h} \leqslant 35\text{时}, \Delta\sigma_{\mathrm{f}} = 70 + \dfrac{f_{\mathrm{c}}}{100\rho_{\mathrm{f}}} \quad \sigma_{\mathrm{f}} \leqslant f_{\mathrm{fu}} \text{ 且 } \sigma_{\mathrm{f}} \leqslant \sigma_{\mathrm{fe}} + 400 \\[4mm] \text{当}\dfrac{l_0}{h} > 35\text{时}, \Delta\sigma_{\mathrm{f}} = 70 + \dfrac{f_{\mathrm{c}}}{300\rho_{\mathrm{f}}} \quad \sigma_{\mathrm{f}} \leqslant f_{\mathrm{fu}} \text{ 且 } \sigma_{\mathrm{f}} < \sigma_{\mathrm{fe}} + 200 \end{cases} \tag{5.4.53}$$

本次试验中，$l_0/h = 7 < 35$，按照公式（5.4.53）计算 $\Delta\sigma_{\mathrm{f}}$ 为 161.4MPa，与试验结果 166.2MPa 符合较好。

5.4.4.4 无粘结部分预应力 BFRP 筋混凝土梁极限承载力分析

1. 无粘结部分预应力 BFRP 筋混凝土梁破坏形式

根据预应力 BFRP 筋及混凝土的材料特性，可能出现以下几种破坏模式：

（1）非预应力钢筋屈服后，受压区混凝土压坏，BFRP 筋未达到极限变形。

当作用于 BFRP 筋的有效应力和配筋率在一定范围时，构件发生这种破坏形式。破坏时非预应力钢筋已屈服，而 BFRP 筋应力值则在 σ_{fe} 与 σ_{fu} 之间。发生这种破坏是因为，随着非预应力钢筋屈服，裂缝迅速向上延伸，中和轴随之上移，受压区越来越少，但受压区所受压力却在增加，最后由于受压区混凝土应变达到极限变形而导致构件破坏，呈弯曲破坏特征。

由于 BFRP 筋的弹性模量较小，且和混凝土无粘结力作用，钢筋屈服后裂缝、挠度均快速发展，能给人以明显的破坏征兆。本次试验两根无粘结部分预应力梁 UB1、UB2 均是这种破坏形式，由试验可知，构件破坏后仍然有较强的承担荷载能力，不至于立即失效。

（2）预应力 BFRP 筋先于受压区混凝土达到极限变形而导致构件破坏。

发生这种形式破坏有两种可能性，即构件在非预应力钢筋屈服前破坏、构件在非预应力钢筋屈服后破坏。只有当预应力 BFRP 筋有效预应力过大时，才会发生钢筋屈服前 BFRP 筋破断的破坏形式。这是因为，无粘结预应力 BFRP 筋应变发展沿全长均匀分布，所以在开裂截面处 BFRP 筋应变增量小于非预应力钢筋应变，且 BFRP 筋弹性模量较小，因此其应力增量比非预应力钢筋应力增加缓慢。而且根据前面分析，BFRP 筋张拉控制应力不应太高，因此不会发生这种形式破坏。

当 BFRP 筋配筋率小于一定值或其有效预应力过大时，构件可能会发生非预应力钢筋屈服后 BFRP 筋先于受压区混凝土达到极限变形的破坏形式。这种破坏发生时，构件即完全丧失继续承载的能力，因此也较危险，在设计中应尽量避免。

（3）非预应力钢筋未屈服而受压区混凝土已压碎破坏。

这种破坏形式类似于普通钢筋混凝土梁的超筋破坏，发生这种破坏时非预应力钢筋未能达到屈服强度，预应力 BFRP 筋的应力也远小于 f_{fu}，两种材料都不能充分利用，且构件破坏前毫无预兆，脆性破坏特征明显，在设计中应予以杜绝。

比较几种破坏形式可见，第一种破坏形式破坏征兆明显、安全性高，因此应作为无粘结部分预应力 BFRP 筋混凝土梁设计破坏形式。

2. 无粘结预应力 BFRP 筋极限应力增量

全预应力无粘结梁开裂后的性能和破坏时的特性都比较差，试验研究表明，当附加有适当数量非预应力粘结筋后，能较大程度提高提高无粘结梁的抗弯强度。这种提高一方面是由于非预应力筋本身的抗力，另一方面是由于对梁裂缝分布的有利影响，增强了梁的挠曲变形能力和无粘结筋的极限应力。

本次试验中两种无粘结梁中的 BFRP 筋极限应力增量对比如图 5.4.8 所示。

这表明，部分预应力梁 BFRP 筋极限应力增量 $\Delta\sigma_f$ 要大于全预应力梁。

在无粘结部分预应力混凝土受弯构件中，影响无粘结筋极限应力的因素较多，如无粘结筋有效应力的大小、无粘结筋与非预应力筋的配筋率、受弯构件的高跨比、加载方式和支承条件、无粘结束的形式和材料性能、构件混凝土的强度和截面形式等。国内外进行了大量试验研究工作，通过试验及理论分析，在有关规范中提出了较多的计算公式。

哈工大、建科院等单位进行了 11 根无粘结部分预应力 CFRP 筋混凝土梁受弯性能试验研究表明，在其他参数基本一致的情况下，无粘结预应力筋极限应力增量同综合配筋指标呈线性关系，如图 5.4.9 所示，$\Delta\sigma_f$ 随 β_0 的增长趋于减小，这和建科院、大连理工大学所做的无粘结部分预应力钢绞线混凝土梁试验结果一致。

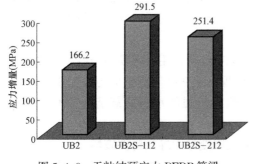

图 5.4.8　无粘结预应力 BFRP 筋梁
极限应力增量对比

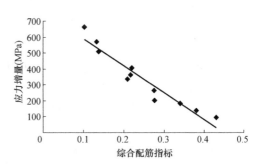

图 5.4.9　无粘结预应力 CFRP 筋 $\Delta\sigma_f$-β_0 关系

除无粘结预应力筋极限应力增量与综合配筋指标的线性关系外，我国《无粘结预应力混凝土结构技术规程》JGJ 92—2016 建议的应力增量计算公式还考虑了高跨比量的影响：

$$\Delta\sigma_f = (240 - 335\beta_0)\left(0.45 + 5.5\frac{h}{l_0}\right) \tag{5.4.54}$$

按照式（5.4.54）计算结果与试验结果对比如表 5.4.2 所示。

梁编号	UB1	UB2
$\Delta\sigma_{\mathrm{f}}^{\exp}$	291.5	251.4
$\Delta\sigma_{\mathrm{f}}^{\mathrm{cal}}$	267.2	257.2
误差(%)	9.09	2.26

$\Delta\sigma_{\mathrm{f}}^{\exp}$ 与 $\Delta\sigma_{\mathrm{f}}^{\mathrm{cal}}$ 对比表 　　　　　　　　表 5.4.2

由表 5.4.2 可见，采用式（5.4.54）计算部分预应力梁极限应力增量计算值和试验值误差较小。

确定无粘结部分预应力 BFRP 筋混凝土梁极限应力增量的计算方法后，现验证一下上述有关无粘结部分预应力 BFRP 筋混凝土梁的破坏模式分析：

（1）先根据本次试验梁设计假设一个极限状况，即只配置 1 根 $\phi10$ 无粘结预应力 BFRP 筋，而非预应力钢筋配筋量 A_{s} 无穷小，但仍然定义为部分预应力梁。此时：

$$\mathop{\mathrm{Lim}}\limits_{A_{\mathrm{s}}\to0}\beta_0 = 0.023 \tag{5.4.55}$$

代入式（5.4.54）经计算可知，$\Delta\sigma_{\mathrm{f}}$ 为 288MPa，BFRP 筋远未达到极限应力。最终破坏模式仍然为混凝土压碎破坏。

（2）再假设一个极限状况，即预应力 BFRP 筋配筋量 A_{f}、非预应力钢筋配筋量 A_{s} 均无穷小，但亦把它作为部分预应力梁的极限形式。此时：

$$\mathop{\mathrm{Lim}}\limits_{\substack{A_{\mathrm{f}}\to0\\A_{\mathrm{s}}\to0}}\beta_0 = 0 \tag{5.4.56}$$

若极限状态为预应力 BFRP 筋拉断破坏，则有：

$$\Delta\sigma_{\mathrm{f}} = f_{\mathrm{fu}} - \sigma_{\mathrm{fe}} \tag{5.4.57}$$

将式（5.4.56）、式（5.4.57）代入式（5.4.54）经计算可得，$h/l_0 = 0.28$，可见高跨比已经相当大，如果配置少量 BFRP 筋及非预应力钢筋，h/l_0 会更大，这在一般设计中不会出现。

经上述分析可知，无粘结部分预应力 BFRP 筋混凝土梁一般应按压碎破坏设计计算。

3. 无粘结部分预应力 BFRP 筋混凝土梁极限承载力

根据前述理论分析公式或经验公式得到预应力 BFRP 筋极限应力 σ_{f} 后，利用截面内非预应力钢筋与混凝土变形协调的特点，按静力平衡原理即可得到正截面的极限承载力，如图 5.4.10 所示。

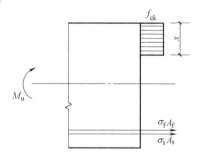

图 5.4.10 极限状态下梁截面应力

根据承载力极限状态下梁截面力的平衡条件可得：

$$\sigma_{\mathrm{f}}A_{\mathrm{f}} + f_{\mathrm{yk}}A_{\mathrm{s}} = f_{\mathrm{ck}}bx \tag{5.4.58}$$

可以推导出受压区混凝土等效矩形应力块的高度 x：

$$x = \frac{\sigma_{\mathrm{f}}A_{\mathrm{f}} + f_{\mathrm{yk}}A_{\mathrm{s}}}{f_{\mathrm{ck}}b} \tag{5.4.59}$$

再对等效矩形应力块受压区重心取矩即可得到梁的受弯承载力 M_{u}：

$$M_{\mathrm{u}} = \sigma_{\mathrm{f}}A_{\mathrm{f}}(h_{\mathrm{f}} - 0.5x) + f_{\mathrm{yk}}A_{\mathrm{s}}(h_{\mathrm{s}} - 0.5x) \tag{5.4.60}$$

4. 极限承载力计算校核

有关 BFRP 筋非预应力混凝土梁破坏形式及极限承载力分析，本书第 4 章进行了详细的研究，这里不再赘述，仅进行承载力计算校核。

ACI440 有关非预应力 FRP 筋混凝土梁界限配筋率的计算公式为：

$$\rho_b = \frac{\beta_1 f_{ck}}{f_f} - \frac{\varepsilon_{cu} E_f}{f_f + \varepsilon_{cu} E_f} \tag{5.4.61}$$

结合本次试验梁截面配筋情况，经计算可知 BFRP 配筋率略小于界限配筋率，极限状态应为 BFRP 筋达到极限应力而破坏。

受压区混凝土的合力 C 可由以下积分得到：

$$C = f_c bx - \frac{f_c b}{3}\left(\frac{\varepsilon_0}{\varepsilon_c}\right)x \tag{5.4.62}$$

式中，x 为受压区高度。进一步可求得合力 C 的作用点到受压区混凝土边缘的距离：

$$y_c' = \frac{\dfrac{1}{2} - \dfrac{1}{3}\dfrac{\varepsilon_0}{\varepsilon_c} + \dfrac{1}{12}\left(\dfrac{\varepsilon_0}{\varepsilon_c}\right)^2}{1 - \dfrac{1}{3}\dfrac{\varepsilon_0}{\varepsilon_c}}x \tag{5.4.63}$$

根据平截面假定可知：

$$\frac{\varepsilon_c}{\varepsilon_{fu}} = \frac{x}{h_0 - x} \tag{5.4.64}$$

根据内力平衡，有：

$$C = E_f \varepsilon_{fu} A_f \tag{5.4.65}$$

将式（5.4.62）代入式（5.4.65）中，联立式（5.4.64）、式（5.4.65），可求出这种情况之下的 ε_c 和 x_c，再由式（5.4.63）求出 y_c'，则截面极限抗弯承载力

$$M_u = E_f \varepsilon_{fu} A_f (h_0 - y_c') \tag{5.4.66}$$

计算的理论值 M_u^{cal} 与试验实测值 M_u^{exp} 如表 5.4.3 所示。

<table>
<tr><td colspan="4" align="center">试验梁 M_u^{cal} 与 M_u^{exp} 对比</td><td align="right">表 5.4.3</td></tr>
<tr><td>梁编号</td><td>B1</td><td>UB1</td><td>UB2</td></tr>
<tr><td>M_u^{exp} (kN·m)</td><td>42.4</td><td>45.9</td><td>54.6</td></tr>
<tr><td>M_u^{cal} (kN·m)</td><td>37.5</td><td>38.0</td><td>46.4</td></tr>
<tr><td>误差 (%)</td><td>11.6</td><td>17.2</td><td>15.0</td></tr>
</table>

由表 5.4.3 可见，理论值和试验值误差很小，这表明，用现行无粘结钢绞线有关计算方法分析 BFRP 筋无粘结部分预应力混凝土受弯构件承载力是可行的。

5.4.5 挠度计算与控制

预应力 BFRP 筋混凝土梁的挠度可由两部分叠加而得，一部分是由荷载产生的挠度，另一部分是由预应力产生的反拱。两部分变形方向相反，反拱可以抵消一部分挠度。若能求得构件的短期截面刚度 B，则反拱和荷载产生的挠度均可按一般的结构力学方法计算。反拱已在前面做过讨论，下面主要研究荷载产生的挠度。

5.4.5.1 研究现状

由于纤维塑料筋具有高强度、低弹模的特点，其预应力混凝土梁的刚度比预应力钢筋混凝土梁的刚度略低，ACI 对计算钢筋混凝土梁刚度的有效惯性矩法进行了改进，提出了确定纤维塑料筋预应力混凝土梁短期刚度的方法，有效惯性矩法最早由 Branson 针对钢筋混凝土梁提出，即通过对试验数据的统计分析，直接得出带裂缝工作的混凝土梁在开裂前后有效惯性矩 I_{eff} 的经验公式，即：

$$I_{eff} = \left(\frac{M_{cr}}{M}\right)^3 I_g + \left[1 - \left(\frac{M_{cr}}{M}\right)^3\right] I_{cr} \tag{5.4.67}$$

$$I_{cr} = \frac{b(kh_0)^3}{3} + nA_s(h_0 - kh_0)^2 \tag{5.4.68}$$

$$k = \sqrt{(\rho n)^2 + 2\rho n} - \rho n \tag{5.4.69}$$

式中，M 为使用荷载下的弯矩；M_{cr} 为开裂弯矩；I_g 为截面惯性矩；I_{cr} 为开裂惯性矩；k 为截面中和轴高度系数；n 为预应力钢筋与混凝土的弹性模量之比 E_s/E_c。

从上式可以看到，当弯矩 M 逐渐增大超过 M_{cr} 时，I_{eff} 逐渐接近按受拉配筋及受压混凝土等效计算出的开裂惯性矩 I_{cr}。一般的刚度计算采用上式即可，但是当弯矩达到极限弯矩的 50% 以上时，按上式计算得出的刚度比实际刚度要大，上式又需要进行再次修正，这是因为在上式中假定截面是弹性的，而实际上当弯矩较大时梁的受压区混凝土已经进入非线性状态，实际刚度比弹性假设的要小。

以有效惯性矩法为基础，Abdelrahamen 对采用碳纤维筋作为预应力筋的先张法预应力简支梁的试验数据进行分析，提出了适于纤维塑料筋预应力混凝土梁的刚度修正公式如下：

$$I_{eff} = \left(\frac{M_{cr}}{M}\right)^{2.5} I_g + \left[1 - \left(\frac{M_{cr}}{M}\right)^{2.5}\right] I_{cr} \tag{5.4.70}$$

$$I_{cr} = \frac{b(kh_0)^3}{3} + nA_f(h_0 - kh_0)^2 \tag{5.4.71}$$

从钢筋混凝土梁和纤维塑料筋预应力混凝土梁有效惯性矩计算公式的对比来看，形式基本相同，这表明当纤维塑料筋用作预应力筋时，其变形性能与钢筋混凝土梁并没有本质上的差异。

现行《混凝土结构设计规范》GB 50010—2010（2015 年版）对部分预应力钢筋混凝土梁短期刚度的计算，所采用的是双直线法，即在非预应力钢筋屈服之前，其弯矩-曲率曲线可近似看作以开裂为弯折点的两段直线，梁在开裂之前可近似看作弹性的；在开裂之后，开裂截面的刚度降低使挠度增长加快，但是仍可以近似为直线。第一段直线的斜率相应于截面未开裂时的换算截面刚度 E_cI_0，第二段直线的斜率相应于开裂截面的短期刚度，该短期刚度的计算公式如下：

$$B_s = \frac{E_cI_0}{\frac{1}{\beta_\alpha} + \left(\frac{1}{\beta_{cr}} - \frac{1}{\beta_\alpha}\right) \cdot \frac{M_{cr}/M_k - \alpha}{1 - \alpha}} \tag{5.4.72}$$

式中，M_{cr} 为开裂弯矩；β_{cr} 为达到开裂弯矩时梁刚度折减系数；α 为梁刚度计算终点；β_α 为弯矩达到刚度计算终点 M_{cr}/α 时梁的刚度折减系数；E_cI_0 为梁换算截面刚度；M_k 为按荷载效应的标准组合计算的弯矩。

5.4.5.2 有粘结预应力 BFRP 筋混凝土梁短期刚度

1. 开裂刚度折减系数 β_{cr} 及刚度计算终点 α 的确定

由图 5.4.11 可知，部分预应力 BFRP 筋混凝土梁在钢筋屈服之前和双直线的假定很接近，所以对于部分预应力纤维塑料筋混凝土梁短期刚度的研究方法，仍然采取双直线法。即将预应力 BFRP 筋混凝土梁的弯矩-曲率曲线近似看作由两段直线 OA 和 AB 组成，分别反映开裂前弹性和开裂后弹性。

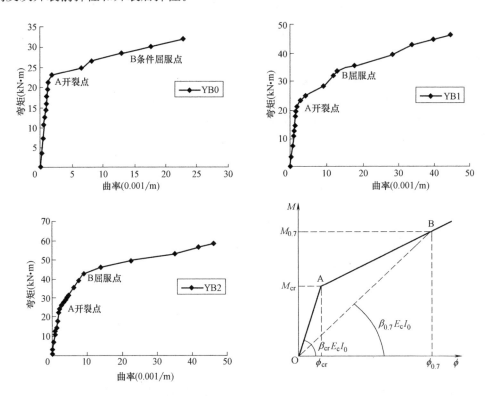

图 5.4.11 预应力 BFRP 筋混凝土梁弯矩-曲率曲线及双直线假设

预应力 BFRP 筋混凝土梁的开裂刚度试验值 $E_{cr}I_{cr}$ 与 E_cI_0 的比值 β_{cr}，开裂弯矩试验值 M_{cr}^{exp} 及其与屈服弯矩试验值 M_y^{exp} 的比值 M_{cr}^{exp}/M_y^{exp} 如表 5.4.4 所示。其中，开裂刚度由 $E_{cr}I_{cr}=M_{cr}^{exp}/\phi_{cr}^{exp}$ 计算得到。

预应力 BFRP 筋混凝土梁开裂刚度折减系数及刚度计算终点 α 表 5.4.4

梁号	$E_{cr}I_{cr}$ ($\times 10^3 kN \cdot m^2$)	E_cI_0 ($\times 10^3 kN \cdot m^2$)	$\beta_{cr}=E_{cr}I_{cr}/E_cI_0$	M_{cr}^{exp} (kN·m)	M_y^{exp} (kN·m)	$\alpha=M_{cr}^{exp}/M_y^{exp}$
YB1	11.33	14.64	0.77	23.14	31.89	0.73
YB2	6.90	14.91	0.46	24.89	33.64	0.74
YB3	8.70	15.19	0.57	26.64	42.39	0.63
平均值			0.60	平均值		0.70
标准差			0.13	标准差		0.05
变异系数			0.21	变异系数		0.07

从表 5.4.4 计算结果可知，对于先张预应力 BFRP 筋混凝土梁，开裂刚度折减系数 $\beta_{cr}=0.6$，刚度计算终点 $\alpha=0.7$，即刚度计算终点弯矩可达开裂弯矩的 1.43 倍。得到相应的短期刚度计算公式如下：

$$B_s=\frac{E_c I_0}{\dfrac{1}{\beta_{0.7}}+\left(\dfrac{1}{\beta_{cr}}-\dfrac{1}{\beta_{0.7}}\right)\cdot\dfrac{M_{cr}/M_k-0.7}{1-0.7}}\qquad(5.4.73)$$

式中符号意义同式（5.4.72）。

2. 开裂刚度刚度折减系数及主要影响因素

为确定刚度计算终点折减系数 $\beta_{0.7}$ 的计算公式，结合《混凝土结构设计规范》GB 50010—2010（2015 年版），考虑换算配筋率和预应力度的对刚度折减系数的影响，引入参数 $\alpha_E\rho$ 和 λ 作为因变量（表 5.4.5）。

预应力 BFRP 筋混凝土梁 $\beta_{0.7}$ 试验值及影响因素　　　　表 5.4.5

梁　号	$M_{0.7}$(kN·m)	$\phi_{0.7}$(0.001/m)	$\beta_{0.7}^{exp}$	$\alpha_E\rho$	λ
YB0	31.9	23.004	0.0947	0.0036	1.0000
YB1	35.4	17.930	0.1323	0.0165	0.6079
YB2	38.9	10.393	0.2464	0.0294	0.4318

根据以往有粘结预应力钢筋混凝土梁的试验以及《混凝土结构设计规范》GB 50010—2010（2015 年版）关于短期刚度的计算方法，换算配筋率 $\alpha_E\rho$ 是影响刚度折减系数 β_α 的主要参数；同时，部分预应力梁的预应力度 λ 对 β_α 也有一定程度的影响（图 5.4.12）。

综上，求出 $1/\beta_{0.7}$ 对参数 $1/\alpha_E\rho$ 和 λ 的二元线性回归方程如下：

$$\frac{1}{\beta_{0.7}}=-5.4601-\frac{0.0302}{\alpha_E\rho}+24.4301\lambda$$

（相关系数 $r^2=1$）　　　　(5.4.74)

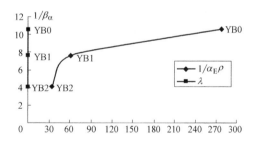

图 5.4.12　换算配筋率、预应力度与刚度折减系数的关系

3. 短期刚度计算公式

按荷载效应的标准组合下短期刚度，可由下列公式计算：

（1）对于使用阶段要求不出现裂缝的构件

$$B_s=0.85E_c I_0\qquad(5.4.75)$$

式中，E_c 为混凝土弹性模量；I_0 为换算截面惯性矩；0.85 为刚度折减系数，考虑混凝土受拉区开裂前出现的塑性变形。

（2）对于使用阶段允许出现裂缝的构件

$k_{cr}=M_{cr}/M_k$、$\beta_{cr}=0.6$ 并令 $\omega=2\beta_{cr}/\beta_{0.7}-1$，进行公式变换并化简得到预应力

BFRP 筋混凝土梁开裂后至非预应力钢筋屈服之间的短期刚度计算公式如下：

$$B_s = \frac{0.36 E_c I_0}{k_{cr} - 0.4 + (1 - k_{cr})\omega} \qquad (5.4.76)$$

$$\omega = -7.552 + 29.316\lambda - \frac{0.0362}{\alpha_E \rho} \qquad (5.4.77)$$

$$k_{cr} = \frac{M_{cr}}{M_k} \qquad (5.4.78)$$

$$M_{cr} = (\sigma_{pc} + \gamma f_{tk})W_0 \qquad (5.4.79)$$

式中，σ_{pc} 为扣除全部预应力损失后，由预加力在抗裂验算边缘产生的混凝土预压应力；γ 为混凝土构件的截面抵抗矩塑性影响系数：$\gamma = (0.7 + 120/h)\gamma_m$，其中，$\gamma_m$ 为混凝土构件的截面抵抗矩塑性影响系数基本值，按规范取值，矩形截面取 $\gamma_m = 1.55$；W_0 为换算截面受拉边缘的弹性抵抗矩。

4. 挠度计算及校核

试验梁按三分点加载的简支梁模式进行挠度计算，根据结构力学的计算方法得到梁的跨中挠度计算公式为：

$$f^{cal} = \frac{M_k(3l_0^2 - 4a^2)}{24 B_s} \qquad (5.4.80)$$

式中，l_0 为预应力玄武岩纤维筋混凝土简支梁有效跨度，$l_0 = 2100\text{mm}$；a 为采用三分点加载时，加载点与支座之间的距离，$a = 700\text{mm}$。

根据预应力 BFRP 筋混凝土梁的刚度计算终点折减系数 $\beta_{0.7}$ 的试验值和拟合值，计算得出参数 ω 的试验值和拟合值如表 5.4.6 所示。

参数 ω 的试验值与理论拟合值					表 5.4.6
梁号	β_{cr}	$1/\beta_{0.7}$	ω^{exp}	$1/\alpha_E \rho$	λ	ω^{cal}
YB0	0.7736	10.5636	15.3429	278.0683	1.0000	11.6868
YB1	0.4625	7.5573	5.9908	60.6607	0.6079	8.0710
YB2	0.5729	4.0590	3.6510	34.0701	0.4318	3.8721

由表 5.4.6 中数据可以看出，ω^{exp} 与 ω^{cal} 相差不大，代入公式（5.4.75）后计算得出的短期刚度 B_s 值的大小基本相同。由此，利用 ω^{cal} 计算得出的先张有粘结预应力 BFRP 筋混凝土梁挠度计算值与试验值如表 5.4.7（a）～（c）所示。

从表 5.4.7 计算结果表明，当 $M_{cr}/M_k = 0.6 \sim 1.0$ 之间时，挠度计算值与试验值之比在 $1.37 \sim 1.46$ 之间，计算结果偏于安全，且与实际情况符合性较好。

同时，利用短期刚度公式计算得出预应力 BFRP 筋开裂前挠度。由此可绘制得出各试验梁挠度计算值与试验值对比图（图 5.4.13）。

有粘结预应力 BFRP 筋混凝土梁挠度计算值与试验值　表 5.4.7
(a) YB0 挠度计算值与试验值

$M_k(kN \cdot m)$	k_{cr}	$B_s(10^3 kN \cdot m^2)$	$f^{cal}(mm)$	$f^{exp}(mm)$	f^{cal}/f^{exp}
23.14	1.00	8.79	0.73	0.41	1.75
24.89	0.93	3.28	3.06	2.11	1.45
26.64	0.87	2.12	5.39	2.79	1.93
28.39	0.82	1.62	7.72	4.46	1.73
30.14	0.77	1.34	10.05	7.40	1.36
31.89	0.73	1.16	12.37	9.77	1.27
33.64	0.69	1.04	14.70	13.41	1.10
35.39	0.65	0.95	17.03	16.51	1.03
37.14	0.62	0.88	19.36	20.60	0.94
		平均值			1.39
		标准差			0.33
		变异系数			0.24

(b) YB1 挠度计算值与试验值

$M_k(kN \cdot m)$	k_{cr}	$B_s(10^3 kN \cdot m^2)$	$f^{cal}(mm)$	$f^{exp}(mm)$	f^{cal}/f^{exp}
24.89	1.00	8.95	1.04	1.02	1.02
27.86	0.89	3.96	3.03	1.96	1.55
28.39	0.88	3.65	3.38	2.13	1.59
30.28	0.82	2.89	4.65	2.71	1.72
31.89	0.78	2.49	5.73	3.24	1.77
33.67	0.74	2.20	6.93	3.85	1.80
35.39	0.70	1.99	8.08	6.16	1.31
38.89	0.64	1.71	10.43	11.05	0.94
		平均值			1.46
		标准差			0.31
		变异系数			0.21

(c) YB2 挠度计算值与试验值

$M_k(kN \cdot m)$	k_{cr}	$B_s(10^3 kN \cdot m^2)$	$f^{cal}(mm)$	$f^{exp}(mm)$	f^{cal}/f^{exp}
26.64	1.00	9.11	1.06	0.80	1.32
28.39	0.94	7.04	1.58	1.04	1.52
30.14	0.88	5.86	2.10	1.32	1.60
31.89	0.84	5.10	2.62	1.76	1.49
35.39	0.75	4.17	3.67	2.59	1.41
38.89	0.68	3.63	4.71	3.55	1.33
42.39	0.63	3.28	5.75	4.49	1.28
45.89	0.58	3.03	6.80	6.71	1.01
		平均值			1.37
		标准差			0.17
		变异系数			0.12

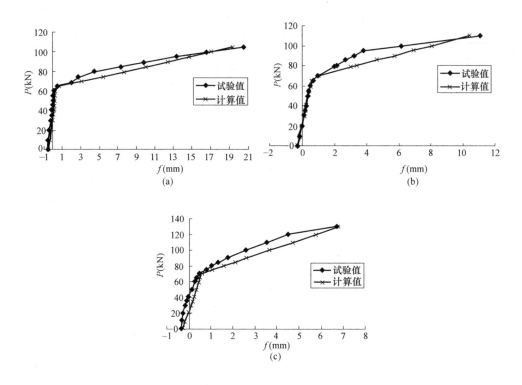

图 5.4.13　预应力 BFRP 筋混凝土梁挠度计算值与试验值的对比
(a) YB0 梁挠度计算值与试验值对比；(b) YB1 梁挠度计算值与试验值对比；
(c) YB2 梁挠度计算值与试验值对比

由图 5.4.13 可以看出，挠度计算值与试验值总体符合较好。开裂前采用 $0.85E_cI_0$ 计算抗弯刚度，计算值和试验值基本吻合。开裂后至非预应力钢筋屈服阶段采用式 (5.4.46) 对刚度进行折减，计算所得挠度平均为试验值的 1.4 倍，理论计算值比试验值稍大。

5.4.5.3　无粘结部分预应力 BFRP 筋混凝土梁短期刚度

1. 短期刚度计算公式

目前国内外关于预应力 FRP 筋混凝土梁刚度变形研究主要集中在有粘结梁上，有关无粘结梁刚度变形的研究都是基于有粘结梁研究之上的。

由图 5.3.21 可知，配有非预应力钢筋的 BFRP 筋无粘结部分预应力混凝土梁的荷载-变形曲线呈三阶段型。在第一阶段中，拉区混凝土未开裂，受弯构件类似弹性材料工作；第二阶段为带裂缝工作阶段，该直线段终点对应非预应力筋达到屈服状态；在非预应力筋屈服后构件进入破坏阶段，对应第三阶段，此阶段梁的挠度增长很快。本书仍采用双直线法分析开裂前后 BFRP 筋无粘结部分预应力梁刚度变化情况。

对于采用钢绞线作为无粘结预应力筋的混凝土受弯构件，我国《无粘结预应力混凝土结构技术规程》JGJ 92—2016 把短期刚度分为两部分考虑。

① 要求不出现裂缝的构件

$$B_s = 0.85E_cI_0 \tag{5.4.81}$$

由前面破坏模式分析可知，对于全预应力无粘结 BFRP 筋混凝土梁正常使用状态下的刚度，及无粘结部分预应力 BFRP 筋混凝土梁开裂前的刚度可用式（5.4.81）进行计算。

② 允许出现裂缝的构件

$$B_s = \frac{0.85 E_c I_0}{k_{cr} + (1 - k_{cr}) \omega} \tag{5.4.82}$$

$$k_{cr} = \frac{M_{cr}}{M_k} \tag{5.4.83}$$

$$\omega = \left(1.0 + 0.8\lambda_s + \frac{0.21}{\alpha_E \rho}\right)(1 + 0.45\gamma_f) \tag{5.4.84}$$

$$\gamma_f = \frac{(b_f - b)h_f}{bh_0} \tag{5.4.85}$$

式中，ω 为预应力度、受拉区钢筋配筋率、截面形式影响系数；α_E 为预应力钢绞线弹性模量与混凝土弹性模量比值；ρ 为受拉钢筋配筋率，$\rho = (A_p + A_s)/(bh_0)$；$\lambda$ 为预应力度，$\lambda = \sigma_{pe} A_p/(\sigma_{pe} A_p + f_{yk} A_s)$；$\gamma_f$ 为受拉翼缘截面面积与腹板有效截面面积的比值；b_f、h_f 为受拉翼缘的宽度、高度；k_{cr} 为开裂弯矩 M_{cr} 与弯矩 M_k 的比值，当 $k_{cr} > 1.0$ 时，取 $k_{cr} = 1.0$。

无粘结部分预应力 BFRP 筋混凝土梁在其刚度发展的第二阶段，预应力 BFRP 筋及非预应力钢筋都处于弹性工作阶段。对于无粘结构件，预应力 BFRP 筋与预应力钢绞线都工作性能相似，区别就在于两种预应力筋材料性能有差异。因此，课题组尝试使用等受拉刚度原理，将 BFRP 筋等效为预应力钢绞线，然后利用现行规范公式计算 BFRP 筋无粘结部分预应力混凝土受弯构件短期刚度。

预应力 BFRP 筋的配筋量为 A_f，按照等受拉刚度换算为预应力钢筋的截面面积为：

$$A_{ps} = A_f E_f / E_s \tag{5.4.86}$$

受拉区增强筋配筋率 ρ 由式（5.4.87）求得：

$$\rho = (A_{ps} + A_s)/(bh_0) \tag{5.4.87}$$

$$h_0 = \frac{A_{ps} h_{ps} + A_s h_s}{A_{ps} + A_s} \tag{5.4.88}$$

将式（5.4.87）代入式（5.4.87），再用式（5.4.82）即可求得无粘结部分预应力 BFRP 筋混凝土梁开裂后的刚度。

2. 刚度计算校核

计算得到各阶段的刚度后，则跨中挠度由式求得：

$$f = S \frac{M l_0^2}{B_s} \tag{5.4.89}$$

上述理论公式的计算值与本次试验值对比如图 5.4.14 所示。

由图 5.4.14 可知，无粘结梁开裂前后计算值均比试验值稍大，但差别不大。

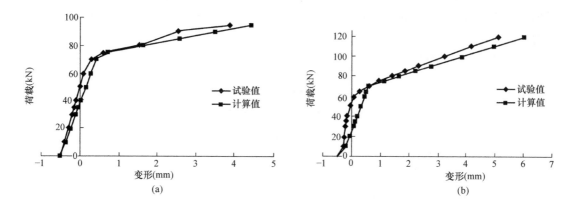

图 5.4.14 试验梁开裂前后荷载-变形计算值与试验值对比
(a) UB1 梁；(b) UB2 梁

5.4.6 裂缝性能

5.4.6.1 开裂弯矩

根据本章公式（5.4.79）计算，梁的开裂弯矩如表 5.4.8 所示。

预应力 BFRP 筋混凝土梁开裂弯矩计算值与试验值 表 5.4.8

梁编号	B1	YB0	YB1	YB2	UB0	UB1	UB2
P_{cr}^{exp}	30～35	60～65	65～70	70～75	65～70	70～75	65～70
P_{cr}^{cal}	25.9	67.4	68.0	68.9	64.2	66.6	67.6

由表 5.4.8 可知，计算值和试验值符合较好。

5.4.6.2 有粘结预应力 BFRP 筋混凝土梁裂缝性能分析

1. 平均裂缝间距

《混凝土结构设计规范》GB 50010—2010（2015 年版）中提出的梁裂缝间距 l_{cr} 的计算公式如下（公式中的第一项 $k_1 c$ 反映混凝土保护层厚度对裂缝宽度的影响，第二项 $k_2 d_{eq}/\rho_{te}$ 反映纵向受拉配筋与混凝土之间的粘结滑移对裂缝宽度的影响）：

$$l_{cr}=k_1 c+k_2 d_{eq}/\rho_{te} \tag{5.4.90}$$

式中，c 为最外层纵向受拉钢筋外边缘至受拉区底边的距离（mm）；当 $c<20$ 时取 $c=20$；当 $c>65$ 时，取 $c=65$；d_{eq} 为纵向受拉钢筋的等效直径（mm）；ρ_{te} 为按照有效受拉混凝土截面面积计算的纵向受拉钢筋配筋率；k_1、k_2 为经验参数。

对于纵筋等效直径 d_{eq}，采用现行规范的计算公式：

$$d_{eq}=\sum_{i=1}^{n} n_i d_i^2 / \sum_{i=1}^{n} n_i \nu_i d_i \tag{5.4.91}$$

式中，n_i 为第 i 种受拉配筋的根数；d_i 为第 i 种受拉配筋的直径；ν_i 为第 i 种纵向受拉配筋的相对粘结特性系数（表 5.4.9）。

钢筋的相对粘结特性系数　　　　　　　　　表 5.4.9

非预应力钢筋		先张法预应力钢筋			后张法预应力钢筋		
光面 钢筋	带肋 钢筋	带肋 钢筋	螺旋肋 钢丝	刻痕钢丝 钢绞线	带肋 钢筋	钢绞 线	光面 钢丝
0.7	1.0	1.0	0.8	0.6	0.8	0.5	0.4

注：对环氧涂层钢带肋钢筋，其相对粘结特性系数应按表中系数的 0.8 倍取用。

预应力 BFRP 筋混凝土梁平均裂缝间距试验值及理论计算数据　　表 5.4.10

梁号	l_{cr} (mm)	钢筋			BFRP 筋			d_{eq} (mm)	ρ_{te}	c (mm)
		d_1(mm)	n_1	v_1	d_2(mm)	n_2	v_2			
YB0	305.50	12	0	1.0	10	2	0.8	12.5	0.010	24
YB1	156.60	12	1	1.0	10	2	0.8	12.3	0.018	22
YB2	142.40	12	2	1.0	10	2	0.8	12.2	0.026	24

关于相对粘结特性系数的取值：非预应力带肋钢筋 $\nu_i = 1.0$。先张法预应力 BFRP 筋可视为先张法带肋钢筋，确定其基本粘结特性系数 $\nu_i = 1.0$，同时考虑到 BFRP 筋是经过树脂浸渍而后拉挤成型，与环氧涂层带肋钢筋性能接近，故 BFRP 筋的粘结特性系数确定为 $\nu_i = 0.8$。

ρ_{te} 的计算公式为：

$$\rho_{te} = (A_f + A_s)/A_{te} \tag{5.4.92}$$

式中，有效受拉混凝土面积 A_{te} 按照欧洲规范取值：$A_{te} = 2.5b(h - h_0)$。

根据表 5.4.10 中列出的数据求出裂缝间距 l_{cr} 对变量 c、d_{eq}/ρ_{te} 的线性回归方程如下：

$$l_{cr} = -354.954 + 16.195c + 0.228\frac{d_{eq}}{\rho_{te}} \tag{5.4.93}$$

再按照 $k_1 c = -354.954 + 16.195c$ 求解出 $k_1 = 1.405$，由此得出先张法预应力 BFRP 筋混凝土梁纯弯段裂缝间距的计算公式如下：

$$l_{cr} = 1.41c + 0.23\frac{d_{eq}}{\rho_{te}} \tag{5.4.94}$$

裂缝间距计算结果如表 5.4.11 所示，理论结果和试验情况很接近，YB1 梁的误差相对大些。l_{cr}^{cal} 平均为 l_{cr}^{exp} 的 1.06 倍，变异系数为 0.08。

预应力 BFRP 筋混凝土梁裂缝间距计算结果　　　　表 5.4.11

梁　号	c(mm)	d_{eq}/ρ_{te}(mm)	l_{cr}^{cal}(mm)	l_{cr}^{exp}(mm)	$l_{cr}^{cal}/l_{cr}^{exp}$
YB0	24	1194.27	305.5005	305.50	1.00
YB1	22	682.29	186.1798	156.60	1.19
YB2	24	477.56	142.4002	142.40	1.00
		平均值/变异系数			1.06/0.08

2. 平均裂缝宽度

根据国家标准《混凝土结构设计规范》GB 50010—2010（2015 年版），裂缝宽度是指受拉钢筋截面重心水平处构件侧表面的裂缝宽度。试验表明，裂缝宽度的离散性比裂缝间距更大些。因此，平均裂缝宽度的确定，必须以平均裂缝间距为基础。

（1）平均裂缝宽度的计算原理

平均裂缝宽度 ω_m 等于构件裂缝区段内钢筋的平均伸长与相应水平处构件侧表面混凝土平均伸长值的差值，即

$$\omega_m = \varepsilon_{sm} l_m - \varepsilon_{ctm} l_m = \varepsilon_{sm}\left(1 - \frac{\varepsilon_{ctm}}{\varepsilon_{sm}}\right) \cdot l_m \tag{5.4.95}$$

式中，ε_{sm} 为纵向受拉钢筋的平均拉应变，$\varepsilon_{sm} = \psi \varepsilon_{sk} = \psi \delta_{sk}/E_s$；$\varepsilon_{ctm}$ 为与纵向受拉钢筋相同水平处侧表面混凝土的平均拉应变。

令 $\alpha_c = 1 - \varepsilon_{ctm}/\varepsilon_{sm}$，$\alpha_c$ 称为裂缝间混凝土自身伸长对裂缝宽度的影响系数。一般情况下，α_c 变化不大，且对裂缝开展宽度的影响也不大，为简化计算，对受弯、轴心受拉、偏心受力构件，均可近似取 $\alpha_c = 0.85$。

$$\omega_m = \alpha_c \psi \frac{\sigma_{sk}}{E_s} l_m \tag{5.4.96}$$

式中，ψ 为裂缝间纵向受拉钢筋应变不均匀系数；试验研究表明，ψ 可近似表达为：$\psi = 1.1 - 0.65\frac{f_{tk}}{\rho_{te}\sigma_{sk}}$，当 $\psi < 0.2$ 时，取 $\psi = 0.2$；当 $\psi > 1$ 时，取 $\psi = 1$。

（2）纵向受拉钢筋的等效应力

δ_{sk} 为计算裂缝截面处受拉纵筋重心处的拉应力。对于有粘结部分预应力 BFRP 筋混凝土梁，由于采用预应力 BFRP 筋和非预应力普通钢筋混合配筋方式，需要考虑 BFRP 筋的应力增量 $\Delta\delta_f$ 以及普通钢筋的应力 σ_{sk} 对裂缝宽度的影响。

对有粘结部分预应力 BFRP 筋混凝土梁开裂截面建立内力平衡，得到：

$$M_k = N_{p0}(Z - e_p) + (\Delta\sigma_f A_f + \sigma_{sk} A_s)Z \tag{5.4.97}$$

式中，N_{p0} 为混凝土法向应力为零时全部纵向预应力 BFRP 筋和非预应力钢筋的合力；Z 为受拉区纵向预应力 BFRP 筋和非预应力筋合力点至截面受压区合力点的距离；e_p 为 N_{p0} 作用点至受拉区预应力 BFRP 筋和非预应力钢筋合力点距离。

对上式进行变换，取并引入纵筋等效应力系数 λ_{fe}，可以得到：

$$\sigma_{sk} = \frac{M_k - N_{p0}(Z - e_p)}{(\lambda_{fe} A_f + A_s)Z} \tag{5.4.98}$$

$$\lambda_{fe} = \frac{\Delta\delta_f}{\sigma_{sk}} = \frac{\Delta\varepsilon_f}{\varepsilon_s} \cdot \frac{E_f}{E_s} \tag{5.4.99}$$

部分预应力 BFRP 筋混凝土梁中，预应力 BFRP 筋应变增量 $\Delta\varepsilon_f$ 与非预应力钢筋应变增量 ε_s 之间的关系如图 5.4.15 所示，对两个变量进行线性回归得出 YB2 和 YB1 梁的 $\Delta\varepsilon_f/\varepsilon_s$ 分别为 0.70 和 1.05。由此可以根据式（5.4.99）确定等效纵筋应力系数 λ_{fe} 的数值。

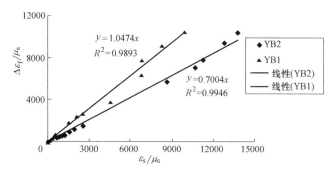

图 5.4.15 预应力 BFRP 筋应变增量 $\Delta\varepsilon_f$ 与非预应力钢筋应变 ε_s 的关系

（3）预应力 BFRP 筋混凝土梁平均裂缝宽度的公式推导和计算

根据钢筋混凝土结构关于平均裂缝宽度的计算原理，将裂缝间距 l_{cr}、纵筋等效应力 σ_{sk} 等结果代入公式（5.4.96）即可得出有粘结预应力 BFRP 筋混凝土梁的平均裂缝宽度计算公式：

$$\omega_m = 0.85\psi\left(1.4c + 0.23\frac{d_{eq}}{\rho_{te}}\right)\cdot\frac{\sigma_{sk}}{E_s} \tag{5.4.100}$$

根据式（5.4.61）计算得出预应力 BFRP 筋混凝土梁平均裂缝宽度与试验值对比如表 5.4.12 所示。

预应力 BFRP 筋混凝土梁平均裂缝宽度计算值与试验值对比　　　表 5.4.12

(a) YB0 梁平均裂缝宽度计算值与试验值

M_k (kN・m)	σ_{sk}/E_s $(10^3\mu\varepsilon)$	ω_m^{cal} (mm)	ω_m^{exp} (mm)	$\omega_m^{cal}/\omega_m^{exp}$
23.14	0.34	0.04	0.04	1.02
24.89	1.37	0.17	0.11	1.50
26.64	1.75	0.21	0.33	0.65
28.39	3.22	0.39	0.43	0.90
30.14	4.50	0.54	0.68	0.80
31.89	5.96	0.72	0.90	0.80
33.64	6.83	0.83	1.07	0.78
35.39	7.31	0.88	1.83	0.48
平均值/变异系数				0.87/0.33

(b) YB1 梁平均裂缝宽度计算值与试验值

M_k (kN・m)	σ_{sk}/E_s $(10^3\mu\varepsilon)$	ω_m^{cal} (mm)	ω_m^{exp} (mm)	$\omega_m^{cal}/\omega_m^{exp}$
24.89	0.60	0.06	0.04	1.62
28.39	1.52	0.16	0.11	1.49
31.89	2.07	0.22	0.15	1.49
35.39	4.54	0.49	0.21	2.33
38.89	6.80	0.73	0.51	1.43
47.64	10.47	1.13	0.90	1.25
平均值/变异系数				1.60/0.21

（c）YB2 梁平均裂缝宽度计算值与试验值

M_k (kN·m)	σ_{sk}/E_s ($10^3\mu\varepsilon$)	ω_m^{cal} (mm)	ω_m^{exp} (mm)	$\omega_m^{cal}/\omega_m^{exp}$
28.4	0.44	0.05	0.04	1.32
31.9	0.64	0.08	0.06	1.37
35.4	0.94	0.11	0.08	1.38
38.9	1.20	0.15	0.12	1.26
42.4	1.52	0.18	0.14	1.29
45.9	2.66	0.32	0.27	1.18
49.4	4.74	0.57	0.45	1.27
52.9	7.73	0.94	0.68	1.37
59.9	14.81	1.79	1.15	1.56
平均值/变异系数				1.33/0.08

表 5.4.12 中计算结果证明，平均裂缝宽度的离散性比裂缝间距更大些。试验梁 YB0、YB1、YB2 裂缝宽度计算值与试验值之比分别为：0.87、1.60、1.33。由于 YB0 梁为全预应力梁，前文采用部分预应力梁的裂缝宽度计算方法，故离散性较大。部分预应力梁 YB1、YB2 的裂缝宽度计算结果离散性相对较小。

3. 最大裂缝宽度

通过前面的计算分析，并结合我国《混凝土结构设计规范》GB 50010—2010（2015 年版）关于最大裂缝宽度计算的规定，配非预应力钢筋的部分预应力 BFRP 筋混凝土梁的最大裂缝宽度计算公式为：

$$\omega_{max}=\alpha_{cr}\psi\frac{\sigma_{sk}}{E_s}\left(1.4c+0.23\frac{d_{eq}}{\rho_{te}}\right) \tag{5.4.101}$$

式中，ψ、ρ_{te} 的定义与前面相同，但在计算 ψ 值时，若 $\rho_{te}<0.01$，取 $\rho_{te}=0.01$；α_{cr} 为构件受力特征系数，对钢筋混凝土受弯和偏心受压构件取 $\alpha_{cr}=2.1$。

5.4.6.3 无粘结部分预应力 BFRP 筋混凝土梁裂缝性能分析

1. 平均裂缝间距

根据有关普通钢筋混凝土受弯构件、偏心受拉构件、偏心受压构件研究可知，裂缝间距主要受与混凝土有粘结作用的增强筋外形与直径、配筋率、保护层厚度的影响。而在无粘结部分预应力 BFRP 筋混凝土梁中，由于 BFRP 筋与周围混凝土无粘结作用，因此配置无粘结筋后对裂缝间距没有影响，仍然参照规范计算公式进行计算：

$$l_{cr}=1.9c+0.08\frac{d_{eq}}{\rho_{te}} \tag{5.4.102}$$

非预应力钢筋等效直径 d_{eq}、混凝土有效受拉面积 A_{te} 及按 A_{te} 计算的非预应力钢筋配筋率分别由式（5.4.103）～式（5.4.105）求得：

$$d_{eq}=\frac{\sum n_i d_i^2}{\sum n_i v_i d_i} \tag{5.4.103}$$

$$A_{te}=0.5bh+(b_f-b)h_f \tag{5.4.104}$$

$$\rho_{te} = \frac{A_s}{A_{te}} \tag{5.4.105}$$

式中，c 为最外层非预应力钢筋保护层厚度；d_i、n_i、v_i 为第 i 种非预应力钢筋的直径、根数、粘结特性系数。

试验梁裂缝间距计算值与试验值如表 5.4.13 所示。

无粘结部分预应力 BFRP 筋混凝土梁 l_{cr}^{exp}、l_{cr}^{cal} 对比　　　表 5.4.13

梁编号	UB1	UB2
l_{cr}^{exp}(mm)	250.4	151.5
l_{cr}^{cal}(mm)	292.6	165.3
误差(%)	16.9	9.1

由表 5.4.13 可知，试验值略小于计算值，但误差较小。

2. 平均裂缝宽度

同短期刚度研究方法一样，由于非预应力钢筋屈服后裂缝发展太快，已不适合正常使用，限于时间和构件数量的原因，本书暂不做这一阶段裂缝宽度的研究。本书仅研究无粘结部分预应力 BFRP 筋混凝土梁在非预应力筋屈服前裂缝宽度的计算方法。

在确定了裂缝间距后，平均裂缝宽度可由下式求得：

$$\omega_m = 0.85\psi l_{cr}\frac{\sigma_{sk}}{E_s} \tag{5.4.106}$$

ψ 为裂缝间纵向受拉钢筋应变不均匀系数，可由式（5.4.107）求解：

$$\psi = 1.1 - 0.65\frac{f_{tk}}{\rho_{te}\sigma_{sk}} \tag{5.4.107}$$

由上面两式可见，重点是纵向受拉配筋等效应力 σ_{sk} 的求解，参考有关无粘结预应力钢绞线受弯构件的研究，可以将无粘结 BFRP 筋等效为虚拟有粘结钢筋来计算 σ_{sk}：

$$\sigma_{sk} = \frac{M - 1.14M_0}{0.87(K_pA_{ps}h_{ps} + A_sh_s)} \tag{5.4.108}$$

式中，M_0 为非预应力钢筋重心处消压弯矩；K_p 为等效有粘结筋面积折算系数，K_p 的大小主要与加载方式有关，对三分点加载的梁，K_p 平均值为 0.5；如无粘结预应力筋与非预应力筋至梁顶高度不等，K_p 可近似取 0.4。

无粘结部分预应力 BFRP 筋混凝土梁受拉配筋等效应力 σ_{sk} 计算需经过两次等效来进行，本书称为"两步等效法"：第一步，将无粘结预应力 BFRP 筋截面面积 A_f 按等刚度折算为无粘结钢筋面积 A_{ps}；第二步，将 A_{ps} 用折减系数等效为有粘结筋面积 K_pA_{ps}。

求解构件裂缝宽度，以非预应力钢筋屈服点较高的试验梁 UB2 为例，验证上述分析方法的可行性。平均裂缝宽度计算值与试验值对比如图 5.4.16 所示。

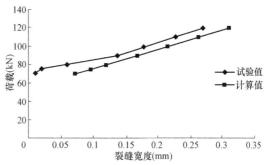

图 5.4.16　UB2 梁裂缝宽度计算值与试验值对比

由图 5.4.16 可知，计算值略大于试验实测值，但整体相差较少。

5.4.7 预应力损失

在预应力混凝土构件施工及使用过程中，预应力钢筋或复合纤维材料筋的张拉应力值在不断降低，称为预应力损失。

BFRP 筋除自身松弛外的其他损失包括张拉端锚具变形和 BFRP 筋的内缩等引起的锚固损失、摩擦损失、弹性缩短以及混凝土收缩、徐变损失，计算方法与普通预应力钢筋混凝土相同。参照《混凝土结构设计规范》GB 50010—2010（2015 年版），下面将讲述六项预应力损失，包括产生的原因、损失值计算方法以及减少预应力损失值的措施。由于有粘结预应力 BFRP 筋混凝土梁预应力损失种类较多，本书主要分析有粘结梁预应力损失，最后再对无粘结预应力梁预应力损失作计算校核。

5.4.7.1 有粘结预应力 BFRP 筋混凝土梁预应力损失计算

1. 锚具变形和预应力筋内缩引起的预应力损失 σ_{l1}

预应力直线 BFRP 筋当张拉到 σ_{con} 后，锚固在台座或构件上时，由于锚具、垫板与构件之间的缝隙被挤紧，以及 BFRP 筋在锚具内的滑移，使得被拉紧的 BFRP 筋内缩 α 所引起的预应力损失 $\sigma_{l1}(N/mm^2)$，按下式计算：

$$\sigma_{l1} = \frac{\alpha}{l}E_f \qquad (5.4.109)$$

式中，α 为张拉端锚具变形和钢筋内缩值（mm），按表 5.4.14 取用；l 为张拉端至锚固端之间的距离（mm）；E_f 为预应力 BFRP 筋的弹性模量（N/mm²）。

锚具变形和钢筋内缩值 α（mm）   表 5.4.14

锚 具 类 别		α
支承式锚具(钢丝束墩头锚具等)	螺帽缝隙	1
	每块后加垫板的缝隙	1
锥塞式锚具		5
夹片式锚具	有顶压时	5
	无顶压时	6~8

注：1. 表中的锚具变形和钢筋内缩值也可根据实测数值确定；
    2. 其他锚具变形和钢筋内缩值可根据实测数据确定。

锚具损失只考虑张拉端，至于锚固端因在张拉过程中被挤紧，故不考虑其所引起的应力损失。

对于块体拼成的结构，其预应力损失尚应考虑块体间填缝的预压变形。当采用混凝土或砂浆填缝材料时，每条填缝的预压变形值应取 1mm。

张拉端采用支承式锚具，考虑螺帽缝隙和垫板缝隙，α 取 2mm。

$$\sigma_{l1} = \frac{\alpha}{l}E_f = \frac{2}{3060} \times 40020 = 26.16MPa$$

BFRP 每根筋的张拉力大小是通过油压千斤顶控制的，张拉力的大小不可能保证完全精确。每组 BFRP 筋张拉完毕后，螺帽的锁紧程度可能不一，同时考虑台座不同可能导致每组 BFRP 筋的 σ_{l1} 存在一定程度的差异，具体预应力损失值 σ_{l1} 见表 5.4.15。

锚具变形以及预应力 BFRP 筋内缩损失 σ_{l1} 值表（单位：MPa）　　表 5.4.15

编号	YB0-1	YB0-2	YB1-1	YB1-2	YB2-1	YB2-2
试验值	19.11	6.37	40.76	6.37	29.30	16.56
计算值	26.16	26.16	26.16	26.16	26.16	26.16

2. 预应力筋与孔道壁之间摩擦引起的预应力损失 σ_{l2}

采用后张法张拉直线预应力钢筋时，由于预应力钢筋的表面形状，孔道成型质量情况，预应力钢筋的焊接外形质量情况，预应力钢筋与孔道接触程度（孔道的尺寸、预应力钢筋与孔道壁之间的间隙大小、预应力钢筋在孔道中的偏心距数值）等原因，使钢筋在张拉过程与孔壁接触而产生摩擦阻力。这种摩擦阻力距离预应力张拉端越远，影响越大，是构件各截面上的实际预应力有所减少，称为摩擦力损失，以 σ_{l2} 表示。本节采用先张法进行预应力的张拉，取 $\sigma_{l2}=0$。

3. 预应力筋与张拉台座之间温差引起的预应力损失 σ_{l3}

为了缩短先张法构件的生产周期，浇筑混凝土后常采用蒸汽养护的办法加速混凝土的硬结。升温时，受张拉的钢筋与承受拉力的设备之间的温差引起的应力损失。

本节预应力梁均在常温下养护 28d，故不考虑升温养护带来的预应力损失，取 $\sigma_{l3}=0$。

4. 预应力筋应力松弛引起的预应力损失 σ_{l4}

根据前述的 BFRP 筋松弛试验结果，根据拟合公式（5.2.1）推定 28d BFRP 筋松弛损失率，据此计算出 BFRP 筋松弛损失值为 20.45MPa。

5. 混凝土收缩、徐变的预应力损失 σ_{l5}、σ'_{l5}

混凝土在一般温度条件下结硬时会发生体积收缩，而在预应力作用下，沿压力方向混凝土发生徐变。两者均使构件的长度缩短，预应力 BFRP 筋也随之内缩，造成预应力损失。收缩和徐变虽是两种完全不同的现象，但它们的影响因素、变化规律较为相似，故《混凝土结构设计规范》GB 50010—2010（2015 年版）将这两项预应力损失合在一起考虑。

混凝土收缩、徐变引起受拉区纵向预应力 BFRP 筋的预应力损失 σ_{l5} 和受压区纵向预应力钢筋的预应力损失 σ'_{l5}。可按下列公式计算：

先张法构件：

$$\sigma_{l5}=\frac{45+280\dfrac{\sigma_{pc}}{f'_{cu}}}{1+15\rho} \tag{5.4.110}$$

$$\sigma'_{l5}=\frac{45+280\dfrac{\sigma'_{pc}}{f'_{cu}}}{1+15\rho'} \tag{5.4.111}$$

式中，σ_{pc}、σ'_{pc} 为受拉区、受压区预应力筋在各自合力点所产生的混凝土法向压应力；此时，预应力损失值仅考虑混凝土预压前（第一批）的损失，其非预应力筋中的应力 σ_{l5}、σ'_{l5} 值应取等于零；σ_{pc}、σ'_{pc} 值不得大于 $0.5f'_{cu}$；当 σ'_{pc} 为拉应力时，则公式（5.4.111）中的 σ'_{pc} 应取等于零；计算混凝土法向应力 σ_{pc}、σ'_{pc} 时可根据构件制作情况考虑自重的影响；f'_{cu} 为施加预应力时的混凝土立方体抗压强度；ρ、ρ' 为受拉区、受压区预应力筋与非预应力筋的配筋率，对先张法构件：

$$\rho=\frac{A_s+A_p}{A_0}, \quad \rho'=\frac{A_s'+A_p'}{A_0} \qquad (5.4.112)$$

式中，A_0 为混凝土换算截面面积。

(1) 截面几何特征值的计算

① 换算截面面积 A_0：

$$A_0=bh+(n_p-1)A_p+(n_s-1)A_s \qquad (5.4.113)$$

式中，$(n_p-1)A_p$、$(n_s-1)A_s$ 为预应力筋、非预应力筋换算面积（图 5.4.17）；n_p、n_s 为预应力 BFRP 筋、非预应力钢筋的弹性模量与混凝土弹性模量之比，$n_p=\dfrac{E_p}{E_c}$，$n_s=\dfrac{E_s}{E_c}$。

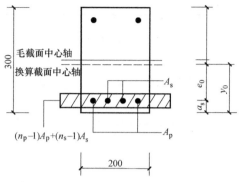

图 5.4.17 YB2 梁换算截面面积计算简图

② 对截面下边缘面积矩 S：

$$S=bh\times\frac{h}{2}+(n_p-1)A_p a_p+(n_s-1)A_s a_s \qquad (5.4.114)$$

③ 换算截面中心至截面下边缘的距离 y_0：

$$y_0=\frac{S}{A_0} \qquad (5.4.115)$$

④ 毛截面至几何中心的惯性矩 I：

$$I=\frac{1}{12}bh^3 \qquad (5.4.116)$$

⑤ 换算截面对中心轴的惯性矩 I_0：

$$I_0=\sum I+\sum Ax_i^2=\frac{1}{12}bh^3+(n_p-1)A_p(y_0-a_p)^2+(n_s-1)A_s(y_0-a_s)^2 \qquad (5.4.117)$$

式中，x_i 为截面重心至换算截面重心的距离。

⑥ 换算截面模量（抵抗矩）W_0：

$$W_0=\frac{I_0}{y_0} \qquad (5.4.118)$$

⑦ 预应力 BFRP 筋偏心距 e_0：

$$e_0=y_0-a_p \qquad (5.4.119)$$

各梁截面几何特征值的计算结果见表 5.4.16。

各梁截面几何特征值的计算结果 表 5.4.16

梁号	BFRP 筋换算面积(mm²)	钢筋换算面积(mm²)	换算截面面积(mm²)	换算截面至毛截面重心距(mm)	偏心距(mm)	换算截面惯性矩(mm⁴)
YB0	36.23	0.00	60036.23	0.00	120.00	4.51×10^8
YB1	36.23	582.90	60619.13	0.01	119.99	4.59×10^8
YB2	36.23	1165.80	61202.03	0.02	119.98	4.67×10^8

（2）预应力损失 σ_{l5} 的计算

根据以上分析，计算出本试验有粘结预应力 BFRP 混凝土梁由混凝土徐变、收缩引起的预应力损失 σ_{l5} 见表 5.4.17。

混凝土徐变、收缩引起的预应力损失 σ_{l5} 计算（单位：MPa）　　　　表 5.4.17

梁编号	YB0	YB1	YB2
混凝土收缩、徐变引起的预应力损失 σ_{l5}	65.67	63.51	61.74

6. 预应力损失值的组合

根据以上计算结果，可知本试验有粘结预应力梁的总预应力损失如表 5.4.18 所示。

总预应力损失计算结果（单位：MPa）　　　　表 5.4.18

梁编号	锚具回缩损失 σ_{l1}	BFRP 筋松弛损失 σ_{l4}	混凝土收缩徐变损失 σ_{l5}	总计算损失 $\sigma_{l,cal}$	实际损失 $\sigma_{l,exp}$
YB0	25.48	40.9	65.67	132.05	106.58
YB1	47.13	40.9	63.51	151.54	134.06
YB2	45.86	40.9	61.74	148.5	154.30

从表 5.4.18 可看出，先张法预应力 BFRP 筋的应力损失主要由三部分构成：锚具变形和 BFRP 筋回缩引起的损失 σ_{l1}，预应力 BFRP 筋应力松弛引起的损失 σ_{l4}，混凝土收缩、徐变的预应力损失 σ_{l5}。总的计算损失比实际预应力损失值大，因为计算结果考虑了一定的富余量，结果偏于保守。

7. BFRP 筋有效预应力

预应力损失完成后，根据荷载传感器实测，BFRP 筋的有效预应力值如表 5.4.19 所示。

BFRP 筋有效预应力实测值（单位：MPa）　　　　表 5.4.19

梁编号	预应力筋编号	张拉控制应力	张拉完毕应力	放张完毕应力	有效预应力
YB0	YB0-1	458.6	439.5	448.4	427.8
	YB0-2	458.6	452.2	440.4	382.8
YB1	YB1-1	465.0	424.2	427.5	406.3
	YB1-2	468.8	462.4	441.7	393.4
YB2	YB2-1	470.1	440.8	418.4	395.7
	YB2-2	467.5	451.0	459.2	387.6

5.4.7.2 无粘结预应力 BFRP 筋混凝土梁预应力损失计算

无粘结梁预应力 BFRP 筋张拉至梁静载试验前过程中，需要考虑的预应力损失主要有预应力筋与孔道壁之间的摩擦引起的应力损失 σ_{l2}、锚具变形及预应力筋回缩引起的应力损失 σ_{l1}、预应力筋松弛引起的应力损失 σ_{l4} 三种。由于采用预应力筋同步张拉及短期试验研究方案，则分批张拉以及混凝土的收缩和徐变引起的应力损失可不用考虑。

1. 预应力筋与孔道壁之间的摩擦引起的应力损失 σ_{l2}

在张拉过程中，实测张拉力与锚固端拉压传感器读值基本一致，即可认为基本没有产生预应力 BFRP 筋与孔道壁之间的摩擦引起的应力损失。分析原因主要有两点：①由于在 BFRP 筋上涂抹建筑油脂，使得其与塑料水平管护套之间的摩擦作用变小；②塑料水平管的内径为 28mm，而 BFRP 筋直径仅 10mm，可见二者之间差距较大，致使 BFRP 筋与塑料水平管基本没有接触或接触很少。

2. 锚具变形及预应力筋回缩引起的应力损失 σ_{l1}

本试验中由于设置了一块钢板在模板内和梁浇筑在一起，则实际只有螺帽与钢板之间的缝隙影响张拉端锚具变形和预应力筋内缩值，因此 α 取值为 1mm。

试验值 σ_{l1}^{exp} 和计算值 σ_{l1}^{cal} 对比见表 5.4.20。

BFRP 筋应力损失 σ_{l1}^{exp} 与 σ_{l1}^{cal} 对比（单位：MPa） 表 5.4.20

BFRP 筋	UB0-1	UB0-2	UB1-1	UB1-2	UB2-1	UB2-2
σ_{l1}^{exp}	1.3	2.5	1.3	3.8	1.3	2.5
σ_{l1}^{cal}			13.5			

预应力筋锚固在梁上后，锚固端拉压传感器实测值仅下降 0.1～0.3kN，由表 5.4.20 可知，试验值 σ_{l1}^{exp} 均明显小于计算值 σ_{l1}^{cal}。这主要是因为，本次试验中钢垫板和梁整体浇注，且在锚固前用扳手将螺帽拧紧，使螺帽、钢板、梁体三者之间接触紧密，导致锚固后 σ_{l1} 较小。

3. 预应力筋松弛引起的应力损失 σ_{l4}

由前面的 BFRP 筋松弛试验可知，BFRP 筋松弛率和时间对数呈线性关系，则约 12h 后 BFRP 筋松弛损失试验值 σ_{l4}^{exp} 和计算值 σ_{l4}^{cal} 对比如表 5.4.21 所示。

12h 后松弛损失 σ_{l4}^{exp} 与 σ_{l4}^{cal} 对比 表 5.4.21

BFRP 筋	UB0-1	UB0-2	UB1-1	UB1-2	UB2-1	UB2-2
σ_{l4}^{exp}(MPa)	7.82	6.43	8.04	5.90	11.77	6.92
σ_{l4}^{cal}(MPa)			9.76			
误差(%)	19.9	34.1	17.6	39.5	20.6	29.1

由表 5.4.21 可知，除 UB0-2、UB1-2 两根筋误差较大外，其余几根筋应力松弛量试验值和计算值误差控制在 30% 之内。

6 BFRP 连续螺旋箍筋混凝土梁受剪性能试验研究

6.1 BFRP 连续螺旋箍筋材料性能试验研究

由于 FRP 筋是一种各向异性的材料，因此，FRP 箍筋的一个显著特点是弯折部位的抗拉强度明显低于直线部位的抗拉强度，这主要是由非顺纤维方向的作用力以及箍筋的弯折所引起的局部应力集中而造成的。当将 FRP 箍筋用作混凝土梁的抗剪增强筋时，随着斜裂缝的开展，FRP 箍筋也受到非顺纤维方向的作用力，从而削弱 FRP 箍筋的抗拉强度。因此，箍筋的弯折和斜裂缝的开展为影响 FRP 箍筋抗拉强度的两大主要因素。

6.1.1 L 形和 U 形试件的设计

从 BFRP 连续螺旋箍筋上截取 L 形和 U 形的 BFRP 箍筋试样，将其埋置于混凝土试块之中，分别设计制作 L 形 BFRP 箍筋混凝土试件和 U 形 BFRP 箍筋混凝土试件（如图6.1.1 所示），用于测试 BFRP 连续螺旋箍筋的抗拉强度并进行对比分析。

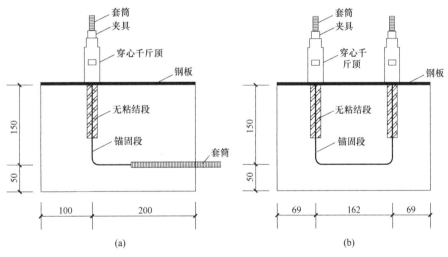

图 6.1.1　BFRP 箍筋混凝土试件设计示意图
(a) L形；(b) U形

BFRP 箍筋混凝土试件的设计要点如下：

（1）BFRP 箍筋的名义直径为 8mm，外包尺寸为 170mm×275mm。L 形试件和 U 形试件的尺寸均为 200mm×300mm×200mm。

（2）试验中主要考虑了 BFRP 箍筋弯折部位的锚固长度对其抗拉强度的影响。通过改变 BFRP 箍筋在混凝土内的无粘结段长度，可以得到不同的弯折部位锚固长度。

（3）为便于加载以及避免对 BFRP 箍筋造成损伤，在 BFRP 箍筋的加载端设置足够长度的套筒灌胶式锚具。在 L 形 BFRP 箍筋混凝土试件中，为避免混凝土 BFRP 箍筋发生粘结滑移破坏，在 BFRP 箍筋的锚固端上也设置了足够长度的套筒灌胶式锚固。

（4）根据 BFRP 箍筋弯折部位锚固长度的大小，L 形和 U 形试件中加载端的套筒长度为 109～145mm，L 形试件中锚固端的套筒长度为 250mm。

共设计并制作了 7 组 L 形 BFRP 箍筋混凝土试件和 3 组 U 形 BFRP 箍筋混凝土试件，如表 6.1.1 所示。

BFRP 箍筋试件一览　　　　　　　　　　　表 6.1.1

试件类型	试件编号	设计混凝土强度等级	弯折部位锚固长度(mm)	试件数量
L 形	LC50_30	C50	30	5
	LC50_50		50	5
	LC50_70		70	5
L 形	LC30_30	C30	30	5
	LC30_50		50	5
	LC30_70		70	5
	LC30_100		100	5
U 形	UC30_30	C30	30	5
	UC30_70		70	5
	UC30_100		100	5
总计				50

符号说明：$ACXX\_YY$，A——试件类型说明符，L 表示 L 形试件，U 表示 U 形试件；CXX——设计混凝土强度等级；YY——BFRP 箍筋弯折部位的锚固长度，单位 mm。

制作完成后的箍筋试件如图 6.1.2 所示。

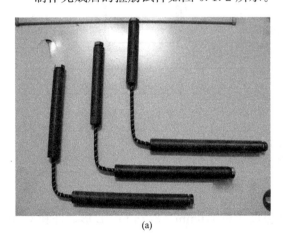

(a)　　　　　　　　　　　　　(b)

图 6.1.2　BFRP 连续螺旋箍筋试件

(a) L 形；(b) U 形

制作完成后的 L 形和 U 形 BFRP 箍筋混凝土试件如图 6.1.3 所示。

(a)　　　　　　　　　　　　　　　　　(b)

图 6.1.3　BFRP 箍筋混凝土试件
（a）L 形；（b）U 形

6.1.2　试验方案

（1）BFRP 箍筋试件制作的同时，采用同一批次的混凝土制作若干组尺寸为 100mm×100mm×100mm 混凝土试块（每组 3 个试块），用于评定混凝土强度。

（2）采用穿心千斤顶对 BFRP 箍筋施加荷载，穿心千斤顶的最大加载能力应高于 BFRP 箍筋直线部位的极限受拉荷载。由于穿心千斤顶不能持荷，且一旦停止送油，可能会出现回油现象。因此，试验中需要对 BFRP 箍筋进行连续加载，加载速率不宜太快，控制在约 100MPa/min，直至 BFRP 箍筋发生破坏。

（3）在穿心千斤顶与混凝土试块之间放置一块钢垫板，使作用力均匀分布于混凝土表

(a)　　　　　　　　　　　　　　　　　(b)

图 6.1.4　BFRP 箍筋混凝土试件加载装置
（a）L 形试件加载装置；（b）U 形试件加载装置

面，避免局部混凝土破坏。

对于 U 形 BFRP 箍筋混凝土试件，采用两个穿心千斤顶同步加载。图 6.1.4 所示为 L 形和 U 形试件的加载装置。

6.1.3 试验结果分析

1. BFRP 箍筋的破坏模式

试验中观察到，BFRP 箍筋均在弯折部位发生破坏，如图 6.1.5 所示。

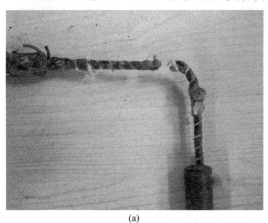

（a）　　　　　　　　　　　　　　　　　（b）

图 6.1.5　BFRP 箍筋的破坏形式
（a）L 形试件；（b）U 形试件

图 6.1.5 所示的试验现象与 6.1.1 节中所介绍的各种测试 FRP 箍筋材料性能的方法的试验结果是一致的。受到材料各向异性、非顺纤维方向的作用力以及箍筋的弯折所引起的局部应力集中等因素的影响，BFRP 箍筋弯折部位的抗拉强度明显低于直线部位的抗拉强度。因此，BFRP 箍筋的弯折部位为其薄弱部位，BFRP 箍筋易于在弯折部位发生受拉破坏。

在对 BFRP 连续螺旋箍筋混凝土进行抗剪设计时，应注意到 BFRP 连续螺旋箍筋的这种材料特点，以 BFRP 连续螺旋箍筋弯折部位的抗拉强度作为控制值进行抗剪承载力的估算。在对 BFRP 连续螺旋箍筋进行绑扎时，应避免对其弯折部位造成损伤，从而影响对试验结果的分析和判断。

2. BFRP 箍筋的抗拉强度

各组试件的测试结果见表 6.1.2。

		BFRP 箍筋抗拉强度测试结果	表 6.1.2
试件编号	$P_{u,ave}$（kN）		$f_{u,ave}$（MPa）
LC50_30	10.0		198.8
LC50_50	20.9		415.5
LC50_70	22.5		447.3
LC30_30	8.7		173.4
LC30_50	13.9		276.3
LC30_70	18.8		373.8

续表

试件编号	$P_{\mathrm{u,ave}}$(kN)	$f_{\mathrm{u,ave}}$(MPa)
LC30_100	22.4	445.3
UC30_30	9.8	194.0
UC30_70	20.4	405.2
UC30_100	26.1	519.5

注：$P_{\mathrm{u,ave}}$、$f_{\mathrm{u,ave}}$ 分别为 BFRP 箍筋的平均极限荷载和平均抗拉强度。

由表 6.1.2 可见：

（1）当弯折部位的锚固长度相同时，采用强度较高的混凝土，BFRP 箍筋的抗拉强度也较大；

（2）当混凝土强度相同时，随着弯折部位的锚固长度的增加，BFRP 箍筋的抗拉强度也随之增大；

（3）在弯折部位的锚固长度相同的条件下，U 形试件中测得的强度值大于 L 形试件中测得的强度值。

对比 L 形试件和 U 形试件，不难发现，U 形试件能更好地反映混凝土梁中 BFRP 连续螺旋箍筋的受力机理。因此，在对 BFRP 连续螺旋箍筋混凝土梁的抗剪承载力进行估算时，BFRP 连续螺旋箍筋的抗拉强度应取 U 形试件的测试结果。

本书建议，当 BFRP 连续螺旋箍筋的尺寸受到限制，从而不能采用美国混凝土协会 440 委员会（ACI 440.3R-04）或 Morphy 等推荐的方法测试其抗拉强度时，可以采用本书设计的 U 形 BFRP 箍筋试件测试其抗拉强度。

6.2 BFRP 连续螺旋箍筋混凝土梁受剪性能试验研究

6.2.1 试验方案

6.2.1.1 构件设计

（1）根据 BFRP 连续螺旋箍筋的尺寸，构件的横截面尺寸取为 210mm×310mm。纵筋的混凝土保护层厚度为 25mm。在构件跨中施加单点竖向荷载。构件如图 6.2.1 所示。

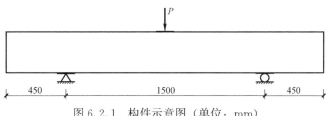

图 6.2.1　构件示意图（单位：mm）

（2）试件中的箍筋采用 BFRP 连续螺旋箍筋，纵筋仍然采用钢筋。为使试件发生受剪破坏，通过调整纵筋和箍筋的配筋量，使构件的承载力满足以下关系：实测抗剪承载力＜预估抗剪承载力＜预估抗弯承载力。

（3）应变片设置

① 混凝土和钢筋的应变片设置

混凝土上应变片的布置如图 6.2.2 所示。由于在构件跨中顶面放置有加载垫板，因此，在跨中梁顶上边缘布置 2 个应变片，在跨中一侧沿梁高均匀布置 3 个应变片，在跨中底面的中轴线部位布置 1 个应变片。各应变片的纵轴线均与梁的纵轴线平行。

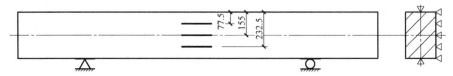

图 6.2.2　混凝土上应变片的布置

为监测加载过程中纵向钢筋的应变发展，在构件跨中部位的纵向钢筋上布置相应的应变片。

② BFRP 连续螺旋箍筋的应变片设置

参考有关矩形 FRP 箍筋混凝土梁抗剪性能试验的做法，按照以下原则来设置 BFRP 连续螺旋箍筋上的应变片：a. 设置部位为箍筋直线段上靠近弯折部位处和箍筋直线段中部；b. 在与预估临界斜裂缝相交的各肢 BFRP 连续螺旋箍筋上均需设置应变片。构件一侧的 BFRP 连续螺旋箍筋上应变片的布置如图 6.2.3 所示。

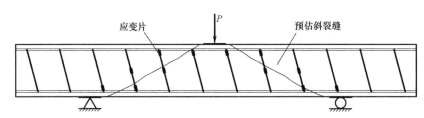

图 6.2.3　BFRP 连续螺旋箍筋上应变片的设置

按照以下程序来设置应变片：找平、清洗、贴片、连接导线。对置于混凝土内的应变片，还应封闭应变片，对粘贴于混凝土表面的应变片，还应做好防潮措施（如涂抹氯丁胶等防潮胶）。

对置于混凝土内的应变片，封闭应变片的目的是为了避免在搬运、浇筑和养护等施工过程中受损和受潮，因此，封闭应变片的操作在整个粘贴应变片的试验操作过程中是比较重要的，在封闭应变片时，必须采取有效的措施来保证良好的封闭质量。试验中，采用以下措施来进行应变片的封闭操作：

① 在 BFRP 筋上应变片的粘贴范围内，沿着 BFRP 筋表面均匀地涂抹一层 914 胶，在胶体之上缠绕一层脱脂纱布，然后在纱布之上再均匀地涂抹一层 914 胶，在胶体之上继续缠绕一层纱布，照此方法共缠绕三层纱布，最后，在最外层纱布之上再均匀地涂抹一层 914 胶。

② 在缠绕纱布时，应使胶体充分浸渍纱布，并稍微用力缠绕以挤出多余的胶体，从而使得纱布和筋之间或纱布和纱布之间的粘结紧密且充分。

③ 在封闭应变片时，还应注意加强端部的封闭措施，避免水泥浆体从端部渗入而使应变片受潮失效。

如此，待胶体完全凝固之后，便可在应变片的粘贴范围内形成一层致密且坚固的保护壳，从而能够有效地避免应变片受潮或受损。

图 6.2.4 所示为粘贴完应变片后的 BFRP 连续螺旋箍筋。

图 6.2.4　粘贴完应变片后的 BFRP 连续螺旋箍筋

（4）箍筋倾角

如图 6.2.5 所示，对于连续螺旋箍筋而言，箍筋间距不同，箍筋的倾斜角以及受压纵筋和受拉纵筋之间的距离也不同。

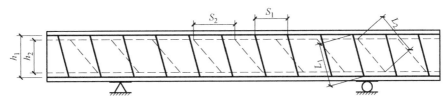

图 6.2.5　不同间距的 BFRP 连续螺旋箍筋示意图（注：$L_1 = L_2$，$S_1 < S_2$，$h_1 > h_2$）

不同间距对应的箍筋倾角如表 6.2.1 所示。

不同间距的 BFRP 连续螺旋箍筋的倾角				表 6.2.1
箍筋间距（mm）	120	160	200	240
箍筋倾角（°）	76.0	72.0	68.6	65.7

（5）共设计了 6 根 BFRP 连续螺旋箍筋混凝土梁，考虑了配箍率、剪跨比和纵筋率等因素对构件受剪性能的影响。根据等强度代换的原则（构件的抗剪强度相等），设计了 2 根矩形连续螺旋钢箍混凝土梁，用于对比分析。试件尺寸和配筋设计详情见表 6.2.2，试件配筋示意图如图 6.2.6 所示。

试件尺寸和配筋设计一览									表 6.2.2
梁编号	b (mm)	h_0 (mm)	a (mm)	L (mm)	a/h_0	s (mm)	$A_s + A'_s$	ρ_s (%)	ρ_v (%)
BF5_S120R3	210	247.5	750	1500	3.03	120	$5\phi25 + 2\phi20$	4.67	0.40
BF5_S160R3	210	247.5	750	1500	3.03	160	$5\phi25 + 2\phi20$	4.67	0.30
BF5_S200R3	210	247.5	750	1500	3.03	200	$5\phi25 + 2\phi20$	4.67	0.24
BF5_S160R2	210	247.5	500	1000	2.02	160	$5\phi25 + 2\phi20$	4.67	0.30
BF5_S160R2.5	210	247.5	625	1250	2.53	160	$5\phi25 + 2\phi20$	4.67	0.30
BF3_S200R2.75	210	272.5	750	1500	2.75	200	$3\phi25 + 2\phi20$	2.57	0.24
BG5_S200R3	210	247.5	750	1500	3.03	200	$5\phi25 + 2\phi20$	4.67	0.24
BG5_S240R3	210	247.5	750	1500	3.03	240	$5\phi25 + 2\phi20$	4.67	0.20

梁编号说明：BXN_SABCRD，B 为梁说明符；X 为箍筋材料类型，F 表示 FRP 连续螺旋箍筋，G 表示矩形连续螺旋钢筋；N 为纵向受拉钢筋根数；S 为箍筋间距说明符；ABC 为箍筋间距；R 为剪跨比说明符；D 为剪跨比。

符号说明：b 为截面宽度，h_0 为截面有效高度，a 为剪跨段长度，L 为净跨，a/h_0 为剪跨比，s 为箍筋间距，A_s 为受拉配筋，A_s' 为受压配筋，ρ_s 为配筋率，ρ_v 为配箍率。

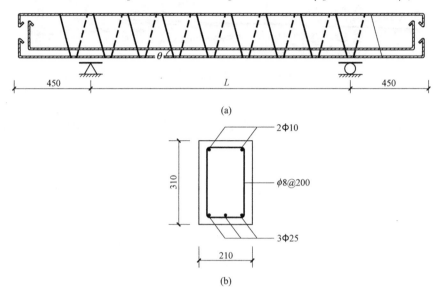

图 6.2.6　试件配筋示意图（单位：mm）

(a) 沿梁长配筋；(b) 截面配筋

表 6.2.2 中，矩形连续螺旋钢箍混凝土梁 BG5_S200R3 和 BG5_S240R3 分别为 BFRP 连续螺旋箍筋混凝土梁 BF5_S160R3 和 BF5_S200R3 的对比分析梁。

6.2.1.2　材料

1. BFRP 连续螺旋箍筋

根据 BFRP 连续螺旋箍筋材料性能试验的结果，BFRP 连续螺旋箍筋的材料性能如表 6.2.3 所示。

	BFRP 连续螺旋箍筋的材料性能			表 6.2.3
试件类型	设计混凝土强度等级	l_d(mm)	$P_{u,ave}$(kN)	$f_{u,ave}$(MPa)
L 形试件	C30	30	8.7	173.4
		70	18.8	373.8
		100	22.4	444.5
U 形试件	C30	30	9.8	194.0
		70	20.4	405.2
		100	26.1	519.5

注：l_d、$P_{u,ave}$、$f_{u,ave}$ 分别为箍筋弯折部位的锚固长度、平均极限荷载和平均抗拉强度。

2. 钢筋

试验中采用的钢筋的材料性能指标如表 6.2.4 所示。

钢筋的材料性能指标				表 6.2.4
品种型号	直径(mm)	屈服强度(MPa)	极限强度(MPa)	伸长率(%)
HRB335	25	410	540	27
HRB335	20	435	575	26.5
HPB235	8	350	495	28

3. 混凝土

试件的设计混凝土强度等级为 C30,各试件的实测混凝土强度如表 6.2.5 所示。

试件的混凝土强度					表 6.2.5
梁编号	立方体试块抗压强度标准值 $f_{cu,k}$(MPa)			轴心抗压强度标准值 f_{ck}(MPa)	轴心抗拉强度标准值 f_{tk}(MPa)
	试块 1	试块 2	试块 3		
BF5_S120R3	42.0	43.0	42.6	27.0	2.41
BF5_S160R3	45.4	44.2	44.0	28.1	2.45
BF5_S200R3	38.4	40.6	46.2	26.5	2.39
BF5_S160R2	43.8	49.0	41.8	28.3	2.46
BF5_S160R2.5	42.2	42.4	41.8	26.8	2.40
BF3_S200R2.75	44.8	45.0	42.4	27.8	2.44
BG5_S200R3	45.2	48.2	45.0	28.9	2.48
BG5_S240R3	44.6	38.8	46.6	27.4	2.42

6.2.1.3 承载力预估

由于 BFRP 筋为各向异性的材料,因此,BFRP 连续螺旋箍筋的弯折部位存在着强度降低的现象,弯折部位为 BFRP 连续螺旋箍筋的薄弱部位。在对 BFRP 连续螺旋箍筋混凝土梁进行抗剪设计时,BFRP 连续螺旋箍筋的抗拉强度均采用其弯折部位的抗拉强度值。

在估算 BFRP 连续螺旋箍筋混凝土梁的抗剪承载力时,BFRP 连续螺旋箍筋的预估抗拉强度应采用 U 形 BFRP 箍筋混凝土试件的测试结果。由于 UC30_100 试件中 BFRP 箍筋的锚固长度达到了 100mm,接近梁中顶部钢筋和底部钢筋中心之间的距离的 1/2,因此,该组试件最能反映混凝土梁中 BFRP 连续螺旋箍筋的抗拉强度。所以,BFRP 连续螺旋箍筋的预估抗拉强度取为 520MPa。

试件抗剪承载力估算的主要参考依据有:ACI 440-1R.03 公式,JSCE(1997)公式,GB 50010 公式,CSA A23.3-94(1998)公式,Eurocode 2 公式,Zsutty 公式,Rebeiz 公式和本文建议的基于桁架-拱模型的公式等。由于计算公式较多,为计算方便,设计了集成各种规范和方法的图形用户界面(Graphic User Interface)程序,如图 6.2.7 所示。通过综合比较各种抗剪承载力公式的计算结果,对试件进行抗剪设计。

根据图 6.2.7 所示计算程序,可以很方便地得到各种抗剪承载力公式的计算结果。

由于尚不明确以上各种抗剪承载力公式对 BFRP 连续螺旋箍筋混凝土梁的适用程度,因此,在对构件进行抗剪设计时,所考虑的问题主要有两个方面:为避免低估构件的抗剪承载力而使构件的实测抗剪承载力超出预估抗弯承载力,构件的预估抗剪承载力应采用较

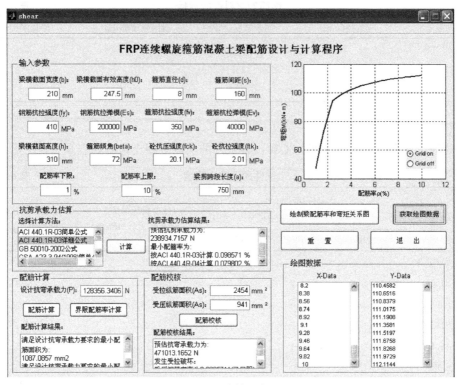

图 6.2.7　计算程序界面

大的值；为避免高估构件的抗剪承载力而使构件低于预期发生不可预见的破坏，构件的预估抗剪承载力应采用较小的值。所以，构件的预估抗剪承载力既不能过高也不能过低，而应该取中间值。本书认为，为保证试件发生受剪破坏，所考虑的侧重点应为第一方面的问题，所以，建议取中间偏上的值。根据这一考虑，试件的预估抗剪承载力采用 Zsutty 公式和本书建议的基于桁架-拱模型的公式的计算结果。

试件的抗剪承载力和抗弯承载力的预估结果如表 6.2.6 所示。

试件的预估抗弯和抗剪承载力			表 6.2.6

梁编号	预估抗剪承载力(kN)		预估抗弯承载力(kN)
	Zsutty 公式	本书建议公式	
BF5_S120R3	302.0	349.9	359.6
BF5_S160R3	264.7	297.7	372.0
BF5_S200R3	242.2	258.9	353.9
BF5_S160R2	346.7	352.3	524.9
BF5_S160R2.5	282.7	330.1	414.8
BF3_S200R2.75	238.9	302.2	350.6
BG5_S200R3	284.4	323.5	380.9
BG5_S240R3	263.1	285.1	364.1

6.2.1.4 实验方案

试验中所需量测的内容包括试件的正截面和斜截面开裂荷载、裂缝开展情况、各级荷载对应的跨中挠度、极限荷载以及各应变测点的应变等。试验在门式反力架上进行，在试件跨中顶面放置加载垫板，采用手动液压千斤顶施加单点竖向荷载。加载装置如图 6.2.8 所示。

参照《混凝土结构试验方法标准》GB/T 50152—2012 的有关规定，试件的加载程序分为预载、静载试验和卸载，试验结构构件的自重和作用在其上的加载设备的重力，应作为试验荷载的一部分。试件的加载方案如表 6.2.7 所示。

图 6.2.8 加载装置

试件加载方案　　　　　　　　　　表 6.2.7

加载级数	本级加载(kN)	持荷时间(min)	受力阶段
一	2	10	
二	2	10	
…	…	…	
…	2	10	正截面开裂
…	10	10	
…	10	10	
…	…	…	
…	10	10	斜截面开裂
…	15～20	15	
…	15～20	15	
…	…	…	
…	15～20	15	临近破坏
…	5	15	
…	5	15	
…	5	15	试件破坏

注：若本级荷载持荷结束时，试件的变形仍未稳定，则应待变形稳定后进行下一级加载。

6.2.2 试验结果分析

6.2.2.1 受力过程

通过观察试验现象，将 BFRP 连续螺旋箍筋混凝土梁的受力过程划分为以下三个阶段：受弯裂缝发展阶段、受剪裂缝发展阶段和破坏阶段。各个阶段的受力工作特点说明如下：

1. 受弯裂缝发展阶段

该阶段主要为受弯裂缝的形成和发展阶段，由于配置了充足的纵向受拉钢筋，受弯裂缝自出现到发展完全，其宽度变化很小，构件跨中受弯裂缝的初始宽度约为 0.02mm，最大裂缝宽度不超过 0.4mm。随着荷载的增加，BFRP 连续螺旋箍筋的应变缓慢增长，BFRP 连续螺旋箍筋的应变还比较小，不超过 $100\mu\varepsilon$。由于斜裂缝尚未出现，此时 BFRP 连续螺旋箍筋尚未充分参与工作，剪力绝大部分由混凝土承担。对于发生斜压破坏的构件，在该阶段末期，靠近支座处的垂直受弯裂缝向梁顶加载点斜向延伸而发展为弯剪斜裂缝（如图 6.2.9 所示），弯剪裂缝形成后，BFRP 连续螺旋箍筋的应变出现小幅的增长，说明此时箍筋已经开始承担由于斜裂缝处部分混凝土退出工作而转移过来的剪力作用。

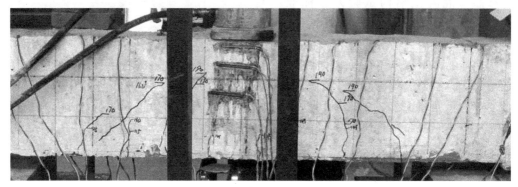

图 6.2.9　弯剪裂缝的形成

2. 受剪裂缝发展阶段

该阶段主要为腹剪斜裂缝的形成和发展阶段。当加载到 160～200kN 之间时，构件上出现比较明显的腹剪斜裂缝（如图 6.2.10 所示），构件开始进入受剪裂缝发展阶段。腹剪斜裂缝形成时，斜截面上较多的混凝土突然退出工作，BFRP 连续螺旋箍筋开始承担转移过来的剪力，其应变大幅增长。腹剪斜裂缝一旦出现，就已经沿斜截面延伸了较长的距离，约到达梁高的 2/3 处。随着荷载的增加，逐步形成 4 条主要的腹剪斜裂缝，并逐渐朝梁顶加载点发展。对于斜拉破坏，腹剪斜裂缝的宽度随着荷载的增加变化非常明显，对于斜压破坏，随着荷载的增加，腹剪斜裂缝的宽度增加非常缓慢。在相同的荷载作用下，斜拉破坏模式下腹剪斜裂缝的宽度明显大于斜压破坏模式下腹剪斜裂缝的宽度。腹剪斜裂缝出现后，构件的荷载-挠度曲线发生转折，其斜率变小，由此进一步促进了构件变形的发展。在该阶段末期，斜裂缝基本发展完全，不再延伸。

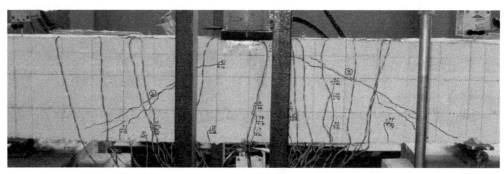

图 6.2.10　腹剪斜裂缝的形成

3. 破坏阶段

受剪裂缝发展阶段和破坏阶段之间没有比较明确的界限。对于斜拉破坏，试件进入破坏阶段的特点为斜裂缝宽度急剧增加，临近破坏时，通过裂缝可见构件里面的 BFRP 连续螺旋箍筋，最后与斜裂缝相交的 BFRP 连续螺旋箍筋在其弯折部位突然被拉断，构件发生脆性的受剪破坏。对于斜压破坏，试件进入破坏阶段的特点为梁顶斜压区混凝土出现细小裂缝，临近破坏时，这些裂缝已经比较明显，斜裂缝的宽度也较为明显地增加，最后梁顶加载点和斜裂缝末端之间的混凝土发生"起皮"现象，构件发生延性相对较好的受剪破坏。

对于斜拉破坏情形，当加载到极限荷载时，在与临界斜裂缝相交的 BFRP 连续螺旋箍筋上，靠近支座或加载点的弯折部位被拉断，荷载大幅回落，构件丧失抗剪承载力。若继续加载，与临界斜裂缝相交的 BFRP 连续螺旋箍筋上未发生破坏的弯折部位陆续被拉断。斜拉破坏时 BFRP 连续螺旋箍筋的破坏情况如图 6.2.11 所示。

图 6.2.11 斜拉破坏时 BFRP 连续螺旋箍筋的破坏情况

对于斜压破坏情形，当加载到极限荷载时，斜压区混凝土因压碎而发生明显的"起皮"现象，梁顶也产生了比较明显的裂缝，荷载大幅回落，构件丧失抗剪承载力。斜压破坏时梁顶斜压区的破坏情况如图 6.2.12 所示。

图 6.2.12　斜压破坏时梁顶斜压区的破坏情况

6.2.2.2　受剪破坏模式

　　试验中观察到，BFRP 连续螺旋箍筋混凝土梁的受剪破坏模式分为斜拉破坏和斜压破坏两种类型。斜拉破坏的脆性特征非常明显，在斜拉破坏模式下，构件均是因为临界斜裂缝急剧增大，与斜裂缝相交的 BFRP 连续螺旋箍筋在弯折部位断裂而突然发生破坏。斜压破坏则表现出一定的延性，破坏过程较为平静，在斜压破坏模式下，受剪斜裂缝的宽度较小，构件最终在梁顶集中荷载和受剪斜裂缝末端之间的区域，因为混凝土的压碎而发生破坏。两种类型的受剪破坏如图 6.2.13 所示。

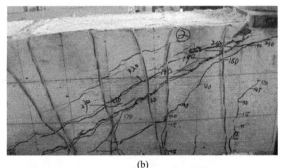

(a)　　　　　　　　　　　　　　　　　　(b)

图 6.2.13　试件受剪破坏模式
(a) 斜拉破坏；(b) 斜压破坏

　　由图 6.2.13 可见，斜拉破坏模式下临界斜裂缝的宽度明显大于斜压破坏模式下临界斜裂缝的宽度。

　　对比梁的破坏情况为：BFRP 连续螺旋箍筋混凝土梁 BF5_S160R3 和 BF5_S200R3 均发生斜拉破坏，矩形连续螺旋钢箍混凝土梁 BG5_S200R3 和 BG5_S240R3 均发生斜压破坏。说明在同等抗剪强度的条件下，由矩形连续螺旋钢箍提供的抗剪能力要高于由 BFRP 连续螺旋箍筋提供的抗剪能力。本书分析认为，这是由螺旋钢箍和 BFRP 箍筋不同的材料性质引起的：螺旋钢箍为各向同性的材料，且延性较好，而 BFRP 箍筋为各向异性的脆性材料，其弯折部位较为薄弱，因此在同等抗剪强度的条件下，螺旋钢箍承担由开裂混凝土转移过来的剪力的能力更强，而 BFRP 箍筋的这种能力则相对较弱，从而导致对应的混凝土梁产生不同的受剪破坏模式。

对比各个试件的受剪破坏模式，不难发现：随着配箍率的增加，构件的受剪破坏模式由斜拉破坏转变为斜压破坏；随着剪跨比的减小，构件的受剪破坏模式由斜拉破坏转变为斜压破坏。减小剪跨比可以显著地提高构件的抗剪承载力。

6.2.2.3 开裂荷载和破坏荷载

试件的开裂荷载和破坏荷载

表 6.2.8

梁编号	正截面开裂荷载(kN)	腹剪斜裂缝出现荷载(kN)	弯剪斜裂缝出现荷载(kN)	破坏荷载(kN)	破坏模式
BF5_S120R3	26	185	145	325	斜压
BF5_S160R3	17	175	—	295	斜拉
BF5_S200R3	19	170	—	265	斜拉
BF5_S160R2	30	200	160	440	斜压
BF5_S160R2.5	30	180	170	330	斜压
BF3_S200R2.75	18	165	125	250	斜拉
BG5_S200R3	20	175	145	300	斜压
BG5_S240R3	24	170	140	285	斜压

由表 6.2.8，可以得到以下几点结论：

（1）在斜拉破坏模式下，构件上只有腹剪斜裂缝而没有弯剪斜裂缝，而在斜压破坏模式下或者纵筋率较小时，构件上先出现弯剪斜裂缝，再出现腹剪斜裂缝。

（2）当构件剪跨段长度相同时，腹剪斜裂缝的出现荷载基本相当，其值受配箍率和纵筋率的影响较小，而弯剪斜裂缝的出现荷载随着纵筋率的降低而减小；当配箍率一定时，随着剪跨比的减小，斜裂缝的出现荷载有所增大。

（3）当剪跨比一定时，随着配箍率的提高，抗剪承载力随之增大；当配箍率一定时，随着剪跨比的减小，抗剪承载力随之增大；当配箍率一定时，随着纵筋率的降低，抗剪承载力随之减小。

6.2.2.4 箍筋应变

在试件发生破坏的剪跨段上，连续螺旋箍筋的应变发展情况如图 6.2.14 所示。

由图 6.2.14 可见：

（1）弯剪斜裂缝出现时，螺旋箍筋的应变仅有小幅增长，而腹剪斜裂缝出现时，螺旋箍筋的应变才出现大幅增长。这是因为弯剪斜裂缝是由垂直受弯裂缝斜向延伸而成的，其出现过程较为平静，斜裂缝处大部分混凝土仍然在参与受剪工作；而腹剪斜裂缝则是突然出现，斜裂缝处有较多的混凝土退出工作，从而导致箍筋应变大幅增加。腹剪裂缝形成后，随着荷载的增加，箍筋在梁底弯折处的拉应变也开始较快地增长。

（2）对 BFRP 连续螺旋箍筋混凝土梁而言，在腹剪斜裂缝尚未形成时，由于梁顶箍筋处于混凝土受压区，因而箍筋在梁顶弯折处受压，但压应变很小；腹剪裂缝一旦出现，基本上就已经延伸到梁顶箍筋处，由于斜截面上较多的混凝土退出工作，使箍筋在梁顶弯折处转而受拉，且随着荷载的增加其拉应变也明显增加。箍筋直线段中部先受压再受拉，其受力状态的转变以腹剪斜裂缝的形成为界，腹剪斜裂缝出现前其压应变很小，腹剪斜裂缝出现后，其拉应变随着荷载的增加也开始较快地增长。

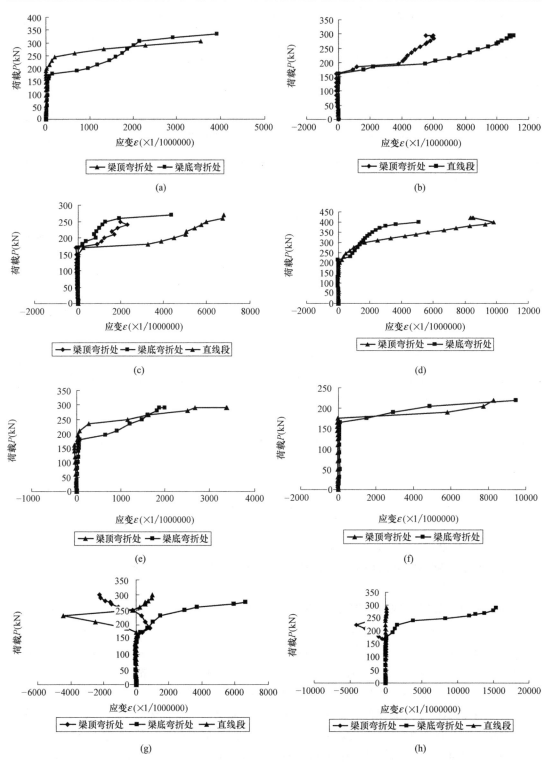

图 6.2.14　试件破坏段连续螺旋箍筋的应变发展情况

（a）BF5_S120R3；（b）BF5_S160R3；（c）BF5_S200R3；（d）BF5_S160R2；（e）BF5_S160R2.5；

（f）BF3_S200R2.75；（g）BG5_S200R3；（h）BG5_S240R3

（3）对矩形连续螺旋钢箍混凝土梁而言，梁顶箍筋则始终处于受压状态。分析认为有两点原因：一是因为构件在斜压破坏模式下混凝土参与工作的程度要比在斜拉破坏模式下的程度高；二是因为钢筋是一种延性很好的各向同性材料，而 BFRP 筋是一种脆性性质的各向异性材料，因此矩形连续螺旋钢箍对混凝土的约束作用强于 BFRP 连续螺旋箍筋对混凝土的约束。箍筋直线段中部也是先受压再受拉，但是由于上述原因，其受力状态的转变并不以腹剪斜裂缝的形成为界，其压应变可能会大于对比梁中的值，其拉应变明显小于对比梁中的值，且随着荷载的增加，其拉应变的增幅也较对比梁中的小。

表 6.2.9 所示为构件临近破坏时，跨中部位受压区混凝土、纵向钢筋以及最大斜裂缝宽度处连续螺旋箍筋的最大应变。

混凝土、钢筋和连续螺旋箍筋的最大应变　　　　　　　　　　　　表 6.2.9

梁编号	$\varepsilon_{cm}(\times 10^{-6})$	$\varepsilon_{sm}(\times 10^{-6})$		$\varepsilon_{fm}(\times 10^{-6})$		破坏模式
		拉应变	压应变	弯折处	直线段	
BF5_S120R3	−2361	1426	−1090	4891	—	斜压破坏
BF5_S160R3	−2736	1240	−817	6043	11069	斜拉破坏
BF5_S200R3	−2264	1121	−594	4382	6806	斜拉破坏
BF5_S160R2	−3191	6246	−3192	9821	—	受压破坏
BF5_S160R2.5	−2414	1696	−1189	3400	—	斜压破坏
BF3_S200R2.75	−2036	1174	−337	9487	—	斜拉破坏
BG5_S200R3	−2274	1479	−757	6627	986	斜压破坏
BG5_S240R3	−1376	1304	−630	15065	782	斜压破坏

注：ε_{cm}、ε_{sm}、ε_{fm} 分别为混凝土、钢筋、FRP 连续螺旋箍筋的最大应变。

由表 6.2.9 可见：

（1）除发生受压破坏的 BF5_S160R2 梁外，其余各试件中的受拉钢筋始终处于弹性工作阶段。

（2）对 BFRP 连续螺旋箍筋混凝土梁而言，斜拉破坏模式下的斜裂缝宽度明显较大，意味着斜截面上混凝土退出工作的部分较多，因此，一般来说，斜拉破坏模式下箍筋应变的发展要快于斜压破坏模式下箍筋应变的发展。但是当斜压破坏模式下构件的抗剪承载力大于斜拉破坏模式下的抗剪承载力时，斜压破坏模式下箍筋的应变也可能超过斜拉破坏模式下箍筋的应变。

（3）对 BFRP 连续螺旋箍筋混凝土梁而言，在配箍率一定的条件下，随着纵筋率的提高，虽然抗剪承载力亦有所增加，而箍筋的应变却较大幅度地减小，说明提高纵筋的配筋率，可以延缓箍筋应变的发展，从而使构件获得更高的抗剪能力。

（4）在同等抗剪强度的条件下，从连续螺旋箍筋弯折部位的最大应变来看，矩形连续螺旋钢箍的延性明显好于 BFRP 连续螺旋箍筋的延性，这也是造成配置这两种不同的箍筋材料的混凝土梁发生不同的受剪破坏类型的主要原因之一。

（5）各试件中，FRP 连续螺旋箍筋弯折部位的最大应变达到了 9821×10^{-6}，对应的弯折部位的强度为 392.8MPa。与表 6.2.3 相比，梁中 BFRP 连续螺旋箍筋弯折部位的强度，与 L 形或 U 形试件中锚固长度为 70mm 时 BFRP 连续螺旋箍筋弯折部位的强度相当，而小于锚固长度为100mm时的值。其原因在于，梁上受剪斜裂缝的开展，使BFRP连续螺旋箍筋的弯折部位进一步受到非顺纤维方向的作用力，从而进一步削弱了梁中BFRP连续螺旋箍筋弯折部位的强度。

6.2.2.5　挠度

各试件的荷载-挠度曲线如图6.2.15所示。

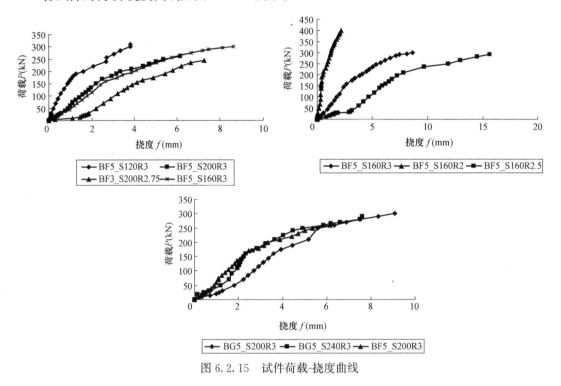

图 6.2.15　试件荷载-挠度曲线

比较各试件的荷载-挠度曲线，有以下几点结论：

（1）对BFRP连续螺旋箍筋混凝土梁而言，当剪跨比一定时，斜拉破坏时构件的挠度大于斜压破坏时构件的挠度。在斜拉破坏模式下，由于斜裂缝宽度较大，构件的截面刚度削弱较多，因此构件的变形也较大。

（2）对BFRP连续螺旋箍筋混凝土梁而言，当配箍率一定时，剪跨比较小的构件的挠度明显小于剪跨比较大的构件的挠度。这一方面是由于剪跨比较小的构件受到的弯矩作用可能较小，另一方面是由于剪跨比较小的构件趋向于发生斜压破坏，从而产生较小的变形。

（3）对BFRP连续螺旋箍筋混凝土梁而言，当配箍率和剪跨比一定时，纵筋率较高的构件的挠度小于纵筋率较小的构件的挠度。

（4）在同等抗剪强度的条件下，虽然BFRP连续螺旋箍筋混凝土梁发生斜拉破坏，而矩形连续螺旋箍筋混凝土梁发生斜压破坏，但由于两者中的纵向受拉钢筋的应变相差不大，所以其挠度也比较接近。

（5）在各种破坏模式下，腹剪斜裂缝出现后，荷载-挠度曲线都发生转折，其斜率变小，说明腹剪斜裂缝出现后，构件挠度的增幅开始加大。可见，腹剪斜裂缝的形成进一步促进了构件变形的发展。

6.2.2.6 裂缝

	试件斜裂缝			表 6.2.10
梁编号	初始斜裂缝宽度 （mm）	最大斜裂缝宽度 （mm）	主要斜裂缝 平均开展角	破坏模式
BF5_S120R3	0.02	1.2	26.2°	斜压破坏
BF5_S160R3	0.01	3.1	23.8°	斜拉破坏
BF5_S200R3	0.02	2.2	25.7°	斜拉破坏
BF5_S160R2	0.04	1.4	35.0°	受压破坏
BF5_S160R2.5	0.04	1.5	31.6°	斜压破坏
BF3_S200R2.75	0.1	2.4	27.1°	斜拉破坏
BG5_S200R3	0.01	2.6	24.2°	斜压破坏
BG5_S240R3	0.02	2.8	22.6°	斜压破坏

由表 6.2.10 中的数据，可以得到以下几点结论：

（1）当纵筋率一定时，初始斜裂缝的宽度基本相当，随着纵筋率的降低，初始斜裂缝的宽度随之增大；

（2）在纵筋率较大的情况下，当纵筋率一定时，无腹筋混凝土梁的最大斜裂缝宽度明显大于有腹筋混凝土梁，而其初始斜裂缝宽度与有腹筋混凝土梁基本一致；

（3）对于 BFRP 连续螺旋箍筋混凝土梁而言，在同类型的受剪破坏模式下构件的最大斜裂缝宽度基本相当，斜拉破坏模式下的最大斜裂缝宽度明显大于斜压破坏模式下的值；

（4）在同等强度的条件下，发生斜压破坏的矩形连续螺旋钢箍混凝土梁的最大斜裂缝宽度，与发生斜拉破坏的 BFRP 连续螺旋箍筋混凝土梁的最大斜裂缝宽度基本相当；

（5）当构件的剪跨比一致时，斜裂缝的开展角度基本相当，随着剪跨比的减小，斜裂缝的开展角随之增大，说明剪跨比越小时，构件斜截面上的"拱作用"愈加明显。

试件上的裂缝开展情况如图 6.2.16 所示。

由裂缝开展图可见：构件发生受剪破坏时，具有 4 条主要斜裂缝。对于发生斜压破坏的构件而言，随着裂缝的延伸与发展，弯剪斜裂缝可能会与腹剪斜裂缝合并为一条主要的斜裂缝。相比之下，矩形连续螺旋钢箍混凝土梁上的斜裂缝具有较多的分支或分叉。

6.2.3 受剪性能试验小结

为研究配置 BFRP 连续螺旋箍筋的混凝土梁的受剪性能，设计并制作了 6 根 BFRP 连续螺旋箍筋混凝土梁，考虑了配箍率、剪跨比和纵筋率等因素对构件受剪性能的影响。同时，根据等强度代换的原则（抗剪强度相等），设计了 2 根矩形连续螺旋钢箍混凝土梁，用于对比分析。通过试验研究，所得到的主要结论如下：

（1）BFRP 连续螺旋箍筋混凝土梁的受力过程可以划分为受弯裂缝发展阶段、受剪裂缝发展阶段和破坏阶段。

（2）构件的受剪破坏分为斜拉破坏和斜压破坏两种类型，两种类型的破坏均为脆性性质，但斜拉破坏的脆性特征更加明显，而斜压破坏则具有一定的延性。随着配箍率的增加或剪跨比的减小，构件的受剪破坏类型由斜拉破坏变为斜压破坏。

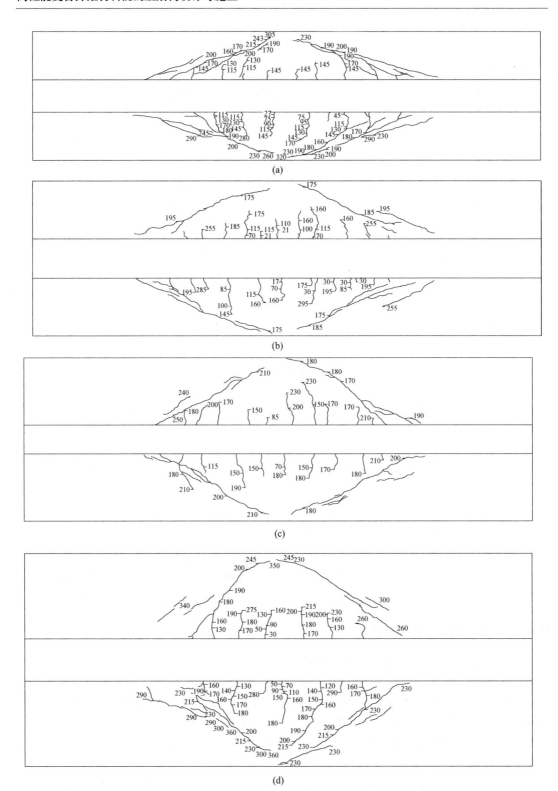

图 6.2.16 试件裂缝开展图

(a) BF5_S120R3；(b) BF5_S160R3；(c) BF5_S200R3；(d) BF5_S160R2

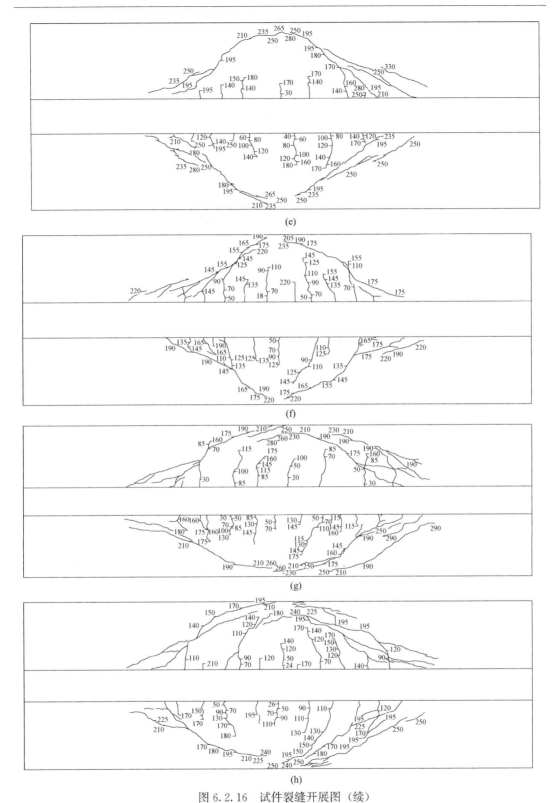

图 6.2.16　试件裂缝开展图（续）

(e) BF5_S160R2.5；(f) BF3_S200R2.75；(g) BG5_S200R3；(h) BG5_S240R3

（3）虽然斜压破坏仍为脆性，但构件的变形和延性等性能均得到了改善，因此，建议按照斜压破坏模式来对 BFRP 连续螺旋箍筋混凝土梁进行抗剪设计。

（4）斜拉破坏模式下构件上只产生腹剪斜裂缝，斜压破坏模式下同时产生弯剪斜裂缝和腹剪斜裂缝。当构件剪跨段长度相同时，腹剪斜裂缝的出现荷载基本相当，其值受配箍率和纵筋率的影响较小，而弯剪斜裂缝的出现荷载随着纵筋率的降低而减小。随着剪跨比的减小，斜裂缝的出现荷载有所增大。

（5）随着配箍率的增加，或者纵筋率的提高，或者剪跨比的减小，构件的受剪承载力随之增大。其中，剪跨比对构件受剪承载力的影响最为明显，减小剪跨比可以显著地提高构件的受剪承载力。

（6）初始斜裂缝的宽度随着纵筋率的降低而增大；对于 FRP 连续螺旋箍筋混凝土梁而言，在同类型的受剪破坏模式下构件的最大斜裂缝宽度基本相当，斜拉破坏模式下的最大斜裂缝宽度明显大于斜压破坏模式下的值；随着剪跨比的减小，构件斜截面上的"拱作用"愈加明显。

（7）腹剪斜裂缝形成后，箍筋的应变大幅增长，说明箍筋开始承担斜截面上的混凝土退出工作后转移过来的剪力；提高纵筋的配筋率，可以延缓箍筋应变的发展，从而使构件获得更高的抗剪能力；斜拉破坏模式下箍筋应变的发展要快于斜压破坏模式下箍筋应变的发展。

（8）受剪斜裂缝的开展会进一步削弱 BFRP 连续螺旋箍筋弯折部位的强度；腹剪斜裂缝的出现较大地促进了构件挠度的增长，从而使荷载-挠度曲线发生转折；斜拉破坏模式下构件的变形要大于斜压破坏模式下构件的变形。

（9）在同等抗剪强度的条件下，BFRP 连续螺旋箍筋混凝土梁发生斜拉破坏，矩形连续螺旋钢箍混凝土梁发生斜压破坏，而两者的最大斜裂缝宽度基本相当；由于箍筋材料性质的差异，矩形连续螺旋钢箍混凝土梁的延性明显好于 BFRP 连续螺旋箍筋混凝土梁的延性；相比之下，矩形连续螺旋钢箍对混凝土的约束作用更强，且其承担混凝土转移过来的剪力的能力也更强。

6.3 抗剪分析模型

6.3.1 受剪破坏模式

Nagasaka 等人的研究表明，FRP 箍筋配筋混凝土梁的受剪破坏模式分为斜拉破坏和斜压破坏两种类型。发生斜拉破坏时，FRP 箍筋被拉断，剪压区混凝土未被压碎；发生斜压破坏时，剪压区混凝土被压碎，FRP 箍筋未被拉断。相比之下，斜拉破坏的脆性性质更加明显，斜压破坏情形下构件的变形较大。

有关试验研究表明，FRP 箍筋配筋混凝土梁的受剪破坏模式取决于配箍指标 $\rho_{fv}E_f$。随着 $\rho_{fv}E_f$ 的增加，构件抵抗剪拉作用的能力随之增强，构件的受剪破坏模式由斜拉破坏转变为斜压破坏。

BFRP 连续螺旋箍筋混凝土梁的受剪破坏模式也分为斜拉破坏和斜压破坏两种类型。配箍率、纵筋率、剪跨比和混凝土强度等因素都对 BFRP 连续螺旋箍筋混凝土梁的受剪破坏模式有着影响。

由于斜拉破坏的脆性性质非常明显，而斜压破坏的延性相对较好，因此，本书建议，在对 BFRP 连续螺旋箍筋混凝土梁进行抗剪设计时，应按照发生斜压破坏的情况对其进行设计。

6.3.2 抗剪分析模型简介

与受弯矩作用情况相比，构件在剪力和扭矩作用下的受力性能分析要复杂得多，因此，在对 FRP 筋混凝土构件的受剪性能进行分析时，采用转动角软化桁架模型（Rotating-angle Softened Truss Model，即 RA-STM）、固定角软化桁架模型（Fixed-angle Softened Truss Model，即 FA-STM）、拉压杆模型（Strut-and-Tie Model，即 STM）以及桁架-拱模型（Truss-Arch Model，即 TAM）等四种模型，从而综合评价各种模型在 FRP 筋混凝土构件的受剪分析中的适用性。

在以上四种受剪分析模型中，转动角软化桁架模型和固定角软化桁架模型均为连续桁架模型，拉压杆模型和桁架-拱模型均为离散桁架模型。连续桁架模型和离散桁架模型的区别在于：在连续桁架模型中，假设材料均匀分布于模型单元中，因而它采用的是材料的平均应力和平均应变，虽然这与结构构件的实际受力情况不尽相符，但由于采用连续桁架模型便于进行数值分析和处理，因而其应用也比较广泛；在离散桁架模型中，根据构件中主应力迹线的分布情况，采用混凝土水平压杆、混凝土斜压杆、横向和纵向钢筋拉杆等具有具体几何尺寸的桁架杆件来表示构件中的受弯和受剪单元，因此，离散桁架模型更能准确反映构件的实际受力情况，而前提条件是需要预先确定主应力迹线的分布情况，然后再布置杆件，因此，对于复杂结构的受剪分析，离散桁架模型的选择恰当与否，通常与工程人员的经验有关。

转动角软化桁架模型和固定角软化桁架模型的区别在于：在转动角软化桁架模型中，应力平衡方程和应变协调方程的推导是以转动角 α 为基础的，其形式比较简单，便于应用，但其缺点在于没有考虑混凝土的抗剪贡献 V_c，因此，它不适用于需要计算混凝土的抗剪贡献 V_c 的场合；在固定角软化桁架模型中，各个基本方程的推导是以固定角 α_2 为基础的，它考虑了混凝土的抗剪贡献 V_c，但其形式比较复杂，且混凝土受剪本构关系的选用恰当与否对模型的计算结果影响较大。

上述两种软化桁架模型的共同缺点在于：构件的实际裂缝开展角是介于转动角 α 与固定角 α_2 之间的，因此，两种模型中采用的裂缝开展角都不能很好地反映实际情况。为解决这一问题，Hsu 等建议根据最小应变能原理，推导出实际裂缝开展角，从而建立以此为基础的软化桁架模型。季韬、贾昌文等以实际裂缝开展角为基础，建立了相应的钢筋混凝土薄膜单元的软化桁架模型。

相比钢筋混凝土构件的受弯分析，钢筋混凝土构件的受剪和受扭分析则要复杂得多，如何建立合理的受弯和受扭理论长期以来都困扰着土木工程界，这一问题贯穿了整个 20 世纪。对于钢筋混凝土构件受剪承载力的分析，国内外许多学者曾在各种破坏机理分析的基础上，对其斜截面受剪承载力建立过各种计算公式，各国规范也都采用了不同的方法。如美国混凝土协会的规范采用了脱离体法和桁架理论，加拿大规范采用了 Vecchio&Collins 协调压力场理论，欧洲混凝土委员会和国际预应力协会的模式规范以及欧洲规范 2 则采用了塑性压力场理论，日本规范采用了桁架-拱模型。钢筋混凝土构件的受剪承载力的分析方法主要有脱离体法、极限强度理论和桁架理论等，但由于钢筋混凝土在复合受力状态下所牵涉的因素过多，用极限强度理论还较难反映其受剪承载力。目前，国内外所采用的方法还是依靠试验研究，对影响构件受剪性能的主要因素进行分析，从而建立起半经验半理论的实用计算公式，但至今仍未建立起一个公认的合理的受剪承载力理论公式。但总的趋势认为，桁架理论可以较好地解决长期困扰土木工程界的抗剪问题，随着软化桁架理论的发展，受剪承载力的研究取得了极大的进展。

桁架理论最早由 Ritter 和 Mörsch 在 20 世纪初提出，用于模拟承受弯矩和剪力作用的钢筋混凝土梁的受力机理。他们将钢筋混凝土构件简化为由混凝土压杆和钢筋拉杆这两种线性单元组成的桁架模型，采用桁架中的杆件来表示构件中的受弯和受剪组分，且各杆件在节点处满足平衡条件。在将这种早期的桁架模型用于钢筋混凝土构件的受剪和受扭分析时，一般采用混凝土单轴抗压强度，这通常会高估构件的受剪和受扭承载力。Robinson 和 Demorieux 观察到，钢筋混凝土单元在剪力的作用下是处于二维受力状态的，由于在垂直于主压应力的方向存在着主拉应力的作用，因此，主压应力方向混凝土的抗压强度要低于混凝土单轴抗压强度，这就是混凝土强度的"软化现象"。自此，混凝土在拉-压应力状态的强度软化得到了人们的认识，从而很好地解释了桁架模型高估构件受剪和受扭承载力的问题。通常采用有效系数或软化系数来反映混凝土在拉-压应力状态下的强度软化现象。Vecchio 和 Collins 通过特制的钢筋混凝土板的加载试验，首次提出了混凝土在拉-压应力状态下的软化应力-应变关系，此后，Hsu、Belarbi、Pang、Zhang 等对 Vecchio 和 Collins 提出的混凝土软化应力-应变关系进行了完善。

到 20 世纪 60 年代，针对钢筋混凝土构件的受剪和受扭分析，出现了一种新的理论。钢筋混凝土构件被视为由若干连续的二维钢筋混凝土薄膜单元组成，并且这些薄膜单元满足平衡条件、莫尔应变协调条件以及二维连续材料的本构关系。基于以上三个条件，产生了平衡桁架模型、莫尔协调桁架模型和软化桁架模型。到 20 世纪 90 年代，在钢筋混凝土结构的受力分析中，已经发展出了以下几种桁架模型：平衡桁架模型、莫尔协调桁架模型、转动角软化桁架模型、固定角软化桁架模型、拉压杆模型和 Bernoulli 协调桁架模型。其中，前 4 种模型用于受剪和受扭分析，第 5 种模型用于深梁的受剪分析，第 6 种用于受弯分析。

应该指出的是，在上述各种桁架模型中，均未考虑泊松效应的影响，这对其应用带来一定的限制，例如，在对混凝土结构进行非线性有限元分析时，就需要提供材料的泊松比，否则无法实现。因此，Hsu 等提出了一种新的模型，即软化薄膜元模型，该模型考虑了泊松效应的影响，可以应用于加载阶段和卸载阶段、开裂前和开裂后的受力分析。他们认为，通过给定合理的软化系数，软化薄膜元模型可以适用于任意配筋率，任意配筋方向以及 100MPa 以下的任意混凝土强度的薄膜单元受力分析。

在软化薄膜元模型中，Hsu 等通过试验得到了两个经验系数，用来反映泊松效应的影响。因此，结合本书所分析的具体问题，为准确和简化起见，仍然采用未考虑泊松比的桁架模型。

6.3.3 混凝土抗压强度的软化

如前所述，混凝土在拉-压应力状态下的抗压强度要低于其单轴抗压强度，这就是混凝土强度的软化现象。目前，主要有三种方法来考虑混凝土强度的软化：

（1）根据对试验数据进行统计分析，采用有效系数对混凝土强度进行折减，如美国混凝土协会 318 委员会（American Concrete Institute Committee 318，即 ACI Committee 318）、美国混凝土协会和美国土木工程师学会 445 联合委员会（Joint American Society of Civil Engineers and American Concrete Institute Committee 445，即 Joint ASCE-ACI Committee 445）、美国国家公路与运输协会（American Association of State Highway and Transportation Officials，即 AASHTO）以及欧洲混凝土委员会和国际预应力协会（Euro-international Committee for Concrete and International Federation for Prestressing，即 CEB-FIP）的有关规范中均采用了有效系数这一概念。对于有效系数的取值，目前还存在着较大的争论，尚无共识。由于它是一种经验系数，因此，它不具备普遍的适用性。

由于混凝土并不是理想的塑性材料，并且拉应变的存在也会削弱混凝土的抗压强度，因此，需要采用一个折减系数来反映这些现象对混凝土强度的影响。通常采用一个有效系数来反映混凝土在拉-压应力状态下抗压强度的软化现象，Nielsen 指导的研究小组最早应用了软化系数这一概念。Schlaich、Alshegeir、MacGregor、Rogowsky 和 Bergmeister 等都对混凝土斜压杆和节点区的有效系数进行了研究，并给出了不同的建议值。

用公式表示混凝土单轴抗压强度的软化现象，则有

$$\sigma_d \leqslant v f_c \tag{6.3.1}$$

式中，v 即为有效系数，$v \leqslant 1$；σ_d 为混凝土软化抗压强度；f_c 为混凝土抗压强度。

（2）采用公式或函数的形式来反映主拉应变对混凝土强度的影响，如加拿大标准协会（Canadian Standards Association，即 CSA）即采用了这种方法。这种方法更加准确，但是由于需要同时考虑平衡条件、协调条件和材料本构关系，从而增加了该方法的复杂程度。

软化系数的计算公式众多，不同的研究者，以及不同的规范都建议或采用了不同的软化系数公式，总的来说，软化系数公式的类型分为以下几种：①基于混凝土强度的公式；②多参数公式；③基于修正压力场理论的公式。但是，这些公式都是通过对某一特定系列的试验数据进行分析而得到的，仍然是一种半经验半理论的公式。

研究表明，有效系数的影响因素众多，其中起主要作用的是混凝土强度和剪跨比（或混凝土斜压杆倾角）。因此，一个合理的有效系数公式应该能反映上述两种因素的影响。Foster 等对大量试验数据与诸多有效系数公式的计算结果进行了比较，结果表明：混凝土强度对软化系数的影响不明显，对于仅考虑了混凝土强度影响的有效系数公式，其计算结果偏差较大；剪跨比对软化系数的影响十分明显，考虑了剪跨比影响的有效系数公式的计算结果更加准确；多参数公式虽然更加全面地考虑了多种因素对有效系数的影响，但是对于不同的多参数公式，其适用性也有所区别；基于修正压力场理论的公式的计算结果与试验数据的符合程度最好。

Vecchio、Collins 和 Mitchell 根据钢筋混凝土板的平面应力试验，基于修正压力场理论，于 1986 年提出了第一个有效系数公式，该公式的应用比较广泛，加拿大设计规范

CSA94 即采用了这一公式，其表达式如下：

$$\nu = \frac{1}{0.8 + 170\varepsilon_1} \leqslant 1.0 \qquad (6.3.2a)$$

$$\varepsilon_1 = \varepsilon_x + (\varepsilon_x - \varepsilon_2)/\tan^2\theta \qquad (6.3.2b)$$

式中，ε_1 为垂直于斜压杆轴线方向的主拉应变；ε_2 为平行于斜压杆轴线方向的主压应变；ε_x 为水平方向的拉应变；θ 为混凝土斜压杆的倾角；应变符号规定为拉应变为正，压应变为负。

Foster 和 Gilbert 对式（6.3.2）进行了改写，将其表示为混凝土强度和剪跨比的函数，其表达式如下：

$$\nu = \frac{1}{1.0 + (0.56 + f_c/536)(a/z)^2} \qquad (6.3.3)$$

进一步研究表明，混凝土强度对有效系数的影响较小，因此，Foster 和 Gilbert 将有效系数表示为剪跨比的函数，其表达式如下：

$$\nu = \frac{1}{1.0 + 0.66(a/z)^2} \qquad (6.3.4)$$

式中，a 为构件剪跨段长度；z 为截面内力臂长度。

Vecchio、Collins 和 Mitchell 根据新的试验数据，对式（6.3.2）进行修正，于 1993 年提出了修正的有效系数公式，其表达式如下：

$$\nu = \frac{1}{0.83 + k_c k_f} \qquad (6.3.5a)$$

$$k_c = 0.35[0.52 + 1.8(a/z)^2]^{0.8} \qquad (6.3.5b)$$

$$k_f = 0.1825\sqrt{f_c} \geqslant 1.0 \qquad (6.3.5c)$$

式中，k_c 和 k_f 分别为反映剪跨比和混凝土强度的影响的系数。

Kaufmann 和 Marti 基于修正压力场理论，也提出了相应的有效系数公式，其表达式如下：

$$\nu = \frac{1}{[c_1 + c_2(a/z)^2]f_c^{1/3}} \leqslant 1 \qquad (6.3.6)$$

式中，c_1 和 c_2 为经验系数，Kaufmann 和 Marti 根据试验数据的回归分析，建议当 $c_1 = 0.238$，$c_2 = 0.16$ 时，采用式（6.3.6）计算的误差最小。

（3）采用节点区线性拉-压破坏准则来考虑混凝土强度的软化，如修正的 Mohr-Coulomb 破坏准则和 Kupfer-Gerstle 破坏准则。

在线性拉-压破坏准则中，采用了简化的线性关系将两种破坏模式联系起来，即脆性的混凝土压碎和延性的钢筋屈服。因此，在这些线性破坏准则中，都隐含地考虑了混凝土强度的软化现象。与有效系数或有效系数公式相比，线性破坏准则的经验成分大大降低，并且其形式也比较简单，便于应用。然而，采用这种简化的线性关系并不能很好地反映拉-压应力状态对混凝土强度的影响，由此得到的抗剪承载力将会偏于保守。

Tan、Wang 等分别采用修正的 Mohr-Coulomb 破坏准则和 Kupfer-Gerstle 破坏准则对预应力深梁的抗剪承载力进行了分析。修正 Mohr-Coulomb 破坏准则的表达式为：

$$\frac{f_1}{f_t}+\frac{f_2}{f_c}=1 \tag{6.3.7}$$

Kupfer-Gerstle 破坏准则的表达式为：

$$\frac{f_1}{f_t}+0.8\frac{f_2}{f_c}=1 \tag{6.3.8}$$

式中，f_1、f_2 分别为节点区的主拉应力和主压应力，由实际受力状态计算得到；f_c 为混凝土单轴抗压强度，它反映了 f_2 方向的最大抗压能力；f_t 为纵筋、箍筋和混凝土在 f_1 方向的抗拉强度之和，它反映了 f_1 方向的最大抗拉能力。

6.3.4 软化桁架模型简介

1. 钢筋混凝土薄膜元软化桁架模型

在钢筋混凝土结构构件的受剪分析中，有着众多的力学模型，其中，应用非常广泛的是 Hsu 和 Mo 提出的软化桁架模型。软化桁架模型最早由 Hsu 和 Mo 于 1985 年提出，它最初被用于钢筋混凝土薄膜单元的平面受力分析。经过不断的发展和改善，在钢筋混凝土梁、板、柱、墙、牛腿和梁柱节点等构件的受剪分析中，软化桁架模型得到了广泛的应用，并取得了较好的效果。

图 6.3.1 所示为一承受平面应力作用的薄膜单元，该单元由两种具有不同材料属性的单元组成，即混凝土单元和钢筋单元。图 6.3.1 中，$l\text{-}t$ 坐标轴对应平面应力作用轴，$d\text{-}r$ 坐标轴对应混凝土开裂后的主应力轴，2-1 坐标轴对应混凝土开裂前的主应力轴，即施加于受剪单元上的平面应力的主应力轴。

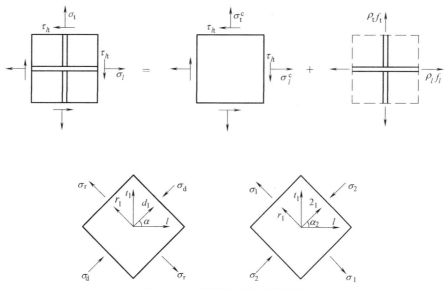

图 6.3.1 薄膜单元的力学模型

混凝土中第一条裂缝的开展角度取决于混凝土开裂前的主拉应力，在等比例加载情况下，主应力轴 2 与坐标轴 l 之间的夹角保持恒定，称为固定角 α_2，初始裂缝出现后，随着混凝土主拉应力方向的改变，裂缝的开展角也随之发生改变，在等比例加载情况下，主应

力轴 d 与坐标轴 l 之间的夹角不断地旋转偏离 α_2，称为转动角 α，而实际上裂缝的开展角介于 α_2 和 α 之间。据此，软化桁架模型分为固定角软化桁架模型和转动角软化桁架模型两种类型。裂缝开展角的改变取决于受剪单元中纵向和横向钢筋的应力水平，当两个方向钢筋的应力相等时，d-r 坐标轴与 2-1 坐标轴重合，固定角 α_2 等于转动角 α，反之则发生偏转。

2. 软化桁架模型的类型

钢筋混凝土薄膜单元的抗剪强度由两部分构成，即钢筋的抗剪能力和混凝土的抗剪能力，其中，钢筋对单元抗剪强度的贡献起着主要的作用，混凝土起着较为次要的作用。Dei Poli、Kupfer 和 Bulicek 等曾对混凝土的抗剪能力的存在作出了解释，他们的研究表明，混凝土的抗剪能力是由混凝土开裂前的主应力轴 2-1 坐标轴中的剪应力提供的。

根据模型受剪单元中所采用的裂缝开展角不同，软化桁架模型分为转动角软化桁架模型和固定角软化桁架模型。其中，转动角软化桁架模型中应力平衡方程和应变协调方程的推导以转动角 α 为基础，而固定角软化桁架模型中各个方程的推导以固定角 α_2 为基础。

在转动角软化桁架模型中，与转动角 α 对应的混凝土开裂后的主应力轴 d-r 坐标轴中，只有正应力而不存在剪应力，因此，转动角软化桁架模型的缺点在于不能计入混凝土的抗剪贡献，而在固定角软化桁架模型中，由于采用的是混凝土开裂前的主应力轴 2-1 坐标轴，所以，混凝土开裂后，该坐标轴中存在有剪应力，因此采用固定角软化桁架模型可以计入混凝土的抗剪贡献。

转动角软化桁架模型的形式比较简单，可以很方便地用于混凝土结构构件的受剪分析，但其缺点在于不能计入混凝土的抗剪贡献；固定角软化桁架模型的形式比较复杂，公式推导比较繁杂，但却可以计入混凝土的抗剪贡献。对于不需要考虑混凝土的抗剪贡献的情况，采用转动角软化桁架模型即可得到合理的结果。在实际工程设计中，为简化起见，一般建议采用转动角软化桁架模型即可，其计算结果完全可以满足工程精度的要求。

在转动角软化桁架模型中，假设受剪单元中的裂缝开展角与混凝土主压应力方向一致，所以，这种模型忽略了剪应力的作用，不能计算混凝土承担的剪力；在固定角软化桁架模型中，假设受剪单元中的裂缝开展角与初始裂缝的方向一致，这种模型考虑了剪应力的作用，但模型中所假定的裂缝开展角与实际情况不符，存在较大的出入。

实际上，受剪单元发生破坏时的裂缝开展角（即破坏裂缝开展角）是介于转动角 α 与固定角 α_2 之间的，因此，上述两种软化桁架模型中采用的裂缝开展角都不能很好地反映实际情况。为解决这一问题，Hsu 等建议根据最小应变能原理，推导出受剪单元的破坏裂缝开展角，从而建立以此为基础的软化桁架模型。若用破坏裂缝开展角替代固定角 α_2，并且替换相应的坐标系，则可以得到该软化桁架模型的材料本构关系和受剪基本方程。

6.3.5 有效横向压应力

软化桁架模型满足三个基本条件，即应力平衡条件、莫尔应变协调条件和混凝土软化双轴本构关系。采用软化桁架模型对结构构件进行受力分析时，构件中的任一点均应满足以上三个基本条件，因此，可以采用同一受剪单元来描述构件中各点的受力状态，对构件进行受力分析。

如图 6.3.2 所示，对于承受集中荷载作用的简支梁而言，集中荷载与支座之间的"拱作用"会在剪跨段内产生横向压应力，横向压应力与剪应力共同作用，在梁中产生复杂的应力场。深梁和短梁的剪跨比较小，这种"拱作用"很明显，从而产生较大的横向压应力，因此在深梁和短梁的受剪分析中应该考虑横向压应力的作用，而浅梁的剪跨比较大，这种"拱作用"很弱，从而可以忽略横向压应力的作用。

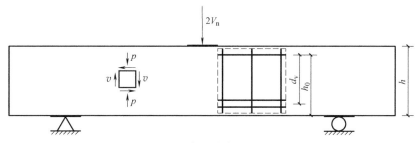

图 6.3.2 梁中受剪单元的应力状态

Mau 和 Hsu 采用均匀分布于受剪单元中的有效横向压应力 p 来表示这种横向压应力的作用，有效横向压应力 p 的大小不仅与构件剪力 V 有关，还与剪跨比 a/h_0 有关，当剪力 V 一定时，剪跨比 a/h_0 越大，则有效横向压应力越小。他们建议的有效横向压应力的公式为：

$$p = -Kv \tag{6.3.9}$$

其中

$$v = V/bd_v \tag{6.3.10a}$$

$$K = 2d_v/h \qquad 0 < a/h \leqslant 0.5 \tag{6.3.10b}$$

$$K = \frac{d_v}{h}\left[\frac{h}{a}\left(\frac{4}{3} - \frac{2a}{3h}\right)\right] \qquad 0.5 < a/h \leqslant 2 \tag{6.3.10c}$$

$$K = 0 \qquad a/h > 2 \tag{6.3.10d}$$

式中，V 为截面剪力；b、h、a、d_v 分别为截面宽度、截面高度、剪跨段长度和纵向受压钢筋中心到纵向受拉钢筋中心的距离。

6.3.6 软化桁架模型的修正

采用 FRP 连续螺旋箍筋替代矩形钢箍后，它所起的作用仍然与原来的矩形钢箍相同，因此，在对 FRP 连续螺旋箍筋混凝土梁的受剪承载力进行分析时，可以借鉴钢筋混凝土结构构件受剪承载力的分析方法。

为得到 FRP 连续螺旋箍筋混凝土梁受剪承载力的理论解，本书采用在钢筋混凝土结构受剪分析中得到广泛应用的软化桁架模型，并根据 FRP 连续螺旋箍筋混凝土梁的配箍形式和受力特点，对该模型进行相应的修改，使得修改后的软化桁架模型能够用于 FRP 连续螺旋箍筋混凝土梁的受剪承载力分析，并取得较为理想的结果。

对 FRP 连续螺旋箍筋混凝土梁而言，其配箍形式和受力特点有别于传统的钢筋混凝土梁，因此，为使软化桁架模型应用于 FRP 连续螺旋箍筋混凝土梁的受剪分析，需要对其原始形态进行适当的修改。从配箍形式和受力特点上来看，FRP 连续螺旋箍筋混凝土梁和钢筋混凝土梁的主要差异在于：

（1）在 FRP 连续螺旋箍筋混凝土梁中，FRP 连续螺旋箍筋在梁的两侧为斜向反对称布置；

（2）FRP 连续螺旋箍筋为线弹性的材料，不发生应力屈服和应力强化；

（3）FRP 连续螺旋箍筋不与受剪单元边界平行；

（4）纵向钢筋在梁内并非均匀分布，而是集中分布于梁底和梁顶。

因此，在对原始软化桁架模型进行修改，建立适合于 FRP 连续螺旋箍筋混凝土梁受剪分析的修正软化桁架模型时，主要从以上几方面进行，具体做法如下：

（1）假设斜向布置的 FRP 连续螺旋箍筋的水平分力的合力为零，采用竖向的 FRP 箍筋来代替斜向的 FRP 连续螺旋箍筋。

（2）将钢筋应力-应变关系替换为线弹性的 FRP 筋应力-应变关系。

（3）为得到 FRP 连续螺旋箍筋混凝土梁的受剪单元中的纵向均布钢筋的平均应力，假设梁内纵筋沿梁高均匀分布，且各根均布钢筋的截面积相同。为简化起见，假设不考虑纵向受压钢筋的影响，取图 6.3.3 所示截面为研究对象进行分析。纵向受拉钢筋与均布钢筋之间应该满足平衡条件。

图 6.3.3 中

$$A_{s1} = \frac{A_s}{n} \tag{6.3.11}$$

式中，A_{s1} 为单根均布钢筋的截面积；A_s 为纵向受拉钢筋的总截面积；n 为均布钢筋的根数。

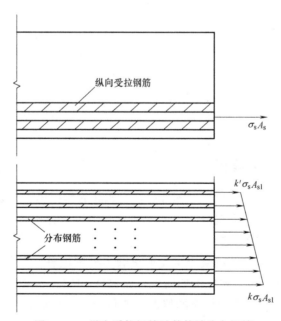

图 6.3.3 纵向受拉钢筋及其等效分布钢筋

为分析方便，假设均布钢筋的应力沿梁高为线性分布，并假设底部钢筋的应力为 $k\sigma_s$，顶部钢筋的应力为 $k'\sigma_s$，σ_s 为纵向受拉钢筋中心处的应力。

由力的平衡，有

$$\sum_{m=0}^{n-1}\left[k'\sigma_{\mathrm{s}}+\frac{m}{n-1}(k-k')\sigma_{\mathrm{s}}\right]\cdot A_{\mathrm{sl}}=\sigma_{\mathrm{s}}A_{\mathrm{s}} \tag{6.3.12}$$

由力矩平衡，有

$$\sum_{m=0}^{n-1}\left[k'\sigma_{\mathrm{s}}+\frac{m}{n-1}(k-k')\sigma_{\mathrm{s}}\right]\cdot A_{\mathrm{sl}}\cdot\frac{n-1-m}{n-1}d_{\mathrm{v}}=0 \tag{6.3.13}$$

对式（6.3.12）和式（6.3.13）进行化简，可得

$$\frac{k+k'}{2}=1 \tag{6.3.14a}$$

$$\frac{1}{2}k'+\frac{1}{6}(k-k')\left(1-\frac{1}{n-1}\right)=0 \tag{6.3.14b}$$

令 $C=1-\dfrac{1}{n-1}$，对式（6.3.14）进行求解，可得

$$k=\frac{6-2C}{3-2C} \tag{6.3.15a}$$

$$k'=-\frac{2C}{3-2C} \tag{6.3.15b}$$

则受剪单元中纵向均布钢筋的平均应力为

$$\begin{aligned}
\rho_l\sigma_l&=\frac{1}{bh_0}\sum_{m=0}^{n-1}\left[k'\sigma_{\mathrm{s}}+\frac{m}{n-1}(k-k')\sigma_{\mathrm{s}}\right]\cdot A_{\mathrm{sl}}\\
&=\frac{nA_{\mathrm{sl}}}{bh_0}\frac{k+k'}{2}\sigma_{\mathrm{s}}=\rho_{\mathrm{s}}\sigma_{\mathrm{s}}
\end{aligned} \tag{6.3.16}$$

6.3.7 修正转动角软化桁架模型

根据 6.3.6 节中的修正方法，即可采用修正的转动角软化桁架模型对 FRP 连续螺旋箍筋混凝土梁进行抗剪分析。

1. 基本假定

转动角软化桁架模型是一种连续桁架模型，为将连续介质力学原理应用于开裂后的混凝土，它的基本假定如下：

（1）FRP 箍筋和纵向钢筋为正交网格，与受剪单元边界平行，且均匀分布于受剪单元中；

（2）裂缝均匀分布于受剪单元中；

（3）受剪单元中的应力-应变均匀分布，采用跨越几条裂缝的平均应力和平均应变来近似地估计单元的应力和应变；

（4）平面主应力轴与平面主应变轴重合；

（5）不考虑泊松效应和纵筋销栓作用；

（6）裂缝倾角与转动角 α 重合。

虽然以上基本假定中的某些情况往往与结构构件的实际受力情况是不相符的，但是由于软化桁架模型便于进行数值处理，它仍然在混凝土结构构件的受剪分析中得到了广泛的应用。

2. 材料本构关系

软化桁架模型是建立在材料为连续介质的假定的基础上的，因此，软化桁架模型中的材料本构关系应该是平均应力和平均应变之间的关系。

（1）混凝土受压本构关系

混凝土梁受剪工作时，其斜截面上的混凝土处于双轴受力状态，同时承受主压应力和主拉应力的作用，与单轴受压情况相比，混凝土在双轴拉压状态下的抗压强度会因主拉应力的存在而降低，即发生软化现象。图 6.3.4 所示为混凝土在拉压状态下的受压应力-应变关系。

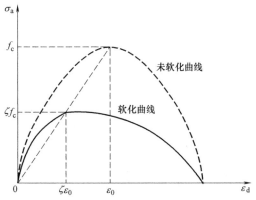

图 6.3.4　混凝土在拉压状态下的受压应力-应变关系

Hsu 等建议混凝土软化双轴本构关系如下：

$$\sigma_d = \zeta f_c \left[\frac{2\varepsilon_d}{\gamma\varepsilon_0} - \left(\frac{\varepsilon_d}{\gamma\varepsilon_0} \right)^2 \right] \qquad \varepsilon_d \leqslant \zeta\varepsilon_0 \qquad (6.3.17a)$$

$$\sigma_d = \zeta f_c \left[1 - \left(\frac{\varepsilon_d/\gamma\varepsilon_0 - 1}{2/\gamma - 1} \right)^2 \right] \qquad \varepsilon_d > \zeta\varepsilon_0 \qquad (6.3.17b)$$

式中，ζ 为软化系数，其表达式为

$$\zeta = \frac{5.8}{\sqrt{f_c}} \cdot \frac{1}{\sqrt{1+400\varepsilon_r}} \leqslant \frac{0.9}{\sqrt{1+400\varepsilon_r}} \qquad (6.3.18)$$

（2）混凝土受拉本构关系

对于混凝土主拉应力的取值，目前尚无一致的观点。而有关实验表明，混凝土的主拉应力不为零。图 6.3.5 所示为混凝土受拉应力-应变关系。

Hsu 等建议混凝土受拉本构关系的表达式如下：

$$\sigma_r = E_c \varepsilon_r \qquad \varepsilon_r \leqslant \varepsilon_{cr} \qquad (6.3.19a)$$

$$\sigma_r = f_{cr} \left(\frac{\varepsilon_{cr}}{\varepsilon_r} \right) \qquad \varepsilon_r > \varepsilon_{cr} \qquad (6.3.19b)$$

式中，$E_c = 3875\sqrt{f_c}$，$\varepsilon_{cr} = 0.00008$，$f_{cr} = 0.31\sqrt{f_c}$。

（3）钢筋和 BFRP 连续螺旋箍筋的本构关系

埋置于混凝土中的钢筋和未埋置于混凝土中的钢筋的本构关系是有区别的。对于埋置于混凝土中的钢筋，其本构关系应该直接根据实验来确定。对于精度要求较高的结构计算，应该采用埋置于混凝土中的钢筋本构关系。图 6.3.6 所示为钢筋的应力-应变关系。

为准确起见，本书采用埋置于混凝土中的钢筋的本构关系。

$$\sigma_s = E_s \varepsilon_s \qquad \varepsilon_s \leqslant \varepsilon_n \qquad (6.3.20a)$$

$$\sigma_s = f'_y = f_y \left[(0.91 - 2B) + (0.02 + 0.25B)\frac{\varepsilon_s}{\varepsilon_y} \right] \cdot \left(1 - \frac{2 - \alpha_2/45°}{1000\rho_s} \right) \qquad \varepsilon_s > \varepsilon_n \quad (6.3.20b)$$

$$B = (1/\rho_s)(f_{cr}/f_y)^{3/2} \qquad (6.3.20c)$$

$$\varepsilon_n = \varepsilon_y (0.93 - 2B)[1 - (2 - \alpha_2/45°)/(1000\rho_s)] \qquad (6.3.20d)$$

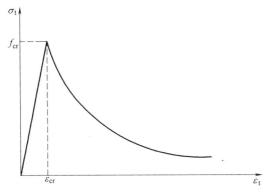

图 6.3.5 混凝土受拉应力-应变关系

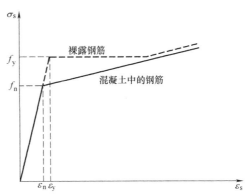

图 6.3.6 裸露钢筋和埋置于混凝土中的
钢筋的应力-应变关系

式中，σ_s、ε_s 分别为钢筋的平均应力和平均应变；E_s 为钢筋的弹性模量；ε_n 为埋置于混凝土中的钢筋开始屈服时的平均应变；f_y' 为埋置于混凝土中的钢筋屈服后的平均应力，它与平均应变 ε_s 为线性关系；ε_y 和 f_y 分别为裸露钢筋的屈服应变和屈服应力；ρ_s 为钢筋的配筋率。

在埋置于混凝土中的钢筋的本构关系中，考虑了裂缝处钢筋的"扭结"作用，式（6.3.20d）中的系数项 $[1-(2-\alpha_2/45°)/(1000\rho)]$ 即为扭结系数。

由于 FRP 箍筋为线弹性的材料，不存在应力屈服和强化，因此，其本构关系采用线弹性模型即可，即

$$\sigma_f = E_f \varepsilon_f \tag{6.3.21}$$

3. 基本方程

图 6.3.7 所示为转动角软化桁架模型中 FRP 连续螺旋箍筋混凝土梁受剪单元的力学模型，它由混凝土单元和加强筋（FRP 箍筋和钢筋）单元构成，坐标轴 l-t、d-r 和 2-1 的定义同图 6.3.1。根据 FRP 连续螺旋箍筋混凝土梁的实际受力情况，可以得到构件剪跨段内受剪单元的应力状态。为考虑纵向受拉钢筋对构件抗剪强度的贡献，图 6.3.7 中的力学模型也考虑了纵向受拉钢筋的作用。

如前所述，在 FRP 连续螺旋箍筋混凝土梁中，箍筋在梁的两侧是斜向反对称布置的。因此，假设梁两侧 FRP 连续螺旋箍筋的纵向（l 轴）应力分量的合力为零，则其横向（t 轴）应力分量的合力为

$$\sigma_t = \sigma_f \sin\beta \tag{6.3.22}$$

则对应的横向应变为

$$\varepsilon_t = \frac{\sigma_f \sin\beta}{E_f} = \varepsilon_f \sin\beta \tag{6.3.23}$$

式中，σ_f 为 FRP 连续螺旋箍筋的应力；β 为 FRP 连续螺旋箍筋的倾角。

根据软化桁架模型的基本假定和受剪单元力学模型，通过应力和应变的坐标转换，可以得到受剪单元的应力平衡方程和应变协调方程。各个方程的推导均以转动角 α 为基础。

（1）应力平衡方程

$$\sigma_d \cos^2\alpha + \sigma_r \sin^2\alpha + \rho_s \sigma_s = 0 \tag{6.3.24a}$$

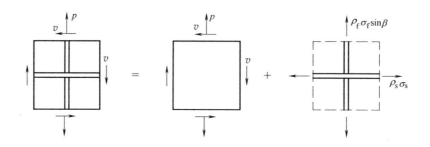

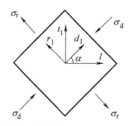

图 6.3.7　FRP 连续螺旋箍筋混凝土梁受剪单元的力学模型

$$\sigma_d \sin^2\alpha + \sigma_r \cos^2\alpha + \rho_f \sigma_f \sin\beta = -Kv \tag{6.3.24b}$$

$$(-\sigma_d + \sigma_r)\sin\alpha\cos\alpha = \tau_{lt} = v \tag{6.3.24c}$$

式中，σ_d、σ_r 分别为混凝土平均主压应力和平均主拉应力；σ_s 为纵向钢筋平均应力；ρ_s、ρ_f 分别为纵向钢筋和 FRP 箍筋的配筋率；τ_{lt} 为受剪单元平均剪应力；α 为主应力轴 d 和纵轴 l 之间的夹角。

（2）应变协调方程

$$\varepsilon_s = \varepsilon_d \cos^2\alpha + \varepsilon_r \sin^2\alpha \tag{6.3.25a}$$

$$\varepsilon_f \sin\beta = \varepsilon_d \sin^2\alpha + \varepsilon_r \cos^2\alpha \tag{6.3.25b}$$

$$\gamma_{lt} = 2(-\varepsilon_d + \varepsilon_r)\sin\alpha\cos\alpha \tag{6.3.25c}$$

式中，ε_d、ε_r 分别为混凝土平均主压应变和平均主拉应变；ε_s 为纵向钢筋平均应变；γ_{lt} 为受剪单元平均剪应变。

联立式（6.3.20）、式（6.3.24a）和式（6.3.25a），令 $C_1 = (0.91 - 2B)$ $\left(1 - \dfrac{2 - \alpha_2/45°}{1000\rho_s}\right)$，$C_2 = \dfrac{(0.02 + 0.25B)}{\varepsilon_y}\left(1 - \dfrac{2 - \alpha_2/45°}{1000\rho_s}\right)$，可得 $\cos^2\alpha$ 的表达式为

$$\cos^2\alpha = \frac{\sigma_r + \rho_s E_s \varepsilon_r}{\sigma_r - \sigma_d + \rho_s E_s(\varepsilon_r - \varepsilon_d)} \qquad \varepsilon_s \leqslant \varepsilon_y \tag{6.3.26a}$$

$$\cos^2\alpha = \frac{\sigma_r + \rho_s f_y C_1 + \rho_s f_y C_2 \varepsilon_r}{\sigma_r - \sigma_d + \rho_s f_y C_2(\varepsilon_r - \varepsilon_d)} \qquad \varepsilon_s > \varepsilon_y \tag{6.3.26b}$$

联立式（6.3.24b）和式（6.3.24c），可得 σ_r 的表达式为

$$\sigma_r = \frac{\sigma_d(K\sin\alpha\cos\alpha - \sin^2\alpha) - \rho_f E_f \varepsilon_f \sin\beta}{K\sin\alpha\cos\alpha + \cos^2\alpha} \tag{6.3.27}$$

4. 求解方法

以上基本方程中包含 ε_d、ε_r、σ_d、σ_r、α、σ_f（或 ε_f）等 6 个未知量，当给定其中一个

未知量时，其余未知量即可通过迭代和逐次逼近的算法得解。具体求解步骤如下：

（1）取 ε_d 的迭代初值；

（2）假定与 ε_d 相应的 ε_r；

（3）由式（6.3.17）和式（6.3.19）求解 σ_d 和 σ_r；

（4）分别由式（6.3.26a）和式（6.3.26b）求解 α；

（5）由式（6.3.25a）求解 ε_s，根据 ε_s 值的大小判断采用式（6.3.26a）或式（6.3.26b）求解得到的 α 值；

（6）由式（6.3.25b）求解 ε_f，由式（6.3.21）求解 σ_f；

（7）由式（6.3.27）求解 ε_r，并与步骤（3）求解得到的 σ_r 值进行比较，若其误差在允许范围内，则进行第（8）步，反之则返回步骤（2）重新假定 ε_r 值求解；

（8）由式（6.3.24c）求解 V，若 $\sigma_f < f_{fu}$ 且 $\varepsilon_d < \varepsilon_{cu}$，则返回步骤（1）增加 ε_d 的值，进行下一轮迭代运算，若 $\sigma_f \geqslant f_{fu}$ 且 $\varepsilon_d < \varepsilon_{cu}$ 或者 $\sigma_f < f_{fu}$ 且 $\varepsilon_d \geqslant \varepsilon_{cu}$，则终止迭代运算，求解完成。

若求解结果为 $\sigma_f < f_{fu}$ 且 $\varepsilon_d < \varepsilon_{cu}$，则构件发生斜压破坏；若为 $\sigma_f \geqslant f_{fu}$ 且 $\varepsilon_d < \varepsilon_{cu}$，则构件发生斜拉破坏。

在以上求解过程中，涉及 ε_r 的逐次逼近问题，ε_r 不可能通过一次假定就刚好满足要求，而需要经过反复的试算和调整，为此，令函数

$$y(\varepsilon_r) = \frac{\sigma_d(K \sin\alpha\cos\alpha - \sin^2\alpha) - \rho_f E_f \varepsilon_f \sin\beta}{K \sin\alpha\cos\alpha + \cos^2\alpha} - \sigma_r(\varepsilon_r) \tag{6.3.28}$$

式中，$\sigma_r(\varepsilon_r)$ 为混凝土受拉本构关系式，根据步骤（2）假定的 ε_r 值的大小采用式（6.3.19a）或式（6.3.19b）。当 $y(\varepsilon_r) = 0$ 时，则 ε_r 调整到位，为此，令函数 $y(\varepsilon_r)$ 的插值函数为

$$\varphi(\varepsilon_r) = y_1 + \frac{y_2 - y_1}{\varepsilon_2 - \varepsilon_1}(\varepsilon_r - \varepsilon_1) \tag{6.3.29}$$

式中，$y_1 = y(\varepsilon_1)$，$y_2 = y(\varepsilon_2)$，$\varepsilon_2 = \varepsilon_1 + \Delta\varepsilon_r$，$\Delta\varepsilon_r$ 为 ε_r 的初始增量，仅用于首次迭代运算。

令 $\varphi(\varepsilon_r) = 0$，由式（6.3.29），求解得到 $\varepsilon_r = \varepsilon_3$，然后把 ε_3 代入式（6.3.28）中，并检验 $y(\varepsilon_3) \leqslant |\varepsilon_N|$ 是否成立，若不成立，则重复上述步骤进行迭代和插值运算，直到 $y(\varepsilon_i) \leqslant |\varepsilon_N|$（$|\varepsilon_N|$ 为任一最小正数）成立为止。为使迭代过程收敛，需要设置运算次数的上限，当超过该限值时，则返回步骤（1）增加 ε_d 的值，进行下一轮迭代运算。

对于矩形连续螺旋钢箍混凝土梁，当采用转动角软化桁架模型时，其抗剪承载力的求解方法同上，只需将 FRP 箍筋的本构关系替换为埋置于混凝土中的钢筋的本构关系即可。

6.3.8　修正固定角软化桁架模型

根据 6.3.6 节中的修正方法，即可采用修正的固定角软化桁架模型对 FRP 连续螺旋箍筋混凝土梁进行抗剪分析。

1. 基本假定

固定角软化桁架模型的基本假定如下：

（1）FRP 箍筋和纵向钢筋为正交网格，与受剪单元边界平行，且均匀分布于受剪单

元中；

（2）裂缝均匀分布于受剪单元中；

（3）受剪单元中的应力-应变均匀分布，采用跨越几条裂缝的平均应力和平均应变来近似地估计单元的应力和应变；

（4）平面主应力轴与平面主应变轴重合；

（5）不考虑泊松效应和纵筋销栓作用；

（6）裂缝倾角与固定角 α_2 重合。

2. 材料本构关系

（1）混凝土受压和受拉本构关系

固定角软化桁架模型中混凝土本构关系的形式与转动角软化桁架模型的相同，只需将 d-r 坐标轴中混凝土的主应力和主应变 σ_d、σ_r、ε_d、ε_r 替换为 2-1 坐标轴中混凝土的主应力和主应变 σ_2^c、σ_1^c、ε_2、ε_1，即

$$\sigma_2^c = \zeta f_c \left[\frac{2\varepsilon_2}{\zeta\varepsilon_0} - \left(\frac{\varepsilon_2}{\zeta\varepsilon_0}\right)^2 \right] \qquad \varepsilon_2 \leqslant \zeta\varepsilon_0 \tag{6.3.30a}$$

$$\sigma_2^c = \zeta f_c \left[1 - \left(\frac{\varepsilon_2/\varepsilon_0 - \zeta}{2-\zeta}\right)^2 \right] \qquad \varepsilon_2 > \zeta\varepsilon_0 \tag{6.3.30b}$$

$$\zeta = \frac{5.8}{\sqrt{f_c}} \cdot \frac{1}{\sqrt{1+400\varepsilon_1/\eta'}} \leqslant 0.9 \tag{6.3.30c}$$

$$\sigma_1^c = E_c\varepsilon_1 \qquad \varepsilon_1 \leqslant \varepsilon_{cr} \tag{6.3.31a}$$

$$\sigma_1^c = f_{cr}\left(\frac{\varepsilon_{cr}}{\varepsilon_1}\right)^{0.4} \qquad \varepsilon_1 > \varepsilon_{cr} \tag{6.3.31b}$$

式中，$E_c = 3875\sqrt{f_c}$，$\varepsilon_{cr} = 0.00008$，$f_{cr} = 0.31\sqrt{f_c}$。

固定角软化桁架模型中的软化系数比转动角软化桁架模型的稍小，Hsu 等对软化桁架模型中的软化系数进行了较小的修改，得到了固定角软化桁架模型的软化系数，见式（6.3.30c），也有的研究者直接采用转动角软化桁架模型中的软化系数，作为固定角软化桁架模型的软化系数。

（2）混凝土受剪本构关系

在固定角软化桁架模型中，混凝土的抗剪贡献是通过在基本方程中增加混凝土剪应力和剪应变来实现的。因此，相应地需要增加一项混凝土受剪的应力-应变关系。Hsu 等于1996 年提出了一个混凝土受剪的本构关系式如下：

$$\tau_{21}^c = \tau_{21m}^c \left[1 - \left(1 - \frac{\gamma_{21}}{\gamma_{21o}}\right)^6 \right] \tag{6.3.32a}$$

$$\gamma_{21o} = -0.85\varepsilon_{1o}(1-\eta') \tag{6.3.32b}$$

$$\eta = \rho_f f_{fu}\sin\beta/\rho_s f_y \tag{6.3.32c}$$

式中，τ_{21m}^c 为 2-1 坐标轴中裂缝处混凝土的最大平均剪应力；γ_{21} 为 2-1 坐标轴中混凝土平均剪应变；γ_{21o} 为 2-1 坐标轴中与 τ_{21m}^c 对应的平均剪应变；ε_{1o} 为与 l-t 坐标轴中的最大平均剪应力 τ_{ltm} 对应的 2-1 坐标轴的平均主拉应变；若 $\eta < 1$，则 $\eta' = \eta$，若 $\eta > 1$，则 $\eta' = 1/\eta$。

然而，由于该式比较复杂且带有经验性质，采用上述关系式无疑增加了固定角软化桁架模型的复杂程度。因此，固定角软化桁架模型的缺点即在于混凝土受剪本构关系式为复杂的经验公式。为解决这一问题，Zhu 和 Hsu 于 2001 年提出了一个比较简单的混凝土受剪本构关系如下：

$$\tau_{21}^{c} = \frac{\sigma_1^{c} - \sigma_2^{c}}{2(\varepsilon_1 - \varepsilon_2)}\gamma_{21} \tag{6.3.33}$$

通过采用上述简单的混凝土受剪本构关系式，可以极大地简化固定角软化桁架模型，从而便于该模型的应用。

（3）钢筋和 BFRP 连续螺旋箍筋的本构关系

在固定角软化桁架模型中，采用埋置于混凝土中的钢筋的本构关系，见式（6.3.20）。BFRP 连续螺旋箍筋的本构关系见式（6.3.21）。

3. 基本方程

图 6.3.8 所示为固定角软化桁架模型中 FRP 连续螺旋箍筋混凝土梁受剪单元的力学模型，它由混凝土单元和加强筋（FRP 箍筋和钢筋）单元构成，坐标轴 $l\text{-}t$、$d\text{-}r$ 和 2-1 的定义同图 6.3.1。根据 FRP 连续螺旋箍筋混凝土梁的实际受力情况，可以得到构件剪跨段内受剪单元的应力状态。为考虑纵向受拉钢筋对构件抗剪强度的贡献，图 6.3.8 中的力学模型也考虑了纵向受拉钢筋的作用。

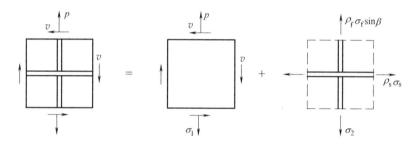

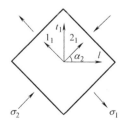

图 6.3.8　FRP 连续螺旋箍筋混凝土梁受剪单元的力学模型

（1）应力平衡方程

$$\sigma_2^{c}\cos^2\alpha_2 + \sigma_1^{c}\sin^2\alpha_2 + \tau_{21}^{c}\sin^2\alpha_2 + \rho_s\sigma_s = 0 \tag{6.3.34a}$$

$$\sigma_2^{c}\sin^2\alpha_2 + \sigma_1^{c}\cos^2\alpha_2 - \tau_{21}^{c}\sin 2\alpha_2 + \rho_f\sigma_f\sin\beta = -K\tau_{lt} \tag{6.3.34b}$$

$$0.5(-\sigma_2^{c} + \sigma_1^{c})\sin 2\alpha_2 + \tau_{21}^{c}\cos 2\alpha_2 = \tau_{lt} \tag{6.3.34c}$$

式中，σ_2^{c}、σ_1^{c} 分别为混凝土平均主压应力和平均主拉应力；σ_s 为纵向钢筋平均应力；τ_{21}^{c} 为 2-1 坐标轴中混凝土平均剪应力；ρ_s、ρ_f 分别为纵向钢筋和 FRP 箍筋的配筋率；τ_{lt} 为受剪单元平均剪应力；α_2 为主应力轴 2 和纵轴 l 之间的夹角。

（2）应变协调方程

$$\varepsilon_s = \varepsilon_2\cos^2\alpha_2 + \varepsilon_1\sin^2\alpha_2 + 0.5\gamma_{21}\sin2\alpha_2 \tag{6.3.35a}$$

$$\varepsilon_f\sin\beta = \varepsilon_2\sin^2\alpha_2 + \varepsilon_1\cos^2\alpha_2 - 0.5\gamma_{21}\sin2\alpha_2 \tag{6.3.35b}$$

$$\gamma_{lt} = (-\varepsilon_2 + \varepsilon_1)\sin2\alpha_2 + \gamma_{21}\cos2\alpha_2 \tag{6.3.35c}$$

式中，ε_2、ε_1 分别为混凝土平均主压应变和平均主拉应变；ε_s 为纵向钢筋平均应变；γ_{21} 为 2-1 坐标轴中混凝土平均剪应变；γ_{lt} 为 l-t 坐标轴中混凝土平均剪应变。

联立式（6.3.34b）和式（6.3.34c），可得

$$\tau_{21}^c = \frac{\sigma_2^c\sin^2\alpha_2 + \sigma_1^c\cos^2\alpha_2 + \rho_f\sigma_f\sin\beta + 0.5K(\sigma_1^c - \sigma_2^c)\sin2\alpha_2}{\sin2\alpha_2 - K\cos2\alpha_2} \tag{6.3.36}$$

式（6.3.34a）与式（6.3.34b）两式相加，可得

$$\rho_s\sigma_s + \rho_f\sigma_f\sin\beta = -K\tau_{lt} - (\sigma_2^c + \sigma_1^c) \tag{6.3.37}$$

式（6.3.34a）与式（6.3.34b）两式相减，可得

$$\rho_s\sigma_s - \rho_f\sigma_f\sin\beta = K\tau_{lt} - (\sigma_2^c - \sigma_1^c)\cos2\alpha_2 - 2\tau_{21}^c\sin2\alpha_2 \tag{6.3.38}$$

固定角 α_2 的大小可以根据作用在受剪单元上的应力求解得到。根据作用在 FRP 连续螺旋箍筋混凝土梁的受剪单元上的应力，可得到其固定角 α_2 的表达式如下：

$$\alpha_2 = \frac{1}{2}\arctan\frac{-2}{K} \tag{6.3.39}$$

4. 求解方法

若采用 Hsu 提出的混凝土受剪本构关系，则可以采用两种方法来求解构件的抗剪承载力。其中，第一种方法是根据构件受剪单元达到最大平均剪应力时的应变条件来直接求解抗剪承载力；第二种方法通过主压应变 ε_2 的迭代运算来求解抗剪承载力。相比之下，第一种方法比较简单，但仅适用于极限状态下抗剪承载力的求解；第二种方法比较复杂，但却可以对构件进行受剪工作的非线性全过程分析。因此，两种求解方法各有优缺点。

若采用 Zhu 提出的混凝土受剪本构关系，则只能通过主压应变 ε_2 的叠加运算来求解构件的抗剪承载力。

当采用迭代运算来求解构件的抗剪承载力时，式（6.3.37）和式（6.3.38）可分别作为判断假设的 γ_{21} 值和 ε_1 值是否收敛的标准。

下面以 Hsu 提出的混凝土受剪本构关系为例，介绍求解抗剪承载力的两种方法。当采用 Zhu 提出的混凝土受剪本构关系时，可以参照算法 2 求解构件的抗剪承载力，此时，由于混凝土受剪本构关系发生了变化，所以，无需进行步骤 a。

（1）算法 1

通过对混凝土的有关本构关系式进行微分运算，可得到受剪单元的平均剪应力 τ_{lt} 取得最大值 τ_{ltm} 的条件。

将式（6.3.30a）、式（6.3.30b）对 ε_2 求导，可得

$$\frac{d\sigma_2^c}{d\varepsilon_2} = \zeta f_c\left[\frac{2}{\zeta\varepsilon_0} - 2\left(\frac{\varepsilon_2}{\zeta\varepsilon_0}\right)\left(\frac{1}{\zeta\varepsilon_0}\right)\right] \qquad \varepsilon_2 \leqslant \zeta\varepsilon_0 \tag{6.3.40a}$$

$$\frac{d\sigma_2^c}{d\varepsilon_2} = \zeta f_c\left[-\left(\frac{\varepsilon_2/\varepsilon_0 - \zeta}{2 - \zeta}\right)\left(\frac{1}{(2-\zeta)\varepsilon_0}\right)\right] \qquad \varepsilon_2 > \zeta\varepsilon_0 \tag{6.3.40b}$$

将式（6.3.32a）对 γ_{21} 求导，可得

$$\frac{\mathrm{d}\tau_{21}^{c}}{\mathrm{d}\gamma_{21}}=\tau_{21m}^{c}\cdot 6\left(1-\frac{\gamma_{21}}{\gamma_{21o}}\right)^{5}\cdot\frac{1}{\gamma_{21o}} \tag{6.3.41}$$

将式（6.3.34c）对 ε_2 求导，可得

$$-0.5\sin2\alpha_2\cdot\frac{\mathrm{d}\sigma_2^{c}}{\mathrm{d}\varepsilon_2}=\frac{\mathrm{d}\tau_{lt}}{\mathrm{d}\varepsilon_2} \tag{6.3.42}$$

将式（6.3.34c）对 γ_{21} 求导，可得

$$\cos2\alpha_2\cdot\frac{\mathrm{d}\tau_{21}^{c}}{\mathrm{d}\gamma_{21}}=\frac{\mathrm{d}\tau_{lt}}{\mathrm{d}\gamma_{21}} \tag{6.3.43}$$

可见，当 $\varepsilon_2=\gamma\varepsilon_0$，$\gamma_{21}=\gamma_{21o}$ 时，$\mathrm{d}\tau_{lt}/\mathrm{d}\varepsilon_2=0$，$\mathrm{d}\tau_{lt}/\mathrm{d}\gamma_{21}=0$，此时受剪单元的平均剪应力 τ_{lt} 将达到最大值 τ_{ltm}。

τ_{ltm} 的值可通过以下步骤求解得到：

a. 假定 ε_1 的值；

b. 由式（6.3.30c）求解 ζ，取 $\varepsilon_2=\zeta\varepsilon_0$，$\gamma_{21}=\gamma_{21o}$；

c. 由式（6.3.30）、式（6.3.31）求解 σ_2^{c}、σ_1^{c}；

d. 由式（6.3.35a）、式（6.3.35b）求解 ε_s、ε_f；

e. 由式（6.3.20）、式（6.3.21）求解 σ_s、σ_f；

f. 由式（6.3.36）求解 τ_{21}^{c}，由式（6.3.34c）求解 τ_{lt}；

g. 验算式（6.3.34a），若其误差不满足精度要求，则返回步骤a，重新假定 ε_1 的值，进行下一轮迭代运算；若其误差在允许范围内，则求解完成，$\tau_{ltm}=\tau_{lt}$，$\tau_{21m}^{c}=\tau_{21}^{c}$，$\gamma_{21o}=\gamma_{21}$。

在 τ_{ltm} 的求解过程中，涉及 ε_1 值的逐次逼近问题，ε_1 不可能通过一次假定就刚好满足要求，而需要经过反复的试算和调整，为此，令函数

$$y(\varepsilon_1)=\sigma_2^{c}\cos^2\alpha_2+\sigma_1^{c}\sin^2\alpha_2+\tau_{21}^{c}\sin2\alpha_2+\rho_s\sigma_s \tag{6.3.44}$$

当 $y(\varepsilon_1)=0$ 时，则 ε_1 调整到位，为此，令函数 $y(\varepsilon_1)$ 的插值函数为

$$\varphi(\varepsilon_1)=y_1+\frac{y_2-y_1}{\varepsilon_1^{(2)}-\varepsilon_1^{(1)}}(\varepsilon_1-\varepsilon_1^{(1)}) \tag{6.3.45}$$

式中，$y_1=y(\varepsilon_1^{(1)})$，$y_2=(\varepsilon_1^{(2)})$，$\varepsilon_1^{(2)}=\varepsilon_1^{(1)}+\Delta\varepsilon_1$，$\Delta\varepsilon_1$ 为 ε_1 的初始增量，仅用于首次迭代运算。

令 $\varphi(\varepsilon_1)=0$，由式（6.3.45），求解得到 $\varepsilon_1=\varepsilon_1^{(3)}$，然后把 $\varepsilon_1^{(3)}$ 代入式（6.3.44）中，并检验 $y(\varepsilon_1^{(3)})\leqslant|\varepsilon_N|$ 是否成立，若不成立，则重复上述步骤进行迭代和插值运算，直到 $y(\varepsilon_1^{(i)})\leqslant|\varepsilon_N|$（$|\varepsilon_N|$ 为任一最小正数）成立为止。为使迭代过程收敛，需要设置运算次数的上限，当超过该限值时，则迭代过程不收敛，此时需调整有关计算参数的取值，按照以上步骤重新进行求解。

（2）算法2

采用迭代运算方法求解BFRP连续螺旋箍筋混凝土梁的抗剪承载力的步骤如下：

a. 由算法1求解混凝土受剪应力-应变关系的参数 τ_{21m}^{c} 和 γ_{21o}；

b. 取 ε_2 的迭代初值；

c. 假定 γ_{21} 的值;

d. 假定 ε_1 的值;

e. 由式（6.3.35a）、式（6.3.35b）、式（6.3.35c）求解 ε_s、ε_f、γ_{lt};

f. 由式（6.3.30）、式（6.3.31）、式（6.3.32）求解 σ_2^c、σ_1^c、τ_{21}^c;

g. 由式（6.3.20）、式（6.3.21）求解 σ_s、σ_f;

h. 验算式（6.3.37），若其误差满足精度要求，则进行步骤 i，反之，则返回步骤 c 重新假定 γ_{21} 的值，重复以上步骤;

i. 验算式（6.3.38），若其误差满足精度要求，则进行步骤 j，反之，则返回步骤 d 重新假定 ε_1 的值，重复以上步骤;

j. 由式（6.3.34c）求解 V，若 $\sigma_f < f_{fu}$ 且 $\varepsilon_2 < \varepsilon_{cu}$，则返回步骤 b 增加 ε_2 值进行下一轮迭代运算，若 $\sigma_f \geqslant f_{fu}$ 且 $\varepsilon_2 < \varepsilon_{cu}$ 或者 $\sigma_f < f_{fu}$ 且 $\varepsilon_2 \geqslant \varepsilon_{cu}$，则终止迭代运算，求解完成。

若求解结果为 $\sigma_f < f_{fu}$ 且 $\varepsilon_2 \geqslant \varepsilon_{cu}$，则构件发生斜压破坏;若为 $\sigma_f \geqslant f_{fu}$ 且 $\varepsilon_2 < \varepsilon_{cu}$，则构件发生斜拉破坏。

在以上求解过程中，涉及 ε_1、γ_{21} 的逐次逼近问题，可采用与算法 1 中类似的方法分别构造它们的插值函数，通过若干次迭代和插值运算得到满足精度要求的解。

对于矩形连续螺旋钢箍混凝土梁，当采用固定角软化桁架模型时，其抗剪承载力的求解方法同上，只需将 FRP 箍筋的本构关系替换为埋置于混凝土中的钢筋的本构关系即可。

6.3.9 拉-压杆模型

20 世纪 80 年代以来，拉-压杆模型在短梁、深梁、预应力混凝土梁、剪力墙以及非受弯构件等结构构件的受剪分析和设计中得到了广泛的应用和发展，众多的拉-压杆模型得以建立和完善，如 Marti、Rogowsky 和 MacGregor、Schlaich 和 Schafer 等提出了深梁的拉-压杆模型，Alshegeir 和 Ramirez 提出了预应力混凝土梁的拉-压杆模型，Bakir、Uribe 和 Alcocer 提出了短梁和深梁的拉-压杆模型。拉-压杆模型是一种离散的桁架模型，它采用混凝土水平压杆、混凝土斜压杆、横向和纵向钢筋拉杆等具有具体几何尺寸的桁架杆件来表示构件中的受弯和受剪单元，因此，相比软化桁架模型等连续的桁架模型，拉-压杆模型更能准确反映构件的实际受力情况。

拉-压杆模型通常被当作一种有效的设计工具，通过建立构件外力、支座反力和内力之间的平衡条件，来对混凝土结构构件进行尺寸和配筋设计。在拉-压杆模型中，构件中实际的应力场被离散成为若干个桁架杆件，比如用一个压杆来代表它周围的压应力场，用一个拉杆来代表它周围的拉应力场，因此，它实际上所反映的是构件内部的一种传力机制。

拉-压杆模型起着双重的作用，它不仅可以用来描述构件的受力机理，并且作为一种实用的设计工具，在构件的配筋和尺寸设计中，也发挥着较大的作用。尤其是对构件上不满足平截面假定的受扰区域的设计，拉-压杆模型的作用更加明显，得到了广泛的应用。在诸多国家的混凝土结构设计规范中，都将拉-压杆模型作为一种有效的设计手段推荐使用，如美国混凝土协会 318 委员会（American Concrete Institute Committee 318，即 ACI Committee 318）、加拿大标准协会（Canadian Standards Association，即 CSA）、美国国家公路与运输协会（American Association of State Highway and Transportation Officials，即 AASHTO)、欧洲结构 2（Eurocode 2：Design of Concrete Structures，即 EC2）以及欧洲混凝土委员会和国际预应力协会（Euro-international Committee for Concrete and Inter-national Federation for Prestressing，即 CEB-FIP）等都纳入了拉-压杆模型，并推荐用于结构构件上 D 区的抗剪设计。但这些规范仅提出了一种采用拉-压杆模型进行结构设计的方法，对于如何构造拉-压杆模型或如何布置拉-压杆模型中的杆件，没有提供一种明确的方法。

为使拉-压杆模型能够反映构件受力工作的实际情况，在构造拉-压杆模型时，应根据构件的受力机理和构件内部的传力机制，确定各个压杆和拉杆的布置。因而，在构造拉-压杆模型之前，需要先通过弹性有限元分析或非线性有限元分析来确定构件中的主应力场或者主应力迹线的分布情况，然后再确定杆件的布置。此外，还可以通过优化方法，通过满足最优化目标来选择合适的拉-压杆模型。对于复杂结构的受剪分析，拉-压杆模型的选择恰当与否，通常还与工程人员的经验有关。

1. 相关概念

（1）不连续性

不连续性指的是构件几何尺寸或外力作用的突然变化。构件几何尺寸的突然改变，集中荷载或支座反力的作用等，都会造成应力分布的不连续。圣维南原理表明，构件上距离几何或荷载突变截面 h（h 为截面高度）范围内的部分，由轴力和弯矩引起的应力近似于线性分布。因此，通常假定不连续性从几何或荷载突变截面延伸到距离该截面 h 处。图 6.3.9 所示为几何及荷载不连续。

（2）B 区和 D 区

D 区即 Discontinuity Region，也称为不连续区或受扰区，指的是构件上距离几何或荷载突变截面 h 范围之内的部分（见图 6.3.9），平截面假定不适用于 D 区。

B 区即 Bernoulli Region，也称为伯努利区，指的是构件上平截面假定适用的区域。一般来说，构件上 D 区以外的区域均为 B 区。

对简支梁而言，其 B 区和 D 区的划分如图 6.3.10 所示。如果构件上两个 D 区相互重叠或共用边界，可以将它们视为一个 D 区。D 区长高比的最大值不应超过 2，因此，D 区内压杆和拉杆之间的最小夹角约为 25°。如果在构件的一个剪跨内，D 区之间还存在有一个 B 区，则当 B 区和 D 区的尺寸和配筋相差不大时，该剪跨的强度受 B 区控制，这是因为此时 B 区的抗剪强度要低于 D 区的抗剪强度。

（3）压杆

压杆指的是拉-压杆模型中的混凝土受压构件。对于承受集中荷载作用的简支梁而言，由于斜压杆中的轴力在从加载点传递到支座的过程中，会发生侧向扩散现象，从而在斜压杆中产生垂直于轴线方向的横向拉应力，使斜压杆的抗压强度发生软化。因此，通常采用中间宽两端细的瓶形斜压杆来反映这一现象，为简化起见，也可用棱柱形斜压杆替代瓶形斜压杆，如图 6.3.11 所示。

（4）拉杆

拉杆指的是拉-压杆模型中由纵筋及其周围的部分混凝土组成的受拉构件。

拉杆中的混凝土可以起到减少拉杆延伸的作用，尤其是在使用荷载条件下。由于混凝土的抗拉强度较小，为简化起见，可以不考虑拉杆中混凝土的抗拉作用。

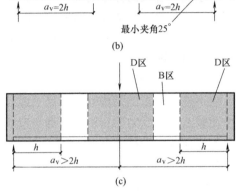

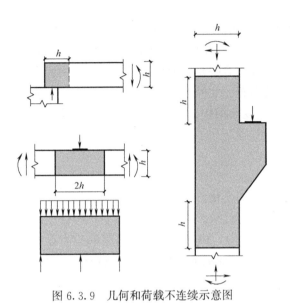

图 6.3.9　几何和荷载不连续示意图

图 6.3.10　简支梁 B 区和 D 区划分示意图
（a）剪跨 $a_v < 2h$，深梁；（b）剪跨 $a_v = 2h$，深梁；
（c）剪跨 $a_v > 2h$，细长梁

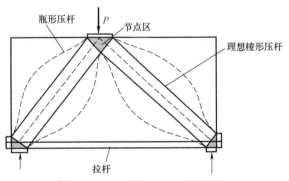

图 6.3.11　简支梁中的压杆模型

（5）节点

节点指的是压杆轴线、拉杆轴线和集中力延长线三者的交点。

为达到力的平衡，节点上至少需要有三个作用力。根据作用于节点上的力的类型，可以将节点划分为四种类型，即 *C-C-C*（压-压-压）节点、*C-C-T*（压-压-拉）节点、*C-T-T*（压-拉-拉）节点和 *T-T-T*（拉-拉-拉）节点，见图 6.3.12。

（6）节点区

节点区指的是节点附近的混凝土区域。

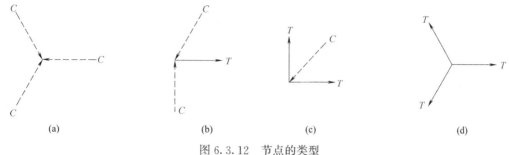

图 6.3.12 节点的类型

（a）*C-C-C* 节点；（b）*C-C-T* 节点；（c）*C-T-T* 节点；（d）*T-T-T* 节点

拉-压杆模型通过节点区来传递力的作用，对于穿过节点区的纵筋，在节点区外需要得到充分的锚固。图 6.3.13 所示为节点区示意图。

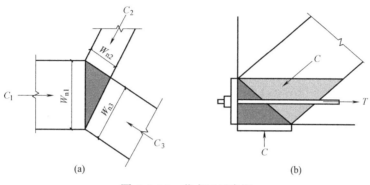

图 6.3.13 节点区示意图

（a）几何尺寸；（b）锚固在板上的拉力

2. FRP 连续螺旋箍筋混凝土梁的拉-压杆模型

根据对承受集中荷载作用的混凝土简支梁进行弹性有限元分析所得到的主应力迹线，可以构造简支梁的标准桁架模型，如图 6.3.14 所示。

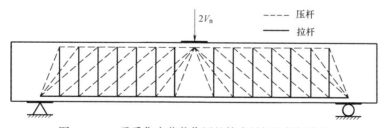

图 6.3.14 承受集中荷载作用的简支梁标准桁架模型

在以上标准桁架模型基础上，衍生出了众多的简化桁架模型。Bakir 等采用 Uribe 和 Alcocer 建议的拉-压杆模型对钢筋混凝土短梁进行了受剪分析。他们认为，由于 Uribe 和 Alcocer 建议的拉-压杆模型忽略了拱作用和水平腹筋的抗剪贡献，因此，该拉-压杆模型不能很好地反映构件受剪工作的实际状态。他们建议，为更加准确地预测构件的抗剪承载力和破坏模式，钢筋混凝土短梁的拉-压杆模型应该包含以下三种作用机制的抗剪贡献：（1）加载点和支座之间的拱作用的抗剪贡献；（2）桁架作用中的箍筋的抗剪贡献；（3）桁架作用中的水平腹筋的抗剪贡献。图 6.3.15 所示为 Bakir 等建议的修正 Uribe&Alcocer 拉-压杆模型。

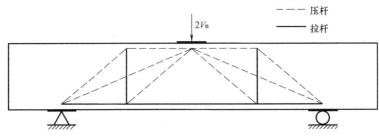

图 6.3.15　修正 Uribe&Alcocer 拉-压杆模型

根据本书所分析的具体问题，针对斜拉破坏和斜压破坏两种情况，分别构造了 FRP 连续螺旋箍筋混凝土梁的拉-压杆模型，如图 6.3.16 所示。

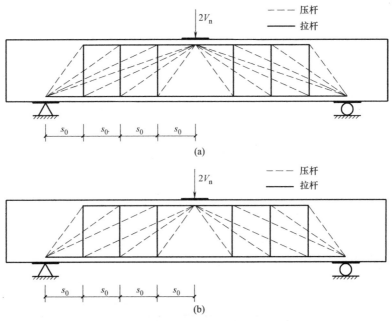

图 6.3.16　FRP 连续螺旋箍筋混凝土梁的拉-压杆模型
（a）斜压破坏对应的拉-压杆模型；（b）斜拉破坏对应的拉-压杆模型

对图 6.3.16 中拉-压杆模型说明如下：模型中的水平拉杆和竖向拉杆分别表示纵向钢筋和 FRP 连续螺旋箍筋。实际上，FRP 连续螺旋箍筋在梁的两侧为斜向布置，在构造梁的拉压杆模型时，为简化起见，假设梁两侧 FRP 连续螺旋箍筋的水平分力的合力为零，因此，FRP 连续螺旋箍筋在模型中用竖向拉杆表示。模型中的斜压杆表示混凝土斜压杆，其中，连接支座和加载点的斜压杆表示混凝土主斜压杆，它反映的是拱作用对构件抗剪承载力的贡献；其余斜压杆表示混凝土次斜压杆，它反映的是桁架作用中的混凝土斜压杆对构件抗剪承载力的贡献。拉杆和压杆之间通过节点区相连。

构件发生斜拉破坏时，拱作用不明显，剪力主要由桁架作用承担，此时可采用图 6.3.16（b）所示的静定拉-压杆模型；构件发生斜压破坏时，拱作用比较明显，剪力由拱作用和桁架作用共同承担,此时应采用图 6.3.16 (a) 所示的超静定拉-压杆模型。

当构件发生斜压破坏时,由图 6.3.16 (a) 所示的拉-压杆模型可见,不论混凝土次斜压杆破坏与否,当混凝土主斜压杆发生破坏时,支座和加载点之间的传力机制失效,构件即发生斜压破坏。因此,构件发生斜压破坏的标志为混凝土主斜压杆发生破坏,混凝土次斜压杆只起着传力机制的作用。

3. 基本假定

为分析方便,作以下几点基本假定:

(1) 杆件只受轴力的作用;

(2) 采用棱柱形斜压杆表示混凝土斜压杆;

(3) 不考虑拉杆中混凝土的抗拉作用;

(4) 不考虑纵筋销栓作用和斜裂缝间骨料咬合作用;

(5) 底部节点区的高度取纵向受拉钢筋外皮之间的距离加上两倍混凝土保护层的厚度;

(6) FRP 连续螺旋箍筋的水平分力的合力为零,采用竖向的 FRP 箍筋表示斜向的 FRP 连续螺旋箍筋。

4. 混凝土斜压杆的倾角

为确定拉-压杆模型中混凝土斜压杆的倾角,需要考虑模型中各个杆件和节点的几何尺寸。以图 6.3.16 (a) 所示超静定拉-压杆模型为例,考虑了杆件和节点几何尺寸后的模型如图 6.3.17 所示。

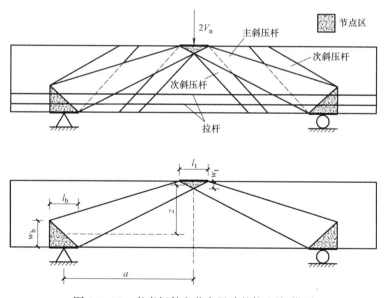

图 6.3.17 考虑杆件和节点尺寸的拉-压杆模型

由图 6.3.17 所示几何条件,有

$$\frac{h-w_{\mathrm{t}}}{h}=\frac{a-l_{\mathrm{b}}/2}{a-l_{\mathrm{b}}/2+l_{\mathrm{t}}/2} \tag{6.3.46}$$

则上部节点区的高度为

$$w_t = h - \left(\frac{a - l_b/2}{a - l_b/2 + l_t/2}\right) \cdot h \tag{6.3.47}$$

底部节点中心到顶部节点中心之间的距离为

$$z = h - w_b/2 - w_t/2 \tag{6.3.48}$$

由图 6.3.17，可得混凝土主斜压杆和混凝土次斜压杆的倾角分别为

$$\tan\theta_1 = z/a \tag{6.3.49a}$$

$$\tan\theta_2 = 2z/a \tag{6.3.49b}$$

式中，l_b、l_t 分别为底部和顶部节点区的宽度，w_b、w_t 分别为底部和顶部节点区的厚度，a 为剪跨段长度，h 为截面高度，z 为截面内力臂系数。

当采用图 6.3.16（b）所示的静定拉-压杆模型时，为简化起见，混凝土次斜压杆的倾角可采用式（6.3.49b）计算。

5. 杆件内力求解

（1）斜压破坏情形

构件发生斜压破坏时，采用图 6.3.16（a）所示的超静定拉-压杆模型求解杆件内力，此时可不考虑杆件和节点的具体几何尺寸，杆件内力和节点的编号如图 6.3.18 所示。采用力法求解各杆件的内力，撤掉主斜压杆，得到该超静定拉-压杆模型的基本体系如图 6.3.19 所示。模型的几何尺寸如图 6.3.20 所示。

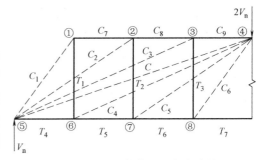

图 6.3.18　杆件内力和节点编号

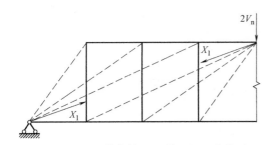

图 6.3.19　超静定拉-压杆模型的基本体系

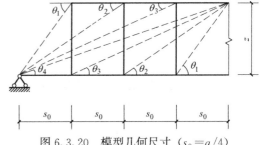

图 6.3.20　模型几何尺寸（$s_0 = a/4$）

由图 6.3.18 中节点⑤的竖向力平衡条件，有

$$V_n = C_1\sin\theta_1 + C_2\sin\theta_2 + C_3\sin\theta_3 + C_4\sin\theta_4 = T_1 + T_2 + T_3 + C\sin\theta_4 \tag{6.3.50}$$

由式（6.3.50）可见，在斜压破坏模式下，构件的抗剪承载力由两部分构成，即 BFRP 连续螺旋箍筋的抗剪贡献和混凝土主斜压杆的抗剪贡献。

为简化分析，假设各竖向拉杆的内力相同，即

$$T_1 = T_2 = T_3 \tag{6.3.51}$$

基本体系中，在单位力 $X_1 = 1$ 作用下，各杆件的内力为：

由节点⑤的竖向力平衡条件，有

$$T_1 = T_2 = T_3 = \sin\theta_4/3 \tag{6.3.52}$$

由节点①、②、③、⑥、⑦、⑧的竖向力平衡条件，有

$$C_1 = C_6 = -\sin\theta_4 / 3\sin\theta_1 \qquad\qquad (6.3.53a)$$

$$C_2 = C_5 = -\sin\theta_4 / 3\sin\theta_2 \qquad\qquad (6.3.53b)$$

$$C_3 = C_4 = -\sin\theta_4 / 3\sin\theta_3 \qquad\qquad (6.3.53c)$$

由节点①、②、③的水平力平衡条件，有

$$C_7 = -\sin\theta_4 / 3\tan\theta_1 \qquad\qquad (6.3.54a)$$

$$C_8 = -\sin\theta_4 / 3\tan\theta_1 - \sin\theta_4 / 3\tan\theta_2 \qquad\qquad (6.3.54b)$$

$$C_9 = -\sin\theta_4 / 3\tan\theta_1 - \sin\theta_4 / 3\tan\theta_2 - \sin\theta_4 / 3\tan\theta_3 \qquad\qquad (6.3.54c)$$

由节点⑥、⑦、⑧的水平力平衡条件，有

$$T_4 = \sin\theta_4 / 3\tan\theta_1 + \sin\theta_4 / 3\tan\theta_2 + \sin\theta_4 / 3\tan\theta_3 + \cos\theta_4 \qquad (6.3.55a)$$

$$T_5 = \sin\theta_4 / 3\tan\theta_1 + \sin\theta_4 / 3\tan\theta_2 + 2\sin\theta_4 / 3\tan\theta_3 + \cos\theta_4 \qquad (6.3.55b)$$

$$T_6 = \sin\theta_4 / 3\tan\theta_1 + 2\sin\theta_4 / 3\tan\theta_2 + 2\sin\theta_4 / 3\tan\theta_3 + \cos\theta_4 \qquad (6.3.55c)$$

$$T_7 = 2\sin\theta_4 / 3\tan\theta_1 + 2\sin\theta_4 / 3\tan\theta_2 + 2\sin\theta_4 / 3\tan\theta_3 + \cos\theta_4 \qquad (6.3.55d)$$

基本体系中，在截面剪力 V_n 作用下，各杆件的内力为：

由节点⑤的竖向力平衡条件，有

$$T_1 = T_2 = T_3 = V_n / 3 \qquad\qquad (6.3.56)$$

由节点①、②、③、⑥、⑦、⑧的竖向力平衡条件，有

$$C_1 = C_6 = -V_n / 3\sin\theta_1 \qquad\qquad (6.3.57a)$$

$$C_2 = C_5 = -V_n / 3\sin\theta_2 \qquad\qquad (6.3.57b)$$

$$C_3 = C_4 = -V_n / 3\sin\theta_3 \qquad\qquad (6.3.57c)$$

由节点①、②、③的水平力平衡条件，有

$$C_7 = -V_n / 3\tan\theta_1 \qquad\qquad (6.3.58a)$$

$$C_8 = -V_n / 3\tan\theta_1 - V_n / 3\tan\theta_2 \qquad\qquad (6.3.58b)$$

$$C_9 = -V_n / 3\tan\theta_1 - V_n / 3\tan\theta_2 - V_n / 3\tan\theta_3 \qquad\qquad (6.3.58c)$$

由节点⑥、⑦、⑧的水平力平衡条件，有

$$T_4 = V_n / 3\tan\theta_1 + V_n / 3\tan\theta_2 + V_n / 3\tan\theta_3 \qquad\qquad (6.3.59a)$$

$$T_5 = V_n / 3\tan\theta_1 + V_n / 3\tan\theta_2 + 2V_n / 3\tan\theta_3 \qquad\qquad (6.3.59b)$$

$$T_6 = V_n / 3\tan\theta_1 + 2V_n / 3\tan\theta_2 + 2V_n / 3\tan\theta_3 \qquad\qquad (6.3.59c)$$

$$T_7 = 2V_n / 3\tan\theta_1 + 2V_n / 3\tan\theta_2 + 2V_n / 3\tan\theta_3 \qquad\qquad (6.3.59d)$$

基本体系中，在单位力 $X_1 = 1$ 作用下，各杆件轴向拉伸或压缩变形之和为

$$\delta_{11} = \sum \frac{\overline{N_1^2} l}{EA} \qquad\qquad (6.3.60)$$

基本体系中，在截面剪力 V_n 作用下，各杆件轴向拉伸或压缩变形之和为

$$\Delta_{1P} = \sum \frac{\overline{N_1} N_P l}{EA} \qquad\qquad (6.3.61)$$

式中，$\overline{N_1}$ 为在单位力 $X_1 = 1$ 作用下各杆件的内力，N_P 为在截面剪力 V_n 作用下各杆件的内力，l 各杆件的长度，EA 为各杆件的抗拉刚度。

为方便起见，假设各杆件的抗拉刚度 EA 相同，各杆件的长度可由图 6.3.20 所示的几何关系得到。则由力法基本方程 $\delta_{11}X_1 + \Delta_{1P} = 0$，可得主斜压杆的内力 C 为

$$C=-\frac{\Delta_{1P}}{\delta_{11}}=-\frac{\sum \overline{N}_1 N_P l}{\sum \overline{N}_1^2 l} \tag{6.3.62}$$

在构件上的一个剪跨段内，FRP 连续螺旋箍筋承担的剪力为

$$V_f=T_1+T_2+T_3=V_n-C\sin\theta_4$$

$$=\sum E_{fv}\varepsilon_{fv}A_{fv}\sin\beta=E_{fv}\varepsilon_{fv}\frac{A_{fv}}{bs}ba\sin\beta=E_{fv}\varepsilon_{fv}\rho_{fv}ba\sin\beta \tag{6.3.63}$$

式中，E_{fv} 为箍筋弹模；ε_{fv} 为箍筋应变；s 为箍筋间距；A_{fv} 为间距 s 范围内箍筋的截面面积；β 为箍筋倾角；b 构件截面宽度；a 为剪跨单长度。

由式（6.3.63），可得 FRP 连续螺旋箍筋的应变为

$$\varepsilon_{fv}=\frac{V_n-C\sin\theta_4}{E_{fv}\rho_{fv}ba\sin\beta} \tag{6.3.64}$$

（2）斜拉破坏情形

构件发生斜压破坏时，采用图 6.3.16（b）所示的静定拉-压杆模型求解杆件内力，杆件内力和节点的编号如图 6.3.21 所示，模型的几何尺寸如图 6.3.20 所示。

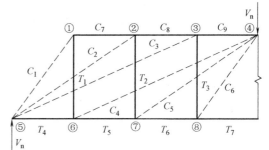

图 6.3.21 杆件内力和节点编号

由图 6.3.21 中节点⑤的竖向力平衡条件，有

$$V_n=C_1\sin\theta_1+C_2\sin\theta_2+C_3\sin\theta_3=T_1+T_2+T_3 \tag{6.3.65}$$

由式（6.3.65）可见，在斜拉破坏模式下，构件的抗剪承载力仅由 BFRP 连续螺旋箍筋提供。

为简化分析，假设各竖向拉杆的内力相同，则根据各节点处的力平衡条件，可得各杆件的内力为

$$T_1=T_2=T_3=V_n/3 \tag{6.3.66a}$$

$$C_1=C_6=-V_n/3\sin\theta_1 \tag{6.3.66b}$$

$$C_2=C_5=-V_n/3\sin\theta_2 \tag{6.3.66c}$$

$$C_3=C_4=-V_n/3\sin\theta_3 \tag{6.3.66d}$$

$$C_7=-V_n/3\tan\theta_1 \tag{6.3.66e}$$

$$C_8=-V_n/3\tan\theta_1-V_n/3\tan\theta_2 \tag{6.3.66f}$$

$$C_9=-V_n/3\tan\theta_1-V_n/3\tan\theta_2-V_n/3\tan\theta_3 \tag{6.3.66g}$$

$$T_4=V_n/3\tan\theta_1+V_n/3\tan\theta_2+V_n/3\tan\theta_3 \tag{6.3.66h}$$

$$T_5=V_n/3\tan\theta_1+V_n/3\tan\theta_2+2V_n/3\tan\theta_3 \tag{6.3.66i}$$

$$T_6=V_n/3\tan\theta_1+2V_n/3\tan\theta_2+2V_n/3\tan\theta_3 \tag{6.3.66j}$$

$$T_7=2V_n/3\tan\theta_1+2V_n/3\tan\theta_2+2V_n/3\tan\theta_3 \tag{6.3.66k}$$

在构件上的一个剪跨段内，FRP 连续螺旋箍筋承担的剪力为

$$V_f=T_1+T_2+T_3=V_n$$

$$=\sum E_{fv}\varepsilon_{fv}A_{fv}\sin\beta=E_{fv}\varepsilon_{fv}\frac{A_{fv}}{bs}ba\sin\beta=E_{fv}\varepsilon_{fv}\rho_{fv}ba\sin\beta \tag{6.3.67}$$

式中，E_{fv} 为箍筋弹模；ε_{fv} 为箍筋应变；s 为箍筋间距；A_{fv} 为间距 s 范围内箍筋的截面面积；β 为箍筋倾角；b 构件截面宽度；a 为剪跨单长度。

由式（6.3.67），可得 FRP 连续螺旋箍筋的应变为

$$\varepsilon_{fv} = \frac{V_n}{E_{fv}\rho_{fv}ba\sin\beta} \tag{6.3.68}$$

6. 节点区受压面混凝土主压应力

（1）斜压破坏情形

构件发生斜压破坏时，拉-压杆模型中顶部节点区和底部节点区的几何尺寸和受力情况如图 6.3.22 所示。

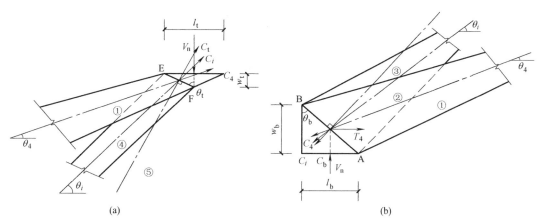

图 6.3.22　斜压破坏时节点区的几何尺寸和受力情况

(a) 顶点节点区；(b) 底部节点区

底部节点区的 AB 面上有 4 个斜压杆，分别为 1 个混凝土主斜压杆和 3 个混凝土次斜压杆。为描述方便，用 C' 和 θ' 分别表示任一次斜压杆的内力和倾角。

若忽略主斜压力 C 和次斜压力 C' 在平行于 AB 面方向上的分力，则 C 和 C' 可以用一个垂直于 AB 面的合力 C_b 来代替。为分析方便，假设支座反力 R、拉杆合力 T_2 和斜压力 C_b 都作用于 AB 面上的 D 点（D 点为拉杆合力与支座反力的交点），则底部节点在以上三个力的作用下达到平衡。

令

$$\theta_b = \arctan(l_b/w_b) \tag{6.3.69a}$$

$$\theta_t = \arctan[l_t/(2w_t)] \tag{6.3.69b}$$

则由图 6.3.22（b）中几何关系，可得垂直于底部节点区 AB 面的合力 C_b 为

$$C_b = C\cos(\theta_4 - \theta_b) + \sum C'\cos(\theta' - \theta_b) \tag{6.3.70}$$

采用同样的方法对顶部节点区进行分析，可得垂直于顶部节点区 EF 面的合力 C_t 为

$$C_t = C\cos(\theta_4 - \theta_t) + \sum C'\cos(\theta' - \theta_t) \tag{6.3.71}$$

（2）斜拉破坏情形

当构件发生斜拉破坏时，拉-压杆模型中顶部节点区和底部节点区的几何尺寸和受力情况如图 6.3.23 所示。

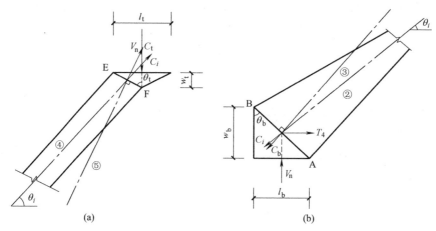

图 6.3.23　斜拉破坏时节点区的几何尺寸和受力情况

(a) 顶部节点区；(b) 底部节点区

采用同样的方法对底部节点区和顶部节点区进行受力分析，可得

$$C_b = \sum C' \cos(\theta' - \theta_b) \tag{6.3.72}$$

$$C_t = \sum C' \cos(\theta' - \theta_t) \tag{6.3.73}$$

AB 面和 EF 面的面积分别为

$$S_{AB} = \sqrt{l_b^2 + d_b^2} \tag{6.3.74}$$

$$S_{EF} = \sqrt{(l_t/2)^2 + d_t^2} \tag{6.3.75}$$

则底部和顶部节点区的混凝土主压应力分别为

$$\sigma_b = \frac{C_b}{S_{AB}} \tag{6.3.76}$$

$$\sigma_t = \frac{C_t}{S_{EF}} \tag{6.3.77}$$

7. 破坏准则

受到主拉应变的影响，拉-压杆模型中的混凝土斜压杆的抗压强度会发生软化现象。6.3.3 节中介绍了考虑混凝土强度软化的三种方法。针对本书所分析的具体问题，为尽量减少经验公式或经验系数的影响，采用以下破坏准则。

（1）对底部节点区，由于其处于拉-压应力状态，采用修正的 Mohr-Coulomb 拉压破坏准则。当满足以下条件时

$$\frac{f_1}{f_t} + \frac{f_2}{f_c} > 1 \tag{6.3.78}$$

说明模型中的底部节点区发生破坏，混凝土斜压杆失效，构件发生斜压破坏。

式中，f_1 为底部节点区的主拉应力；f_2 为底部节点区的主压应力；f_c 为混凝土单轴抗压强度，它反映了 f_2 方向的最大抗压能力；f_t 为纵筋、箍筋和混凝土在 f_1 方向的抗拉强度之和，它反映了 f_1 方向的最大抗拉能力。

主拉应力 f_1 是由纵筋拉力 T_4 在 f_1 方向的分力 $T_2 \sin\theta_b$，以及主斜压力 C 和次斜压

力 C 在 f_1 方向的分力所引起的，即

$$f_1 = f_{c1} + f_{t1} \tag{6.3.79}$$

式中，f_{c1} 为 C 和 C' 引起的主拉应力；f_{t1} 为 T_4 引起的主拉应力。

由于 C 和 C' 的值沿斜压杆轴向保持恒定，因此，C 和 C' 引起的主拉应力 f_{c1} 沿主斜压杆的轴向为均匀分布，其表达式为

$$f_{c1} = \frac{C\sin(\theta_4 - \theta_b) + \sum C'\sin(\theta' - \theta_b)}{A_c / \sin\theta_b} \tag{6.3.80}$$

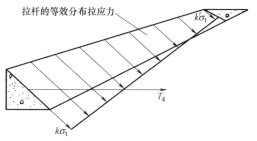

拉杆的等效分布拉应力

$k\sigma_t$

T_4

$k\sigma_t$

图 6.3.24　纵向受拉钢筋的等效分布应力

式中，A_c 为拉-压杆模型中的有效横截面积，$A_c = bz$。

为简化起见，可假定由 T_2 引起的主拉应力 f_{t1} 沿主斜压杆的轴向为线性分布，如图 6.3.24 所示。

图 6.3.24 中，k 和 k' 分别为底部和顶部节点区的应力分布不均匀系数。由图 6.3.24，可得由 T_4 引起的主拉应力为

$$f_{t1} = \frac{k T_4 \sin\theta_b}{A_c / \sin\theta_b} \tag{6.3.81}$$

对系数 k 和 k' 的取值，Tan 等根据力平衡条件，建议取 $k = 2$，$k' = 0$。Zhang 等认为，分力 $T_4 \sin\theta_b$ 与主斜压杆上线性分布的主拉应力 f_{t1} 之间不仅应该满足力平衡条件，还应满足力矩平衡条件，据此，Zhang 等建议取 $k = 4$，$k' = -2$。

根据 Zhang 等的分析，取

$$f_{t1} = \frac{4 T_4 \sin\theta_b}{A_c / \sin\theta_b} \tag{6.3.82}$$

则底部节点区的主拉应力为

$$f_1 = \frac{C\sin(\theta_4 - \theta_b) + \sum C'\sin(\theta' - \theta_b)}{A_c / \sin\theta_b} + \frac{4 T_4 \sin\theta_b}{A_c / \sin\theta_b} \tag{6.3.83}$$

为简化起见，不考虑混凝土的抗拉强度，则底部节点区在 f_1 方向的抗拉强度 f_t 仅由纵筋和箍筋提供。Zhang 等仍然采用上述线性分布的假定，推导出 f_t 的表达式为

$$f_t = \frac{A_{fv} f_{fv} \sin(\theta_b + \pi/2)}{A_c / \sin\theta_b} + \frac{4 A_s f_y \sin\theta_b}{A_c / \sin\theta_b} \tag{6.3.84}$$

主压应力 f_2 的值受到纵筋拉力 T_4 在 f_2 方向的分力 $T_2\cos\theta_b$ 的影响，其表达式为

$$f_2 = \sigma_b - \frac{T_4 \cos\theta_s}{S_{AB}} \tag{6.3.85}$$

（2）对顶部节点区，由于其处于压-压应力状态，因此，当满足以下条件时

$$\sigma_t > \nu f_c \tag{6.3.86}$$

说明模型中的顶部节点区发生破坏，混凝土斜压杆失效，构件发生斜压破坏。

（3）对 FRP 连续螺旋箍筋，当满足以下条件时

$$\varepsilon_{fv} > \varepsilon_{fu} \tag{6.3.87}$$

说明模型中的竖向拉杆破坏，构件发生斜拉破坏。式（6.3.87）中，ε_{fv} 为 FRP 连续

螺旋箍筋的拉应变，由式（6.3.64）或式（6.3.68）计算，ε_{fu} 为 FRP 连续螺旋箍筋的极限拉应变。

8. 求解方法

当构件发生斜压破坏时，BFRP 连续螺旋箍筋混凝土梁的抗剪承载力可通过以下步骤求解得到：

（1）选择截面剪力 V_n 的值 $V_n: = V_n + \Delta V_n$；

（2）由式（6.3.52）~式（6.3.59）计算各杆件的内力；

（3）由式（6.3.62）计算混凝土主斜压杆的内力 C；

（4）由式（6.3.64）计算 BFRP 连续螺旋箍筋的应变 ε_{fv}，若式（6.3.87）成立，则构件发生斜拉破坏，求解完成，此时对应的 V_n 即为构件的斜截面抗剪承载力，反之则进行步骤（5）；

（5）由式（6.3.76）、式（6.3.77）计算 σ_b、σ_t；

（6）由式（6.3.83）~式（6.3.85）计算 f_1、f_t、f_2；

（7）若式（6.3.78）或式（6.3.86）成立，则构件发生斜压破坏，求解完成，此时对应的 V_n 即为构件的斜截面抗剪承载力，反之则返回步骤（1）增加 V_n 的值进行下一轮求解，直至达到破坏准则条件。

当构件发生斜拉破坏时，可采用类似的方法求解抗剪承载力。

对于矩形连续螺旋钢箍混凝土梁，当采用拉-压杆模型时，其抗剪承载力的求解方法同上，只需将 FRP 箍筋的本构关系替换为钢筋的本构关系即可。

6.3.10　抗剪分析模型小结

对上述 BFRP 连续螺旋箍筋混凝土梁抗剪分析的各种力学模型，为明确起见，作以下几点说明：

（1）转动角软化桁架模型和固定角软化桁架模型为连续桁架模型，拉-压杆模型为离散桁架模型。

（2）在连续桁架模型中，假设材料均匀分布于模型单元中，因而它采用的是材料的平均应力和平均应变，虽然这与结构构件的实际受力情况不尽相符，但便于进行数值分析和处理。

（3）在离散桁架模型中，根据构件中主应力迹线的分布情况，将实际的应力场离散为若干个压杆和拉杆等具有具体几何尺寸的桁架杆件，用来表示构件中的受弯和受剪单元，因此，离散桁架模型更能准确反映构件的实际受力情况。

（4）转动角软化桁架模型形式简单，应用方便，但其缺点在于不能考虑混凝土的抗剪贡献；固定角软化桁架模型的形式比较复杂，公式推导比较繁杂，但可以考虑混凝土的抗剪贡献。

（5）在实际工程设计中，为简化起见，一般建议采用转动角软化桁架模型即可，其计算结果完全可以满足工程精度的要求。

（6）在转动角软化桁架模型中，假设受剪单元中的裂缝开展角与混凝土主压应力方向一致，所以，这种模型忽略了剪应力的作用，不能计算混凝土承担的剪力；在固定角软化桁架模型中，假设受剪单元中的裂缝开展角与初始裂缝的方向一致，这种模型考虑了剪应力的作用，但模型中所假设的裂缝开展角实际情况不符，存在较大的出入。因此，这两种软化桁架模型中采用的裂缝开展角都不能很好地反映实际情况。为解决这一问题，可以根据最小应变能原理，推导出受剪单元发生破坏时的裂缝开展角，从而建立以此为基础的软化桁架模型。

6.4　抗剪承载力公式

6.4.1　现有公式简介

对于配置 FRP 箍筋的混凝土梁的抗剪设计，国外已经制定了相应的指南，如美国混凝土协会 440 委员会（American Concrete Institute Committee 440，即 ACI Committee 440）、加拿大标准协会（Canadian Standards Association，即 CSA）、日本土木工程师学会（Japanese Society of Civil Engineers，即 JSCE）和欧洲规范 2（Eurocode 2：Design of Concrete Structures，即 EC2）等都给出了有关建议公式。然而，由于所考虑的影响因素或所采用的计算方法存在差异，这些指南中的建议公式适用性不尽相同。

对于 FRP 箍筋混凝土梁的抗剪承载力，一般仍采用钢筋混凝土梁中抗剪承载力计算的概念，认为构件的抗剪承载力由两部分构成：混凝土承担的剪力和 FRP 箍筋承担的剪力，即

$$V_n = V_c + V_f \tag{6.4.1}$$

式中，V_c 为混凝土提供的抗剪能力；V_f 为 FRP 箍筋提供的抗剪能力。

对于 FRP 箍筋承担的剪力，其计算公式基本相似；而由于混凝土抗剪作用机理的复杂性，对于混凝土承担的剪力，其计算公式存在较大差异。

1. FRP 箍筋承担的剪力

由于 FRP 箍筋和钢箍在材料性能上的差异，当采用 FRP 箍筋作为抗剪增强筋时，需要注意以下几点：（1）FRP 筋的抗拉弹模较低；（2）FRP 筋的抗拉强度较高且没有屈服点；（3）FRP 筋为各向异性的材料，FRP 箍筋弯折部位的抗拉强度明显低于其直线部位的抗拉强度。

箍筋的作用主要有以下几个方面：（1）传递斜截面上的拉力；（2）约束受压区混凝土，从而增加抗剪承载力；（3）约束纵向钢筋，防止混凝土的劈裂破坏。

箍筋的抗剪贡献主要取决于箍筋的最大拉应力。对钢箍而言，一般取其屈服强度为最大拉应力。而对 FRP 箍筋而言，由于 FRP 筋为线弹性的材料，不存在屈服，因此，需要根据它所能达到的最大拉应变来确定它的最大拉应力。

当采用矩形 FRP 箍筋时，FRP 箍筋承担的剪力为

$$V_f = \frac{A_{fv} f_{fv} h_0}{s} \tag{6.4.2}$$

当采用 FRP 连续螺旋箍筋时，FRP 箍筋承担的剪力为

$$V_f = \frac{A_{fv} f_{fv} h_0}{s} \sin\alpha \tag{6.4.3}$$

式中，A_{fv} 为构件横截面内箍筋横截面积；f_{fv} 为 FRP 箍筋抗拉强度设计值；h_0 为构件横

截面有效高度；s 为 FRP 箍筋间距。

2. 混凝土承担的剪力

美国混凝土协会和美国土木工程师学会 445 联合委员会（Joint American Society of Civil Engineers and American Concrete Institute Committee 445，即 Joint ASCE-ACI Committee 445）认为，混凝土承担的剪力是由斜截面开裂后产生的 5 个作用机理提供的，即：

（1）受压区混凝土中的剪应力。受压区混凝土的抗剪贡献主要取决于混凝土的抗压强度和受压区的高度。

（2）斜截面上的骨料咬合作用。斜截面上的骨料咬合作用使剪力可以通过斜裂缝传递，在钢筋混凝土梁中，骨料咬合作用的抗剪贡献约为受压区混凝土的抗剪贡献的 33%～50%，随着斜裂缝宽度的增加，该作用也随之减弱。骨料咬合作用的大小主要受到以下三种因素的影响：混凝土中粗骨料的尺寸、斜裂缝的宽度以及混凝土的抗拉强度。

（3）纵向受拉钢筋的销栓作用。纵筋的销栓作用可以阻止斜裂缝两侧截面的相对滑移，销栓作用的大小主要取决于纵筋的刚度和强度。有研究认为，该作用的大小可忽略不计。

（4）加载点和支座之间的拱作用。当构件的剪跨比小于 2.5 时，拱作用比较明显，拱作用的存在可以较大地提高构件的抗剪承载力。拱作用的大小主要取决于混凝土的有效抗压强度和纵筋的强度。

（5）斜截面上的残余拉应力。斜截面上的残余拉应力仅在斜裂缝宽度较小的情况下存在，有研究发现，当斜裂缝宽度小于 0.15mm 时，残余拉应力尚有数值，当斜裂缝宽度较大时，该作用即消失。一般认为，该作用的抗剪贡献可以忽略。

对于混凝土的抗剪贡献，主要有以下一些计算公式：

（1）GB 50010—2010（2015 年版）公式

$$V_c = \frac{1.75}{\lambda + 1} f_t b h_0 \tag{6.4.4}$$

式中，λ 为构件的剪跨比；f_t 为混凝土轴心抗拉强度；b 为截面宽度；h_0 为截面有效高度。

（2）ACI 318-08 公式

简单公式：

$$V_c = 2\lambda' \sqrt{f_c} b h_0 \tag{6.4.5}$$

详细公式：

$a / h_0 \geqslant 2.5$

$$V_c = \left(0.16 \sqrt{f_c} + 17 \rho_s \frac{V_u h_0}{M_u} \right) b h_0 \leqslant 0.29 \sqrt{f_c} b h_0 \tag{6.4.6a}$$

$a / h_0 < 2.5$

$$V_c = \left(3.5 - 2.5 \frac{M_u}{V_u h_0} \right) \left(0.16 \sqrt{f_c} + 17 \rho_s \frac{V_u h_0}{M_u} \right) b h_0 \leqslant 0.5 \sqrt{f_c} b h_0 \tag{6.4.6b}$$

式中，a 为构件剪跨段长度；λ' 为轻骨料混凝土的修正系数；f_c 为混凝土抗压强度；ρ_s 为纵筋率；V_u 和 M_u 为临界截面上的最大剪力和最大弯矩。

当 $a/h_0 \geqslant 2.5$ 时，临界截面取在距加载点一倍梁有效高度的截面处，此时，$M_u/V_u h_0 > a/h_0 - 1$；当 $a/h_0 < 2.5$ 时，临界截面取在距加载点 $a/2$ 处，此时，$M_u/V_u h_0 = a/2h_0$ 且不大于 1。

（3）CSA A23.3-94（1998）公式

$$V_c = 0.2\sqrt{f_c} b h_0 \qquad h_0 \leqslant 300\text{mm} \tag{6.4.7a}$$

$$V_c = \left(\frac{260}{1000 + h_0}\right)\sqrt{f_c} b h_0 \geqslant 0.1\sqrt{f_c} b h_0 \qquad h_0 > 300\text{mm} \tag{6.4.7b}$$

（4）JSCE（1997）公式

$$V_c = \beta_d \beta_\rho \beta_n f_{vcd} b h_0 \tag{6.4.8a}$$

$$\beta_d = \left(\frac{1000}{h_0}\right)^{1/4} \leqslant 1.5 \tag{6.4.8b}$$

$$\beta_\rho = (100\rho_s)^{1/3} \leqslant 1.5 \tag{6.4.8c}$$

$$f_{vcd} = 0.2(f_c)^{1/3} \leqslant 0.72 \tag{6.4.8d}$$

式中，对非预应力构件，$\beta_n = 1$。

（5）Eurocode 2 公式

$$V_c = \tau_{Rd} k_d (1.2 + 40\rho_s) b h_0 \tag{6.4.9a}$$

$$\tau_{Rd} = 0.25 f_t / r_c \tag{6.4.9b}$$

式中，τ_{Rd} 为单位面积上的剪应力；r_c 为混凝土强度安全系数，$r_c = 1.6$；ρ_s 为纵筋率，$\rho_s \leqslant 2\%$；当超过 50% 的纵向受拉钢筋为搭接连接时，$k_d = 1$，否则 $k_d = 1.6 - h_0 \geqslant 1$（$h_0$ 的单位为 m）。

（6）Zsutty 公式

$$V_c = 2.17\left(f_c \rho_s \frac{h_0}{a}\right)^{1/3} b h_0 \qquad \frac{a}{h_0} \geqslant 2.5 \tag{6.4.10a}$$

$$V_c = 2.17\left(2.5\frac{h_0}{a}\right)\left(f_c \rho_s \frac{h_0}{a}\right)^{1/3} b h_0 \qquad \frac{a}{h_0} < 2.5 \tag{6.4.10b}$$

（7）Rebeiz 公式

$$V_c = \left(0.4 + \sqrt{f_c \rho_s \frac{M}{V h_0}}\right)(10 - 3A_d) b h_0 \tag{6.4.11a}$$

$$A_d = 2.5 \qquad \frac{a}{h_0} \geqslant 2.5 \tag{6.4.11b}$$

$$A_d = \frac{a}{h_0} \qquad 1.0 < \frac{a}{h_0} < 2.5 \tag{6.4.11c}$$

式中，V 和 M 为临界截面上的剪力和弯矩。

6.4.2 基于桁架-拱模型的公式

本书采用桁架-拱模型，对 BFRP 连续螺旋箍筋混凝土梁的抗剪承载力进行了推导。具体推导方法见下文，首先介绍桁架-拱模型。

1. 桁架-拱模型简介

在钢筋混凝土框架柱的抗剪承载力分析中，桁架-拱模型是一种常用的分析方法，它在这方面的应用比较成熟，日本设计指南就采用了这种模型。

对于配置了箍筋的混凝土结构构件而言，其抗剪承载力来源于两种力学模型的抗剪贡献，即桁架模型和拱模型，其中，桁架模型由箍筋、纵筋和混凝土次斜压杆组成，拱模型由混凝土主斜压杆组成。对于混凝土梁而言，混凝土的抗剪贡献来自于两部分，一部分为桁架模型中混凝土次斜压杆承担的剪力，另一部分为拱模型中混凝土主压杆拱承担的剪力。桁架-拱模型同时考虑了桁架模型和拱模型的抗剪关系，其理论清晰合理，因此，将其应用于混凝土梁的受剪分析，也可得到合理的结果。桁架-拱模型提供的抗剪能力即为桁架模型和拱模型分担的剪力之和。下面分别对 BFRP 连续螺旋箍筋混凝土梁中的桁架模型和拱模型进行分析。

2. 基本假定

（1）杆件只受轴力的作用；

（2）不考虑混凝土的抗拉作用；

（3）不考虑纵筋销栓作用和斜裂缝间骨料咬合作用；

（4）BFRP 连续螺旋箍筋的水平分力的合力为零，采用竖向的 FRP 箍筋表示斜向的 BFRP 连续螺旋箍筋。

3. 箍筋承担的剪力

由于箍筋的抗侧移刚度较小，在斜裂缝区域中，桁架模型中混凝土次斜压杆的有效受压面积要小于构件的有效横截面积。图 6.4.1 所示的阴影部分即为混凝土斜压杆的有效受压面积，其值可按式（6.4.12）计算：

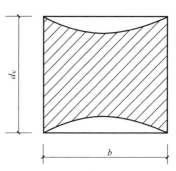

图 6.4.1　剪力作用下斜裂缝区混凝土的有效受压面积

$$A_e = \eta b d_v \tag{6.4.12}$$

式中，η 为桁架机构的有效系数，$\eta = \left(1 - \dfrac{s}{2d_v}\right)\left(1 - \dfrac{b-s}{4d_v - 2s}\right)$；$b$ 为截面宽度；d_v 为桁架机构中顶部和底部弦杆中心之间的距离。

桁架模型的计算简图如图 6.4.2 所示。

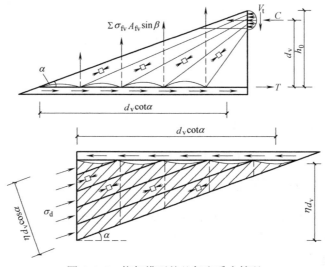

图 6.4.2　桁架模型的几何和受力情况

竖向力的平衡，可得桁架机构分担的剪力为

$$V_t = \sum \sigma_{fv} A_{fv} \sin\beta = \sigma_{fv} \frac{A_{fv}}{bs} bd_v \cot\alpha \sin\beta = \rho_{fv} \sigma_{fv} bd_v \cot\alpha \sin\beta \qquad (6.4.13)$$

式中，σ_{fv} 为箍筋应力；s 为箍筋间距；A_{fv} 为间距 s 范围内箍筋的截面面积；ρ_{fv} 为配箍率；β 为箍筋倾角；b 为构件截面宽度；α 为混凝土次斜压杆的倾角。

考虑桁架模型中混凝土次斜压杆压力、箍筋拉力和纵筋拉力的平衡，有

$$\left(\sum \sigma_{fv} A_{fv} \sin\beta\right)^2 + \left(\cos\alpha \cdot \sum \sigma_{fv} A_{fv} \sin\beta\right)^2 = (\eta \sigma_d bd_v \cos\alpha)^2 \qquad (6.4.14)$$

式中，σ_d 为混凝土斜压杆压力。

将式（6.4.13）代入式（6.4.14）中，并利用三角函数关系对式（6.4.14）进行变换，可得

$$\cot\alpha = \sqrt{\frac{\eta\sigma_d}{\rho_{fv}\sigma_{fv}\sin\beta} - 1} \qquad (6.4.15)$$

则桁架模型分担的剪力为

$$V_t = \rho_{fv}\sigma_{fv}bd_v\sin\beta\sqrt{\frac{\eta\sigma_d}{\rho_{fv}\sigma_{fv}\sin\beta} - 1} \qquad (6.4.16)$$

由于 $\sigma_d \leqslant \zeta f_c$（$\zeta$ 为混凝土抗压强度的软化系数），则

$$\cot\alpha \leqslant \sqrt{\frac{\eta \cdot \zeta f_c}{\rho_{fv}\sigma_{fv}\sin\beta} - 1} \qquad (6.4.17)$$

4. 混凝土承担的剪力

图 6.4.3 所示为拱模型的示意图，对于集中荷载作用下的矩形截面简支梁，拱模型中混凝土的剪力传递机理是在拉杆和拱的共同作用下而形成的。斜压应力在从拱两端向拱中部传递的过程中，会产生侧向扩散的现象，拱模型的"瓶状"形式就反映了这一现象。为简化起见，可不考虑拱模型中斜压应力的侧向扩散，采用图 6.4.3 所示的简化拱模型来求解混凝土承担的剪力。

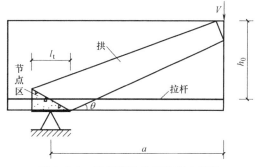

图 6.4.3　拱模型的几何和受力情况

狄谨采用桁架-拱模型，对无腹筋混凝土梁的抗剪承载力进行了分析，得到了无腹筋混凝土梁受剪承载力的计算公式。在对 BFRP 连续螺旋箍筋混凝土梁中的拱模型进行分析时，可以借鉴无腹筋混凝土梁受剪承载力分析的有关做法。

（1）临界截面的位置

由于受到梁顶集中荷载加载垫板下的竖向应力的影响，临界斜裂缝不能延伸到加载截面，而是沿着一条强度临界线向梁顶发展。为简化起见，分析中不考虑加载垫板下竖向应力的影响，假设临界截面取加载截面。

（2）临界截面上的剪应力分布

对于临界截面上的应力，格沃兹杰夫等通过试验得到临界截面上剪应力的分布如图 6.4.4 所示。

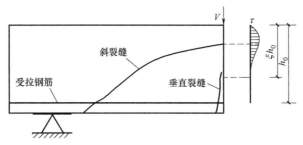

图 6.4.4　临界截面上的剪应力分布

图 6.4.4 中，剪应力的最大值接近临界斜裂缝的顶端，从临界斜裂缝的顶端到受压区混凝土边缘，剪应力逐渐减小到零，从临界斜裂缝顶端到竖直裂缝顶端，剪应力急剧减小，在竖直裂缝之间仅保留很小的值。

根据以上描述，为分析和计算方便，对临界截面上的剪应力分布进行简化，假设临界截面上的剪应力分布如图 6.4.5 所示。

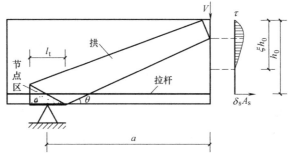

图 6.4.5　临界截面上的假定剪应力分布

图 6.4.5 中，剪应力只在受压区混凝土内有值，不考虑竖直裂缝之间的剪应力，受压区混凝土边缘和截面中性轴处的剪应力为零，临界斜裂缝顶点处剪应力最大。临界斜裂缝顶点到受压区混凝土边缘之间的剪应力分布为抛物线，剪应力作用面积为 $b(h_0 - a'\tan\theta)$，临界斜裂缝顶点到截面中性轴的剪应力分布为三角形，剪应力作用面积为 $b[\xi h_0 - (h_0 - a'\tan\theta)]$，其中，$\xi$ 为截面相对受压区高度，$a' = a - l_t/2$。

5. 公式推导

假设混凝土主斜压杆的方向与临界斜裂缝方向一致，且混凝土主斜压杆中的应力满足莫尔应力平衡条件。令 $d\text{-}r$ 坐标轴为混凝土主应力所在坐标轴，$x\text{-}y$ 坐标轴为由梁的纵轴和横轴构成的坐标轴，则根据应力平衡条件，有

$$\sigma_x = \sigma_d \cos^2\theta + \sigma_r \sin^2\theta \qquad (6.4.18a)$$

$$\sigma_y = \sigma_d \sin^2\theta + \sigma_r \cos^2\theta \qquad (6.4.18b)$$

$$\tau_{xy} = (\sigma_d - \sigma_r)\sin\theta\cos\theta \qquad (6.4.18c)$$

式中，σ_d、σ_r 分别为 $d\text{-}r$ 坐标轴中混凝土的平均主压应力和平均主拉应力；σ_x 为 $x\text{-}y$ 坐标轴中纵向受拉钢筋的平均应力；σ_y 为 $x\text{-}y$ 坐标轴中混凝土的平均横向压应力；τ_{xy} 为 $x\text{-}y$ 坐标轴中混凝土的平均剪应力；θ 为主应力轴 d 和纵轴 x 之间的夹角。

为简化起见，不考虑混凝土的抗拉强度，则式（6.4.18c）可改写为

$$\tau_{xy} = \sigma_d \sin\theta\cos\theta \tag{6.4.19}$$

由图 6.4.5，可得受压区混凝土承担的剪力为

$$V_c = \frac{2}{3}\tau_{xy}b(h_0 - a'\tan\theta) + \frac{1}{2}\tau_{xy}b[\xi h_0 - (h_0 - a'\tan\theta)] \tag{6.4.20}$$

合并同类项，可得

$$V_c = \frac{1}{6}\tau_{xy}bh_0\left(1 + 3\xi - \frac{a'}{h_0}\tan\theta\right) \tag{6.4.21}$$

将式（6.4.19）代入式（6.4.21），得

$$V_c = \frac{1}{6}\sigma_d bh_0 \cdot \frac{1}{2}\sin2\theta\left(1 + 3\xi - \frac{a'}{h_0}\tan\theta\right) \tag{6.4.22}$$

式（6.4.22）可改写为

$$\frac{V_c}{\sigma_d bh_0/6} = \frac{1}{2}\sin2\theta\left(1 + 3\xi - \frac{a'}{h_0}\tan\theta\right) \tag{6.4.23}$$

当构件尺寸和配筋情况已知时，式（6.4.23）仅为混凝土主斜压杆倾角 θ 的函数，则根据极值定理，可知当 θ 的值满足式（6.4.24）的条件时 V_c 将取得最大值，此即为混凝土提供的抗剪能力。

$$\mathrm{d}\left(\frac{V_c}{\sigma_d bh_0/6}\right)/\mathrm{d}\theta = 0 \tag{6.4.24}$$

由式（6.4.24）可得

$$\cos2\theta\left(1 + 3\xi - \frac{a'}{h_0}\tan\theta\right) - \frac{a'}{h_0}\tan\theta = 0 \tag{6.4.25}$$

由式（6.4.25）可得

$$\tan2\theta = \frac{1 + 3\xi}{a'/h_0} \tag{6.4.26}$$

令 $\lambda' = a'/h_0$，利用三角函数关系，可得

$$\sin2\theta = \frac{1 + 3\xi}{\sqrt{\lambda'^2 + (1 + 3\xi)^2}} \tag{6.4.27}$$

$$\tan\theta = \frac{\sqrt{\lambda'^2 + (1 + 3\xi)^2} - \lambda'}{1 + 3\xi} \tag{6.4.28}$$

将式（6.4.27）、式（6.4.28）代入式（6.4.22）中，可得构件抗剪承载力为

$$V_c = \frac{1}{12}\sigma_d bh_0\left(\sqrt{\lambda'^2 + (1 + 3\xi)^2} - \lambda'\right) \tag{6.4.29}$$

为分析方便，假设不考虑纵向受压钢筋的影响，则由截面内力平衡，有

$$\alpha_1 f_c b\xi h_0 = \sigma_s A_s \tag{6.4.30}$$

式中，α_1 为等效矩形应力图形系数；f_c 为混凝土抗压强度；σ_s 为纵向受拉钢筋的应力；A_s 为纵向受拉钢筋的截面面积。

则截面相对受压区高度为

$$\xi = \frac{\sigma_s A_s}{\alpha_1 f_c bh_0} = \rho_s \frac{\sigma_s}{\alpha_1 f_c} \tag{6.4.31}$$

在极限状态下，假定混凝土主拉应力 $\sigma_r = 0$，则由式（6.4.18a）可得纵向受拉钢筋的平均应力为

$$\sigma_x = \sigma_d \cos^2\theta \tag{6.4.32}$$

由于纵向钢筋在梁中并不是均匀分布的，而是集中于梁底和梁顶，因此，为得到纵向钢筋的应力 σ_s，需要对 σ_x 与 σ_s 之间的关系进行分析。

根据 6.3.6 节中的分析，σ_x 与 σ_s 之间满足以下关系

$$\sigma_s = \sigma_x \tag{6.4.33}$$

纵向受拉钢筋的应力即为

$$\sigma_s = \sigma_d \cos^2\theta \tag{6.4.34}$$

令 $\alpha = \dfrac{\sigma_s}{\alpha_1 f_c}$，$\xi = \alpha\rho_s$，则由混凝土承担的抗剪能力为

$$V_c = \frac{1}{12}\sigma_d bh_0\left(\sqrt{\lambda'^2 + (1+3\alpha\rho_s)^2} - \lambda'\right) \tag{6.4.35}$$

构件的抗剪承载力为桁架承担的剪力和混凝土承担的剪力之和，即

$$V_u = V_t + V_c = \rho_{fv}\sigma_{fv}bd_v\sin\beta\cot\alpha + \frac{1}{12}\zeta f_c bh_0\left(\sqrt{\lambda'^2 + (1+3\alpha\rho_s)^2} - \lambda'\right) \tag{6.4.36}$$

$$\cot\alpha = \sqrt{\frac{\eta \cdot \zeta f_c}{\rho_{fv}\sigma_{fv}\sin\beta} - 1} \tag{6.4.37}$$

式（6.4.36）综合考虑了配箍率、混凝土强度、纵筋率和剪跨比等因素的影响，而这几个因素又是影响 BFRP 连续螺旋箍筋混凝土梁的抗剪性能的主要因素，因此，从这点来看，式（6.4.36）是比较合理的。

对于矩形连续螺旋钢箍混凝土梁，当采用转动角软化桁架模型时，其受剪承载力的求解方法同上，只需将 FRP 箍筋的本构关系替换为埋置于混凝土中的钢筋的本构关系即可。

6.5 受剪性能参数分析

试验研究表明，BFRP 箍筋的配箍率、纵向受拉钢筋的配筋率、构件的剪跨比和混凝土强度等因素对 BFRP 连续螺旋箍筋的混凝土梁的受剪性能都有着较大的影响。本节对上述各种因素的影响进行研究，从而更加深入地分析构件的受剪性能。

6.5.1 有效横向压应力对抗剪承载力的影响

6.3.5 节中提到，对于承受集中荷载作用的简支梁而言，集中荷载与支座之间的"拱作用"会在剪跨段内产生横向压应力，横向压应力与剪应力共同作用，在梁中产生复杂的应力场。

横向压应力的大小可用有效横向压应力表示，即

$$p = -Kv \tag{6.5.1}$$

式中，K 为有效横向压应力系数；v 为受剪单元的剪应力。

令 BFRP 连续螺旋箍筋的配箍率为 0.3%，纵筋率为 4.67%，剪跨比为 3，混凝土强

度等级为 C30。采用 6.3.7 节中的修正转动角软化桁架模型进行分析，得到有效横向压应力系数和受剪承载力的关系如图 6.5.1 所示。

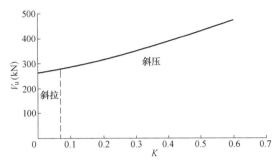

图 6.5.1　有效横向压应力系数与受剪承载力关系曲线

由图 6.5.1 可见，有效横向压应力系数的大小对构件的受剪承载力有着较大的影响。随着有效横向压应力系数的增加，构件的受剪承载力随之增大，受剪破坏模式也从斜拉破坏变为斜压破坏。

深梁和短梁的剪跨比较小，"拱作用"比较明显，从而产生较大的横向压应力，因此在深梁和短梁的受剪分析中应该考虑横向压应力的作用。而浅梁的剪跨比较大，"拱作用"较弱，可以忽略横向压应力的作用。

在求解 BFRP 连续螺旋箍筋混凝土梁的受剪承载力时，采用的是 Mau 和 Hsu 建议的钢筋混凝土深梁的有效横向压应力公式。对于 BFRP 连续螺旋箍筋混凝土梁的有效横向压应力公式，尚需通过进一步的试验研究，获取足够的试验数据并进行分析得到。

6.5.2　剪跨比对受剪承载力的影响

令 BFRP 连续螺旋箍筋的配箍率为 0.3%，纵筋率为 4.67%，混凝土强度等级为 C30。采用 6.3.7 节中的修正转动角软化桁架模型进行分析，得到剪跨比和受剪承载力的关系如图 6.5.2 所示。

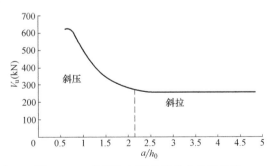

图 6.5.2　剪跨比与受剪承载力关系曲线

由图 6.5.2 可见，剪跨比对构件受剪承载力的影响比较明显。随着剪跨比的增加，构件的受剪承载力随之减小，且受剪破坏模式也从斜压破坏变为斜拉破坏。当剪跨比达到一定值时，再增加剪跨比，构件的受剪承载力保持不变，说明此时构件中的横向压应力已经很小，可以忽略不计，构件的受剪承载力已经不受横向压应力的影响。

6.5.3 配箍率对抗剪承载力的影响

绘制 BFRP 连续螺旋箍筋的间距与倾角之间的关系如图 6.5.3 所示。

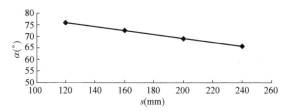

图 6.5.3 BFRP 连续螺旋箍筋的间距与倾角之间关系

由图 6.5.3，取间距与倾角之间的近似表达式如下：

$$\alpha = -0.08583(s-120)+76 \tag{6.5.2}$$

令纵筋率 4.67%，剪跨比为 3，混凝土强度等级为 C30。采用 6.3.7 节中的修正转动角软化桁架模型进行分析，得到配箍率和受剪承载力的关系如图 6.5.4 所示。

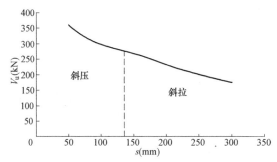

图 6.5.4 配箍率与受剪承载力关系曲线

由图 6.5.4 可见，剪跨比对构件受剪承载力的影响比较明显。随着配箍率的增加，构件的受剪承载力随之减小，且受剪破坏模式也从斜压破坏变为斜拉破坏。

6.5.4 混凝土强度对受剪承载力的影响

令 BFRP 连续螺旋箍筋的配箍率为 0.3%，纵筋率为 4.67%，剪跨比为 3。采用 6.3.7 节中的修正转动角软化桁架模型进行分析，得到混凝土强度与受剪承载力的关系如图 6.5.5 所示。

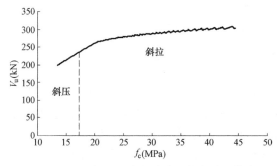

图 6.5.5 混凝土强度与受剪承载力关系曲线

由图 6.5.5 可见，随着混凝土强度的提高，构件的受剪承载力随之增大，并且受剪破坏模式也从斜压破坏变为斜拉破坏。当混凝土强度达到一定值时，再增加混凝土的强度，对提高构件受剪承载力的作用不明显。

6.5.5 纵筋率对受剪承载力的影响

令 BFRP 连续螺旋箍筋的配箍率为 0.3%，剪跨比为 3，混凝土强度等级为 C30。采用 6.3.7 节中的修正转动角软化桁架模型进行分析，得到纵筋率与受剪承载力的关系如图 6.5.6 所示。

由图 6.5.6 可见，纵筋率的变化对构件受剪承载力的影响不明显。当布置一层钢筋时，构件的受剪承载力随纵筋率的增加而增大。当布置两层钢筋时，

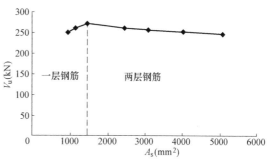

图 6.5.6 纵筋率与受剪承载力关系曲线

构件的受剪承载力随纵筋率的增加而减小。这是因为在转动角软化桁架模型中，采用的是构件受拉区和受压区的合力作用点之间的距离 d_v（即桁架模型中上、下弦杆之间的距离）来计算构件的受剪承载力，因此，在纵筋率较大的情况下，受拉钢筋的重心到受拉边缘的距离变大，受压区混凝土的高度也变大，从而导致 d_v 变小，构件的受剪承载力也变小。

6.6 抗剪模型和公式计算结果的比较

6.6.1 抗剪分析模型

根据 6.3.7～6.3.9 节的分析，针对修正转动角软化桁架模型、修正固定角软化桁架模型和拉-压杆模型，分别编写相应的 FORTRAN 代码：RA_STM、FA_STM、TAO 和 STM 等，求解 BFRP 连续螺旋箍筋混凝土梁和矩形连续螺旋钢箍混凝土梁的受剪承载力，并预测其受剪破坏模式。各种抗剪承载力模型的求解和预测结果如表 6.6.1～表 6.6.4 所示。

修正转动角软化桁架模型受剪承载力计算结果　　　　表 6.6.1

梁号	试验值 V_{exp}(kN)	计算值 V_{cal}(kN)	V_{cal}/V_{exp}
BF5_S120R3	325	338.3	1.041
BF5_S160R3	295	273.6	0.927
BF5_S200R3	265	237.7	0.897
BF5_S160R2	440	351.8	0.800
BF5_S160R2.5	330	317.1	0.961
BF3_S200R2.75	250	239.7	0.959
BG5_S200R3	300	286.1	0.954
BG5_S240R3	285	262.7	0.922
标准差			0.068
平均值			0.933
变异系数			0.073

修正固定角软化桁架模型受剪承载力计算结果　　　　　表 6.6.2

梁号	试验值 V_{exp}(kN)	计算值 V_{cal}(kN)			V_{cal}/V_{exp}		
		算法 1(Hsu)	算法 2(Hsu)	算法 2(Zhu)	算法 1(Hsu)	算法 2(Hsu)	算法 2(Zhu)
BF5_S120R3	325	371.2	371.2	351.1	1.142	1.142	1.080
BF5_S160R3	295	347.9	347.9	318.9	1.179	1.179	1.081
BF5_S200R3	265	346.6	346.6	257.4	1.308	1.308	0.971
BF5_S160R2	440	340.8	340.8	349.2	0.775	0.775	0.794
BF5_S160R2.5	330	368.9	368.9	337.2	1.118	1.118	1.022
BF3_S200R2.75	250	338.9	338.9	319.6	1.356	1.356	1.278
BG5_S200R3	300	366.1	366.7	297.7	1.220	1.222	0.992
BG5_S240R3	285	364.7	365.7	281.5	1.280	1.283	0.988
标准差					0.180	0.181	0.136
平均值					1.172	1.173	1.026
变异系数					0.154	0.154	0.132

注：算法 1（Hsu）表示根据 Hsu 等建议的混凝土受剪本构关系，采用 6.3.8 节中的算法 1 求解；算法 2（Hsu）表示根据 Hsu 等建议的混凝土受剪本构关系，采用 6.3.8 节中的算法 2 求解；算法 2（Zhu）表示根据 Zhu 等采用的混凝土受剪本构关系，采用 6.3.8 节中的算法 2 求解。

拉-压杆模型受剪承载力计算结果　　　　　表 6.6.3

梁号	试验值 V_{exp}(kN)	计算值 V_{cal}(kN)	V_{cal}/V_{exp}
BF5_S120R3	325	339.3	1.044
BF5_S160R3	295	313.9	1.064
BF5_S200R3	265	245.9	0.928
BF5_S160R2	440	389.0	0.884
BF5_S160R2.5	330	357.2	1.082
BF3_S200R2.75	250	245.9	0.984
BG5_S200R3	300	290.7	0.969
BG5_S240R3	285	283.7	0.995
标准差			0.068
平均值			0.994
变异系数			0.068

各模型的计算破坏模式　　　　　表 6.6.4

梁号	实际破坏模式	计算破坏模式		
		RA-STM	FA-STM	
			算法 2(Hsu)	算法 2(Zhu)
BF5_S120R3	斜压	斜拉	斜压	斜压
BF5_S160R3	斜拉	斜拉	斜压	斜压
BF5_S200R3	斜拉	斜拉	斜压	斜拉
BF5_S160R2	斜压	斜压	斜压	斜压
BF5_S160R2.5	斜压	斜压	斜压	斜压
BF3_S200R2.75	斜拉	斜拉	斜压	斜拉
BG5_S200R3	斜压	斜压	斜压	斜压
BG5_S240R3	斜压	斜压	斜压	斜压

注：RA-STM 表示转动角软化桁架模型，FA-STM 表示固定角软化桁架模型；算法 2（Hsu）表示根据 Hsu 等建议的混凝土受剪本构关系，采用 6.3.8 节中的算法 2 求解；算法 2（Zhu）表示根据 Zhu 等建议的混凝土受剪本构关系，采用 6.3.8 节中的算法 2 求解。

比较各模型计算结果的标准差、平均值和变异系数可见，转动角软化桁架模型和拉-压杆模型的计算结果较为理想，与试验结果符合较好，其次为采用算法 2（Zhu）的固定角软化桁架模型。

由表 6.6.4 可见，转动角软化桁架模型和采用算法 2（Zhu）的固定角软化桁架模型可以较好地预测构件的受剪破坏模式，而采用算法 1（Hsu）的固定角软化桁架模型的预测结果不理想。

采用算法 1（Hsu）的固定角软化桁架模型和采用算法 2（Hsu）的固定角软化桁架模型的计算结果基本相同，其区别在于采用算法 2（Hsu）的模型可以进行非线性全过程分析，并且可以预测构件的受剪破坏模式。它们的计算结果与试验结果的符合程度不理想。

6.6.2　受剪承载力公式

为计算方便，将 6.4 节中的各受剪承载力公式集成到图 6.2.7 所示的 GUI 程序中。各种受剪承载力公式的求解结果如表 6.6.5～表 6.6.12 所示。

GB 50010—2010（2015 年版）公式计算结果			表 6.6.5
梁号	试验值 V_{exp}(kN)	计算值 V_{cal}(kN)	V_{cal}/V_{exp}
BF5_S120R3	325	240.1	0.739
BF5_S160R3	295	202.8	0.687
BF5_S200R3	265	180.4	0.681
BF5_S160R2	440	251.7	0.572
BF5_S160R2.5	330	227.4	0.689
BF3_S200R2.75	250	206.7	0.827
BG5_S200R3	300	224.2	0.747
BG5_S240R3	285	202.8	0.712
标准差			0.072
平均值			0.707
变异系数			0.102

ACI 440.1R-03 公式计算结果					表 6.6.6
梁号	试验值 V_{exp}(kN)	计算值 V_{cal}(kN)		V_{cal}/V_{exp}	
		简单公式	详细公式	简单公式	详细公式
BF5_S120R3	325	224.3	286.9	0.690	0.883
BF5_S160R3	295	187.0	249.6	0.634	0.846
BF5_S200R3	265	164.6	227.2	0.621	0.857
BF5_S160R2	440	195.3	264.2	0.443	0.600
BF5_S160R2.5	330	192.9	259.9	0.585	0.788
BF3_S200R2.75	250	181.2	227.4	0.725	0.910
BG5_S200R3	300	205.2	272.2	0.684	0.907
BG5_S240R3	285	183.8	250.9	0.645	0.880
标准差				0.087	0.102
平均值				0.628	0.834
变异系数				0.138	0.123

CSA A23.3-94（1998）公式计算结果 表 6.6.7

梁号	试验值 V_{exp}(kN)	计算值 V_{cal}(kN)	V_{cal}/V_{exp}
BF5_S120R3	325	241.4	0.743
BF5_S160R3	295	204.1	0.692
BF5_S200R3	265	181.6	0.685
BF5_S160R2	440	214.1	0.487
BF5_S160R2.5	330	211.2	0.640
BF3_S200R2.75	250	200.0	0.800
BG5_S200R3	300	223.5	0.745
BG5_S240R3	285	202.1	0.709
标准差			0.094
平均值			0.688
变异系数			0.137

比较各公式计算结果的标准差、平均值和变异系数可见，Zsutty 公式和基于桁架-拱模型的公式的计算结果较为理想，与试验结果符合较好，其次为 Eurocode 2 公式和 ACI 440.1R-03 详细公式。Rebeiz 公式过高地估计了构件的受剪承载力，其余公式过低地估计了构件的受剪承载力。

JSCE（1997）公式计算结果 表 6.6.8

梁号	试验值 V_{exp}(kN)	计算值 V_{cal}(kN)	V_{cal}/V_{exp}
BF5_S120R3	325	267.3	0.822
BF5_S160R3	295	230.0	0.780
BF5_S200R3	265	207.5	0.783
BF5_S160R2	440	238.3	0.542
BF5_S160R2.5	330	235.8	0.715
BF3_S200R2.75	250	213.5	0.854
BG5_S200R3	300	248.1	0.827
BG5_S240R3	285	226.8	0.796
标准差			0.099
平均值			0.765
变异系数			0.130

Eurocode 2 公式计算结果 表 6.6.9

梁号	试验值 V_{exp}(kN)	计算值 V_{cal}(kN)	V_{cal}/V_{exp}
BF5_S120R3	325	295.5	0.909
BF5_S160R3	295	258.2	0.875
BF5_S200R3	265	235.7	0.889
BF5_S160R2	440	276.5	0.628
BF5_S160R2.5	330	272.2	0.825
BF3_S200R2.75	250	256.4	1.026
BG5_S200R3	300	284.5	0.948
BG5_S240R3	285	263.2	0.924
标准差			0.117
平均值			0.878
变异系数			0.133

Zsutty 公式计算结果 表 6.6.10

梁号	试验值 V_{exp}(kN)	计算值 V_{cal}(kN)	V_{cal}/V_{exp}
BF5_S120R3	325	302.0	0.929
BF5_S160R3	295	264.7	0.897
BF5_S200R3	265	242.2	0.914
BF5_S160R2	440	346.7	0.788
BF5_S160R2.5	330	282.7	0.857
BF3_S200R2.75	250	238.9	0.956
BG5_S200R3	300	284.4	0.948
BG5_S240R3	285	263.1	0.923
标准差			0.055
平均值			0.902
变异系数			0.061

Rebeiz 公式计算结果 表 6.6.11

梁号	试验值 V_{exp}(kN)	计算值 V_{cal}(kN)	V_{cal}/V_{exp}
BF5_S120R3	325	455.6	1.402
BF5_S160R3	295	418.3	1.418
BF5_S200R3	265	395.8	1.494
BF5_S160R2	440	618.5	1.406
BF5_S160R2.5	330	437.4	1.325
BF3_S200R2.75	250	357.1	1.428
BG5_S200R3	300	449.7	1.499
BG5_S240R3	285	428.4	1.503
标准差			0.062
平均值			1.434
变异系数			0.043

基于桁架-拱模型的公式计算结果 表 6.6.12

梁号	试验值 V_{exp}(kN)	计算值 V_{cal}(kN)	V_{cal}/V_{exp}
BF5_S120R3	325	349.9	1.077
BF5_S160R3	295	297.7	1.009
BF5_S200R3	265	258.9	0.977
BF5_S160R2	440	352.3	0.801
BF5_S160R2.5	330	330.1	1.000
BF3_S200R2.75	250	302.2	1.209
BG5_S200R3	300	323.5	1.078
BG5_S240R3	285	285.1	1.000
标准差			0.115
平均值			1.019
变异系数			0.113

对于 BFRP 连续螺旋箍筋混凝土梁，影响其抗剪性能的主要因素有配箍率、剪跨比、混凝土强度以及纵筋率等，因此，一个合理的受剪承载力公式应该综合考虑这几个因素的影响。从这点来看，Zsutty 公式和基于桁架-拱模型的公式的计算结果之所以较为理想，是因为综合考虑了以上几个因素的影响。

6.6.3 各种模型和公式计算结果的比较

各种模型和公式的受剪承载力计算结果与试验结果的比值的标准差、平均值和变异系数等统计参数如表 6.6.13 所示。

各种模型和公式受剪承载力计算结果与试验结果比值的标准差和变异系数 表 6.6.13

模型或公式名称	标准差	平均值	变异系数
RA-STM	0.068	0.933	0.073
FA-STM-算法 1(Hsu)	0.180	1.172	0.154
FA-STM-算法 2(Hsu)	0.181	1.173	0.154
FA-STM-算法 2(Zhu)	0.136	1.026	0.132
STM	0.068	0.994	0.068
GB 50010—2010(2015 年版)公式	0.072	0.707	0.102
ACI 318-08 简单公式	0.087	0.628	0.138
ACI 318-08 详细公式	0.102	0.834	0.123
CSA A23.3-94(1998)公式	0.094	0.688	0.137
JSCE(1997)公式	0.099	0.765	0.130
Eurocode 2 公式	0.117	0.878	0.133
Zsutty 公式	0.055	0.902	0.061
Rebeiz 公式	0.062	1.434	0.043
基于桁架-拱模型的公式	0.115	1.019	0.113

注：RA-STM 表示转动角软化桁架模型，FA-STM 表示固定角软化桁架模型；STM 表示拉-压杆模型；算法 1(Hsu) 表示根据 Hsu 等建议的混凝土受剪本构关系，采用 6.3.8 节中的算法 1 求解；算法 2（Hsu）表示根据 Hsu 等建议的混凝土受剪本构关系，采用 6.3.8 节中的算法 2 求解；算法 2（Zhu）表示根据 Zhu 等采用的混凝土受剪本构关系，采用 6.3.8 节中的算法 2 求解。

综合评价各种受剪承载力模型和公式的计算结果的标准差、平均值和变异系数等统计参数，本书建议，对 BFRP 连续螺旋箍筋混凝土梁的抗剪设计和计算，采用以下几种模型或公式：

（1）修正转动角软化桁架模型；

（2）拉-压杆模型；

（3）Zsutty 公式；

（4）基于桁架-拱模型的公式。

7 全 CFRP 筋预应力混凝土 T 形截面梁抗弯性能研究

7.1 引言

本章采用 CFRP 纵筋和 CFRP 箍筋替代钢筋和钢箍，并对 CFRP 纵筋施加预应力，研究其配筋混凝土 T 形梁的受弯性能。主要研究内容如下：

（1）设计三根预应力 T 形梁和一根预应力矩形梁，通过改变截面形式、配筋率和预应力度，探索全无磁预应力 CFRP 筋混凝土梁的应变、裂缝、挠度发展和破坏形态等受力特点，并对比 T 形梁和矩形梁的受力性能异同。

（2）通过理论分析得出梁刚度计算建议公式、裂缝宽度建议公式，并通过 Ansys 工程有限元建立模型与试验结果进行数据对比。

7.2 全 CFRP 筋预应力混凝土 T 形截面梁抗弯性能试验

7.2.1 试验方案

1. 概况

通过对相关文献的研究，本试验针对预应力度、配筋和截面形式，共设计四根梁，且采用碳纤维筋部分预应力方案。

2. 梁配筋方案

本书设计梁以 CFRP 筋为预应力筋，根据预应力度的不同，表 7.2.1 列出了各种配筋方案。这里引入部分预应力的预应力度 PPR，它是预应力抵抗弯矩与全部受拉纵筋的抵抗弯矩之比，见式（7.2.1）和式（7.2.2）。

有粘结预应力混凝土梁配筋方案　　　　　　　　　　　　表 7.2.1

编号	截面类型	纵筋配筋方案	预应力度(PPR)
TC12	T 形截面	1 根预应力筋＋2 根非预应力筋	0.36
TC21	T 形截面	2 根预应力筋＋1 根非预应力筋	0.58
TC22	T 形截面	2 根预应力筋＋2 根非预应力筋	0.41
C12	矩形截面	1 根预应力筋＋2 根非预应力筋	0.36

注：T 表示 T 形梁，C 表示碳纤维筋，无 T 则为矩形梁，第一个数字代表预应力混凝土梁中预应力筋的数量，第二个数字表示非预应力筋数量。

矩形梁：

$$PPR = \frac{(M_u)_p}{(M_u)_{p+q}} = \frac{A_{ps}f_{pf}\left(h_0 - \frac{x}{2}\right)}{A_{ps}f_{pf}\left(h_0 - \frac{x}{2}\right) + A_f f_f\left(h_0 - \frac{x}{2}\right)} \tag{7.2.1}$$

T形梁：

$$PPR=\frac{(M_{\mathrm{u}})_{\mathrm{p}}}{(M_{\mathrm{u}})_{\mathrm{p+q}}}=\frac{A_{\mathrm{pf}}f_{\mathrm{pf}}h'}{A_{\mathrm{pf}}f_{\mathrm{pf}}\left(h_0-\dfrac{x}{2}\right)+\partial_1f_{\mathrm{c}}(b_{\mathrm{f}}'-b)h_{\mathrm{f}}'\left(h_0-\dfrac{h_{\mathrm{f}}'}{2}\right)} \qquad (7.2.2)$$

式中，A_{pf} 为预应力筋面积；A_{f} 为非预应力筋面积；f_{pf} 为极限时预应力筋应力；f_{f} 为极限时非预应力筋应力；h_0 为预应力筋重心到最外受压边缘；h' 为 T 形梁预应力筋受压区高度。

7.2.2　试验梁所用材料性能

如本书第 2 章所述，试验采用的 CFRP 筋极限强度为 1831.27MPa，平均弹性模量为 146.80GPa，混凝土设计强度为 C40，参考《混凝土物理力学性能测试方法标准》GB/T 50081—2019，实际立方体抗压强度 $f_{\mathrm{cu,k}}$ 由立方体试块抗压试验确定。在浇筑混凝土梁的同时，浇筑了 11 组（33 个）混凝土立方体试块（100mm×100mm×100mm）。其中每隔 7d 做一组（3 个）混凝土试块强度测试，用于评定 7～28d 龄期混凝土的强度。其中 3 组作为 28d 后混凝土强度测试组，其余 4 组置于实验室同条件养护，每做一根梁的载荷试验前，测试一组混凝土试块，评定试验当天混凝土的实际强度代表值。混凝土立方体试块抗压强度的试验结果如表 7.2.2 所示。

混凝土立方体试块抗压强度试验结果　　表 7.2.2

组号	龄期(d)	试块抗压强度试验值(MPa)			立方体抗压强度 $f_{\mathrm{cu,k}}$(MPa)	轴心抗压强度 f_{ck}(MPa)	轴心抗拉强度 f_{tk}(MPa)
		试块 1	试块 2	试块 3			
1	7	33.5	29.6	32.5	31.87	21.31	2.07
2	14	35.8	34.8	36.5	35.70	23.88	2.20
3	21	47.2	48.6	49.5	48.43	32.39	2.59
4	28	49.2	47.3	48.1	48.20	32.24	2.59
5	33	47.2	48.8	50.6	48.87	32.68	2.61
6	38	44.5	45.8	50.4	46.90	31.37	2.55
7	45	50.2	50.4	50.3	50.30	33.64	2.64
8	55	47.4	47.0	48.2	47.53	31.79	2.57
9	65	50.0	49.2	50.5	49.90	33.37	2.64
10	75	46.8	46.2	51	48.00	32.10	2.58
11	85	49.2	49.3	50.3	49.60	33.17	2.63

7.2.3　试验梁的设计

7.2.3.1　试验梁的设计要点

（1）试验梁共四根，包括三根 T 形预应力梁，一根矩形梁做对比梁，矩形截面梁宽 $b=220$mm，高 $h=300$mm；T 形梁梁腹宽 $b=220$mm，翼缘宽 $b_{\mathrm{f}}'=600$mm，梁总高 $h=300$mm，翼缘厚度 $h_{\mathrm{f}}'=80$mm，T 形和矩形梁净跨均为 2100mm。试验梁方案见表 7.2.3。

（2）试验梁梁底预应力 CFRP 筋采用单排或双排布筋，当为单根预应力筋时，布置在底部中间；当为两根预应力筋，则布置在两端，所有受拉纵筋下边缘距梁底的保护层厚度取 30mm。

（3）本试验主要研究 CFRP 筋混凝土梁的受弯性能，按照"强剪弱弯"的原则进行了设计，确保构件不致因抗剪承载力不足而发生斜截面上的剪切破坏。本书参考了钢筋混凝土结构的有关理论加强配置，以提供足够的抗剪承载力。各梁均在纯弯段配置 $\phi_f 9.5@200$ 的箍筋，剪弯段加密配置 $\phi_f 9.5@100$ 的箍筋，防止构件发生斜截面上的剪切破坏；加载点为梁的弯矩和剪力最大值处，为避免应力集中引起的加载点破坏，在加载点加密配置箍筋。

（4）为避免预应力构件发生粘结锚固破坏，在梁端加强了 CFRP 筋与混凝土之间的锚固。所采用的措施为：将预应力锚具即灌胶套筒埋入混凝土梁端一定深度，利用钢套筒表面的粗牙螺纹和混凝土之间的机械咬合力增强粘结锚固能力，另一方面，通过在套筒外面加垫板，再在垫板外面加螺帽将其拧紧，使套筒不向混凝土里面收缩，如图 7.2.1 所示。结果表明，CFRP 筋和混凝土之间未出现粘结滑移，该种预应力锚具系统稳定可靠，以试验梁 TC21 为例，图 7.2.2 为梁配筋及截面设计。

图 7.2.1 梁锚固端

试验梁方案				表 7.2.3
梁号	预应力度	预应力筋	非预应力筋	混凝土强度等级
TC12	0.36	$1\phi_f 9.5$	$2\phi_f 9.5$	
TC21	0.58	$2\phi_f 9.5$	$1\phi_f 9.5$	
TC22	0.41	$2\phi_f 9.5$	$2\phi_f 9.5$	C40
C12	0.36	$1\phi_f 9.5$	$2\phi_f 9.5$	

7.2.3.2　试验梁配筋参数

试验梁涉及的主要参数有：

（1）配筋率 ρ，本试验中梁的配筋率参考钢筋混凝土梁配筋率计算方法，因此试验梁配筋率计算公式如下：

$$\rho = (A_f + A_{pf})/S \qquad (7.2.3)$$

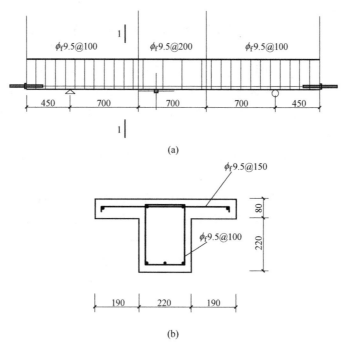

图 7.2.2　TC21 梁配筋及截面设计示意图（尺寸单位：mm）

(a) TC21 侧面图；(b) TC21 剖面图

式中，S 为梁有效截面面积；A_{pf} 为预应力筋面积；A_f 为非预应力筋面积。

（2）本试验中的预应力度采用前一章所用计算公式，σ_{fe} 为有效预应力，ρ 为配筋率，实验梁的各项参数如表 7.2.4 所示。

试验梁配筋参数　　　　　　　表 7.2.4

梁号	A_{pf} (mm²)	A_f (mm²)	b (mm)	b_f (mm)	h_0 (mm)	h_f' (mm)	ρ (%)	PPR	σ_{fe} (MPa)
TC12	70.9	141.8	220	600	270	80	0.39	0.36	422.82
TC21	141.8	70.9	220	600	270	80	0.39	0.58	400.33
TC22	141.8	141.8	220	600	270	80	0.52	0.41	430.85
C12	70.9	70.9	220	—	270	—	0.39	0.36	346.90

7.2.4　试验梁的加载及测试方案

7.2.4.1　试验仪器及设备

试验仪器和设备：UKUDA 激光投线仪一台；电液伺服结构试验系统；电阻应变片；ZSY-3816 智能应变箱两台；百分表 3 只；分配梁；荷重传感器；智能裂缝观测仪。

7.2.4.2　试验中所需量测的内容

1. 荷载量测

试验中采用电液伺服结构试验系统对构件施加竖直荷载，通过微机显示与控制，试验前对力传感器进行标定，保证力传感器的误差控制在±0.1kN 以内。

2. 开裂荷载

定义开裂荷载为构件纯弯段出现第一批裂缝或第一条裂缝时的荷载。试验前在结构表面轻刷纯石灰水溶液,发现裂缝的简便方法是借助放大镜用肉眼观察,当试件受力后,可观察到白色涂层在高应变下出现明显的开裂,试验中通过观察跨中受拉区混凝土的应变值,来判断初裂缝的出现,若其应变值骤增,则可判断已经出现初裂缝,参考混凝土结构试验规范规定开裂荷载的取值如下:初裂缝出现在加载过程中,开裂荷载取前一级荷载值;初裂缝出现在持荷时,开裂荷载取本级荷载与前一级荷载的平均值;初裂缝出现在持荷结束时,开裂荷载取本级荷载值。

3. 裂缝量测

本实验采用智能裂缝宽度观测仪观察裂缝,它是由光学摄像头对焦裂缝后自动读取裂缝宽度,裂缝观察有效且准确,对于构件纯弯段的正截面裂缝,在主筋高度处测最大裂缝;对于剪弯段的裂缝,应在斜裂缝与箍筋交汇处测量斜裂缝宽度。

在各级荷载持续时间结束时,测量出最大的三条裂缝宽度、延伸长度及裂缝间距,然后由此绘制裂缝开展图,各级荷载作用下的最大裂缝宽度取三条裂缝宽度的最大值。

4. 挠度量测

用百分表对构件跨中截面处的挠度进行观测,在梁跨中底面及两支座顶端各安装一个百分表,由百分表所测得的挠度值必须经过支座沉降影响和结构自重影响的修正后,才能得到构件的真实挠度。令左侧支座沉降为 f_l,右侧支座沉降为 f_r,构件自重以及设备重量产生的挠度为 f_g,跨中挠度测量值为 f_{ex},则跨中挠度实际值为 f_{tr}:

$$f_{tr} = f_{ex} + \frac{f_l + f_r}{2} f_g \tag{7.2.4}$$

百分表的读值时间规定如下:开始加载之前,在没有施加外荷载情况下读取百分表初值;开始加载之后,在各级荷载施加完毕时读一次值,在各级荷载持续时间结束后再读一次值。

5. 极限荷载

对于 CFRP 筋混凝土梁而言,试验中若观察到以下现象之一,则可判定构件已经达到或超过了承载能力极限状态:(1)在荷载不再增加的情况下,CFRP 筋已经达到其极限拉应变,梁脆性垮塌;(2)CFRP 筋被拉断;(3)受压区混凝土被压碎;(4)斜截面受剪破坏;(5)构件锚固段的锚固破坏。

极限荷载的取值有如下规定:在加载过程中达到时,极限荷载取前一级荷载值;在持荷时破坏,极限荷载取本级荷载与前一级荷载的平均值;极限承载力在持荷后达到的,极限荷载取值于本级荷载值。

6. 应变测量

在梁顶、梁侧、梁底混凝土表面均设置电阻应变片,通过应变箱连接电脑监测应变。在每级荷载下多次记录应变值,通过各测点的应变值验证平截面假定,判断构件所处位置的工作状态,以及是否已经达到或超过了承载能力极限状态。

7. 卸载

构件达到承载力极限状态后,在卸载之前,应及时在构件上测绘破坏部位及裂缝开展情况并拍照,而后再进行分级卸载。

7.2.4.3 试验梁应变片设置

梁应变片设置方案如图 7.2.3 所示。

（1）梁顶的混凝土表面均匀布置 3 片 200mm 标距的电阻应变片，用以测量混凝土表面压应变变化；在梁跨中侧面沿梁高方向均匀布置 2～3 个电阻应变片，记录应变以验证纯弯段平均应变是否符合平截面假定；梁底混凝土表面两加载点之间均匀布置 2 片电阻应变片，以判断开裂弯矩及梁底部工作状态。

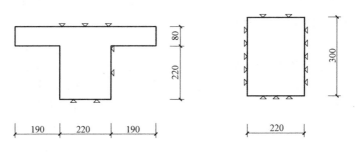

图 7.2.3　应变片设置方案

（注：尺寸单位为 mm，"△"指示应变测点位置）

（2）在梁的纵向受力筋上布置两个应变片；在每个架立筋上布置一个应变片，其中包括梁顶的架立筋和翼缘的架立筋；另外，在箍筋与支座到加载点斜方向上相交的地方布置应变片，且采用梁的两端对称布置，观测箍筋受力状态，并且对所有应变片进行裹胶处理，如图 7.2.4 所示。

图 7.2.4　应变片的裹胶处理

7.2.4.4 简支梁试验加载方案

本试验利用电液伺服结构试验系统采用三分点加载方式对试验梁进行加载，利用激光水准仪保证试验梁垂直度和水平度，如图 7.2.5 所示。因为试验为破坏性的，首先需要确定构件的承载力极限状态试验荷载值，即预估极限荷载。试验梁的加载程序参照《混凝土结构试验方法标准》GB/T 50152—2012，加载顺序为预载、加载和卸载三个步骤。

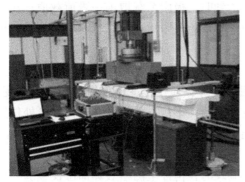

图 7.2.5　简支梁试验装置

（1）预载，为密实节点和结合部位的间隙，消除系统误差，使结构进入正常工作状态，在正式加载前，需要对构件进行预载荷和卸载。预载总量不超过预估极限荷载的 15%，荷载分三级加载，每级荷载取预估极限荷载的 5%；分两级卸载，第一级卸载至预估极限荷载的 10%，第二级卸载完全。各级荷载级间间歇时间均为 10min，本次试验预载取 20kN。预载阶段需要检查试验装置、观测仪器、仪表工作是否正常，分配各人员具体工作。

（2）加载，正式加载时，荷载分十四级加载至预估极限荷载，前五级荷载每级取预估极限荷载的 5%，当临近开裂荷载时，每级加载 1kN 以便比较准确地判断构件开裂荷载的实测值。开裂后，每级荷载取 10kN，一直加载至构件极限荷载的 75%，然后每级荷载取值 5kN，以便比较准确地判断构件极限荷载的实测值，若加载至预估极限荷载且持荷完全后，构件仍未破坏，则继续加载，直至构件破坏，电脑将自动记录极限荷载。各级荷载级间间歇时间为 10min，但以结构变形稳定为主。

（3）卸载，卸载前，将一铁墩放于破坏梁之下，防止梁突然倒塌破坏，避免损伤财产安全；卸载时，荷载分三级全部卸完，第一级卸载至极限荷载的 50%，第二级卸载至极限荷载的 25%，第三级卸载完全，试验梁破坏后缓慢卸载至 0。

7.2.5　试验梁的制作

7.2.5.1　试验梁预应力筋张拉

1. 张拉台座的设计

张拉台座设备有四根 3m 长的梁、背靠背槽钢、穿心千斤顶和钢垫板。台座设计：在模板两侧放置两根 3m 长的支撑梁，将模板置于梁中间夹紧，模板下方垫砖块或木方，防止因振捣混凝土而引起腹板下倾；锚固端：用三根螺杆将背靠背式的两块槽钢固定，中间留有一定的缝隙以便套筒伸出，在伸出的套筒外面套入带孔垫板，然后在垫板外面用螺帽锁住套筒；张拉端：套筒首先穿过背靠背槽钢，然后穿过穿心千斤顶及千斤顶外面的带孔钢垫板，垫板上面再加一横放背靠背式槽钢以使受力平衡，套筒再穿过槽钢外面的带孔垫板，最后在垫板外面加一固定螺栓。如图 7.2.6 所示。

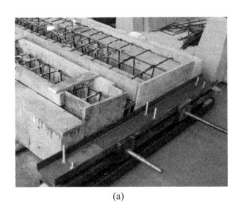

(a)　　　　　　　　　　　　　　　　(b)

图 7.2.6　预应力体系现场图

(a) 锚固端；(b) 张拉端

预应力作用点对套筒中心的偏心距应该尽量减小，保持整个体系在一条直线上，加载荷载值为两种，只有一根预应力筋的 TC12 和 C12 为一组，单根预应力筋采用穿心千斤顶直接加载 31kN；TC21 和 TC22 均为两根预应力筋，两个千斤分别顶在各梁两根套筒之间且同时加力，每个千斤顶加载 62kN，使各预应力筋受力平衡，背靠背槽钢保持在水平直线上；考虑到千斤顶加载口直径，将梁的横截面宽度设计为 220mm，正好可以放下千斤顶且满足梁的保护层厚度的要求。

2. 预应力建立的步骤

首先，配筋骨架装入木模，CFRP 筋穿出预留好的孔洞并盖上一端侧模，安装固定端台座；其次，碳纤维筋长 4000mm，纤维筋中间自由段长 2560mm，两端套筒各伸进木模 220mm，两端套筒总长 1440mm。先固定锚固端，如图 7.2.6（a）所示，再利用千斤顶、垫板、槽钢和螺帽安装张拉端，如图 7.2.6（b）所示。

正式张拉前先进行预张拉，目的是消除系统误差。手动千斤顶的同时观察荷载数值，分级张拉至张拉控制应力，并实时监控 CFRP 筋上应变片应变的发展，卸载后拧紧限位螺帽，使之紧贴反力横梁；正式加载时超张拉 5%，拧紧限位螺帽，回油卸载，建立预应力。通过千斤顶的力显示仪和应变监控预应力 CFRP 筋应变的变化，以测量预应力各项损失；保持荷载 5d 后，补拉至张拉控制应力，拧紧限位螺帽，等到力下降平稳，荷载显示基本不变时浇筑混凝土。待混凝土强度达到混凝土规定强度的 75% 且混凝土龄期达到 7d 以后可进行预应力的放张，预应力放张采用两台油压千斤顶同时放张，放张后拧紧限位螺帽，放张后 CFRP 筋有效预应力结果如表 7.2.5 所示。

	CFRP 筋有效预应力		表 7.2.5
预应力筋编号	张拉力(kN)	有效应变($\mu\varepsilon$)	有效预应力(MPa)
TC12	31	2834	422.82
TC21	31	2302	400.33
TC22	31	2951	430.85
C12	31	2376	346.90

7.2.5.2 试验梁的制作过程

试验梁的制作过程如下（图 7.2.7）：

（1）纤维筋骨架的绑扎。这个阶段应完成 CFRP 筋套筒灌胶锚具组装件的制作，完成钢筋、纤维筋上应变的粘贴、封裹，而后进行钢筋骨架的绑扎。

（2）木模的制作。在木模横向设置拉条，防止混凝土浇筑和振捣过程中造成侧模纵向弯曲。

（3）装模。对于预应力 CFRP 筋混凝土梁，应提前在模板两端侧模上钻孔，预留预应力套筒灌胶粘结型锚具的孔洞，安装完毕后张拉预应力。

（4）混凝土的浇筑和振捣。在预应力 CFRP 筋张拉完毕三天后进行混凝土的浇筑、振捣、表面抹平。

（5）混凝土的养护。由于试验梁在春季施工，在混凝土浇筑完毕后 2h 后、初凝之前进行混凝土表面的二次抹平，防止混凝土表面出现收缩裂缝；在混凝土浇筑完毕 8h 后进行混凝土浇水养护，保持混凝土外表面湿润。

（6）预应力 CFRP 筋放张。

图 7.2.7　预应力碳纤维筋混凝土梁制作过程

（a）CFRP 筋骨架及装配；（b）浇筑后的梁；（c）预应力施加端；（d）浇筑混凝土完毕及养护

7.3　受弯构件试验结果及分析

7.3.1　试验情况

7.3.1.1　受力过程

预应力 CFRP 筋混凝土梁受力过程分为两个阶段：开裂前和开裂后，下文以梁 TC12 为例介绍预应力 CFRP 筋 T 形梁的受力过程。

1. 第 I 阶段：开裂前阶段

CFRP 筋混凝土梁开裂之前 CFRP 筋应力-应变、梁的荷载-挠度关系均呈线性变化，梁顶混凝土压应变以及 CFRP 筋纯弯段的应变呈缓慢线性增长。应变沿混凝土高度线性变化，符合平截面假定，混凝土基本上处于弹性工作阶段。第 I 阶段特点为：（1）混凝土未开裂；（2）构件处于弹性阶段。

2. 第 II 阶段：开裂后阶段

试验现象：开裂之前荷载和位移之间呈现线弹性变化，当加载达到 43kN 时，由于混凝土抗拉能力远小于抗压能力，梁底布置的两个应变片分别显示混凝土拉应变突然由 $132\mu\varepsilon$、$134\mu\varepsilon$ 达到 $1366\mu\varepsilon$、$986\mu\varepsilon$，超过混凝土极限拉应变，混凝土开裂。开裂时，预应力筋的有效预应力残余应变 $2834\sim2896\mu\varepsilon$，预应力 CFRP 筋应变增量只有 $113\sim138\mu\varepsilon$，经换算后预应力碳纤维筋总应力约为 43.8MPa，非预应力筋应变为 $108\sim129\mu\varepsilon$，与混凝土相近，可认为 CFRP 筋与混凝土共同承担拉力。当出现裂缝时，CFRP 筋应变突然增大。伴随明显的"砰"的一声，纯弯段跨中出现第一条裂缝，梁两侧裂缝宽 0.09mm，沿梁高延伸至 150mm，混凝土开裂时，荷载-挠度曲线、应力-应变曲线出现小偏折，跨中挠度、CFRP 筋应变增量较大。

开裂状态分析：混凝土一旦开裂，就把原先由它承担的那一部分拉力转移给 CFRP 筋，因而 CFRP 筋的应力突然出现较大幅度增长。观察初裂缝发现其沿梁高延伸至 150mm 处，碳纤维筋混凝土梁一旦开裂，裂缝截面处大部分混凝土就退出工作，受拉区纵筋的拉应力和受压区混凝土的压应变迅速增长，在裂缝尚未延伸到中和轴位置时，虽然混凝土仍可承受一小部分拉力，但受拉区的拉应力主要由预应力和非预应力筋共同承担。纯弯段梁顶混凝土压应变也出现阶跃，从开裂前的 $70\mu\varepsilon$ 增至开裂后的 $170\mu\varepsilon$。

开裂后继续加载，中和轴不断上移，截面弯曲刚度减小，受拉纵筋和受压混凝土应变同时迅速增大；表面裂缝沿梁高有所延伸，但主要是裂缝宽度出现较大较快的增长，荷载达到 80～90kN 左右时，裂缝基本出齐，且发展至翼缘边缘；加载至 100kN 时，腹板出现 0.03mm 的裂缝；加载至 110kN 时在弯剪段靠近支座端出现 0.21mm 的竖向裂缝；加载至 135kN 时斜向裂缝向支座延伸，平均裂缝宽度达到 0.53mm，梁一侧最大裂缝宽度已达到 1.21mm，另一侧达 1.05mm。

随着弯矩继续增大，跨中挠度、曲率急剧增长，挠度已经达到 20mm，凭肉眼可以明显看出梁的弯曲变形。裂缝不断加宽，200kN 时跨中裂缝达 1.58mm 以及 1.48mm，裂缝高度穿过翼缘接近于梁顶，高度达到 280～290mm；梁顶混凝土压应变塑性增长，至破坏时梁顶混凝土应变最大达到 $2169\mu\varepsilon$，还未达到混凝土极限压应变 0.0033。梁的最大裂缝处混凝土剥离，可以看到外露的碳纤维筋，伴随着荷载增大，碳纤维筋混凝土梁发出"嘁嘁"响声，并有加剧的趋势，在 258kN 持荷过程中由于碳纤维筋拉断试验梁发生脆性破坏。

7.3.1.2　破坏模式

甘怡等人指出预应力混凝土梁有三种破坏模式：CFRP 筋拉断、混凝土压碎、CFRP 筋拉断和混凝土压碎同时进行的界限形式。本书为研究全无磁构件受弯性能，为保证不受剪破坏，通过抗剪计算程序设计试验梁的箍筋配置方案，利用李炳宏博士设计的抗剪承载力计算程序，采用了 ACI440、CSA、Eurocode 等方法计算其抗剪强度，使试验梁在达到极限抗弯承载力时抗剪承载力还存在一定的富足。通过控制配筋率及预应力度等因素，本试验中梁均为受拉纵筋拉断破坏。

1. CFRP 筋拉断破坏

CFRP 筋达到极限拉应变而致使 CFRP 筋拉断，其断裂特点如图 7.3.1 所示，破坏前梁的挠度明显变形、纯弯段曲率急剧增长。其破坏形式表现为脆性破坏，裂缝宽度开展激增，且 CFRP 筋拉断过程不断伴随着"嘁嘁"的响声。梁顶混凝土表面有起皮现象。

2. 加载点破坏形式分析

CFRP 筋混凝土梁由 CFRP 筋拉断导致破坏时，CFRP 筋拉断位置多位于加载点附近，伴随纵筋保护层混凝土劈裂或部分剥落。本项试验中，除 TC12 试验梁在靠近跨中破坏外，其余 TC22、TC21 和矩形梁均在加载点附近破坏，李炳宏等对于普通 BFRP 筋混凝土梁的试验也出现加载点处 BFRP 筋拉断破坏。究其原因，加载点处弯矩和剪力均为最大

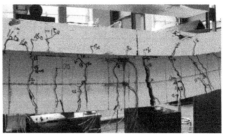

图 7.3.1　TC12、TC22 梁拉断破坏形态

值，CFRP 筋的抗剪能力较弱且应力集中导致加载点处破坏概率较大。

　　根据材料力学分析，三分点加载的简支梁，两加载点之间为等弯矩的纯弯段，两加载点外有对称剪力，因此，加载点处截面同时为弯矩和剪力最大的控制截面，破坏模式一般为加载点破坏；加载点截面的下边缘，主拉应力还是水平向的，所以，在这些加载点附近区段可能首先出现一些较短的垂直裂缝，裂缝向上延伸并向集中荷载作用点发展，裂缝上细下宽，形成典型的加载点处裂缝，三分点加载梁的弯矩、剪力如图 7.3.2 所示。

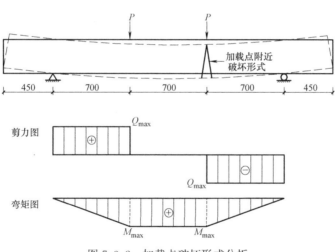

图 7.3.2　加载点破坏形式分析

7.3.2　截面变形

　　试验中，梁顶纯弯段等标距布置了 3 个电阻应变片，梁底纯弯段正中央沿梁长方向布置了 2 个电阻应变片。对梁顶等距离布置 3 个应变片混凝土压应变数据进行平均得到梁顶平均压应变 ε_{bm}，对受拉区纵筋水平位置的拉应变取平均得到纵筋重心处平均拉应变 ε_{cm}，则可得受压区相对高度 x_c/h_s（表 7.3.1），角码 m 表示平均值。

试验梁各阶段受压区相对高度　　　　表 7.3.1

梁号	开裂前			开裂后			接近极限状态		
	ε_{bm}	ε_{cm}	x_c/h_s	ε_{bm}	ε_{cm}	x_c/h_s	ε_{bm}	ε_{cm}	x_c/h_s
TC12	72	105	0.40	630	2544	0.19	1633	7894	0.17
TC21	87	140	0.38	363	1645	0.18	1303	9604	0.11

续表

梁号	开裂前			开裂后			接近极限状态		
	ε_{bm}	ε_{cm}	x_c/h_s	ε_{bm}	ε_{cm}	x_c/h_s	ε_{bm}	ε_{cm}	x_c/h_s
TC22	120	226	0.34	305	850	0.26	1582	7706	0.17
C12	57	68	0.45	378	1103	0.25	2375	8588	0.21
平均值	—	—	0.39	—	—	0.22	—	—	0.16

从表 7.3.1 可以看出受压区相对高度有以下特点：

（1）开裂前，梁处于线弹性状态，x_c/h_s 在 0.39 左右，中和轴接近 T 形截面重心；（2）混凝土开裂后，x_c/h_s 陡然下降，受压区高度急剧减小，梁的抗弯刚度越大，x_c/h_s 减小越平缓，x_c/h_s 在 0.18～0.26 之间，平均值为 0.22；（3）极限状态时，x_c/h_s 在 0.11～0.21 之间，平均值为 0.16。

试验中，在梁的纯弯段跨中位置沿梁高布置了电阻应变片，根据各应变片实测应变数据，绘制应变图，可知试验梁纯弯段范围内，其平均应变基本符合平截面假定（图 7.3.3）。

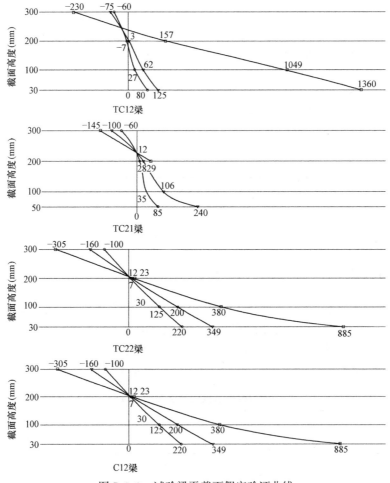

图 7.3.3 试验梁平截面假定验证曲线

7.3.3 梁顶混凝土压应变

对梁顶三组应变值取平均值，则弯矩-梁顶平均压应变曲线如图 7.3.4 所示，从图中四组曲线可以看出：

（1）对于 T 形预应力梁和矩形预应力梁中，随着荷载的增加，开裂前梁顶压应变增量较小，开裂后梁顶应变增量较大，直至受拉 CFRP 筋拉断，但未达到混凝土的极限压应变；

（2）矩形梁的梁顶压应变比 T 形梁大，因为矩形梁的受压区面积相对 T 形较少，因此在同级荷载时所承担的压应力大。

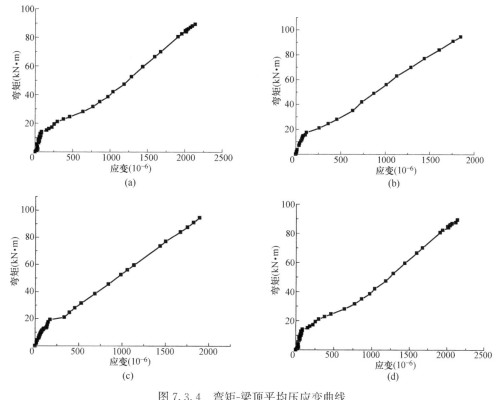

图 7.3.4 弯矩-梁顶平均压应变曲线
（a）TC12 梁；（b）TC21 梁；（c）TC22 梁；（d）C12 梁

从试验梁梁顶压应变数值可以看出：开裂前弹性阶段，梁顶各测区压应变差距较小，且压应变增量较小。开裂后，梁顶压应变发展明显加快，虽然各组数据存在差异，但基本符合纯弯段力学原理。

7.3.4 特征荷载值

7.3.4.1 开裂荷载

根据结构试验方法开裂荷载的取值如下：初裂缝发生于加载过程中时，取前一级荷载值；初裂缝出现在持荷时，取本级与前级荷载的平均值；初裂缝发生在持荷结束后时，取本级荷载值。因此试验梁开裂荷载如表 7.3.2 所示。

试验梁开裂荷载　　　　　　　　　　　　　　　表 7.3.2

梁号	实测开裂荷载（kN）	开裂弯矩（kN·m）	初始裂缝宽度范围（mm）
TC12	43.0	15.1	0.07～0.09
TC21	54.0	18.9	0.02～0.03
TC22	57.5	20.1	0.05～0.06
C12	38.0	13.3	0.02～0.03

由表 7.3.2 可知，相同配筋的 T 形截面梁和矩形梁，T 形梁开裂荷载大于矩形梁；TC21 梁的开裂荷载大于 TC12 梁，说明配筋率相同而预应力度不同的 T 形梁，随着预应力度的提高，梁开裂荷载增大；TC22 梁开裂荷载大于 TC21 梁，说明预应力筋相同时，随着总配筋量的提高，梁开裂荷载增大。

7.3.4.2 极限荷载

采用 500kN 电液伺服微机系统进行加载，按照相关试验规范，逐级加载，极限状态时，试验梁将脆性断裂，各试验梁的开裂弯矩与极限弯矩的比值（M_{cr}/M_u）如表 7.3.3 所示。

试验梁开裂弯矩与极限弯矩比值　　　　　　　　　表 7.3.3

梁号	TC12	TC21	TC22	C12
开裂荷载（kN）	43	54	57.5	38
极限荷载（kN）	258	271	310	240
极限弯矩（kN·m）	87.5	94.8	108.5	84.0
M_{cr}/M_u	17.3%	19.9%	18.5%	15.8%

由表 7.3.3 可得出以下几点结论：

（1）相同配置 CFRP 筋的情况下，T 形梁极限荷载略大于矩形梁极限荷载。

（2）对于均采用两根预应力筋的混凝土梁 TC21 和 TC22，随着总配筋量的提高，TC22 梁的极限承载力稍高于 TC21 梁。

7.3.5 荷载-挠度关系

7.3.5.1 预应力反拱

构件在预应力放张时试验梁会发生反拱现象，此时预应力筋的种类对构件反拱并不会产生影响，预应力筋对构件的作用只相当于外荷载，因此利用现有的计算预应力钢筋混凝土梁反拱的方法来计算预应力 CFRP 筋混凝土梁反拱，构件基本按弹性体工作。计算梁反拱时，截面刚度 B_s 可按弹性刚度 $0.85E_cI_0$ 确定，同时应按预应力损失后的情况计算。于是反拱值 f_{2l} 可按下列公式计算：

$$f_{2l} = \frac{N_p e_p l_0^2}{8B_s} \tag{7.3.1}$$

式中，B_s 为构件刚度；N_p 为有效预应力；e_p 为偏心距。

通过记录四根试验梁放张后的反拱数据得表 7.3.4，相比理论计算值，试验值偏小，但基本吻合。

梁号	反拱试验值 f^{exp}(mm)	理论值 f^{the}(mm)	$\dfrac{f^{exp}}{f^{the}}$
TC12	0.288	0.31	93%
TC21	0.520	0.62	84%
TC22	0.545	0.62	88%
C12	0.317	0.34	93%

预应力 CFRP 筋混凝土梁放张后反拱　　　　　表 7.3.4

7.3.5.2　荷载-挠度关系

图 7.3.5 为试验梁的荷载-挠度曲线，其中以反拱后为挠度计算零点，折点为梁的开裂荷载，符合甘怡指出的部分预应力梁为两段式曲线。加载初期，构件始终处于弹性状态，随着荷载的增加构件的挠度有缓慢上升的趋势，当达到开裂荷载出现裂缝时，荷载-挠度曲线出现拐点，受拉区混凝土逐渐退出受拉工作，CFRP 筋承担了截面的全部拉力，由于构件的截面刚度减小，挠度增长速率加快。开裂后的荷载-挠度曲线斜率发生变化，虽然小于开裂前的曲线斜率，但曲线大体仍呈直线状态，直至试验梁破坏。

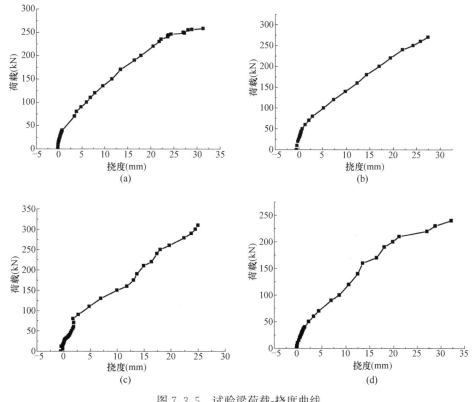

图 7.3.5　试验梁荷载-挠度曲线

（a）TC12 梁；（b）TC21 梁；（c）TC22 梁；（d）C12 梁

根据试验数据，表 7.3.5 列出了 M_{cr}、$0.5M_u$ 和 M_u 对应三种情况下的跨中挠度 f 和挠跨比。

各阶段挠度发展数据表　　　　　　　　　　　　　　　　表 7.3.5

类形	梁号	M_{cr}		$0.5M_u$		M_u	
		f(mm)	挠跨比	f(mm)	挠跨比	f(mm)	挠跨比
矩形梁	C12	1.532	1/1958	10.88	1/275	32.453	1/92.4
	TC12	1.22	1/2459	9.31	1/322	31.598	1/94.9
T 形梁	TC21	0.9145	1/3280	10.335	1/290	29.9	1/100
	TC22	1.35	1/2069	8.28	1/362	25.5	1/117

注：f 为跨中挠度，M_{cr} 为开裂弯矩，M_u 为极限弯矩。

参考我国《混凝土结构设计规范》GB 50010—2010（2015 年版）中的正常使用阶段的挠度变形，本试验中梁在 $0.5M_u$ 时可以观察到明显的挠度变形，且此时的挠跨比是比较理想的挠跨比值，$0.5M_u$ 与脆性破坏的部分预应力梁中保守限制极限荷载的安全性设定相对应，因此建议定义 $0.5M_u$ 作为构件的控制弯矩，即名义屈服弯矩。对比各试验梁的挠度可以得出以下结论：

（1）相同配置 CFRP 筋情况下，矩形梁和 T 形预应力梁的挠度基本相近。

（2）增加预应力筋数量能降低梁挠度，试验中配有两根预应力筋的梁极限挠度小于配有一根预应力筋的梁。

（3）在同时配有两根预应力筋的情况下，TC22 比 TC21 梁的挠度稍小，分析原因：总配筋量的增高，能有效控制裂缝开展，从而延缓预应力梁的刚度衰减，限制挠度发展。

7.3.6　裂缝开展

对于预应力 CFRP 筋混凝土梁，当达到开裂弯矩时，试验梁中 CFRP 筋高度的混凝土表面应变达到 $100\sim200\mu\varepsilon$，此时梁出现第一条裂缝，宽度约为 $0.05\sim0.09$mm。当梁开裂之后，继续加载荷载至 $60\sim80$kN，裂缝在纯弯段范围内出现新裂缝，此时的裂缝宽度均在 $0.03\sim0.09$mm 之间。当荷载加到极限荷载的 40% 左右时，纯弯段范围内裂缝出齐，但弯剪段还会出现新裂缝，随着荷载增加，各处裂缝会在原来的基础上继续发展。当荷载加至极限荷载的 50% 时，弯剪段靠近两个加载点各出现一条斜裂缝，呈对称分布，继续加载，则会向加载点发展，荷载试验结束后，根据试验前所划分的网格，描绘梁底部裂缝展开图，如图 7.3.6 所示。

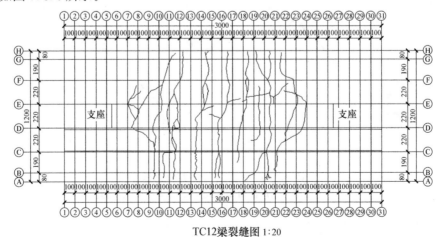

TC12梁裂缝图 1:20

图 7.3.6　预应力 CFRP 筋混凝土梁裂缝展开图

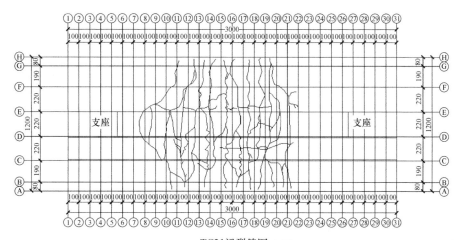

TC21梁裂缝图 1:20

TC22梁裂缝图 1:20

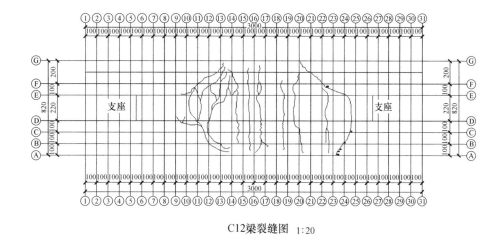

C12梁裂缝图 1:20

图 7.3.6 预应力 CFRP 筋混凝土梁裂缝展开图（续）

根据试验结果，表 7.3.6、表 7.3.7 记录了试验梁各阶段的平均裂缝宽度 w_m 和最大裂缝宽度 w_{max}。

梁 TC12、C12 平均裂缝宽度 w_m 与最大裂缝宽度 w_{max} 表 7.3.6

	TC12				C12		
$F(kN)$	$w_{max}(mm)$	$w_m(mm)$	w_{max}/w_m	$F(kN)$	$w_{max}(mm)$	$w_m(mm)$	w_{max}/w_m
43	0.09	0.09	1.00	38	0.03	0.025	1.20
70	0.33	0.21	1.57	70	0.41	0.23	1.78
100	0.75	0.50	1.48	100	0.56	0.43	1.30
135	1.03	0.72	1.43	120	0.64	0.47	1.36
150	1.21	0.93	1.30	140	0.75	0.58	1.29
190	3.00	2.27	1.32	190	2.00	1.39	1.43
	平均值		1.35		平均值		1.39

梁 TC21、TC22 平均裂缝宽度 w_m 与最大裂缝宽度 w_{max} 表 7.3.7

	TC21				TC22		
$F(kN)$	$w_{max}(mm)$	$w_m(mm)$	w_{max}/w_m	$F(kN)$	$w_{max}(mm)$	$w_m(mm)$	w_{max}/w_m
44	0.03	0.023	1.20	37.5	0.05	0.05	1.00
70	0.45	0.27	1.60	70	0.18	0.12	1.5
100	0.60	0.45	1.33	110	0.28	0.19	1.47
140	0.89	0.71	1.25	130	0.65	0.45	1.44
160	1.19	0.81	1.39	150	0.99	0.78	1.26
180	1.25	0.96	1.30	190	1.20	0.90	1.33
	平均值		1.34		平均值		1.33

观察各梁裂缝图及表 7.3.6、表 7.3.7，可得知各梁纯弯段的裂缝分布形式大致相同，预应力梁的裂缝数量发展呈现小而密的状态，预应力梁 TC21、TC22 各受力阶段的平均裂缝宽度明显小于预应力梁 C12 和 TC12，说明预应力能有效控制裂缝宽度的开展，预应力碳纤维筋混凝土梁的最大裂缝宽度与平均裂缝宽度比值 w_{max}/w_m 在 1.33～1.39 之间。

对比各预应力 CFRP 筋混凝土梁的裂缝图：（1）相同配筋的 TC21 和 TC12 梁，TC21 裂缝间距和裂缝宽度更小，说明提高预应力度能改善梁的裂缝发展；（2）TC22 预应力梁的裂缝数量与其他预应力梁相比明显较多，且纯弯段平均裂缝间距和平均裂缝宽度均逐渐减小，说明由于总配筋量的提高，非预应力筋能有效限制裂缝开展，从而减缓预应力梁刚度的衰减。

7.3.7 受拉区纵筋应变

由图 7.3.7 可知，预应力 T 形梁和预应力矩形梁在进行加载试验前 CFRP 筋存在一定的初始应变；加载过程应变发展大致呈两段直线，即混凝土开裂前和开裂后阶段，梁开裂前应变发展很缓慢，开裂后应变增长显著加快。

对于本试验梁，梁开裂之前，CFRP 筋和混凝土共同弹性变形，应变缓慢增加；开裂

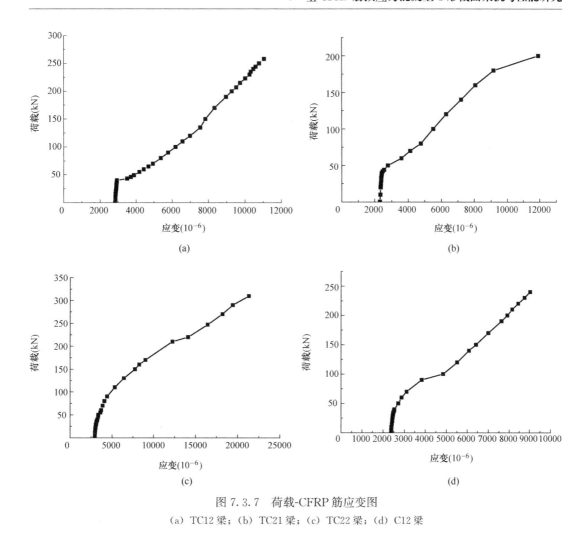

图 7.3.7 荷载-CFRP 筋应变图

(a) TC12 梁；(b) TC21 梁；(c) TC22 梁；(d) C12 梁

后，受拉区混凝土逐渐退出工作，CFRP 筋承担主要拉应力，对应曲线斜率增大，应变增长加快。当应变片超过其极限张拉长度时，应变箱显示溢出，外荷载引起的截面拉力需由 CFRP 筋承担，CFRP 筋应变急剧发展，直至试验梁破坏。

7.4 理论分析与数值模拟

7.4.1 基本假定与本构关系

7.4.1.1 基本假定

参考钢筋混凝土受弯构件正截面极限抗弯承载力分析，作如下基本假定：

（1）预应力 CFRP 筋混凝土梁在各受力阶段中，梁纯弯段范围内，基本满足平截面假定，据第 4 章试验结果表明，各试验梁纯弯段内平均应变分布基本满足平截面假定。

（2）T 形和矩形受压区混凝土的应力图形简化为等效矩形应力图，忽略混凝土的抗拉强度，CFRP 筋承担了全部拉力；CFRP 箍筋混凝土梁具有充足的抗剪承载力。

（3）不考虑架立筋对混凝土抗压能力的贡献，上部 CFRP 筋仅起架立的作用。

（4）CFRP 筋混凝土梁不发生锚固破坏，且构件不发生受剪破坏。

7.4.1.2 本构关系

1. 混凝土

混凝土受压应力-应变关系采用《混凝土结构设计规范》GB 50010—2010（2015 年版）的规定。如图 7.4.1（a）所示，其应力-应变曲线由上升段和水平段组成，其中上升段为二次抛物线。

$$上升段：\varepsilon_c \leqslant \varepsilon_0 \qquad \sigma_c = f_c \left[1 - \left(1 - \frac{\varepsilon_c}{\varepsilon_0} \right)^n \right] \tag{7.4.1}$$

$$水平段：\varepsilon_0 \leqslant \varepsilon_c \leqslant \varepsilon_{cu} \qquad \sigma_c = f_c \tag{7.4.2}$$

式中，当混凝土强度小于等于 C50 时，$n = 2$，$\varepsilon_0 = 0.002$，$\varepsilon_{cu} = 0.0033$；$f_c$ 为混凝土轴心抗压强度设计值；ε_{cu} 为混凝土极限压应变；f_{fu} 为碳纤维筋的极限拉应力。

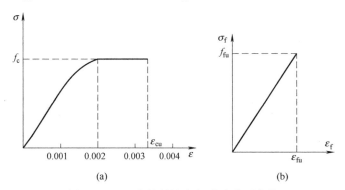

图 7.4.1　两种材料的应力-应变关系曲线

（a）混凝土；（b）CFRP 筋

2. 预应力 CFRP 纵筋

预应力 CFRP 纵筋的受拉应力-应变关系为线性（图 7.4.1b）：

$$\sigma_f = E_f(\varepsilon_{f0} + \varepsilon_d + \varepsilon_f) \tag{7.4.3}$$

$$\varepsilon_{f0} + \varepsilon_d + \varepsilon_f \leqslant \varepsilon_{fu} \tag{7.4.4}$$

式中，ε_{f0} 为预应力 CFRP 筋的有效预应变；ε_d 为消压弯矩 M_0 引起的预应力 CFRP 筋的应变；ε_f 为使用荷载作用下根据平截面假定条件得到的预应力 CFRP 筋的应变；ε_{fu} 为预应力 CFRP 筋的极限拉应变；E_f 为 CFRP 筋的弹性模量。

根据 CFRP 纵筋材料性能的试验结果，CFRP 纵筋的抗拉强度和弹性模量等材料性能指标如表 7.4.1 所示。

CFRP 筋的材料性能指标			表 7.4.1
直径（mm）	抗拉强度 f_{fu}（MPa）	弹性模量 E_f（GPa）	极限拉应变 ε_{fu}
9.5	1831.27	146.80	0.012

由于 CFRP 筋为线弹性的材料，不存在屈服，因此，预应力 CFRP 筋混凝土梁的受弯破坏模式可分为受拉破坏（预应力 CFRP 筋被拉断）和受压破坏（混凝土被压碎）两种类型。

7.4.2 抗弯承载力计算

7.4.2.1 临界破坏时的受力分析

理论上而言，在受拉破坏和受压破坏之间还存在临界破坏，即预应力 CFRP 筋被拉断的同时，混凝土被压碎。临界破坏只是一种理想的状态，实际构件一般都不会发生这种类型的破坏。为区分受拉破坏和受压破坏这两种受弯破坏模式，首先对 CFRP 筋混凝土梁在临界破坏模式下的受力状态进行分析。

图 7.4.2 所示为临界破坏时的截面受力状态。

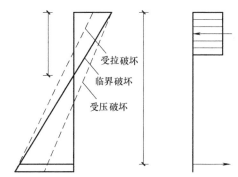

为判断截面中和轴在翼缘内还是在梁肋内，假设中和轴刚好位于翼缘和梁肋的分界线，由内力平衡条件，有

$$E_f \varepsilon_{fu} A_{fb} = \alpha_1 f_c b_f h_f \qquad (7.4.5)$$

则若满足式（7.4.6）时，中和轴在翼缘内，满足式（7.4.7）时，中和轴在梁肋内。

$$A_{fb} \leqslant \alpha_1 f_c b_f h_f / E_f \varepsilon_{fu} \qquad (7.4.6)$$

$$A_{fb} > \alpha_1 f_c b_f h_f / E_f \varepsilon_{fu} \qquad (7.4.7)$$

由平截面假定

$$\frac{\varepsilon_{cu}}{\varepsilon_{fu} - \varepsilon_{f0} - \varepsilon_d} = \frac{x_{cb}}{h_0 - x_{cb}} \qquad (7.4.8)$$

图 7.4.2 临界破坏时的截面应变和应力

由式（7.4.8）可得临界相对受压区高度为

$$\xi_{fb} = \frac{x_{cb}}{h_0} = \frac{\varepsilon_{cu}}{\varepsilon_{cu} + \varepsilon_{fu} - \varepsilon_{f0} - \varepsilon_d} \qquad (7.4.9)$$

当中和轴分别位于翼缘内和梁肋内时，由内力平衡条件

$$E_f \varepsilon_{fu} A_{fb} = \alpha_1 f_c b_f \beta_1 x_{cb} \qquad (7.4.10a)$$

$$E_f \varepsilon_{fu} A_{fb} = \alpha_1 f_c b \beta_1 x_{cb} + \alpha_1 f_c (b_f - b) h_f \qquad (7.4.10b)$$

则 CFRP 筋的临界配筋面积分别为

$$A_{fb} = \frac{\alpha_1 f_c b_f \beta_1 x_{cb}}{E_f \varepsilon_{fu}} \qquad (7.4.11a)$$

$$A_{fb} = \frac{\alpha_1 f_c b \beta_1 x_{cb} + \alpha_1 f_c (b_f - b) h_f}{E_f \varepsilon_{fu}} \qquad (7.4.11b)$$

CFRP 筋的临界配筋率分别为

$$\rho_{fb} = \frac{A_{fb}}{b h_0} = \frac{\alpha_1 f_c b_f \beta_1 x_{cb}}{E_f \varepsilon_{fu} b h_0} \qquad (7.4.12a)$$

$$\rho_{fb} = \frac{A_{fb}}{b h_0} = \frac{\alpha_1 f_c b \beta_1 x_{cb} + \alpha_1 f_c (b_f - b) h_f}{E_f \varepsilon_{fu} b h_0} \qquad (7.4.12b)$$

式中，b_f、h_f 分别为翼缘的宽度和高度；b、h_0 分别为梁肋的宽度和截面有效高度；x_{cb} 为临界破坏时受压区混凝土的高度；α_1、β_1 分别为等效矩形应力图形系数和受压区高度系数，按式（7.4.13）或式（7.4.14）计算。

当 $\varepsilon_c \leqslant \varepsilon_0$ 时

$$\alpha_1 = \frac{1}{\beta}\frac{\varepsilon_c}{\varepsilon_0}\left(1-\frac{\varepsilon_c}{3\varepsilon_0}\right) \tag{7.4.13a}$$

$$\beta_1 = 2 \cdot \frac{1-\dfrac{\varepsilon_c}{4\varepsilon_c}}{3-\dfrac{\varepsilon_c}{\varepsilon_0}} \tag{7.4.13b}$$

当 $\varepsilon_0 < \varepsilon_c \leqslant \varepsilon_{cu}$ 时

$$\alpha_1 = \frac{1}{\beta_1}\left(1-\frac{\varepsilon_0}{3\varepsilon_c}\right) \tag{7.4.14a}$$

$$\beta_1 = \frac{1-\dfrac{2}{3}\dfrac{\varepsilon_0}{\varepsilon_c}+\dfrac{1}{6}\left(\dfrac{\varepsilon_0}{\varepsilon_c}\right)^2}{1-\dfrac{1}{3}\dfrac{\varepsilon_0}{\varepsilon_c}} \tag{7.4.14b}$$

令 ρ_f 为 CFRP 筋的配筋率，ξ_f 为截面相对受压区高度 [$\xi_f = x_c/h_0$, x_c 为任意弯矩 M（不超过极限弯矩 M_u）作用下受压区混凝土的高度]。则由图 7.4.2 可见，当 $\xi_f < \xi_{fb}$ 时，此时 $\rho_f < \rho_{fb}$，构件发生受拉破坏；当 $\xi_f > \xi_{fb}$ 时，此时 $\rho_f > \rho_{fb}$，构件发生受压破坏。

7.4.2.2　任意弯矩作用下的受力分析

图 7.4.3 所示为任一不超过极限弯矩的弯矩 M 作用下的截面应变和应力。

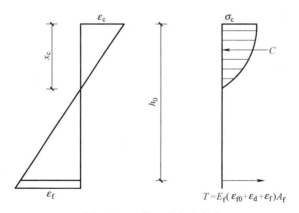

图 7.4.3　截面应变和应力

同理，满足式（7.4.15）时，中和轴在翼缘内，满足式（7.4.16）时，中和轴在梁肋内

$$A_f \leqslant \alpha_1 f_c b_f h_f / E_f(\varepsilon_{f0}+\varepsilon_d+\varepsilon_f) \tag{7.4.15}$$

$$A_f > \alpha_1 f_c b_f h_f / E_f(\varepsilon_{f0}+\varepsilon_d+\varepsilon_f) \tag{7.4.16}$$

第一种情况：中和轴在翼缘内

受压区混凝土的合力 C 可按式（7.4.17）求解

$$C = \int_0^{x_c} \sigma(\varepsilon) \cdot b_f \cdot \mathrm{d}y \tag{7.4.17}$$

合力 C 作用点到受压区混凝土边缘的距离可按式（7.4.18）求解

$$y_c = \frac{\int_0^{x_c} \sigma(\varepsilon) \cdot b_f \cdot (x_c - y) \mathrm{d}y}{\int_0^{x_c} \sigma(\varepsilon) \cdot b_f \cdot \mathrm{d}y} \tag{7.4.18}$$

式中，x_c 为受压区混凝土的高度；b_f 为翼缘宽度；y 为受压区混凝土内任一点到截面中性轴的距离；$\sigma(\varepsilon)$ 为混凝土的受压应力-应变关系，见式（7.4.2）。

将式（7.4.2）分别代入式（7.4.17）、式（7.4.18）中，可得 C 和 y_c 的表达式为

当 $\varepsilon_c \leqslant \varepsilon_0$ 时

$$C = f_c b_f x_c \frac{\varepsilon_c}{\varepsilon_0} \left(1 - \frac{\varepsilon_c}{3\varepsilon_0}\right) \tag{7.4.19a}$$

$$y_c = \frac{1 - \dfrac{\varepsilon_c}{4\varepsilon_0}}{3 - \dfrac{\varepsilon_c}{\varepsilon_0}} x_c \tag{7.4.19b}$$

当 $\varepsilon_0 < \varepsilon_c \leqslant \varepsilon_{cu}$ 时

$$C = f_c b_f x_c - \frac{f_c b_f}{3}\left(\frac{\varepsilon_0}{\varepsilon_c}\right) x \tag{7.4.20a}$$

$$y_c = \frac{\dfrac{1}{2} - \dfrac{1}{3}\dfrac{\varepsilon_0}{\varepsilon_c} + \dfrac{1}{12}\left(\dfrac{\varepsilon_0}{\varepsilon_c}\right)^2}{1 - \dfrac{1}{3}\dfrac{\varepsilon_0}{\varepsilon_c}} \tag{7.4.20b}$$

由平截面假定

$$\frac{\varepsilon_c}{\varepsilon_f} = \frac{x_c}{h_0 - x_c} \tag{7.4.21}$$

由内力平衡条件

$$C = E_f(\varepsilon_{f0} + \varepsilon_d + \varepsilon_f) A_f \tag{7.4.22}$$

截面弯矩为

$$M = E_f(\varepsilon_{f0} + \varepsilon_d + \varepsilon_f) A_f (h_0 - y_c) \tag{7.4.23}$$

第二种情况：中和轴在梁肋内

中和轴在梁肋内时，为便于分析，可将横截面混凝土分解为两部分，如图 7.4.4 所示。

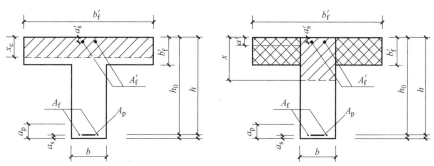

图 7.4.4 T 形截面受力图

令平衡翼缘挑出部分的受压区混凝土压力所需的预应力 CFRP 筋截面面积为 A_{f1}，由平截面假定条件得到的预应力 CFRP 筋应变为 ε_{f1}，受压区混凝土边缘纤维应变为 ε_{c1}；平衡矩形截面部分的受压区混凝土压力所需的预应力 CFRP 筋截面面积为 A_{f2}，由平截面假定条件得到的预应力 CFRP 筋应变为 ε_{f2}，受压区混凝土边缘纤维应变为 ε_{c2}。

1. 翼缘挑出部分的受力分析

翼缘挑出部分的受压区混凝土的合力 C_1 可按式（7.4.24）求解

$$C_1 = \int_0^{h_f} \sigma(\varepsilon) \cdot b_f \cdot \mathrm{d}y \tag{7.4.24}$$

合力 C_1 作用点到受压区混凝土边缘的距离可按式（7.4.25）求解

$$y_{c1} = \frac{\int_0^{h_f} \sigma(\varepsilon) \cdot b_f \cdot (h_f - y) \cdot \mathrm{d}y}{\int_0^{h_f} \sigma(\varepsilon) \cdot b_f \cdot \mathrm{d}y} \tag{7.4.25}$$

式中，b_f 为翼缘宽度；h_f 为翼缘高度；y 为翼缘挑出部分的受压区混凝土内任一点到截面中性轴的距离；$\sigma(\varepsilon)$ 为混凝土的受压应力-应变关系，见式（7.4.2）。

将式（7.4.2）分别代入式（7.4.24）、式（7.4.25）中，可得 C_1 和 y_{c1} 的表达式为

当 $\varepsilon_c \leqslant \varepsilon_0$ 时

$$C_1 = f_c b_f h_f \frac{\varepsilon_c}{\varepsilon_0}\left(1 - \frac{\varepsilon_c}{3\varepsilon_0}\right) \tag{7.4.26a}$$

$$y_{c1} = \frac{1 - \dfrac{\varepsilon_c}{4\varepsilon_0}}{3 - \dfrac{\varepsilon_c}{\varepsilon_0}} h_f \tag{7.4.26b}$$

当 $\varepsilon_0 < \varepsilon_c \leqslant \varepsilon_{cu}$ 时

$$C_1 = f_c b_f h_f - \frac{f_c b_f}{3}\left(\frac{\varepsilon_0}{\varepsilon_c}\right) h_f \tag{7.4.27a}$$

$$y_{c1} = \frac{\dfrac{1}{2} - \dfrac{1}{3}\dfrac{\varepsilon_0}{\varepsilon_c} + \dfrac{1}{12}\left(\dfrac{\varepsilon_0}{\varepsilon_c}\right)^2}{1 - \dfrac{1}{3}\dfrac{\varepsilon_0}{\varepsilon_c}} \tag{7.4.27b}$$

由平截面假定

$$\frac{\varepsilon_{c1}}{\varepsilon_{f1}} = \frac{h_f}{h_0 - h_f} \tag{7.4.28}$$

由内力平衡条件

$$C_1 = E_f(\varepsilon_{f0} + \varepsilon_d + \varepsilon_{f1}) A_{f1} \tag{7.4.29}$$

翼缘挑出部分对应的截面弯矩为

$$M_1 = E_f(\varepsilon_{f0} + \varepsilon_d + \varepsilon_{f1}) A_{f1}(h_0 - y_{c1}) \tag{7.4.30}$$

2. 矩形截面部分的受力分析

矩形截面部分的受压区混凝土的合力 C_2 可按式（7.4.31）求解

$$C_2 = \int_0^{x_c} \sigma(\varepsilon) \cdot b \cdot \mathrm{d}y \tag{7.4.31}$$

合力 C_2 作用点到受压区混凝土边缘的距离可按式（7.4.32）求解

$$y_{c2} = \frac{\int_0^{x_c} \sigma(\varepsilon) \cdot b \cdot (x_c - y) \cdot \mathrm{d}y}{\int_0^{x_c} \sigma(\varepsilon) \cdot b \cdot \mathrm{d}y} \tag{7.4.32}$$

式中，b 为梁肋宽度；x_c 为截面受压区混凝土高度；y 为矩形截面部分的受压区混凝土内任一点到截面中和轴的距离；$\sigma(\varepsilon)$ 为混凝土的受压应力-应变关系，见式（7.4.2）。

将式（7.4.2）分别代入式（7.4.31）、式（7.4.32）中，可得 C_2 和 y_{c2} 的表达式为

当 $\varepsilon_c \leqslant \varepsilon_0$ 时

$$C_2 = f_c b x_c \frac{\varepsilon_c}{\varepsilon_0} \left(1 - \frac{\varepsilon_c}{3\varepsilon_0} \right) \tag{7.4.33a}$$

$$y_{c2} = \frac{1 - \dfrac{\varepsilon_c}{4\varepsilon_0}}{3 - \dfrac{\varepsilon_c}{\varepsilon_0}} x_c \tag{7.4.33b}$$

当 $\varepsilon_0 < \varepsilon_c \leqslant \varepsilon_{cu}$ 时

$$C_2 = f_c b x_c - \frac{f_c b}{3} \left(\frac{\varepsilon_0}{\varepsilon_c} \right) x_c \tag{7.4.34a}$$

$$y_{c2} = \frac{\dfrac{1}{2} - \dfrac{1}{3} \dfrac{\varepsilon_0}{\varepsilon_c} + \dfrac{1}{12} \left(\dfrac{\varepsilon_0}{\varepsilon_c} \right)^2}{1 - \dfrac{1}{3} \dfrac{\varepsilon_0}{\varepsilon_c}} \tag{7.4.34b}$$

由平截面假定：

$$\frac{\varepsilon_{c2}}{\varepsilon_{f2}} = \frac{x_c}{h_0 - x_c} \tag{7.4.35}$$

由内力平衡条件：

$$C_2 = E_f(\varepsilon_{f0} + \varepsilon_d + \varepsilon_{f2}) A_{f2} \tag{7.4.36}$$

矩形截面部分对应的截面弯矩为：

$$M_2 = E_f(\varepsilon_{f0} + \varepsilon_d + \varepsilon_{f2}) A_{f2}(h_0 - y_{c2}) \tag{7.4.37}$$

则当中和轴在梁肋内时，受压区混凝土的合力 C、截面弯矩 M、预应力 CFRP 筋的截面面积 A_f、由平截面假定条件得到的预应力 CFRP 筋应变 ε_f、受压区混凝土边缘纤维的应变 ε_c 分别为

$$C = C_1 + C_2 \tag{7.4.38}$$

$$M = M_1 + M_2 \tag{7.4.39}$$

$$A_f = A_{f1} + A_{f2} \tag{7.4.40}$$

$$\varepsilon_f = \varepsilon_{f1} + \varepsilon_{f2} \tag{7.4.41}$$

$$\varepsilon_c = \varepsilon_{c1} + \varepsilon_{c2} \tag{7.4.42}$$

7.4.2.3 抗弯承载力求解方法

在求解预应力 CFRP 筋混凝土梁的抗弯承载力之前，首先需要判别构件的受弯破坏模式。预应力 CFRP 筋的临界配筋率为 ρ_{fb}，则当预应力 CFRP 筋的配筋率 $\rho_f < \rho_{fb}$ 时，构件

发生受拉破坏；当 $\rho_f > \rho_{fb}$ 时，构件发生受压破坏。

当构件发生受拉破坏时，预应力 CFRP 筋达到极限拉应变，即

$$\varepsilon_f < \varepsilon_{fu} - \varepsilon_{f0} - \varepsilon_d \qquad (7.4.43)$$

当构件发生受压破坏时，受压区混凝土边缘达到极限压应变，即

$$\varepsilon_c = \varepsilon_{cu} \qquad (7.4.44)$$

在以上求解方法中，涉及受弯破坏模式的判别、中和轴位置的判别、受压区混凝土边缘纤维应变的判别等问题，并且还有方程组的求解和计算结果的判断问题，手算很难实现。

为方便求解，通过 MATLAB 软件编写程序进行计算，首先编写以下子程序代码。

子程序一：判断受弯破坏模式，联立式（7.4.6）、式（7.4.7）、式（7.4.9）、式（7.4.10）、式（7.4.11）、式（7.4.12）、式（7.4.14），求解预应力 CFRP 筋的临界配筋率（需要判断中和轴的位置）。

子程序二：当构件发生受拉破坏，假设中和轴在翼缘内，联立式（7.4.15）、式（7.4.19）~式（7.4.23）、式（7.4.43），求解受压区混凝土边缘纤维应变 ε_c 和抗弯承载力 M（需要判断中和轴在翼缘内的假设能否成立，并判断受压区混凝土边缘应变所在的区间，若假设不成立，返回值为空）。

子程序三：当构件发生受拉破坏，假设中和轴在梁肋内，联立式（7.4.16）、式（7.4.26）~式（7.4.30）、式（7.4.33）~式（7.4.43），求解受压区混凝土边缘纤维应变 ε_c 和抗弯承载力 M（需要判断中和轴在梁肋内的假设能否成立，并判断受压区混凝土边缘应变所在的区间，若假设不成立，返回值为空）。

子程序四：当构件发生受压破坏，假设中和轴在翼缘内，联立式（7.4.15）、式（7.4.20）~式（7.4.23）、式（7.4.44），求解由平截面假定条件得到的预应力 CFRP 筋应变 ε_f 和抗弯承载力 M（需要判断中和轴在翼缘内的假设能否成立，若假设不成立，返回值为空）。

子程序五：当构件发生受压破坏，假设中和轴在梁肋内，联立式（7.4.16）、式（7.4.27）~式（7.4.30）、式（7.4.34）~式（7.4.42）、式（7.4.44），求解由平截面假定条件得到的预应力 CFRP 筋应变 ε_f 和抗弯承载力 M（需要判断中和轴在梁肋内的假设能否成立，若假设不成立，返回值为空）。

本书采用 MATLAB7.0，编写所有程序代码，附录 3 为部分 MATLAB 程序，需要指出的是，本书编写的程序需将试验参数手动输入到各个程序中进行计算，若返回值为空，则不是本破坏模式。

7.4.3 挠度计算

预应力 CFRP 筋混凝土梁的挠度可分为两部分，由预应力产生的反拱和由荷载产生的挠度，构件的挠度是荷载产生的挠度减去试验梁的反拱，根据结构力学方法计算反拱和荷载产生的挠度。由于反拱已讨论，本节主要研究荷载产生的挠度。

7.4.3.1 刚度计算的研究

1. 国外预应力混凝土梁刚度的研究

ACI 在钢筋混凝土梁的有效惯性矩法基础上，提出了适合于预应力 FRP 筋混凝土梁

刚度的建议计算方法。有效惯性矩法最早针对钢筋混凝土梁提出，Brenson 通过统计分析试验所得数据，得出带裂缝工作的 FRP 筋混凝土梁在开裂前后的有效惯性矩 I_{eff} 的经验公式，如下：

$$I_{\text{eff}} = \left(\frac{M_{\text{cr}}}{M}\right)^3 I_{\text{g}} + \left[1 - \left(\frac{M_{\text{cr}}}{M}\right)^3\right] I_{\text{cr}} \tag{7.4.45}$$

$$k = \left[\sqrt{(\rho n)^2 + 2\rho n}\right] - \rho n \tag{7.4.46}$$

$$I_{\text{cr}} = \frac{b(kh_0)^3}{3} + nA_{\text{f}}(h_0 - kh_0)^2 \tag{7.4.47}$$

式中，M 为使用荷载下的弯矩；M_{cr} 为开裂弯矩；I_{g} 为截面惯性矩；I_{cr} 为开裂惯性矩；k 为截面中和轴高度系数；n 为预应力筋与混凝土的弹性模量之比 $E_{\text{s}}/E_{\text{c}}$。

从上可知，开裂惯性矩 I_{cr} 由受拉配筋及受压混凝土等效计算得出，当弯矩达到极限弯矩的 50% 以上时，受压区混凝土已进入非线性状态，则由上式得出的刚度大于实际刚度。

Ahmed Ehsan 以有效惯性矩法为基础，通过先张法预应力碳纤维筋的简支梁的试验数据，提出了修正公式如下：

$$I_{\text{eff}} = \left(\frac{M_{\text{cr}}}{M}\right)^{2.5} I_{\text{g}} + \left[1 - \left(\frac{M_{\text{cr}}}{M}\right)^{2.5}\right] I_{\text{cr}} \tag{7.4.48}$$

$$I_{\text{cr}} = \frac{b(kh_0)^3}{3} + nA_{\text{f}}(h_0 - kh_0)^2 \tag{7.4.49}$$

可以看出预应力 CFRP 筋混凝土梁和预应力钢筋混凝土梁惯性矩计算形式大致相同，这表明纤维塑料筋混凝土梁与钢筋混凝土梁变形性能在本质上是一致的。

2. 国内针对纤维塑料筋有粘结预应力混凝土梁短期刚度的相关研究

国内学者大多认为，开裂前将梁看作弹性的；开裂后，刚度降低加快了挠度的增长，因此近似直线。即采用双直线法进行相关的研究，两端直线的斜率对应未开裂时刚度 $E_{\text{c}}I_0$ 和开裂后截面刚度，其中开裂后刚度的计算公式如下：

$$B_{\text{s}} = \frac{E_{\text{c}}I_0}{\frac{1}{\beta_\alpha} + \left(\frac{1}{\beta_{\text{cr}}} - \frac{1}{\beta_\alpha}\right) \cdot \frac{M_{\text{cr}}/M_{\text{k}} - \alpha}{1 - \alpha}} \tag{7.4.50}$$

式中，M_{cr} 为开裂弯矩；β_{cr} 为开裂弯矩时梁的刚度折减系数；α 为梁刚度计算终点；$E_{\text{c}}I_0$ 为梁换算截面刚度；β_α 为弯矩达到刚度计算终点 M_{cr}/α 时梁的刚度折减系数；M_{k} 为按荷载效应的标准组合计算的弯矩。

7.4.3.2　刚度计算公式

按荷载效应的标准组合下短期刚度，可由下列公式计算：

（1）开裂前短期刚度：

$$B_{\text{s}} = 0.85E_{\text{c}}I_0 \tag{7.4.51}$$

式中，E_{c} 为混凝土弹性模量；I_0 为换算截面惯性矩；0.85 为刚度折减系数，考虑混凝土受拉区开裂前出现的塑性变形。

（2）对于使用阶段允许出现裂缝的构件：

将公式进行变换并化简则开裂后的刚度计算公式：

$$B_s = \frac{0.36 E_c I_0}{k_{cr} - 0.4 + (1 - k_{cr})\omega} \tag{7.4.52}$$

$$\omega = -7.552 + 29.316\lambda - \frac{0.0362}{\alpha_E \rho} \tag{7.4.53}$$

$$k_{cr} = \frac{M_{cr}}{M_k} \tag{7.4.54}$$

$$M_{cr} = (\sigma_{pc} + \gamma f_{tk}) W_0 \tag{7.4.55}$$

式中，σ_{pc} 为将全部预应力损失扣除后，预加力在抗裂验算边缘产生的混凝土预压应力；γ 为混凝土构件的截面抵抗矩塑性影响系数：$\gamma = (0.7 + 120/h)\gamma_m$，其中，$\gamma_m$ 为混凝土构件的截面抵抗矩塑性影响系数基本值，按规范取值，矩形截面取 $\gamma_m = 1.55$，T 形取 1.50；W_0 为换算截面受拉边缘的弹性抵抗矩；M_k 为按荷载效应的标准组合计算的弯矩。

7.4.3.3 挠度计算公式

参考钢筋混凝土梁挠度计算公式，针对本试验梁，由结构力学的计算方法，得到计算梁的跨中挠度公式如下，其中 B_s 采用式（7.4.51）与式（7.4.52）计算。

$$f^{cal} = \frac{M_k (3l_0^2 - 4a^2)}{24 B_s} \tag{7.4.56}$$

式中，l_0 为试验梁有效跨度，取 2100mm；试验梁三分点加载 a 取 700mm。

7.4.4 裂缝性能

7.4.4.1 裂缝观察

智能裂缝观测仪采集到的裂缝图如图 7.4.5 所示。

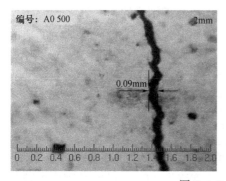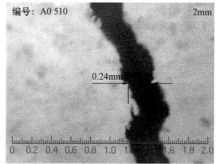

图 7.4.5 裂缝图

7.4.4.2 平均裂缝间距

由国家标准《混凝土结构设计规范》GB 50010—2010（2015 年版），梁裂缝间距 l_{cr} 的计算如下公式：

$$l_{cr} = k_1 c + k_2 d_{eq} + \rho_{te} \tag{7.4.57}$$

式中，c 为底部保护层厚度（mm），取 25～65cm 范围之间；d_{ep} 为纵向受拉钢筋的等效直径（mm）；ρ_{te} 为根据有效受拉混凝土截面面积计算的纵向受拉纤维筋配筋率；k_1、k_2 为经验参数。

根据试验结果求出 l_{cr} 对变量 c、d_{eq}/ρ_{te} 的线性回归方程如下：

$$l_{cr} = -340 + 16c + 0.22\frac{d_{eq}}{\rho_{te}} \qquad (7.4.58)$$

再按照 $k_1 c = -340 + 16c$ 求解出 $k_1 = 1.39$，ρ_{te} 的计算公式为 $\rho_{te} = A_f/A_{te}$，有效受拉混凝土面积 $A_{te} = 2.5b(h - h_0)$。则全无磁预应力碳纤维筋混凝土梁纯弯段裂缝间距的推荐计算公式如下：

$$l_{cr} = 1.41c + 0.23\frac{d_{ep}}{\rho_{te}} \qquad (7.4.59)$$

7.4.4.3 平均裂缝宽度

裂缝宽度指受拉纵筋截面重心水平位置的构件侧表面的裂缝宽度，鉴于裂缝宽度的离散性，以平均裂缝间距为基础来确定平均裂缝宽度。

1. 平均裂缝宽度

平均裂缝宽度 w_m 指构件裂缝区段内纵筋的平均伸长与相应水平位置处构件侧表面混凝土平均伸长值的差值，即：

$$w_m = \varepsilon_{sm} l_m - \varepsilon_{ctm} l_m = \varepsilon_{sm}\left(1 - \frac{\varepsilon_{ctm}}{\varepsilon_{sm}}\right) \cdot l_m \qquad (7.4.60)$$

式中，ε_{sm} 为纵向受拉筋的平均拉应变；ε_{ctm} 为纵向受拉筋高度处表面混凝土的平均拉应变。

定义 α_c 为裂缝间混凝土自身伸长对裂缝宽度的影响系数，$\alpha_c = 1 - \varepsilon_{ctm}/\varepsilon_{sm}$，$\alpha_c$ 变化不大，为简化计算，对本受弯试验梁取 $\alpha_c = 0.85$。

$$w_m = 0.85\psi\left(1.39c + 0.22\frac{d_{eq}}{\rho_{te}}\right) \cdot \frac{\sigma_{sk}}{E_s} \qquad (7.4.61)$$

式中，ψ 为裂缝间纵向受拉筋应变不均匀系数；试验研究表明，ψ 可近似表达为：$\psi = 1.1 - 0.65\frac{f_{tk}}{\rho_{te}\sigma_{sk}}$，当 $\psi < 0.2$ 时，取 $\psi = 0.2$；当 $\psi > 1$ 时，取 $\psi = 1$。

2. 纵向受拉筋的等效应力

δ_{sk} 为裂缝截面处受拉纵筋重心处的拉应力，且考虑到非预应力筋的应力 σ_{sk} 及预应力碳纤维筋的应力增量 $\Delta\delta_f$ 对其的影响。对开裂截面建立内力平衡方程，得到：

$$M_k = N_{p0}(Z - e_p) + (\Delta\sigma_f A_f + \sigma_{sk} A_s)Z \qquad (7.4.62)$$

式中，N_{p0} 为法向应力为零纵向预应力碳纤维筋和非预应力钢筋的合力；Z 为受拉区纵向受拉筋合力点到受压区合力点的距离；e_p 为 N_{p0} 作用点到受拉区预应力筋合力点距离。

对上式进行变换，并引入纵筋等效应力系数 λ_{fe}，可以得到：

$$l_{cr} = 1.39c + 0.22\frac{d_{eq}}{\rho_{te}} \qquad (7.4.63)$$

$$\sigma_{sk} = \frac{M_k - N_{p0}(Z - e_p)}{(\lambda_{fe} A_f + A_s)Z} \qquad (7.4.64)$$

预应力筋应变增量 $\Delta\varepsilon_f$ 与非预应力筋应变增量 ε_s 由线性回归，得出 $\Delta\varepsilon_f/\varepsilon_s$，由公式（7.4.64）可以计算等效纵筋应力系数 λ_{fe} 的值。

3. 平均裂缝宽度公式

参考钢筋混凝土结构关于平均裂缝宽度的计算方法，将 l_{cr}、σ_{sk} 代入公式（7.4.65）

则平均裂缝宽度计算公式:

$$w_{max} = \alpha_{cr} \psi \frac{\sigma_{sk}}{E_s} \left(1.8c + 0.07 \frac{d_{eq}}{\rho_{te}} \right) \tag{7.4.65}$$

7.4.4.4 最大裂缝宽度

参考《混凝土结构设计规范》GB 50010—2010(2015 年版),结合试验结果对最大裂缝宽度公式进行修正,修正后计算值与试验结果基本吻合,修正后建议计算公式为:

$$\lambda_{fe} = \frac{\Delta \delta_f}{\sigma_{sk}} = \frac{\Delta \varepsilon_f}{\varepsilon_s} \cdot \frac{E_f}{E_s} \tag{7.4.66}$$

式中,ψ、c、ρ_{te} 的定义与前面相同,若 $\rho_{te} < 0.01$,取 $\rho_{te} = 0.01$;α_{cr} 为构件受力特征系数,本受弯构件取 $\alpha_{cr} = 2.1$。

7.4.5 数值模拟

针对本试验中的 CFRP 筋混凝土梁,采用非线性有限元分析抗弯承载力和变形,本书针对非线性数值模拟分析的重点过程和重要结果作简单的介绍,并与试验所得数据进行对比。

7.4.5.1 单元选取

定义材料特性,四根梁中,由于 SOLID65 具有拉裂、压碎、塑性变形及蠕变的特点,因此混凝土采用 SOLID65 单元;由于 LINK180 具有蠕变、大应变、各向异性的特点,因此,碳纤维筋采用 LINK180 单元。由于构件几何和荷载的对称性,为提高运算效率,可仅取 1/2 结构进行分析,本书主要以 TC21 为例介绍具体建模过程。

7.4.5.2 网格划分

在建立 CFRP 筋混凝土梁的有限元分析模型时,理想地认为 CFRP 筋与混凝土的粘结完好,不产生粘结滑移,因此,建模时令 CFRP 筋单元和混凝土单元共用节点。虽然这与实际受力情况相比有所差异,但由于 CFRP 筋混凝土具有很好的粘结性能,试验中 CFRP 筋混凝土梁并未发生粘结破坏,试验后砸开梁经检查锚固效果良好,因此,采用粘结模型进行数值模拟是可行的。

对矩形梁可直接划分为正交的规则的网格,对于 T 形梁,将模型划分为规则的长方体后再进行规则的网格划分,如图 7.4.6 所示。

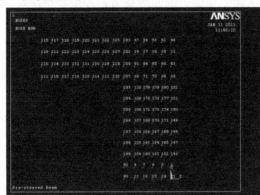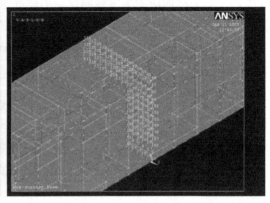

图 7.4.6 TC21 梁网格划分

由于试验梁的对称性，取 Y 轴为垂直向上，建立 1/2 模型如图 7.4.7 所示。

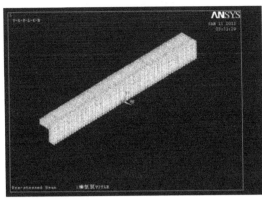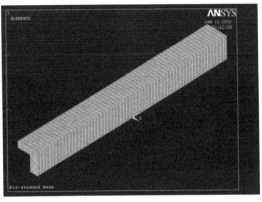

图 7.4.7 TC21 梁 1/2 模型

网格划分后，为方便布置箍筋，每个节点间设计 100mm 的间距，本试验梁加密区箍筋间距 100mm，纯弯段箍筋间距为 200mm，保护层厚度设置为 30mm，如图 7.4.8 所示为单个箍筋间距内的箍筋模型，通梁布置箍筋。

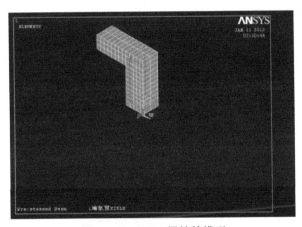

图 7.4.8 TC21 梁箍筋模型

7.4.5.3 计算及结果

(1) 试验梁破坏时，碳纤维筋达到了实验所测得极限拉应变，模型计算所得梁的极限荷载为 298.6kN，与试验所得极限荷载 285kN 相比，误差为 4.8%，如图 7.4.9 所示。

试验梁在接近极限荷载时，CFRP 筋的拉力分布图表明，试验梁的正中间处 CFRP 筋的拉力最大，如图 7.4.10 所示。

(2) 试验梁变形：对本模型进行三分点加载，试验梁变形云图如图 7.4.11 所示，由 ANSYS 建立的模型计算跨中挠度为 34.2088mm，与实验测得 TC21 梁极限挠度 29.909mm 相比，误差为 14.4%，跨中挠度计算结果如图 7.4.12 所示。

7.4.5.4 其余梁计算结果

TC12 数值模拟计算结果为：CFRP 筋极限拉力为 127.372kN，TC12 梁极限挠度为 34.4856mm，极限荷载为 298.865kN。计算结果如图 7.4.13 所示。

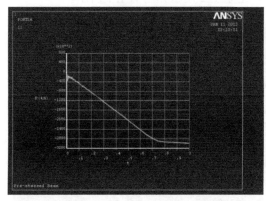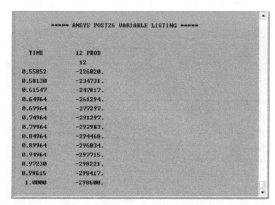

图 7.4.9　TC21 梁极限荷载

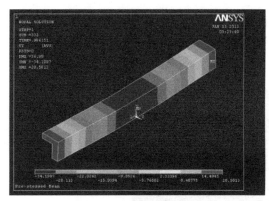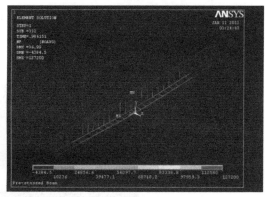

图 7.4.10　CFRP 筋拉力图　　　　　　　图 7.4.11　试验梁变形云图

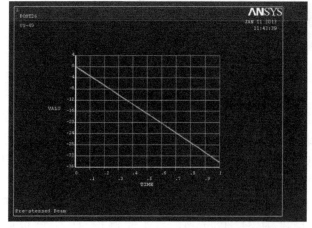

图 7.4.12　TC21 梁跨中挠度

TC22 梁的计算结果为：CFRP 筋极限轴力为 126.294kN，TC22 梁极限挠度为 34.3703mm，极限荷载为 387.553kN，计算结果如图 7.4.14 所示。

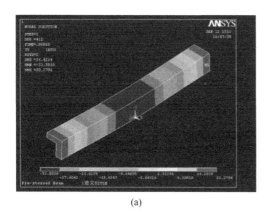

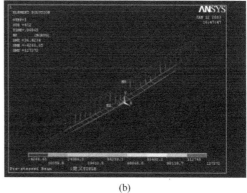

(a)   (b)

TIME	12 PROD 12
0.62322	-261446.
0.65697	-274980.
0.67947	-282939.
0.70197	-290996.
0.71716	-295754.
0.73235	-294576.
0.75513	-293034.
0.78930	-293752.
0.83930	-295281.
0.88930	-296545.
0.93930	-297847.
0.96965	-298252.
1.0000	-298865.

TIME	21 UY UY-21
0.62322	-21.2263
0.65697	-22.3741
0.67947	-23.1397
0.70197	-23.9099
0.71716	-24.4204
0.73235	-24.9522
0.75513	-25.7757
0.78930	-26.9765
0.83930	-28.7573
0.88930	-30.5406
0.93930	-32.3220
0.96965	-33.4068
1.0000	-34.4856

(c)   (d)

图 7.4.13　TC12 梁各计算结果

（a）CFRP 筋拉力图；（b）试验梁变形云图；（c）跨中极限挠度值；（d）极限荷载计算结果

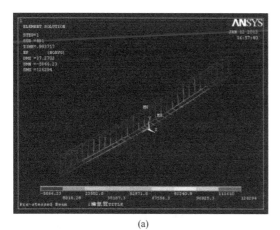

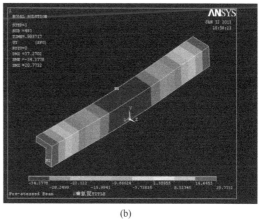

(a)   (b)

图 7.4.14　TC22 梁各计算结果

（a）CFRP 筋拉力图；（b）试验梁变形云图

0.84143	-28.7967
0.85276	-29.1984
0.86408	-29.5920
0.88106	-30.1921
0.90654	-31.0846
0.91428	-31.3582
0.92202	-31.6304
0.93362	-32.0373
0.95104	-32.6491
0.97715	-33.5680
0.98743	-33.9286

***** ANSYS POST26

TIME	7 UY
	UY-7
0.99372	-34.1500
1.0000	-34.3703

0.84143	-382438.
0.85276	-383838.
0.86408	-383778.
0.88106	-384399.
0.90654	-384508.
0.91428	-384887.
0.92202	-385574.
0.93362	-385981.
0.95104	-386448.
0.97715	-387232.
0.98743	-387155.

***** ANSYS POST26 VA

TIME	12 PROD
	12
0.99372	-387601.
1.0000	-387553.

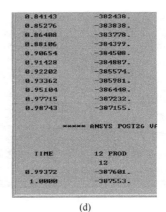

(c)   (d)

图 7.4.14　TC22 梁各计算结果（续）

(c) 跨中极限挠度值；(d) 极限荷载计算结果

矩形梁采用 1/2 模型计算，C12 梁数值模拟计算结果如图 7.4.15 所示。

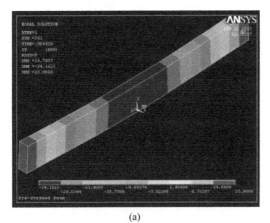
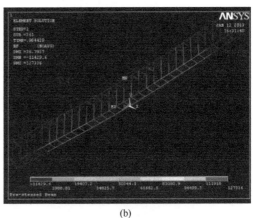

(a)   (b)

0.42814	-14.7043
0.45115	-15.4921
0.48566	-16.6793
0.52018	-17.8638
0.57018	-19.5779
0.62018	-21.2859
0.67018	-23.0006
0.72018	-24.7109
0.77018	-26.4354
0.79268	-27.2210
0.80280	-27.5778
0.81293	-27.9312
0.82812	-28.4674
0.84330	-28.9968
0.86609	-29.7992
0.90026	-30.9961
0.93443	-32.1993
0.98443	-33.9540
1.0000	-34.5014

0.42814	-161109.
0.45115	-169445.
0.48566	-181697.
0.52018	-194356.
0.57018	-212458.
0.62018	-230514.
0.67018	-248435.
0.72018	-266282.
0.77018	-282940.
0.79268	-283853.
0.80280	-284637.
0.81293	-285393.
0.82812	-284515.
0.84330	-285181.
0.86609	-285496.
0.90026	-286053.
0.93443	-287515.
0.98401	-288401.
1.0000	-288490.

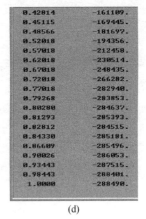

(c)   (d)

图 7.4.15　C12 梁计算结果

(a) CFRP 筋拉力图；(b) 试验梁变形云图；(c) 跨中极限挠度值；(d) 极限荷载计算结果

7.4.5.5 数值模拟与试验值对比

通过非线性有限元软件对本模型的四根梁进行分析，所分析的 CFRP 筋试验梁均达到试验所测极限拉应变，将数值模拟与试验数据对比如表 7.4.2 所示。

数值模拟与试验数据对比表				表 7.4.2
类别	TC12	TC21	TC22	C12
模拟荷载(kN)	298.865	298.600	387.553	288.490
试验荷载(kN)	258.000	271.000	310.000	240.000
误差(%)	15.8	10.1	25.0	20.2
模拟挠度(mm)	34.485	34.209	34.370	34.502
试验挠度(mm)	31.598	29.909	25.509	32.453
误差(%)	9.1	14.4	34.7	6.3

试验所测结果受影响因素较多，且非线性分析模拟存在一定假定，通过 ANSYS 软件对本模型进行非线性数值分析得到的极限荷载值与试验值平均误差为 17.77%，极限挠度平均误差为 16.10%。

8 玄武岩复合材料环形等径混凝土支柱力学性能研究

8.1 引言

钢筋的锈蚀问题是长期以来困扰土木工程界的棘手问题，在侵蚀性环境中，随着氯离子的渗透、扩散，钢筋混凝土结构内部的碱性环境受到严重破坏，产生明显的碱骨料反应，钢筋的混凝土保护层发生严重碳化，失去对钢筋的保护作用，从而导致钢筋严重锈蚀和结构开裂，严重地影响了钢筋混凝土结构的耐久性、工作性和可靠性，甚至影响结构安全。为保证钢筋混凝土结构的正常使用和承载能力，往往需要花费大量资金进行结构加固与修复，极端情况下只能废弃或拆除重建，造成极大浪费。为解决钢筋锈蚀问题，科研人员根据具体情况采取了相应的措施，如增强混凝土的密实性、采用阴极保护法或环氧涂层保护法等增强钢筋的耐锈蚀能力等，但代价是增加工程造价，而且收效并不理想。

电气化铁路接触网环形等径混凝土支柱主要承担接触网施加的各种作用以及车辆运行过程中施加的各种作用，对铁路的运行安全起着重要作用。环形等径混凝土支柱的增强材料采用钢筋、预应力筋等传统建筑材料，因此，钢筋的锈蚀问题无法避免，特别是对于沿海、海岛、寒冷地区以及盐碱地带的线路，碱骨料反应、水相作用、混凝土碳化相对其他地区更加严重，极易导致支柱开裂。环形等径混凝土支柱表面为裸露混凝土，且处于露天环境，当直接受到冻融循环、盐碱侵蚀、湿热循环、干湿交替等外部环境作用影响时，在远未达到支柱设计使用年限的情况下，支柱内钢筋即产生较为严重的锈蚀，在锈胀力的进一步作用下，支柱表面沿钢筋方向形成显著的肉眼可见的纵向构造裂缝（见图8.1.1），严重降低了构件的耐久性能，需要及时进行更换，造成了构件浪费。

图 8.1.1　预应力混凝土支柱锈胀裂缝

为解决环形等径混凝土支柱的开裂问题，提高支柱的抗裂能力、工作性能和耐久性能，更好地适应不同自然环境条件与气候，尤其是侵蚀性环境的长期作用，从玄武岩复合材料着手，利用玄武岩复合材料轻质、高强、耐腐蚀、无磁性、非导电等优良材料特性，将玄武岩复合材料加入支柱中，提出了不同的改良配筋方案，从而为电气化铁路接触网环形等径混凝土支柱的开裂防治提供有效解决方案，为玄武岩复合材料增强环形等径混凝土支柱的工程应用提供技术储备，并积极探索全无磁耐腐蚀环形等径混凝土支柱的技术途径。

采用玄武岩复合材料增强环形等径混凝土支柱，可以充分利用玄武岩复合材料的技术优势，有效解决侵蚀性环境中支柱的耐久性问题，具有传统的钢筋混凝土结构所无法比拟的显著优势。

（1）适应侵蚀性环境对环形等径混凝土支柱的使用要求，有效提高支柱的抗裂能力、工作性能和耐久性能，极大节省后期维护费用。

在混凝土中加入适量的玄武岩复合材料，混凝土的抗裂能力能显著增强，可以有效避免构造裂缝的产生，并且复合材料也不存在锈蚀问题，从而极大提高构件的耐久性能。通过合理设计，可以使复合材料发挥"桥联"作用，即使有裂缝产生，裂缝之间的复合材料也能有效承担因混凝土开裂而转移过来的拉应力，裂缝发育受到有效抑制，呈细密状，并且是可以闭合恢复的，不至于发展成有害裂缝，确保构件良好的工作性能和耐久性能。

（2）将环形等径混凝土支柱中的钢筋、预应力筋全部替换为玄武岩复合材料，可以彻底解决钢筋锈蚀问题，大幅提高工程结构的耐腐蚀性能和耐久性能。

由于玄武岩复合材料为非金属材料，具有优异的耐腐蚀性能，将其作为增强材料用于环形等径混凝土支柱中，可彻底解决位于恶劣环境下（沿海、海岛、寒冷地区以及盐碱地带）的钢筋锈蚀问题，从而大幅增加结构的耐久性和可靠性，提高恶劣条件下支柱的使用寿命，保证支柱的正常使用，同时可以大幅节省支柱的后期维护、更换费用。

本章研究内容主要包括：

（1）研制用于环形等径混凝土支柱的玄武岩复合材料，包括玄武岩短切纤维、玄武岩格栅、玄武岩筋，并满足玄武岩复合材料环形等径混凝土支柱结构性能检验的技术要求。

（2）制定玄武岩复合材料增强环形等径混凝土支柱配筋方案，设计、制作玄武岩复合材料环形等径混凝土支柱试件，采用悬臂式试验方法进行加载测试，检验支柱的承载能力，满足支柱标称容量大于 $100kN \cdot m$ 的技术指标要求。

本章研究目的：利用玄武岩复合材料轻质、高强、耐腐等优良材料特性，适应侵蚀性环境对环形等径混凝土支柱的使用要求，研究制定玄武岩复合材料环形等径混凝土支柱的技术方案，为电气化铁路接触网环形等径混凝土支柱的开裂防治提供有效解决方案，为玄武岩复合材料增强环形等径混凝土支柱的工程应用提供技术储备，并积极探索全无磁耐腐蚀环形等径混凝土支柱的技术途径，推动新技术工程应用。

8.2　支柱方案设计

为解决预应力混凝土支柱的开裂问题，提高支柱的抗裂能力、工作性能和耐久性能，更好适应不同自然环境条件与气候，尤其是侵蚀性环境的长期作用，项目组从复合纤维材料着手，利用复合纤维材料轻质、高强、耐腐蚀、无磁性、非导电等优良材料特性，提出了四个方案，分别是混杂配筋方案、外包式钢与复合纤维复合筋方案、组合式钢与复合纤维复合筋方案、纤维增强混凝土方案，各方案的具体内容见相关章节。对于各方案之间的优选，除了依据理论分析和试验测试所提供的定量结果之外，还需综合考虑成本控制、施工便利与工程推广应用等方面的要求。

8.2.1　混杂配筋方案

混杂配筋支柱的尺寸与现支柱相同，其横截面配筋与纵截面配筋分别如图 8.2.1、图 8.2.2 所示。混杂配筋支柱中的预应力筋仍采用预应力钢丝，其余配筋均采用复合纤维筋，包括复合纤维筋纵筋、复合纤维筋网格筋、复合纤维加劲筋。通过采取这些措施，最大程度上避免筋材锈蚀或腐蚀，有效提高构件的抗裂能力、工作性能和耐久性能。

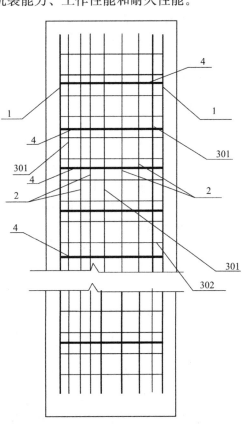

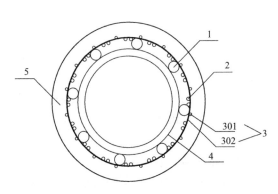

图 8.2.1　混杂配筋支柱横截面配筋示意图
1—复合纤维筋；2—预应力钢丝；3—复合纤维
网格筋（301 为轴向筋，302 为环向筋）；
4—复合纤维加劲筋；5—混凝土

图 8.2.2　混杂配筋支柱纵截面（经过圆心）
配筋投影示意图
1—主筋；2—预应力钢丝；3—复合纤维
网格筋（301 为轴向筋，302 为环向筋）；
4—复合纤维加劲筋

混杂配筋支柱的技术特点是：

（1）采用混合配筋方式

由于复合纤维筋为各向异性的材料，其横向抗剪及抗挤压强度较弱，不能直接采用传统的钢筋锚具，因此需要特制专用的锚具来对其施加预应力。若采用粘结式锚具，由于粘结材料需要一定时间养护才能完全固化，这样会导致构件制作效率低下，并且粘结式锚具主要用于在实验室对复合纤维筋的材料性能进行测试，不便于在实际工程中大量使用。若采用机械式锚具，则需要避免机械夹持力对筋材造成损伤，以及锚具内局部应力集中的不利影响，从而避免筋材在锚具内发生过早破坏，这就对锚具设计与制作提出了很高的要求，从目前的技术水平来看，机械式锚具的可靠性还有所欠缺，需要进一步改良。

因此，混杂配筋支柱中采用了混杂配筋的方式，如此一来，一方面可以避免对复合纤维筋施加预应力，从而便于构件的制作，在确保构件质量的同时提高生产制作效率；另一方面可以充分利用复合纤维筋高强、轻质、耐腐等优良材料性能，与现支柱相比，混杂配筋支柱在相同配筋率条件下可以获得更高的承载力，在相同承载力条件下可以大幅减少复合纤维筋的用量，从而有效控制构件制作成本、减轻构件重量并进一步方便构件的制作，并且更为重要的是，可以彻底根除这部分筋材的锈蚀或腐蚀问题。

（2）采用复合纤维网格筋作为横向配筋

与螺旋钢筋相比，复合纤维网格筋的强度更高，格栅的"握裹"作用也更强，能对构件核心区混凝土提供更强的约束作用，从而提高构件的承载能力，同时也可以在一定程度上提高构件的抗裂能力，并且复合纤维网格筋也不存在锈蚀或腐蚀问题。在配筋设计时，复合纤维网格筋与复合纤维纵筋、复合纤维加劲筋、预应力筋等综合考虑，实现合理搭配、合理用材，避免因筋材过密、重叠而影响混凝土浇筑质量。

8.2.2　外包式钢与复合纤维复合筋方案

此方案支柱的尺寸、配筋方案与现支柱相同，不同之处是，支柱采用外包式钢与复合纤维复合筋（简称外包式复合筋）作为混凝土的增强筋。外包式复合筋的构造如图8.2.3所示，钢筋或预应力筋表面包裹复合纤维布，复合纤维布与钢筋或预应力筋之间密贴，从而使复合筋表面的变形特征与内部钢筋或预应力筋表面的变形特征一致，以保证复合筋与混凝土之间良好的粘结锚固。

支柱采用外包式复合筋，可以有效避免或减轻钢筋的锈蚀或腐蚀，提高构件的抗裂能力、工作性能和耐久性能。外包式复合筋支柱的技术特点是：

（1）外包复合纤维布几乎不增加钢筋或预应力筋的截面尺寸，这样仍可采用原有成熟的配筋方案，不需重新进行配筋设计，节省工作量。

（2）与支柱全部采用纤维筋配筋相比，由于钢筋的存在，采用外包式复合筋配筋的支柱仍然具有较大刚度，具备足够的抗变形能力。

（3）由于核心钢筋或预应力筋的存在，外包式复合筋仍然可以采用传统的锚具和夹具来施加预应

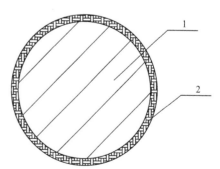

图8.2.3　外包式复合筋构造示意图
1—钢筋或预应力筋；2—复合纤维布

力，与纤维筋相比，不必重新研制专用锚具，便于预应力的施加和支柱的制作。

（4）利用复合纤维布高强、轻质、耐腐蚀的材料特性，外包式复合筋能够发挥三个方面的作用：一是外包复合纤维布可以用作钢筋的防腐隔离层，有效避免或减轻钢筋的锈

蚀、腐蚀，提高支柱的耐久性能；二是外包复合纤维布与钢筋共同工作，纵向可承受较大拉力，横向可提供较强的约束，这样即使有锈胀力产生，也不会轻易造成支柱开裂，提高支柱的抗裂能力；三是几乎不增加支柱重量，与支柱全部采用纤维筋配筋相比，复合材料的用量大大减少，成本得到有效控制，技术改进与成本增加达到较好平衡。

8.2.3 组合式钢与复合纤维复合筋方案

此方案支柱的尺寸、配筋方案与现支柱相同，不同之处是，支柱采用组合式钢与复合纤维复合筋（简称组合式复合筋）作为混凝土的增强筋。组合式复合筋的构造如图 8.2.4 所示，复合筋核心为钢筋或预应力筋，外层为环形纤维筋，二者通过特殊工艺结合为整体，复合筋外表面采用缠绕工艺形成表面肋（即在筋材成型过程中，通过缠绕装置在其表面缠绕纱线，成型后拆除纱线。由于纤维筋的可塑性非常强，可以根据需要制得各种肋参数的筋材），以保证复合筋与混凝土之间良好的粘结锚固。

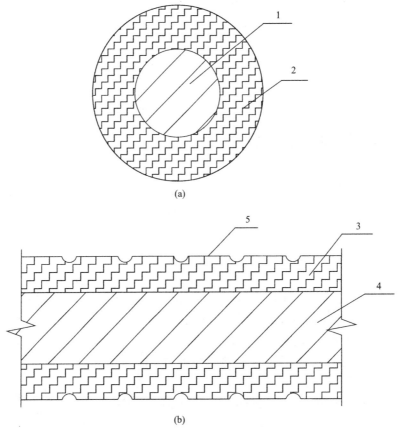

图 8.2.4 组合式复合筋构造示意图

（a）横截面示意图；（b）纵截面（通过圆心）示意图

1—钢筋或预应力筋；2、3—纤维筋；4—钢筋或预应力筋；5—表面肋

支柱采用组合式复合筋配筋，可以有效避免或减轻钢筋的锈蚀或腐蚀，提高构件的抗裂能力、工作性能和耐久性能。组合式复合筋支柱的技术特点是：

（1）利用纤维筋高强、轻质、耐腐蚀的材料特性，组合式复合筋能够发挥三个方面的作用：一是在保证支柱强度的前提下，减少复合筋的截面尺寸，当配筋密集时，便于筋材的绑扎和混凝土的浇筑；二是外层纤维筋与核心钢筋共同工作，复合筋纵向受力和核心钢筋横向约束都能得到有效保证，提高支柱的抗裂能力，并且外层纤维筋可以用作核心钢筋的防腐隔离层，有效防止核心钢筋的锈蚀或腐蚀，提高支柱的耐久性能；三是大幅降低筋材重量，方便施工搬运与操作，与支柱全部采用纤维筋配筋相比，复合材料的用量大大减少，成本得到有效控制，技术改进与成本增加达到较好平衡。

（2）与支柱全部采用纤维筋配筋相比，由于钢筋的存在，采用组合式复合筋配筋的支柱仍然具有较大刚度，具备足够的抗变形能力。

（3）由于核心钢筋或预应力筋的存在，组合式复合筋仍然可以采用传统的锚具和夹具来施加预应力，与纯纤维筋相比，不必重新研制专用锚具，便于预应力的施加和支柱的制作。

8.2.4　纤维增强混凝土方案

纤维对混凝土的增强机理主要依赖于纤维与混凝土界面的粘结力或剪应力传递，当纤维表面粗糙时，还包括纤维与混凝土之间的机械咬合力。因此，在混凝土开裂之前，纤维和混凝土共同承担拉应力；混凝土开裂后，混凝土承受的拉应力逐渐转移到纤维。纤维在混凝土中所提供的这种作用机理称之为纤维的"桥联"作用。

在混凝土中掺入适量的短切纤维或粗纤维，混凝土的抗裂能力能显著增强，可以有效避免构造裂缝的产生，并且复合纤维也不存在锈蚀或腐蚀问题，从而极大提高构件的耐久性能。通过合理设计，可以使纤维发挥"桥联"作用，即使有裂缝产生，裂缝之间的纤维也能有效承担因混凝土开裂而转移过来的拉应力，裂缝发育受到有效抑制，呈细密状，并且是可以闭合恢复的，不至于发展成有害裂缝，确保构件良好的工作性能和耐久性能。在纤维的"桥联"作用下，纤维混凝土受拉开裂后，纤维将继续发挥作用，通过合理设计，纤维混凝土可以获得良好的变形性能和应变能力，混凝土受拉的脆性性质可以得到显著改善，构件的延性、韧性、耗能能力均能显著提升。

当纤维与补偿收缩混凝土配合使用时，纤维能够提供充分的内部约束，此时即使不配置箍筋，不利用箍筋的横向约束作用，构件也具备较好的裂缝控制能力。因此，纤维与补偿收缩混凝土配合使用，可以实现两种材料的相容互补，有效提高构件在温度、收缩、外力等各种作用下的抗裂能力，改善构件的耐久性能和工作性能。

影响纤维混凝土力学性能的主要因素包括：纤维类型、纤维长径比、纤维形状特征、纤维体积比、混凝土强度、纤维混凝土的尺寸、形状与制备方法，以及骨料尺寸。因此，纤维混凝土的力学性能极易受到不同参数设置的影响。通过合理设置、匹配各项参数，添加纤维能显著提高混凝土的应变能力、抗冲击性能、耗能性能、抗剪强度和抗拉强度，使混凝土获得充分的抗力，更好地适应疲劳应力、收缩应力和温度应力的作用。而若参数设置不当，添加纤维对混凝土的力学性能几乎没有影响，甚至会降低混凝土的工作性能或力学性能。

混凝土中添加短切纤维或粗纤维时，应合理调整混凝土的配合比，这对纤维混凝土获得良好的工作性能并能充分利用纤维的优良特性至关重要。为使纤维混凝土具备良好的和易性、黏聚性和保水性，可能需要采取的措施包括限制骨料尺寸，优化颗粒级配，增加水泥用量，合理使用外加剂，如有必要还可添加粉煤灰或其他掺合料。

此外，为使纤维均匀分散在混凝土中，避免出现纤维黏聚成团，纤维混凝土需采用特殊的制备方法。根据项目组的研究经验，可采用纤维后掺法制作纤维混凝土，搅拌机械为强制式混凝土搅拌机，具体制备方法阐述如下：

（1）将水泥、粗细骨料、粉煤灰（根据纤维混凝土工作性能要求考虑是否添加）等干料放入搅拌机干拌 1～2min；

（2）待粉料充分混合之后加入水和减水剂湿拌 4～5min；

（3）待拌合物流态达到要求之后加入纤维，在掺入纤维的过程中注意缓慢加入，避免因大量纤维突然掺入基体而导致纤维黏聚成团，加入纤维后搅拌 8～10min，直至纤维分散均匀。

在浇筑纤维混凝土试件时，不应采取振捣棒或其他内部振捣方式对纤维混凝土进行振捣密，从而避免影响到纤维分布的均匀性。为使纤维混凝土密实，可采用振动台对试件施加振动。

纤维增强混凝土支柱需要解决的技术问题主要包括纤维类型的选择、纤维形状特征的选择、纤维长径比的确定和纤维体积含量的确定，解决这些技术问题，必须通过合理的试验设计和充分的试验数据分析来提供解决方案。四个方面的技术问题具体阐述如下：

（1）纤维类型的选择。纤维混凝土常用的复合纤维包括玻璃纤维（GF 纤维）、玄武岩纤维（BF 纤维）、聚丙烯纤维（PP 纤维）、聚乙烯纤维（PE 纤维）、聚乙烯醇纤维（PVA 纤维）等。采用不同类型的纤维制备的纤维混凝土，其工作性能和力学性能存在较大差异。PE 纤维和 PVA 纤维增韧效果良好，可用于制备对延性和韧性有较高要求的混凝土，但为避免纤维发生脆性拔断破坏而不是延性拔出破坏，从而降低增韧效果，PE 纤维和 PVA 纤维的表面经过特殊涂油处理，因而搅拌过程中易于出现纤维黏聚成团和纤维分布不均匀的现象，需要改进制备方法。与 PE 纤维和 PVA 纤维相比，采用玄武岩纤维将会使纤维混凝土获得更好的工作性能，玄武岩纤维未经表面特殊处理，搅拌过程中不易出现纤维黏聚成团现象，纤维的分布也更加均匀，并且玄武岩纤维的成本相对较低，便于工程推广应用，但相比之下，玄武岩纤维对混凝土的力学性能改善不如 PE 纤维和 PVA 纤维明显。PP 纤维的长期性能和耐久性能欠佳，玻璃纤维的耐腐蚀性能不如玄武岩纤维，因此，初步筛选排除采用 PP 纤维和玻璃纤维。

（2）纤维形状特征的选择。从截面尺寸上区分，纤维可以分为单向短纤维和粗纤维两种类型，如图 8.2.5 所示。其中，单向短纤维仅含纤维本体，不含树脂，其截面尺寸很小，因此将其称为 micro-fibers；粗纤维可以视为缩小的纤维筋，即由纤维和树脂胶结而成，其截面尺寸较大，因此将其称为 macro-fibers。从截面形状上区分，纤维的截面包括圆形、矩形、半圆形以及不规则截面。从表面特征上区分，纤维分为光滑纤维和粗糙纤维两种类型。这些形状特征对纤维混凝土的工作性能和力学性能均有较大影响，如小直径纤维、长纤维、非圆形截面纤维、粗糙纤维的比表面积更大，其抗拔力更高，界面粘结力更大，因而纤维增强效率更加显著，但同时也可能会因粘结力过大而发生脆性纤维拉断破坏，削弱纤维"桥联"作用，导致延性和韧性不足。因此，应合理选择纤维的形状特征，以便充分发挥纤维的特性。

图 8.2.5　玄武岩纤维（左：micro-fibers，右：macro-fibers）

（3）纤维长径比的确定。倘若逐一考虑各项形状特征对纤维混凝土的影响，则会使得试验设计困难，缺乏操作性。因此，可采用纤维长径比这一参数综合反映纤维的形状特征。纤维长径比是指纤维长度与直径的比值（对于非圆形截面，则将其换算为相同面积的圆形截面）。理论上而言，长径比越大，纤维比表面积越大，截面粘结力越大，纤维增强效率越显著。但随着长径比的增大，纤维的"桥联"作用会受到破坏，削弱构件的延性和韧性，纤维混凝土的工作性能将会降低，纤维在混凝土中的分布也会更加不均匀。因此，应合理确定纤维的长径比，控制最大长径比，取得最佳效果。

（4）纤维体积含量的确定。纤维体积含量对纤维混凝土的工作性能和力学性能有着重要影响。纤维体积含量小，虽然可使纤维混凝土获得较好的工作性能，但纤维的增强效果和"桥联"作用不明显，不能显著改善混凝土的力学性能。反之，纤维体积含量大，虽然能显著提高混凝土的力学性能，但会造成搅拌困难，导致纤维黏聚成团和纤维分布不均匀等现象的产生，严重影响纤维混凝土的工作性能。研究表明，纤维混凝土的力学性能与纤维体积含量之间并不存在正比关系，也就是说，随着纤维体积含量的增加，纤维混凝土的力学性能并不一定随之提高；而在结构构件上的某些关键区域，较低的纤维体积含量可能会导致无法承受的强度降低。因此，纤维体积含量的准确确定至关重要，必须通过合理试验设计，借助充足的试验数据，确定最优纤维体积含量和临界纤维体积含量。

8.2.5　支柱方案的筛选和组合

从调研情况来看，造成预应力混凝土支柱开裂的主要原因是外部环境侵蚀引起钢筋锈蚀产生锈胀力而导致构件开裂，解决这一问题最彻底最有效的方案是采用全复合纤维筋配筋，即将支柱中的钢筋和预应力筋全部替换为复合纤维筋（非简单置换，需重新进行配筋设计，满足同等强度条件）。该方案可彻底解决钢筋锈蚀问题，进而避免因锈胀力导致构件开裂，即使出现支柱开裂、腐蚀性介质侵蚀等情况，筋材自身不锈不腐，能显著提高支柱的耐久性能。

虽然全复合纤维筋配筋具有上述优势，且技术上也完全可行，但初步筛选即排除了此项方案，其原因在于：

（1）全部采用复合纤维筋配筋，成本过高，虽然技术可行，但经济上不是很合理，不便于工程推广应用。

（2）由于复合纤维筋为各向异性的材料，其横向抗剪及抗挤压强度较弱，不能直接采用传统的钢筋锚具，因此需要特制专用的锚具来对其施加预应力。若采用粘结式锚具，由于粘结材料需要一定时间养护才能完全固化，这样会导致构件制作效率低下，不便于在实际工程中大量使用。若采用机械式锚具，则需要避免机械夹持力对筋材造成损伤，以及锚具内局部应力集中的不利影响，从而避免筋材在锚具内发生过早破坏，这就对锚具设计与制作提出了很高的要求，从目前的技术水平来看，机械式锚具的可靠性还有所欠缺，需要进一步改良。

对混杂配筋方案、外包式钢与复合纤维复合筋方案、组合式钢与复合纤维复合筋方案、纤维增强混凝土方案这四个支柱方案，从技术、经济、施工等方面进行初步论证分析，虽然以上各方案技术特点突出，相较于传统预应力混凝土支柱优势明显，但仍存在着一些问题，分别说明如下：

（1）对于混杂配筋支柱，其复合材料用量大，与其他几种支柱方案相比成本较高；若需添加复合纤维，采用纤维增强混凝土，则还需解决纤维混凝土的技术问题。

（2）对于外包式复合筋支柱和组合式复合筋支柱，为保证筋材质量，钢筋表面包裹复合纤维布，以及钢筋与环形纤维筋的组合均需在工厂预先完成，然后运至施工现场绑扎，增加了施工工序，对复合筋的生产工艺有较高要求；复合纤维材料与钢筋的材料性能相差较大，需解决二者之间共同工作的技术难题。

（3）对于纤维增强混凝土支柱，其工作性能和力学性能的影响因素众多，极易受到不同试验参数设置的影响，需要解决的技术问题主要包括纤维类型的选择、纤维形状特征的选择、纤维长径比的确定和纤维体积含量的确定，解决这些技术问题，必须通过合理的试验设计和充分的试验数据分析来提供解决方案。

综上所述，采用单一方案难以取得最佳工程效果，应在各方案的基础之上，考虑便于施工和工程推广应用，并且能合理控制工程成本，充分吸收各方案的技术特点，形成新的组合方案。

对于各方案的初步筛选和组合，项目组的思路如下：

从施工和工程推广应用的角度考虑，本项目拟不采用外包式钢与复合纤维复合筋方案和组合式钢与复合纤维复合筋方案，但这两个方案仍需开展相关的试验测试和理论分析，作为技术储备，以供特殊环境条件下采用。如在冻融循环、盐碱侵蚀、湿热循环、干湿交替等恶劣环境中，钢筋锈蚀问题突出，易于发生锈胀开裂现象，采用全复合纤维筋配筋方案虽可彻底解决这个问题，但成本较高不便在工程中大量应用，此时即可采用外包式钢与复合纤维复合筋方案或组合式钢与复合纤维复合筋方案。

对混杂配筋方案和纤维增强混凝土方案进行合理组合，即通过复合纤维筋、复合纤维网格筋和复合纤维这三项参数之间的组合，形成六个新的支柱方案，包括复合纤维筋配筋普通混凝土支柱、复合纤维筋和复合纤维网格筋配筋普通混凝土支柱、复合纤维筋配筋纤维混凝土支柱、复合纤维筋和复合纤维网格筋配筋纤维混凝土支柱、复合纤维网格筋配筋纤维混凝土支柱（纵筋为钢筋）以及纤维混凝土支柱（纵筋和箍筋均为钢筋），各支柱方案中的预应力筋仍采用预应力钢丝。通过合理设置试验参数和进行试验分组，依据试验结果对比分析，辅以必要理论分析，对这六个支柱方案进行详细比选，优选出最优实施方案。

8.3 支柱配筋设计与制作

环形等径混凝土支柱试件的几何尺寸如下：长度为（9+1.5）m，地面以上高度为9m，埋入地下深度为1.5m，外径350mm，内径200mm，壁厚75mm。共设计了8根环形等径混凝土支柱试件，试件配筋情况、制作日期等见表8.3.1。

试件一览　　　　　　　　　　　　　　　　表8.3.1

试件编号	配筋情况	制作日期
1	全钢筋	2019-12-24
2	钢筋+网格	2019-12-25
3	钢筋+网格+0.5%纤维	2019-12-26
4	钢筋+网格+1.0%纤维	2019-12-27
5	钢筋+网格+2.0%纤维	2019-12-28
6	钢筋+1.0%纤维	2019-12-31
7	钢筋+2.0%纤维	2020-01-01
8	全复合材料	2020-01-04

注：1. 纤维、网格、复合筋均为玄武岩纤维制品，纤维含量为体积含量，网格孔眼尺寸为40mm×40mm。
　　2. 玄武岩纤维密度为2650～3050kg/m³，取中位值2850kg/m³，每根支柱的混凝土出料量按0.75m³考虑，所需纤维重量按该出料量计算。
　　3. 玄武岩短切纤维规格为：直径18μm，长度15mm，线密度180tex。

各试件具体说明如下：

1号试件沿截面周边均匀配置纵向普通钢筋和纵向预应力钢丝，横向配筋采用螺旋筋，沿支柱全高以一定间距布置架立筋和外箍筋，其横截面钢筋配置示意图见图8.3.1。

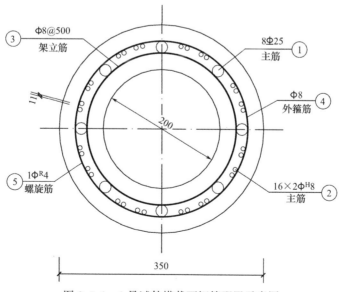

图8.3.1　1号试件横截面钢筋配置示意图

1号试件制作的相关说明如下：

（1）混凝土强度等级为 C70，混凝土保护层厚度（支柱外边缘至螺旋筋外缘）为 20mm。

（2）预应力主筋采用高强螺旋肋钢丝 $\phi^H 8$，张拉控制应力 $\sigma_{con}=1177.5N/mm^2$。

（3）架立筋、外箍筋采用 HPB300 级钢筋，钢筋公称直径 8mm，均焊成钢筋圈。螺旋筋采用冷轧带肋钢筋 $\phi^R 4$。

（4）预应力钢筋总张拉力：1895.3kN，超张拉 $1.05\sigma_{con}$，超张拉力：1990.1kN。

（5）架立筋间距为 500mm，外箍筋在柱两端各设两道，螺旋筋在柱两端各密绕五圈，在端部 1.05m 内间距为 40mm，其支柱中间部分间距为 80mm。

2～5 号试件的主筋、架立筋配置与 1 号试件相同，主筋外侧配置玄武岩纤维网格，网格尺寸为 40mm×40mm，由于采用了网格，为便于混凝土浇筑，这些试件未配置外箍筋、螺旋筋，其横截面配筋见图 8.3.2。

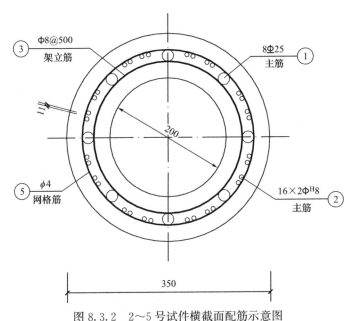

图 8.3.2　2～5 号试件横截面配筋示意图

8 号试件的增强筋全部采用玄武岩纤维筋。根据等面积设计原则，将 1 号试件的钢筋（包括主筋、架立筋、外箍筋、螺旋筋等）替换为玄武岩纤维筋，其横截面配筋见图 8.3.3。

8 号试件制作的相关说明如下：

（1）混凝土强度等级为 C70，混凝土保护层厚度（支柱外边缘至螺旋筋外缘）为 22.5mm。

（2）主筋、架立筋、外箍筋、螺旋筋均采用玄武岩纤维筋。

（3）架立筋间距为 500mm，外箍筋在柱两端各设两道，螺旋筋在柱两端各密绕五圈，在端部 1.05m 内间距为 40mm，其支柱中间部分间距为 80mm。

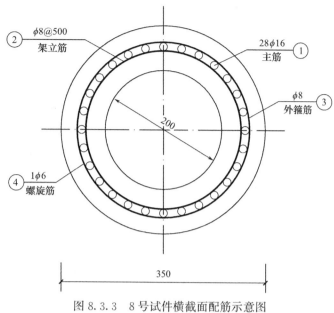

图 8.3.3　8 号试件横截面配筋示意图

8.4　支柱力学性能试验

8.4.1　试验方法

1. 加载装置

采用悬臂式试验方法对试件进行加载，试件加载装置如图 8.4.1 所示。

2. 加载程序

（1）由零按导高处挠度检验弯矩 25% 的级差加荷至导高处挠度检验弯矩值，每次静停时间不少于 1min，测量并记录支柱的挠度值。

（2）由导高处挠度检验弯矩卸荷至零，静停时间不少于 3min，测量并记录其挠度值。

（3）由零按柱顶挠度检验弯矩 20% 的级差加荷至柱顶挠度检验弯矩的 80%，每次静停时间不少于 1min，测量并记录支柱的挠度值，按柱顶挠度检验弯矩 10% 的级差继续加荷至柱顶挠度检验弯矩值，再加荷至标准检验弯矩值，每次静停时间不少于 3min。观察是否有裂缝出现，并测量和记录裂缝宽度及挠度。

（4）如果在标准检验弯矩 100% 出现裂缝，则卸荷至零。如果未出现裂缝，则继续按标准检验弯矩 10% 的级差加荷至裂缝出现，测量和记录裂缝宽度及挠度值，每次静停时间不少于 3min。

（5）由初裂弯矩卸荷至零，卸荷后静停时间不少于 3min，观察裂缝是否闭合，测量和记录其残余挠度值。

（6）由零按标准检验弯矩 20% 的级差加荷至标准检验弯矩的 100%，测量和记录裂缝宽度及挠度，递增至标准检验弯矩的 160%，每次静停时间不少于 1min，再按标准检验弯矩 10% 的级差继续加荷，递增至标准检验弯矩的 200%，每次静停时间不少于 3min，测

图 8.4.1 试件加载装置

量和记录裂缝宽度和挠度值,检查支柱是否达到承载能力极限状态,然后卸荷至零。

3. 支柱的初裂弯矩实测值

(1) 当在加荷过程中第一次出现裂缝时,取前一级弯矩作为初裂弯矩的实测值。

(2) 当在规定的荷载持续时间内第一次出现裂缝时,应取本级弯矩与前一级弯矩的平均值作为初裂弯矩的实测值。

(3) 当在规定的荷载持续时间结束后第一次出现裂缝时,应取本级弯矩作为初裂弯矩的实测值。

4. 支柱的承载力检验弯矩实测值

(1) 当在加荷过程中达到承载力极限状态时,应取前一级弯矩作为承载力检验弯矩的实测值。

(2) 当在规定的荷载持续时间内达到承载力极限状态时,应取本级弯矩与前一级弯矩的平均值作为承载力检验弯矩的实测值。

（3）当在荷载持续时间结束后达到承载力极限状态时，应取本级弯矩作为承载力检验弯矩的实测值。

8.4.2 试验结果分析

1. 支柱受力过程分析

各支柱试件的受力过程描述如下：

（1）1号试件

1号试件加载至100％标准检验弯矩持荷期间，在支座B附近出现初裂缝，加载过程中，试件锚固区出现6条主要裂缝，加载至200％标准检验弯矩时，最大裂缝宽度约1.0mm，试件未发生破坏，如图8.4.2所示。

图8.4.2　1号试件加载情况

（2）2号试件

2号试件加载至100％标准检验弯矩持荷期间，在支座B附近出现初裂缝，加载过程中，试件锚固区出现4条主要裂缝，加载至140％标准检验弯矩时，最大裂缝宽度约1.0mm，如图8.4.3所示。

（3）3号试件

3号试件加载至110％标准检验弯矩持荷期间，在支座B附近出现初裂缝，加载过程中，试件锚固区出现3条主要裂缝，加载至160％标准检验弯矩时，最大裂缝宽度约4.0mm，如图8.4.4所示。

（4）4号试件

4号试件加载至110％标准检验弯矩持荷期间，在支座B附近出现初裂缝，加载过程

图 8.4.3　2 号试件加载情况

图 8.4.4　3 号试件加载情况

中，试件锚固区出现 3 条主要裂缝，如图 8.4.5 所示。

（5）5 号试件

5 号试件加载至 90％标准检验弯矩持荷期间，试件锚固区开裂，出现 3 条主要裂缝，最大裂缝宽度约 3.0mm，如图 8.4.6 所示。

（6）6 号试件

6 号试件加载至 140％标准检验弯矩持荷期间，在支座 B 附近出现初裂缝，加载过程

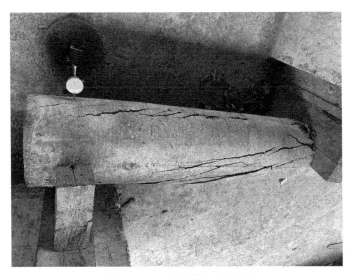

图 8.4.5　4 号试件加载情况

图 8.4.6　5 号试件加载情况

中，试件锚固区出现 3 条主要裂缝，加载至 200％标准检验弯矩时，最大裂缝宽度约
0.3mm，试件未发生破坏，如图 8.4.7 所示。

（7）7 号试件

7 号试件加载至 120％标准检验弯矩持荷期间，在支座 B 附近出现初裂缝，加载过程
中，试件锚固区出现 10 条主要裂缝，加载至 180％标准检验弯矩时，最大裂缝宽度约
0.3mm，试件未发生破坏，如图 8.4.8 所示。

（8）8 号试件

8 号试件加载至 40％标准检验弯矩持荷期间，在支座 B 附近出现初裂缝，加载过程
中，试件锚固区出现 11 条主要裂缝，加载至 100％标准检验弯矩时，柱顶挠曲变形显著，
最大裂缝宽度约 1.0mm，试件未发生破坏，如图 8.4.9 所示。

图 8.4.7　6 号试件加载情况

图 8.4.8　7 号试件加载情况

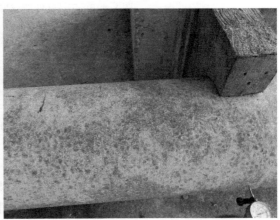

图 8.4.9　8 号试件加载情况

2. 支柱承载力评价

各支柱试件承载力及破坏情况的见表 8.4.1。

试件一览 表 8.4.1

试件编号	配筋情况	承载力(kN・m)	破坏情况
1	全钢筋	300	未破坏
2	钢筋＋网格	210	未破坏、锚固区出现斜裂缝
3	钢筋＋网格＋0.5％纤维	240	未破坏、锚固区出现斜裂缝
4	钢筋＋网格＋1.0％纤维	225	未破坏、锚固区出现斜裂缝
5	钢筋＋网格＋2.0％纤维	135	未破坏、锚固区出现斜裂缝
6	钢筋＋1.0％纤维	300	未破坏
7	钢筋＋2.0％纤维	270	未破坏
8	全复合材料	135	未破坏、变形显著

由表 8.4.1 可见：

（1）各支柱的标称容量介于 135～300kN・m，满足支柱标称容量＞100kN・m 的技术指标要求。

（2）与全钢筋支柱（1 号）相比，掺入玄武岩短切纤维的支柱（6 号、7 号），其承载力变化不大。

（3）与全钢筋支柱（1 号）相比，对于采用玄武岩网格作为横向约束材料的支柱（2～5 号），由于玄武岩网格的抗剪强度较低，其锚固区均出现斜裂缝，其承载力也较低。对于 3～5 号支柱，随着纤维掺量的增加，支柱的承载力随之降低，可见，对于钢材和复合材料混合使用的情况，复合材料用量过多，将会导致混凝土拌制、振捣困难，从而对混凝土的匀质性和支柱质量造成不利影响，进而降低支柱的力学性能。

（4）对于全复合材料支柱（8 号），由于玄武岩复合材料的弹性模量较低，8 号支柱的挠曲变形显著，出于安全考虑，8 号支柱未加载至 200％标准检验弯矩，因此其承载力取值较低，由于玄武岩复合材料的抗拉强度较高，8 号支柱的实际承载力应更高。

8.5 支柱方案比选

支柱承载力试验结果表明，各支柱的标称容量均满足技术指标要求，为深入了解不同配筋方案支柱的受力性能，优选出最优配筋方案，本项目研究在进行支柱承载力试验的同时，对支柱的裂缝、柱顶挠度进行了测试，测试结果阐述如下。

8.5.1 裂缝开展情况

试件结构性能检验加载过程中观察到，各试件均在锚固区出现裂缝，裂缝形式主要表现为受弯裂缝（竖向裂缝）、弯剪裂缝（竖向裂缝发展为斜裂缝）、受剪裂缝（斜裂缝），各试件的裂缝开展图如图 8.5.1 所示。

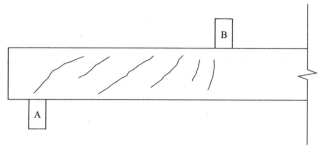

1号支柱裂缝开展图

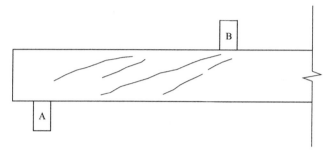

2号支柱裂缝开展图

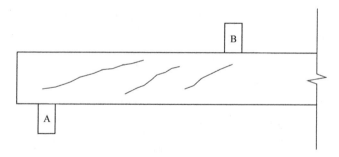

3号支柱裂缝开展图

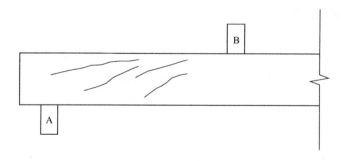

4号支柱裂缝开展图

图 8.5.1　各试件裂缝开展图

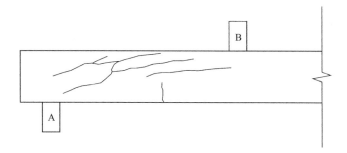

5号支柱裂缝开展图

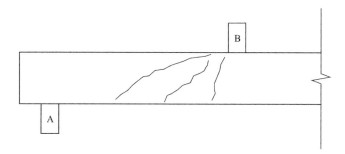

6号支柱裂缝开展图

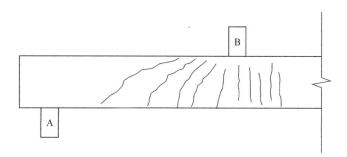

7号支柱裂缝开展图

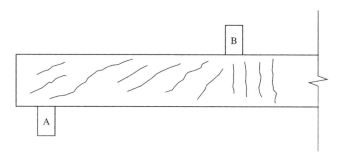

8号支柱裂缝开展图

图 8.5.1　各试件裂缝开展图（续）

由裂缝开展图可见：

（1）1号、6号、7号试件的受力主筋均为钢筋，其裂缝形式以受弯裂缝、弯剪裂缝为主。对比6号、7号试件的裂缝开展图，可见随着纤维含量的增加，裂缝数量随之增多，裂缝间距随之减小，纤维含量的增加使裂缝分布更加趋向细密状，受弯裂缝开展得到了较好抑制。由于6号试件的承载力尚有较大富余，裂缝尚未充分发展，因此，对比1号、6号试件的裂缝开展图，未能观察到纤维含量对裂缝分布形态的影响。

（2）2~5号试件采用玄武岩纤维网格替代钢箍，由于玄武岩纤维网格的抗剪强度较低，其裂缝形式均为受剪裂缝，说明试件的抗剪承载力不足，影响正常使用。3~5号试件掺入了不同含量的纤维，由裂缝开展图可见，纤维含量的变化对受剪裂缝分布形态基本无影响，掺入纤维对抑制受剪裂缝基本无作用。

（3）8号试件的受力主筋均为玄武岩纤维筋，由于玄武岩纤维筋的抗剪强度较低，其裂缝形式以受剪裂缝为主，在近地面支点B附近出现少量受弯裂缝，可见试件的抗剪承载力不足，影响正常使用。

8.5.2　柱顶挠度分析

各试件的荷载-挠度曲线如图8.5.2所示。

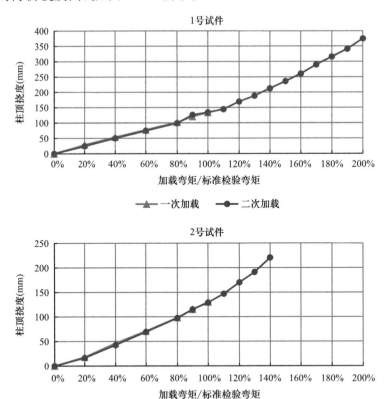

图8.5.2　各试件的荷载-挠度曲线

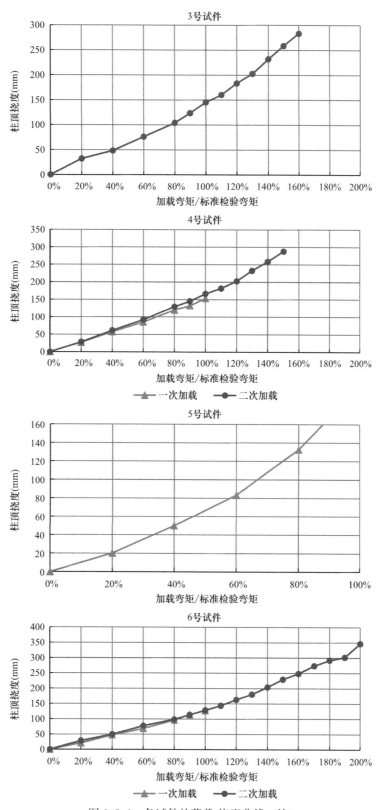

图 8.5.2 各试件的荷载-挠度曲线（续）

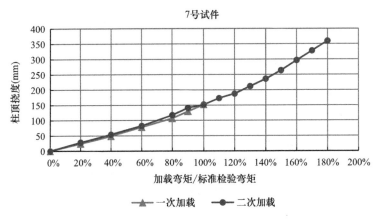

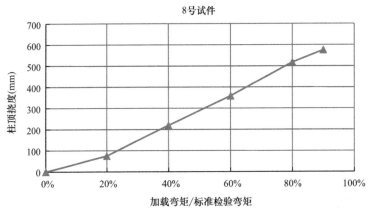

图 8.5.2　各试件的荷载-挠度曲线（续）

　　试件的加载过程分为两个阶段，第一阶段加载为从初始状态加载至试件第一次出现裂缝，然后卸载至初始状态，进行第二阶段加载，第二阶段加载为从初始状态加载至 200%标准检验弯矩。

　　由试件的荷载-挠度曲线可见，第一阶段加载，试件尚未开裂，钢筋与混凝土之间尚未产生滑移，试件可近似视为匀质弹性体，处于整体工作状态，因此大部分试件的荷载-挠度曲线近似为线性，但有两个试件例外，5 号试件加载至 90%标准检验弯矩时，即出现初裂缝，钢筋与混凝土开始产生滑移，其荷载-挠度曲线在第一阶段已经表现出非线性性质，试件进入弹塑性工作阶段；8 号试件虽然加载至 40%标准检验弯矩持荷期间出现初裂缝，玄武岩纤维筋与混凝土开始产生滑移，但由于玄武岩纤维筋为完全线弹性材料，因此在试件开裂后，其荷载-挠度曲线仍然近似呈线性。

　　第二阶段加载，试件在 100%标准检验弯矩之前的荷载-挠度曲线基本重合，说明第一阶段加载卸荷后，试件基本上没有残余变形，挠曲变形基本得到恢复。试件在 100%标准检验弯矩之后的荷载-挠度曲线表现出弹塑性特性，随着荷载的增加，挠曲变形增速变快。

　　综上，试件在 0～200%标准检验弯矩进行加载时，其荷载-挠度曲线可划分为弹性阶段、线弹性阶段，两个阶段的转折点为试件初裂。

8.5.3　支柱方案比选结果

各支柱试件加载至100%标准检验弯矩的柱顶挠度见表8.5.1。

100%标准检验弯矩下的柱顶挠度值　　　　　　　　　　表8.5.1

试件编号	配筋情况	柱顶挠度(mm)
1	全钢筋	133.54
2	钢筋+网格	140.38
3	钢筋+网格+0.5%纤维	145.08
4	钢筋+网格+1.0%纤维	153.50
5	钢筋+网格+2.0%纤维	166.79
6	钢筋+1.0%纤维	127.83
7	钢筋+2.0%纤维	151.46
8	全复合材料	575.15

由表8.5.1可见：

（1）与全钢筋支柱（1号）相比，对于纤维掺量为1.0%的支柱（6号），其挠曲变形更小，可见在混凝土中掺入适量玄武岩短切纤维，可以减小支柱的挠曲变形，但若纤维掺量过大，不仅会造成混凝土拌制困难，还会对混凝土的匀质性和支柱质量造成不利影响，进而降低支柱的力学性能，对于纤维掺量为2.0%的支柱（7号），其挠曲变形更大。

（2）与全钢筋支柱（1号）相比，对于采用玄武岩网格作为横向约束材料的支柱（2～5号），不论是否掺入玄武岩短切纤维，其挠曲变形均有明显增加，其原因在于玄武岩网格的弹性模量较低，因而采用玄武岩网格作为横向约束材料，支柱的抗侧刚度将会明显减小，导致支柱出现较大挠曲变形。对于2～5号支柱，随着纤维掺量的增加，支柱的挠曲变形随之增大，可见，对于钢材和复合材料混合使用的情况，复合材料用量过多，将会导致混凝土拌制、振捣困难，从而对混凝土的匀质性和支柱质量造成不利影响，进而降低支柱的力学性能。

（3）与全钢筋支柱（1号）相比，全复合材料支柱（8号）的挠曲变形显著增大，可见，由于玄武岩复合材料的弹性模量较低，8号支柱的抗侧刚度较小，导致8号支柱产生较大挠曲变形。

各支柱试件的实测初裂弯矩见表8.5.2。

实测初裂弯矩值　　　　　　　　　　表8.5.2

试件编号	配筋情况	实测初裂弯矩(kN·m)
1	全钢筋	142.5
2	钢筋+网格	142.5
3	钢筋+网格+0.5%纤维	157.5
4	钢筋+网格+1.0%纤维	157.5
5	钢筋+网格+2.0%纤维	127.5
6	钢筋+1.0%纤维	202.5
7	钢筋+2.0%纤维	172.5
8	全复合材料	45.0

由表 8.5.2 可见：

（1）与全钢筋支柱（1号）相比，对于掺入了玄武岩短切纤维的 3～7 号支柱，其实测初裂弯矩均明显增大，可见，在混凝土中掺入玄武岩短切纤维，可以充分利用纤维的"桥联"作用，有效提高支柱的抗裂承载力。

（2）与全钢筋支柱（1号）相比，对于采用玄武岩网格作为横向约束材料的支柱（2号），其实测初裂弯矩无变化，说明采用玄武岩网格作为横向约束材料，对改善支柱的抗裂能力作用不大。

（3）与全钢筋支柱（1号）相比，全复合材料支柱（8号）的实测初裂弯矩显著降低，可见，由于玄武岩复合材料的弹性模量较低，8号支柱的抗弯刚度较小，导致8号支柱过早开裂。

综上，以"全钢筋"方案为基准，从承载力、挠曲变形、初裂弯矩等三个方面对支柱的受力性能进行全面对比，对支柱配筋方案比选如下：

（1）"钢筋＋网格"方案：该方案承载力相对较低，易出现受剪斜裂缝，挠曲变形有所增大，抗裂能力基本无变化，建议舍弃该方案。

（2）"钢筋＋网格＋纤维"方案：该方案承载力相对较低，易出现受剪斜裂缝，挠曲变形明显增加，抗裂能力有提高，建议舍弃该方案。

（3）"钢筋＋纤维"方案：该方案承载力变化不大，挠曲变形视纤维含量不同减小或增大，抗裂能力明显提高，建议选取该方案，但应合理确定最优纤维掺量，使纤维的"桥联"作用能够得到充分发挥，从而有效改善试件的抗裂能力和变形能力，在保持纤维长细比和纤维形状特征不变的前提下，其最优纤维掺量建议为 1.0%。

（4）"全复合材料"方案：该方案挠曲变形显著增大，抗裂能力显著减小，建议舍弃该方案，应结合玄武岩复合筋特点，研究开发便于施工操作的专用工装，对玄武岩复合筋施加预应力，深入开展预应力玄武岩复合筋环形等径混凝土支柱结构性能研究，探索全无磁耐腐蚀环形等径混凝土支柱的技术途径，突破技术改良制约，研发全新支柱类型，从根本上实现技术创新。

8.6　小结

电气化铁路接触网环形等径混凝土支柱表面为裸露混凝土，且处于露天环境，当直接受到冻融循环、盐碱侵蚀、湿热循环、干湿交替等外部环境作用影响时，在远未达到支柱设计使用年限的情况下，支柱内钢筋即产生较为严重的锈蚀，进而出现锈胀裂缝，严重降低了构件的耐久性能，需要及时进行更换，造成了构件浪费。

本章从玄武岩复合材料着手，通过结构设计、试验测试、数据分析等技术手段，为解决这一技术问题提供了有效方案，并为玄武岩复合材料增强环形等径混凝土支柱的工程应用提供了技术储备，该解决方案在铁路、电力、轨道交通等领域的推广应用，将会有效提高支柱的抗裂能力、工作性能和耐久性能，极大节省后期维护费用，更好适应侵蚀性环境对环形等径混凝土支柱的使用要求。

本章也对电气化铁路接触网环形等径混凝土支柱创新研发的技术途径进行了积极探索，将支柱中的钢筋、预应力筋全部替换为玄武岩复合材料，可以彻底解决钢筋锈蚀问题，大幅提高工程结构的耐腐蚀性能和耐久性能。

通过研究，得到以下结论：

（1）支柱承载力试验结果表明，各支柱的标称容量介于 $135 \sim 300 kN \cdot m$，满足支柱标称容量大于 $100 kN \cdot m$ 的技术指标要求。

（2）从承载力、挠曲变形、初裂弯矩等三个方面对支柱的受力性能进行全面对比，建议选取"钢筋＋纤维"方案，该方案承载力满足要求，抗变形能力和抗裂能力得到明显改善，但应合理确定最优纤维掺量，使纤维的"桥联"作用能够得到充分发挥，在保持纤维长细比和纤维形状特征不变的前提下，其最优纤维掺量建议为 1.0%。

下一步可从以下几个方面深入研究：

（1）研发便于施工操作的专用工装，预应力玄武岩复合材料增强环形等径混凝土支柱的力学性能系统深入研究，从根本上实现技术创新，彻底解决钢筋锈蚀引起的耐久性及安全性问题。

（2）玄武岩短切纤维增强环形等径混凝土支柱研究，全面掌握纤维类型、纤维长径比、纤维形状特征，纤维体积比等因素对支柱力学性能的影响，对纤维混凝土的制备方法进行研究，确保纤维混凝土的质量满足工艺及使用要求。

（3）对外包式钢与复合纤维复合筋方案和组合式钢与复合纤维复合筋方案进行试验测试和理论分析，以供特殊环境条件下采用。如在冻融循环、盐碱侵蚀、湿热循环、干湿交替等恶劣环境中，钢筋锈蚀问题突出，易于发生锈胀开裂现象，此时即可采用外包式钢与复合纤维复合筋方案或组合式钢与复合纤维复合筋方案。

9 高性能复合纤维材料在建筑工程中的应用案例

9.1 纤维筋混凝土结构在工程中的应用案例

由于 FRP 筋具有优良的抗电磁干扰特性和耐腐蚀性能，在位于恶劣环境下的建筑物以及对电磁干扰有特殊要求的建筑物中使用效果要明显优于钢筋。可彻底解决原有钢筋混凝土结构带来的电磁干扰问题，更好地发挥建筑物的使用功能；同时，在环境恶劣地区的地区，可从根本上解决原有钢筋混凝土结构中的钢筋锈蚀问题，提高恶劣条件下建筑物的使用寿命，可大量减少加固、维修甚至拆除的工作量，具有很高的社会效益和经济效益。近年来，国内外均对 FRP 筋混凝土结构展开了大量的研究，并陆续有类似的工程实施。本章以西南某地磁观测站为例，介绍 FRP 筋混凝土结构的应用。

9.1.1 地磁观测站特点

地磁观测无论在国家安全、气象、通信、遥感等方面都有非常重要的作用，特别是在攻克地震预报难关时更是基础变量。地磁观测站通常由绝对记录室、相对记录室以及比对室等功能建筑组成。"十五"中国地震局数字化地震台网改造以来，考虑到地磁观测台站空间布设的均匀性，使有的台址不得不选择在软土地基或高地震烈度区；随着地磁观测数字化先进仪器的普遍应用，要求地磁观测环境的磁场梯度由以往的 1.0nT/m 提高到 0.1nT/m，即对地磁观测室环境的无磁要求提高了一个数量级；同时，新型数字化仪器对地磁观测相对记录室的年最大温差有了更高的要求，即 Ⅰ 类相对地磁观测室年自然温差不得大于 8℃，Ⅱ 类相对地磁观测室年自然温差不得大于 10℃，且不得人工采暖来调控温度。所以，在兴建地磁相对记录室时多采用地下室、半地下室、多重门、加厚墙壁、在屋顶填充锯末、泡沫等方法控制室内温度、湿度，这对地磁观测室的承载提出了更高的要求。

为了满足地磁观测室的使用功能、磁场环境、温湿度条件、承载能力要求，地磁观测室在建筑材料的选择上极其严格，首先必须满足无磁性的要求，同时，相对地磁观测室采用较厚的覆盖土进行保温是首选的方案，这时相对观测室上的覆盖土层可达数米厚，大大增加了结构上的荷载。

以前建造地磁观测站常用的方法是采用木结构。木材本身的磁性可满足地磁观测站的要求，但不能使用铁钉、螺丝等金属辅配件，且木结构的缺点亦十分突出，如承载力低、造价高、耐久性差、不利于生态环境保护。防火、防蛀问题也难以解决。目前，国际上这类地磁观测室的建造都使用了铜材替代钢材。由于铜是电子的良导体，必然产生附加磁场，经常会出现建造好的地磁观测室磁场环境不达标的情况，同时，铜筋具有相对密度大、弹模低、价格高的缺点，在相同条件下使用铜筋会使建筑物重量大、造价高，其造价可达到每平方米万元左右。因此用铜筋建造地磁观测室不是最理想的方法。

9.1.2 地磁观测站设计及施工

1. 工程概况

西南某地磁观测站,位于海拔 2200m 高山上,由绝对观测室、相对观测室以及比测亭等功能建筑组成。绝对观测室为单层房屋,该建筑平面呈矩形,总长约 13.2m,总宽约 7.7m,建筑面积为 101m² (见图 9.1.1)。相对观测室由于对温湿度有较高要求,采用地下室结构,该建筑共 3 层,其中一层及负一层为缓冲室,每层 1 个开间,宽为 2.8m,长为 7.55m,负二层共 3 个开间,第一开间为缓冲室,第二、三开间为观测记录室,开间尺寸为 2.8m、3.75m、3.75m,长为 7.55m,该建筑总建筑面积 127.98m² (见图 9.1.2)。比测亭为 6 边形仿古亭,由 6 根柱子和亭盖组成,建筑面积约为 10.39m² (见图 9.1.3),以上三栋建(构)筑物均要求无磁性。

图 9.1.1 绝对观测室

图 9.1.2 相对观测室

图 9.1.3 比测亭

图 9.1.4 所用碳纤维筋

2. 结构形式及材料选择

根据上述建(构)筑物的使用功能、承载能力等要求,本工程主要采用碳纤维筋作为增强材料,确定绝对观测室结构形式为砌体结构,墙体采用混凝土砌块砌筑,屋面板为混凝土屋面,屋面梁及板内筋材采用碳纤维筋 (见图 9.1.4)。相对观测室结构形式采用混凝土结构,其中竖向受力构件为混凝土柱及墙体,楼屋面为混凝土梁、板,所有混凝土构件内部均配置碳纤维筋。比测亭柱及亭盖均为混凝土结构，内部配置碳纤维筋。根据第 2 章所述测试方法，测得所用碳纤维筋材料性能指标见表 9.1.1。

碳纤维筋的材料性能指标试验结果 表 9.1.1

指标	C1	C2	C3	平均值
抗拉荷载(kN)	131.47	127.07	125.40	—
抗拉强度(MPa)	1864.82	1802.41	1826.58	1831.27
抗拉弹性模量(GPa)	160.61	133.80	145.99	146.80

水泥是重要的建筑材料之一，但普通水泥均或多或少存在磁性，其磁性检测无法满足地磁观测站要求。经多次测试、对比，可满足磁性要求的水泥有白水泥和硅酸盐水泥，白水泥磁性<1nT/袋，但由于白水泥存在价格较高、强度较低、延性较差等缺点，目前主要使用硅酸盐水泥进行地磁观测室建设。硅酸盐水泥分两种类型，不掺加混合材料的称 I 类硅酸盐水泥，代号 P.I。在硅酸相加水泥粉磨时掺加不超过水泥质量 5% 石灰石或粒化高炉矿渣混合材料的称 II 型硅酸盐水泥，代号 P.II。经多次实测，硅酸盐水泥的磁性可满足地磁观测站的要求。

砂石料选取，砂石料本身基本无磁性，但由于天然砂石中或多或少有金属矿物成分，不可避免地存在一些磁性，因此，项目组在施工过程中大范围测试不同地点的砂石材料，找出磁性满足地磁观测站要求的材料。

3. 地磁观测站设计要点

由于 FRP 筋为线弹性的材料，没有屈服点，并且弹性模量也较低。因此，与钢筋混凝土梁相比，FRP 筋混凝土梁开裂后的刚度较低，从而产生较大的挠度和裂缝，所以，对 FRP 筋混凝土梁而言，应该更加严格地控制它的挠度。对于 FRP 筋混凝土梁的抗弯承载力，采用极限平衡理论即可得到较满意的结果，所采取方法主要为极限状态设计法，即首先根据抗弯强度要求对构件进行配筋设计，而后再对正常使用性能、疲劳性能和徐变性能等进行验算。在 FRP 筋混凝土梁的抗弯设计中，可以将允许挠度和抗弯承载力作为控制参数。而钢筋混凝土梁的挠度理论并不能较好地应用于 FRP 筋混凝土梁，因此，在对 FRP 筋混凝土梁的挠度进行分析时，需要根据 FRP 筋的材料特性，建立适用于 FRP 筋混凝土梁的更为准确和详尽的挠度计算方法，具体计算方法详见附录 2。为提高 FRP 筋混凝土梁设计的效率，基于 MATLAB7.0 平台开发了 FRP 筋混凝土梁抗弯和抗剪设计的图形用户交互式界面程序，如图 9.1.5～图 9.1.7 所示。

FRP 筋混凝土构件设计方法详见本书附录 1、附录 2。

4. 地磁观测站施工要点

地磁观测站在砌体砌筑、混凝土浇筑等方面的施工要求与普通砌体结构、混凝土结构一样，并应满足现行规范《砌体结构工程施工质量验收规范》GB 50203、《混凝土结构工程施工质量验收规范》GB 50204 的要求。但由于 FRP 筋与传统的钢筋物理力学性质差异较大，故在 FRP 筋的制作、安装等方面与钢筋多有不同。

FRP 筋的制作需注意，在施工现场不允许对 FRP 筋进行弯折或调直，FRP 筋的弯折或调直应由厂商在 FRP 筋的生产过程中完成。

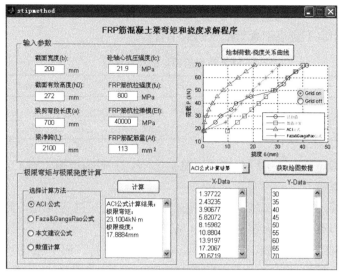

图 9.1.5 交互式界面程序（一）

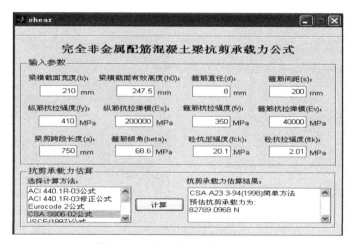

图 9.1.6 交互式界面程序（二）

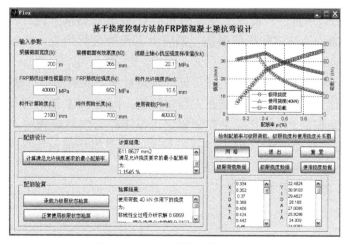

图 9.1.7 交互式界面程序（三）

生产过程中，FRP 筋弯折部位的内弯曲半径应符合表 9.1.2 中的要求，并且，弯折点距混凝土表面的距离不应小于弯折部位的最小直径。

FRP 筋弯折部位的尺寸要求 　　　　　　　　　　　　　　　　　　　表 9.1.2

FRP 筋直径	最小内弯曲半径
9.5mm≤d≤25.4mm	1.5d
28.7mm≤d≤32.3mm	2d

本工程所用箍筋全部在工厂制作（见图 9.1.8），有时为运输、施工方便，也可将箍筋制作成连续螺旋箍筋。

对 FRP 筋进行绑扎时，应采用塑料扎丝或者尼龙扎丝进行绑扎，此外，还可采用注塑成型的热塑性塑料夹具来固定 FRP 筋（见图 9.1.9）。

FRP 筋的连接，应按照施工图纸的要求对 FRP 筋进行。FRP 筋的连接不允许采用机械连接。

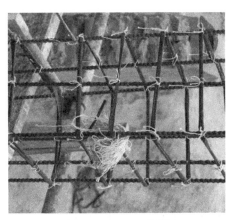

图 9.1.8　FRP 箍筋 　　　　　　　　　　　图 9.1.9　FRP 筋的绑扎

在施工现场对 FRP 筋进行截断时，应经工程师允许，并采用工程师认可的截断方法。不允许采用剪切的方法对 FRP 进行现场截断。

FRP 筋截断后，应按照厂商或工程师的要求对 FRP 筋的端头进行密封保护，在截断过程中对 FRP 筋表面所造成的任何损伤，都应由工程师进行检查，并按照工程师要求进行修复。

施工过程中，当 FRP 筋因损伤造成可见的暴露纤维，或者割痕、缺陷深度超过 1mm时，该 FRP 筋应作为废料处理，不能在工程中使用。而当 FRP 筋的可见损伤不超过单位长度上 FRP 筋表面积的 2％，且经工程师鉴定可以不作为废料处理时，则应对其进行修复。应采用以下方法对受损伤的 FRP 筋进行修复：在受损伤部位搭接一段新的 FRP 筋，并且在损伤部位的每一侧都应具有足够的搭接长度。

其他具体施工技术详见本书附录 3。

9.1.3　小结

本工程 2012 年 4 月开工，当年 8 月完工并投入使用，由于采用了 FRP 筋混凝土结构，建造的绝对观测室、相对观测室以及比测亭的磁性全部满足地磁观测站的要求，同时，由于在设计、施工中充分考虑了 FRP 筋的特殊性能，该工程使用至今，未发现有开裂、变形过大、承载力不足等不良现象，使用状况良好，表明此种结构形式安全可靠，为地磁观测站的建设提供了一种新的方法，也为对磁性环境有特殊要求或位于恶劣环境下的工程建设提供了一种新的解决方法。

9.2　纤维复合发热板在高海拔高寒地区房屋工程中的应用案例

高海拔高寒地区自然条件恶劣，生活配套条件差，生产生活条件极其艰苦，特别是冬季，高海拔、高寒地区绝对气温低，但受条件限制，目前房屋的取暖方式存在诸多缺陷，探索新型的适应高海拔、高寒地区房屋的采暖方式，有着现实的客观需求。高海拔高寒地区房屋地处偏远且较为分散，不适合采用节能效率较高的集中式供暖方式，而主要采取燃油锅炉式独立供暖措施。同时由于高原地区燃料运输不便、燃烧效率低、采暖期长等原因，对物质油料消耗较高，往往是采暖设施建设易，使用成本高。同时许多房屋的交通条件较差，大雪封山的情况在采暖季时有发生。因此，一般的煤、天然气采暖等方式难以适用于高海拔高寒地区复杂的地理环境和气候特征。采用模块式碳晶板-玄武岩纤维复合发热地暖板，为高海拔高寒地区的房屋采暖提供了一种创新解决方案。本章以高海拔高寒地区的房屋工程为例，介绍模块式碳晶板-玄武岩纤维复合发热地暖板在房屋采暖中的应用。

9.2.1　模块式地暖板构造及产品特性

模块式碳晶板-玄武岩纤维复合发热地暖板有其特殊的发热机理，与其他靠电阻发热的产品工作原理完全不同，它是将碳墨印在高强度绝缘材料内部，作为发热元件通电发热，在电引发的激励条件下，热阻件通过晶格振动产生热效应，通过微观粒子在不规则的导体面上的"布朗运动"，微观粒子在热阻件做高速运动。由于大量电子不断进入激励，微观粒子之间不断撞击、摩擦，将电能转化为热能。热量以远红外线辐射的形式穿透玄武岩纤维布释放。

模块式碳晶板-玄武岩纤维复合发热地暖板是一种一体化模块式新型采暖材料，集发热、保温、隔热、储能等功能为一体，其所有构造单元均在工厂通过全自动智能生产线封装成型，以成品形式运输至施工现场安装。该地暖板也是一种结构与功能一体化的采暖新材料，既作为楼地面结构的构造组成部分，形成具有充足承载能力和抵抗变形能力的复合构造层，同时又作为一种采暖材料提供热量。该地暖板在新建建筑和既有建筑的采暖工程施工中均能应用，能适应各种建筑结构体系。

模块式碳晶板-玄武岩纤维复合发热地暖板的构造如图 9.2.1 所示。采用该地暖系统，室内无需安装散热片、管线等附件，增加了室内使用面积，室内活动更加便利。

模块式碳晶板-玄武岩纤维复合发热地暖板的主要技术特点为：

（1）安全可靠，无漏电隐患。碳晶板作为地暖板中的发热体，是将碳墨印在环氧树脂薄膜上，再将另一层环氧树脂薄膜与印有碳墨的环氧树脂薄膜通过高温高压粘合在一起，由于环氧树脂薄膜能够抗高压不被击穿，具有高强度、高硬度、高密封性等特点，这就保证了地暖板具有良好的绝缘性能，无闪络击穿现象发生，即使地暖板通电后置于水中浸泡

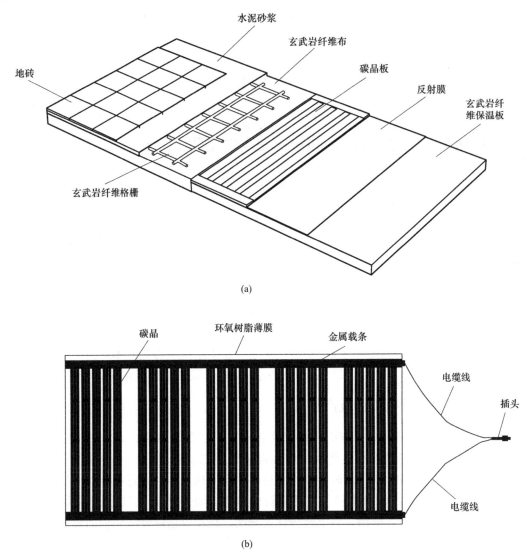

(a)

(b)

图 9.2.1　模块式碳晶板-玄武岩纤维复合发热地暖板示意图

(a) 地暖板构造；(b) 碳晶板构造

也不会漏电，使用时无冷启动温区，无触电危险，正常使用下无需维护，达到国家二类电器标准，使用安全可靠。

（2）防火性能优异，无火灾、烫伤隐患。根据《建筑材料及制品燃烧性能分级》GB 8624—2012 对该地暖板的防火性能进行检验，其燃烧性能达到 A1 级，不燃无烟无味。该地暖埋藏在水泥中，低温工作，不产生明火，无火灾隐患，表面不发烫，无烫伤隐患。

（3）热量均匀，体感舒适。碳晶板质量均匀，面状发热，散热面积大，室内全地面低温散热，因而发热均匀、速度快、易于传递，具有合理的热力学温度分布，室温由下而上逐渐递减 2～3℃，有效热量集中于人体受益的高度内，符合人体生理，给人以脚温头凉的良好舒适感。

（4）远红外线辐射升温，有利人体健康。作为一种非金属复合导电材料，该地暖板是通过远红外线辐射，对室内物体直接加热升温，有效解决传统加热空气升温方式的弊端，卫生健康。远红外线波长集中于 $8 \sim 15 \mu m$ 之间，是与人体最匹配的红外线波段，具有健康理疗功效。

（5）电热转化率高，节约能源。该地暖板以热辐射形式提供热能，热辐射是一种效率很高的传热方式，以电磁波形式向外传递能量，有较强的渗透能力，具有显著的温控效应和共振效应，易被物体吸收转化为物体内能。因此，该地暖板导电发热时是直接把电能转换为热能，不会产生光能与机械能，几乎没有自身热损失，电热转换率高达99%以上，碳晶板通电 3min 表面温度即可达到设计温度。在同样满足温暖舒适条件下，该地暖的温度设置可比其他采暖方式低 $2 \sim 3 ℃$。与传统电采暖产品相比，该地暖节能 40% 左右，因此铺装功率较低，绝大多数情况下无需增容。

（6）绿色环保，经济耐用。该地暖为非金属纯电阻加热元件，运行时无噪声、无静电、无浮尘、无明火、可祛湿除潮，属洁净环保型产品。该地暖使用电力，无温室气体和有害气体排放，不会造成环境污染，随着清洁能源发电的推广，可彻底实现零排放、零污染。作为一种非金属材料，该地暖耐氧化、耐腐蚀，使用寿命达到 50 年以上，远高于发热电缆、电热膜、燃气水暖、电锅炉水暖、集中供热等传统采暖方式的使用寿命。经测算对比，以 120 天费用为评价指标，该地暖的使用成本低于传统采暖方式的使用成本。

（7）电阻可调，温度可控。根据发热量和规格要求，控制碳晶板中碳墨的含量、形态结构和分布状况，可以得到不同电阻值的发热板，电阻值可在较大范围内调节，碳晶板表面温度可控，从而满足不同应用场景的使用要求。通过安装温控开关，可实现室内不同房间独立控制采暖温度，满足不同体质、不同年龄人群取暖需求。

（8）自动化智能化生产，装配式施工。该地暖板的所有构造单元均在工厂通过全自动智能生产线封装成型，以一体化模块式形式供应，避免了产品生产过程中人为因素的影响，产品质量得到极大保证。将地暖板成品运输至施工现场铺设在平整楼地面上之后，只需干铺水泥砂浆将地暖板固定，即可进行面层装饰施工，从而实现装配式施工，施工工序极大简化，施工效率显著提高，施工过程更加环保，施工质量更容易得到控制和保证。实际工程应用中，在无交叉施工的情况下，$80m^2$ 的房间只需要 3 个人、2 小时内即可完成电暖的安装施工。

（9）升温迅速，保温隔热储能性能优异。现场恒温、升温、储能测试表明：该地暖板在 19h 恒温测试中，温度保持恒定不变；改变设置温度，地面温度及时响应，提高设置温度，10min 后地面温度即可升高 1℃，碳晶板、玄武岩纤维保温板、地砖三者之间达到热态平衡，地暖房可按设定的温度进行采暖运行；关闭地暖板电源后 10h，温度仅仅降低 5℃。经国家红外及工业电热产品质量监督检验中心检测，该地暖板远红外线辐射取暖效果良好，安全可靠正常，达到地暖房采暖标准。

（10）接线简单，稳定可靠。在碳晶板中设置金属载条，外接铜电缆线即可通过金属夹片与金属载条连接，从而实现对碳墨供电，使碳晶板发热辐射热量，这样就较好解决了非金属导电材料与外接铜电缆线的接线困难问题，保证了通电连接的稳定性和可靠性。

9.2.2 模块式地暖板技术特点

为寻求更好采暖方案，满足不同应用场景的使用要求，综合运用热传导与辐射理论、纤维复合材料热学及力学特性、水泥砂浆与格栅相互作用机理及施工技术，攻克了快速升温、恒温储能、均匀发热、电气绝缘、接线通电、承压抗变形、模块式封装、自动化智能化生产等关键技术，采用了装配式施工法、干铺法施工技术、玄武岩纤维格栅增强水泥砂浆等新工艺，发明了模块式碳晶板-玄武岩纤维复合发热地暖板。该地暖板从材料、结构、生产、施工等方面均实现了创新，对国内外电地暖和采暖行业技术的发展将会起到良好的引领作用。

（1）采用了碳晶板和玄武岩纤维新材料

碳晶板强度和硬度高，密封性好，热性能高且稳定，电热转换率高达99％以上，在电热过程中，不发红光，高温状态下不氧化，其单位面积的电流负荷不发生性能改变，产品电热质量稳定，是一种良好的地暖板发热材料。

玄武岩纤维采用优质天然火成岩矿石经高温熔融连续拉制而成，生产工艺清洁，无噪声污染，无"三废"排放，无渣球，天然可降解，是一种绿色环保的高技术纤维。采用玄武岩纤维制作的玄武岩纤维保温板具备优异的力学性能，燃烧性能达到A1级，不燃无烟无味，化学稳定性好，热稳定性高，疲劳性能优异，电绝缘性好。玄武岩纤维保温板作为地暖板的保温储热材料，可充分发挥其保温储热性能，节能效果显著。采用玄武岩纤维制作的玄武岩纤维布和玄武岩纤维格栅质量轻、强度高，不导电、无磁性、耐腐蚀，从而使地暖板具备优异的工作性能、承载能力和抵抗变形能力。

（2）研发了碳晶板-玄武岩纤维复合发热地暖板新结构

该地暖板通过合理设计和组合各构造层次，实现了集发热、保温、隔热、储能等功能为一体，综合性能优异。通过在碳晶板中设置金属载条，解决了非金属导电材料与外接铜电缆线的接线困难问题，保证了通电连接的稳定性和可靠性。该地暖板是一种结构与功能一体化的采暖新材料，既作为楼地面结构的构造组成部分，形成具有充足承载能力和抵抗变形能力的复合构造层，同时又作为一种采暖材料提供热量。该地暖板在新建建筑和既有建筑的采暖工程施工中均能应用，能适应各种建筑结构体系。

（3）采用了模块式、自动化、智能化等生产新工艺

该地暖板的所有构造单元均在工厂通过全自动智能生产线封装成型，以一体化模块式形式供应，避免了产品生产过程中人为因素的影响，产品质量得到极大保证。该地暖板的生产工艺具有以下特点：采用多轴联动数控系统，无需操作者计算、编程，只需输入相关参数；适用于大批量生产、加工效率高、轨迹精准、成型产品质量高；触屏显示生产速度及数量，界面简洁、操作简单、数据联网；流水线加工方式，可进行多道工序加工，实现一机多用；作业工位有除尘功能，防止粉尘污染，集中处理粉尘。

（4）采用了装配式施工法、干铺法施工技术、玄武岩纤维格栅增强水泥砂浆等施工新工艺

传统的地暖板现场施工工序多，工艺复杂，耗时长，效率低，且存在通电发热不良，发热不均匀，稳定性和可靠性欠佳等可能产生的问题。采用装配式施工法，将地暖板成品运输至施工现场铺设在平整楼地面上之后，只需干铺水泥砂浆将地暖板固定，即可进行面层装饰施工，施工工序极大简化，施工效率显著提高，施工过程更加环保，施工质量更容易得到控制和保证。

采用干铺法施工技术，施工过程环保，不会有水泥浆体流溅，水泥砂浆收缩小，有效

避免了气泡、空鼓等现象的发生，使水泥砂浆层具有较好的整体性，更好地将地暖板固定住。

采用玄武岩纤维格栅增强水泥砂浆新工艺，在模块式地暖板上铺设玄武岩纤维格栅，提高了水泥砂浆层的抗裂能力和裂缝控制能力，增强了地暖结构的整体性和抗弯性能，能有效提高刚度、减小变形。

9.2.3 工程实际应用

1. 工程概况

受地震灾害影响，高海拔高寒地区某地需重建办公楼、宿舍楼、公寓楼、车库等四栋建筑。按《建筑气候区划标准》GB 50178—1993，该地区属于寒冷、严寒地区，因此冬季室内必须设置采暖设施，以提供最基本的生活和工作条件。本项目采暖方式全部采用模块式碳晶板-玄武岩纤维复合发热地暖板。项目建设前期建立了样板房，如图9.2.2所示。

2. 施工工艺

传统的碳纤维地暖，施工工序多，方法繁杂，需在现场施工，包括地坪整理、铺设挤塑保温板、铺设反光膜、铺设碳纤维发热线、固定碳纤维发热线、现场连接电源线、铺水泥砂浆等7个工序。而本项目采用的模块式地暖板主要是采用装配式施工法，首先在工厂中将传统的5个安装工序和材料在工厂中集合成"模块式碳晶板-玄武岩纤维复合发热地暖板"的新结构方式，然后将地暖一体板运输到现场，铺放在房间地面上，只需用水泥砂浆将地砖层固定在地暖板上，进而实现装配式电地暖施工法（图9.2.3），大大提高施工效率，同时保证施工质量和采暖质量。

图9.2.2 模块式地暖板样板房

图9.2.3 地暖板现场施工图

3. 升温及耗能测试

对房屋进行升温及耗能测试（表9.2.1），从表中可以得出，模块式地暖板样板房启动开始使用，经过一个半小时后室内温度从14℃升到19℃，平均每小时上升了3.33℃，耗电量共6.6kW·h，即平均每小时每平方米耗电为0.22kW·h，其中该耗电量还包括了照明用电和办公用电等。根据以上数据，以一房间20m²为例，30天为周期，测算后可得，采用模块式地暖板采暖，相比空调采暖每月可节省约60元。

房屋升温及耗能测试			表 9.2.1
时刻	时间 （min）	空间温度（℃） （温控器）	电量示数 （kW·h）
升温（设定 21℃）			
16:25	0	14	4605.4
16:35	10	15	4606.1
16:45	20	16	4606.9
16:55	30	17	4607.5
17:05	40	17	4608.2
17:15	50	18	4609
17:25	60	18	4609.8
17:35	70	18	4610.6
升温（设定 20℃）			
17:45	80	19	4611.2
17:55	90	19	4612
闭电			
18:05	100		4612.6
18:15	110		
18:25	120		4613.4

备注：房间面积约为 $20m^2$。

9.2.4 小结

根据模块式地暖板的构造及技术特点，以及工程实际应用情况，模块式地暖板的应用前景广阔，应用场景包括：

（1）高海拔高寒地区

高海拔高寒地区自然环境条件严酷，空气稀薄，含氧量低，生活配套差，生产生活条件艰苦。这些地区往往生态环境脆弱，轻微的污染都有可能导致整个生态圈发生不可逆转的破坏。特别是冬季，高海拔高寒地区绝对气温低，但受条件限制，采用传统的采暖方式存在诸多缺陷，如能源利用效率低，采暖能耗高，破坏环境，使用成本高，路途艰险运输成本高，常规能源极度匮乏等，难以适应高海拔高寒地区特殊环境，严重影响了人民群众的工作和生活。

长期以来高海拔高寒地区取暖问题难以很好地解决，因此，非常有必要开发新型的适应高海拔高寒地区的采暖方式，改善人民群众的生产生活条件。模块式碳晶板-玄武岩纤维复合发热地暖板作为一种节能环保的绿色采暖产品，综合性能优异，技术特点出色，能较好适应高海拔高寒地区的特殊环境，提供良好的采暖解决方案。

（2）边远艰苦地区和人烟稀少分散地区

边远艰苦地区和人烟稀少分散地区人群密度低，居住分散，不适合采用节能效率较高的集中供暖方式，只能通过烧煤、烧炭、烧柴等传统方式取暖，热效率低，污染环境，室内空气污浊，舒适性差，不利人体健康，存在失火、中毒等安全隐患。而空调制热由于使用成本较高，在这些地区难以普及，且空调制热也明显存在着诸多问题。

模块式碳晶板-玄武岩纤维复合发热地暖板为节能环保型电暖产品，铺装功率较低，绝大多数情况下无需增容，安装施工简便，使用成本低，经久耐用，非常有利于在边远艰苦地区和人烟稀少分散地区进行推广普及，实现这些地区冬季取暖方式的更新换代。

（3）非集中供暖地区

由于历史原因，我国的集中供暖分界线为秦岭、淮河一带，而供暖分界线以南诸多城市和地区，如长江沿线一带，冬季气候比较寒冷，仍然有着迫切的采暖需求。传统的烧煤、烧炭、烧柴、空调制热、电暖器取暖等方式，均存在着难以克服的问题。模块式碳晶板-玄武岩纤维复合发热地暖板的发明，较好解决了传统采暖方式存在的诸多问题。对于新建房屋，仅需增加少量投资，即可舒适过冬，提升冬季生活品质；对于既有房屋，与传统的电地暖改造相比，工程改造量小，不改变原有房屋布局和结构体系，施工周期短、效率高、见效快，具有显著优势。

（4）对采暖舒适度有较高要求的特殊建筑

中小学校、幼儿园、福利院、医院、疗养院、博物馆、展览馆、图书馆、大型公共建筑等，对采暖舒适度要求较高，除了传统的集中供暖方式外，模块式碳晶板-玄武岩纤维复合发热地暖板提供了另一种采暖方案。特殊的结构和加热升温方式，使模块式地暖板能带来有别于传统采暖方式的加倍舒适感，并且模块式地暖板所发散的与人体自身红外线高度重合的远红外线，是医疗界公认的健康理疗光波，能激活人体细胞适度共振，加速血液循环，促进新陈代谢，有利于人体健康。

（5）融冰化雪用途

利用模块式碳晶板-玄武岩纤维复合发热地暖板升温迅速、保温储能性能优异的特性，可将其应用于有融雪化冰需求的场所，从而更好满足冬季使用要求，如寒冷、严寒、高海拔、高寒地区的民房公寓、桥梁、弯道、桥面走道、小区出入口、人行道、坡道路出入口路面、台阶、人行通道、旅游通道、停车场、室外楼梯通道等设施，铁路站台、港口码头、输送水管出入口、屋顶化雪、暖房工程等场所。

附录 1　FRP 筋测试方法指南

1　FRP 筋抗拉强度和弹性模量测试方法

1.1　FRP 筋锚具

FRP 筋为各向异性的材料，为避免对 FRP 筋造成损伤，不能将 FRP 筋的两端直接固定于试验机夹具中，而需要预先将 FRP 筋的两端锚固于专用的锚具中，从而起到保护作用。从受力原理上划分 FRP 筋的锚具可以划分为粘结型锚具和机械夹持式锚具两大类型。由于采用机械夹持式锚具会对 FRP 筋造成一定程度的损伤，易导致锚具内 FRP 筋的剪坏，因此，本测试方法中采用对 FRP 筋无损伤的粘结型锚具。

本测试方法中所设计的套筒灌胶式锚具见附录图 1.1.1 所示。该锚具由套筒、对中螺栓和垫圈（垫片）构成。套筒采用厚壁无缝钢管制作而成，为增加套筒内外壁的摩擦力，套筒内外壁均带有螺纹。为使 FRP 筋与锚具的纵轴线保持一致，在套筒的一端设置中空的对中螺栓，另一端设置橡胶垫圈或钢垫片。

套筒内的灌胶材料采用环氧基树脂，并掺入适量的金刚砂或者铁砂、石英砂，从而提高树脂的粘结强度。

附录图 1.1.1　套筒灌胶式锚具

该锚具能否提供足够的锚固能力，主要取决于锚固长度、粘结材料的性能以及套筒内壁的摩擦力等方面，其中起主要作用的是锚固长度。

1.2　FRP 筋拉伸试件设计

制作完成后的 FRP 筋试件如附录图 1.1.2 所示。

（1）拉伸试件的长度为锚固段长度和受拉段长度之和。拉伸段长度取 100mm 和 $40d_b$ 的较大值（d_b 为 FRP 筋名义直径）。为得到 FRP 筋的抗拉强度和弹性模量，至少对 5 根拉伸试件进行测试。FRP 筋的受拉破坏位置应位于受拉段中部，若有一根试件在锚固段端部附近发生受拉破坏或者是在锚固段发生粘结滑移破坏，则需补做一根试件重新进行测试。

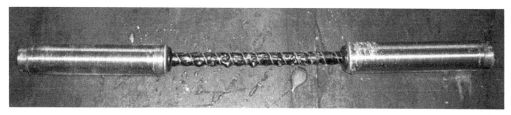

附录图 1.1.2　FRP 筋拉伸试件

（2）为得到 FRP 筋的弹性模量和极限拉应变，在试件受拉段的中间设置应变片或者引伸计，其测量方向应与 FRP 筋的轴线方向一致。应变片到锚具的距离至少应为 $8d_b$，且其测量方向应与轴力方向一致，当使用引伸计时，其测量长度至少应为 $8d_b$。为排除温度效应的影响，还需设置相应的温度补偿应变片。

1.3　测试仪器和设备

加载设备的加载能力应高于 FRP 筋的极限持荷能力，且能以指定速率进行加载。锚具应满足 FRP 筋的几何尺寸要求，且具有足够的锚固强度，以使 FRP 筋拉伸试件在受拉段发生破坏。锚具起着将加载设备的作用力传递到试件受拉段的作用，要求只能传递轴力，而不传递扭矩和弯矩。将试件固定于加载设备上时，试件受拉段的纵轴线应与两端锚具的连线重合，以使试件只受到轴力的作用。

引伸计和应变片应能记录其测量范围内的所有应变变化情况，且应变测量精度至少为 10×10^{-6}。

1.4　测试方法

为得到 FRP 筋的弹性模量极限拉应变，应在试件受拉段的中间设置引伸计或者应变片，它们到锚具的距离至少应为 $8d_b$，且其测量方向应与轴力方向一致。当使用引伸计时，其测量长度至少应为 $8d_b$。

加载设备的加载速率应保持在使 FRP 筋的应力变化速率为 $100 \sim 500\mathrm{MPa/min}$ 的水平。如果采用应变控制型的加载设备，荷载应以恒定速率施加于试件上，以使 FRP 筋的应变变化速率与应力变化速率（$100 \sim 500\mathrm{MPa/min}$）相对应。

加载应持续至试件在受拉段发生受拉破坏，应变数据至少应记录到 60% 极限荷载所对应的应变。

1.5　计算

FRP 筋抗拉强度的计算公式如下：

$$f_u = F_u / A \qquad\qquad （附录 1.1.1）$$

式中，f_u 为 FRP 筋抗拉强度；F_u 为 FRP 筋极限受拉荷载；A 为 FRP 筋名义横截面积。

FRP 筋的弹性模量可以根据荷载-应变曲线上 $20\% \sim 60\%$ 极限荷载区间的级差数据计算得到，计算公式如下：

$$EA = \Delta F / \Delta\varepsilon \qquad\qquad （附录 1.1.2）$$

$$E = \alpha \frac{l}{A} \qquad\qquad （附录 1.1.3）$$

式中，EA 为 FRP 筋抗拉刚度；E 为 FRP 筋弹性模量；ΔF 为荷载-挠度曲线上 20%～60%极限荷载区间的荷载级差；$\Delta\varepsilon$ 为荷载-挠度曲线上 20%～60%极限荷载区间的应变级差；α 为荷载-位移曲线上 20%～60%极限荷载区间的曲线斜率；l 为 FRP 筋初始测量长度。

FRP 筋的极限拉应变为达到极限荷载时引伸计或应变片所记录的应变数据，当引伸计或应变片持续工作到极限荷载时，FRP 筋的极限拉应变可以根据 FRP 筋的抗拉强度和弹性模量按照以下公式进行计算：

$$\varepsilon_u = \frac{F_u}{EA} \qquad\qquad (附录 1.1.4)$$

式中，ε_u 为 FRP 筋极限拉应变。

2 FRP 箍筋抗拉强度测试方法

2.1 测试方法一览

由于 FRP 筋是一种各向异性的材料，因此，FRP 箍筋的一个显著特点是弯折部位的抗拉强度明显低于直线部位的抗拉强度，这主要是由非顺纤维方向的作用力以及箍筋的弯折所引起的局部应力集中而造成的。当将 FRP 箍筋用作混凝土梁的抗剪增强筋时，随着斜裂缝的开展，FRP 箍筋也受到非顺纤维方向的作用力，从而削弱 FRP 箍筋的抗拉强度。因此，箍筋的弯折和斜裂缝的开展为影响 FRP 箍筋抗拉强度的两大主要因素。

对于 FRP 箍筋的抗拉强度，美国混凝土协会 440 委员会（American Concrete Institute Committee 440，即 ACI Committee 440）已经推荐了相应的测试方法（ACI 440.3R-04），该方法最早见于 Morphy 等所进行的 FRP 箍筋抗拉性能的试验中。附录图 1.2.1 为该方法的示意图。

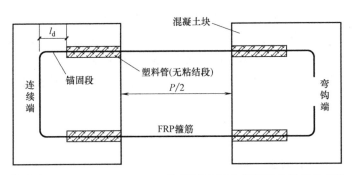

附录图 1.2.1　ACI 440.3R-04 推荐测试 FRP 箍筋抗拉强度的方法

在该方法中，FRP 箍筋的两端分别浇筑于两个混凝土试块内，置于混凝土试块的中心，为避免混凝土发生劈裂破坏，在两个混凝土试块内均需配置足够的钢箍，通过混凝土试块之间的千斤顶进行加载。

众多研究人员也开展了大量的研究工作，下面分别从箍筋弯折的影响和斜裂缝的影响两个方面介绍测试 FRP 箍筋材料性能的方法。

1. 箍筋弯折的影响

纤维材料类型、筋直径、弯折部位的弯曲半径和锚固长度等都会影响到 FRP 箍筋弯折部位的抗拉强度。Mochizuki 研究发现，FRP 箍筋弯折部位的抗拉强度仅为直线部位抗拉强度的 30％～70％。

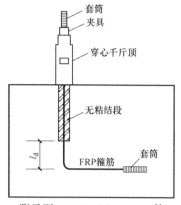

附录图 1.2.2　Maruyama 等设计的 FRP 箍筋试件

Maruyama 等研究了箍筋材料类型、弯曲半径和混凝土强度等因素对 CFRP 箍筋和 AFRP 箍筋的抗拉强度的影响。在他们所进行的试验中，FRP 箍筋的弯曲半径为 5mm、15mm 和 25mm，混凝土强度为 50MPa 和 100MPa，弯折部位的锚固长度为 50mm，他们设计的 FRP 箍筋试件如附录图 1.2.2 所示。

试验结果表明：所有的 FRP 箍筋都在弯折部位发生破坏，并且随着弯曲半径的减小，FRP 箍筋的抗拉强度也显著降低。这是因为弯曲半径越小，由加载端传递到弯折部位的作用力越大，使得弯折部位处于较高的应力水平，从而降低了弯折部位的强度。FRP 箍筋的材料类型和弯折工艺均会影响到由加载端传递到弯折部位的作用力的大小。此外，使用高强混凝土，可以提高弯折部位的强度。

Ehsani 等研究了筋直径、弯曲半径、锚固长度和混凝土强度等因素对 GFRP 箍筋的抗拉强度的影响。在他们所进行的试验中，GFRP 箍筋的直径为 9.5mm、19mm 和 28.6mm，弯曲半径为对应筋直径的 0 倍和 3 倍，混凝土强度为 28～50MPa，他们设计的 FRP 箍筋试件如附录图 1.2.3 所示。

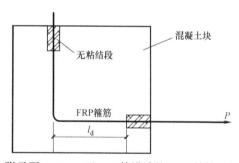

附录图 1.2.3　Ehsani 等设计的 FRP 箍筋试件

试验结果表明：当 FRP 箍筋的直径较大时，会造成混凝土的劈裂破坏。对于直径分别为 9.5mm、19mm 和 28.6mm 的 FRP 箍筋，当弯曲半径为直径的 3 倍时，箍筋弯折部位的抗拉强度为直线部位的抗拉强度的 64％～70％，当弯曲半径为零时，该比值降低至 15％～18％。随着弯折部位锚固长度的增加，FRP 箍筋的抗拉强度也随之增大。

Currier 等采用 CFRP 箍筋和 AFRP 箍筋，将箍筋两端分别浇筑于两个混凝土试块内，

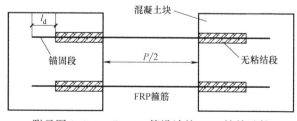

附录图 1.2.4　Currier 等设计的 FRP 箍筋试件

布置了上下两层箍筋，将千斤顶放置于混凝土试块之间施加荷载，考虑了弯曲半径对 FRP 箍筋抗拉强度的影响。他们设计的 FRP 箍筋试件与附录图 1.2.1 类似，其侧视如附录图 1.2.4 所示。

试验结果表明：FRP 箍筋弯折部位的抗拉强度为直线部位的抗拉强度的 23％，通过增大箍筋的弯曲半径，可以防止箍筋在弯折部位破坏。

如附录图 1.2.5 所示，Ueda 等将 FRP 箍筋浇注于混凝土试块之中，并在混凝土试块内放置塑料薄板，形成人工裂缝，用于模拟斜裂缝的作用。研究了箍筋的锚固长度（即箍筋弯折部位到塑料板之间的距离）对其抗拉强度的影响，箍筋的锚固长度分别采用 10mm、60mm 和 110mm。

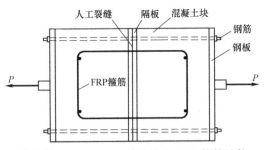

附录图 1.2.5　Ueda 等设计的 FRP 箍筋试件

试验结果表明：当锚固长度分别为 10mm 和 60mm 时，箍筋弯折部位的抗拉强度分别为直线部位的抗拉强度 41% 和 100%，且箍筋均在弯折部位发生破坏。当锚固长度为 100mm 时，试件的破坏荷载大于箍筋直线部位的抗拉强度。

Ishihara 等采用与附录图 1.2.5 类似的 FRP 箍筋试件，研究了箍筋材料类型、弯曲半径、筋直径和锚固长度等对 FRP 箍筋的抗拉强度的影响，箍筋的直径分别为 9mm、27mm 和 45mm，弯曲半径为对应筋直径的 1 倍、3 倍和 5 倍。试验结果表明：随着弯曲半径的减小，箍筋的抗拉强度也随之降低。对于不同材料类型的箍筋，由于其粘结性能的差异，其弯折部位的强度不尽相同。当采用 AFRP 箍筋时，弯折部位的抗拉强度为直线部位抗拉强度的 60%～86%，当采用 CFRP 箍筋时，该比值为 49%～66%。

Morphy 等采用 CFRP 箍筋和 GFRP 箍筋，共制作了 101 个试件，研究了箍筋材料类型、筋直径、弯曲半径、锚固长度等因素对 FRP 箍筋强度的影响。Morphy 等设计的试件如附录图 1.2.6 所示。他们将 FRP 箍筋的两端分别浇筑于两个混凝土试块中，FRP 箍筋置于试件的中心，在两个混凝土试块之间采用千斤顶施加荷载。混凝土试块的尺寸分别采用 200mm×250mm×200mm、300mm×300mm×150mm 和 500mm×300mm×150mm。

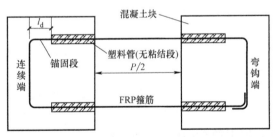

附录图 1.2.6　Morphy 等设计的 FRP 箍筋试件

试验结果表明：

（1）FRP 箍筋的破坏形式有以下几种：受拉破坏、粘结滑移破坏、先粘结滑移后弯折部位受拉破坏以及无粘结段起始端和弯折部位同时受拉破坏。FRP 箍筋的受拉破坏可能发生在以下部位：两混凝土块之间的直线段、无粘结段的起始端和弯折部位。

（2）随着弯曲半径的减小，弯折部位的应力水平随之增高，导致 FRP 箍筋的强度随之降低。

（3）通过增加弯折部位的锚固长度，FRP 箍筋的最大强度可以达到其直线段极限抗拉强度的 100%；反之，通过减小弯折部位的锚固长度，FRP 箍筋的最小强度可以降低到其直线段极限抗拉强度的 35%。

2. 斜裂缝的影响

为研究裂缝开展方向对 FRP 筋的抗拉强度的影响，Maruyama 等采用 CFRP 筋、AFRP 筋和 GFRP 筋，将其浇于混凝土试块中，并在混凝土试块内放置薄板，形成初始裂缝，FRP 筋与裂缝之间的夹角为 0°～30°，沿与斜裂缝垂直的方向加载。他们所设计的试件如附录图 1.2.7 所示。

　　试验结果表明：增加 FRP 筋和斜裂缝之间的夹角，FRP 筋的抗拉强度明显降低。

　　Kanematsu 和 Ueda 等采用附录图 1.2.8 所示装置，研究了 AFRP 筋在拉力和剪力共同作用下的性能。他们采用钢板将试件分隔为三个混凝土试块，FRP 筋置于试件的中心，在试件中间施加拉力，当中间试块与两端试块之间的裂缝宽度达到规定值时，固定两端的试块，从而维持规定的裂缝宽度，然后，在中间试块上施加剪力。试验结果表明：由于受到拉力和剪力的共同作用，

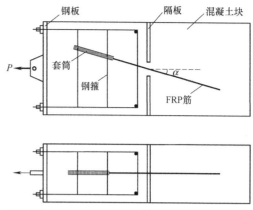

附录图 1.2.7　Maruyama 等设计的 FRP 筋试件

裂缝处 FRP 筋的抗拉强度明显降低。他们认为，除拉力和剪力的共同作用外，裂缝宽度和剪切滑移对 FRP 筋的抗拉强度也有影响。

　　为研究斜裂缝对 FRP 箍筋抗剪性能的影响，Morphy 等设计了附录图 1.2.9 所示的装置，共制作了 12 个试件。在试件中心放置两块薄钢板，形成初始裂缝，两钢板之间留出部分混凝土，以便于裂缝的开展，并使力在混凝土和箍筋之间传递，箍筋与裂缝之间的夹角为 25°~60°，混凝土试块内配置钢筋笼，以控制试件上裂缝的开展，在试件中心混凝土的缩进部位放置千斤顶施加荷载。试验结果表明：随着箍筋与裂缝之间的夹角的增加，箍筋强度随之降低，箍筋的最小强度为其直线部位抗拉强度的 65%。

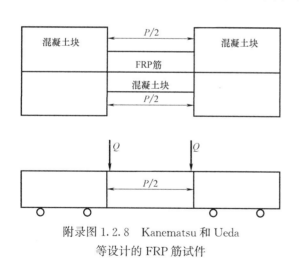

附录图 1.2.8　Kanematsu 和 Ueda
等设计的 FRP 筋试件

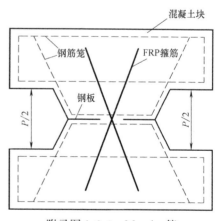

附录图 1.2.9　Morphy 等
设计的 FRP 箍筋试件

2.2　推荐测试方法

　　当受到 FRP 箍筋尺寸的限制，不能采用美国混凝土协会 440 委员会（ACI 440.3R-04）或 Morphy 等推荐的方法来测试 FRP 箍筋的抗拉强度时，可采用 U 形 FRP 箍筋试件进行测试，如附录图 1.2.10 所示。图中所示的尺寸为参考尺寸，实际测试中，应综合考虑 FRP 箍筋的尺寸、套筒的尺寸和加载设备的尺寸，合理确定试件各部位的尺寸。

1. U形 FRP 箍筋混凝土试件设计

从 FRP 箍筋上截取 U 形的 FRP 箍筋试样，将其埋置于混凝土试块之中，制作成 U 形 FRP 箍筋混凝土试件。

（1）为得到 FRP 箍筋的抗拉强度，至少对 5 个 U 形试件进行测试。FRP 箍筋的受拉破坏位置应位于箍筋弯折部位附近，若有一个试件中的 FRP 箍筋在其他部位发生破坏或者发生粘结滑移破坏，则需补做一根试件重新测试。

（2）测试中主要考虑弯折部位的锚固长度和混凝土强度对 FRP 箍筋抗拉强度的影响。通过改变 FRP 箍筋在混凝土内的无粘结段长度，可以得到不同的弯折部位锚固长度。

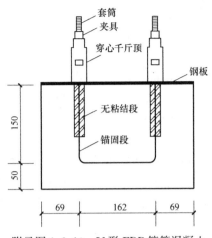

附录图 1.2.10　U 形 FRP 箍筋混凝土试件设计示意图（单位：mm）

（3）为便于加载以及避免对 FRP 箍筋造成损伤，在 FRP 箍筋的加载端设置足够长度的套筒灌胶式锚具。

制作完成后的 U 形 FRP 箍筋混凝土试件如附录图 1.2.11 所示。

附录图 1.2.11　U 形 FRP 箍筋混凝土试件

2. 测试方法

（1）FRP 箍筋试件制作的同时，采用同一批次的混凝土制作若干组尺寸为 100mm×100mm×100mm 混凝土试块（每组 3 个试块），用于评定混凝土强度。

（2）采用两个穿心千斤顶对左右两肢 FRP 箍筋进行同步加载，穿心千斤顶的最大加载能力应高于 FRP 箍筋直线部位的极限受拉荷载。由于穿心千斤顶不能持荷，且一旦停止送油，可能会出现回油现象。因此，测试中需要对 FRP 箍筋进行连续加载，加载速率不宜太快，控制在约 100MPa/min，直至 FRP 箍筋发生破坏。

（3）在穿心千斤顶与混凝土试块之间放置一块钢垫板，使作用力均匀分布于混凝土表面，避免局部混凝土破坏。

（4）测试中需要记录 FRP 箍筋发生破坏时对应的极限荷载。

2.3　计算

FRP 箍筋的抗拉强度主要受到 FRP 箍筋弯折部位的锚固长度和混凝土强度这两个因素的影响。当弯折部位的锚固长度相同时，采用强度较高的混凝土，BFRP 箍筋的抗拉强度也较大；当混凝土强度相同时，随着弯折部位的锚固长度的增加，BFRP 箍筋的抗拉强度也随之增大。对应于特定的弯折部位锚固长度和混凝土强度，FRP 箍筋抗拉强度的计算公式如下：

$$f_u = F_u / A \qquad\qquad （附录 1.2.1）$$

式中，f_u为FRP箍筋抗拉强度；F_u为FRP箍筋极限受拉荷载；A为FRP箍筋名义横截面积。

3 FRP筋混凝土粘结性能测试方法

3.1 测试方法简介

影响FRP筋混凝土粘结性能的因素较多，FRP筋直径、FRP筋锚固长度、混凝土强度和配箍率等都对FRP筋混凝土的粘结性能有着影响。测试FRP筋混凝土粘结性能的方法主要有拉拔测试和梁式测试。

1. 拉拔测试

拉拔测试是研究FRP筋混凝土粘结性能的最普遍的测试方法，其测试装置主要有附录图1.3.1所示几种类型。由于拉拔测试对FRP筋外形特征的变化比较敏感，因此拉拔测试通常被用来对各种类型的FRP筋的粘结性能进行对比。拉拔测试的试件制作及测试装置比较简单，测试结果便于分析，且可考虑较多因素的影响，因而更能反映FRP筋混凝土粘结锚固的固有性质。

拉拔测试中的混凝土试件可以是圆柱体、立方体或棱柱体，FRP筋的埋长是可变的，在FRP筋的加载端和自由端同时测量滑移。

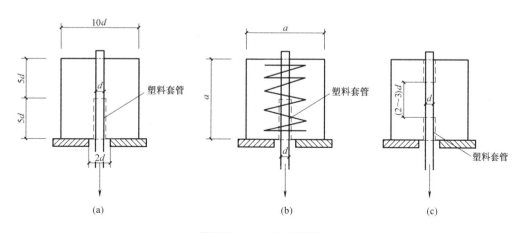

附录图1.3.1 拉拔测试

（a）无横向配筋；（b）有横向配筋；（c）短埋试件

2. 梁式测试

为了更好地模拟FRP筋在梁中的粘结锚固状态，可采用附录图1.3.2所示的梁式试件。梁式试件分为两个对称的部分，梁顶受压区用钢铰相连，从而使力臂明确，以便根据测试荷载准确地计算FRP筋拉力。FRP筋置于梁的受拉区，在梁的加载端和支座端各有一段无粘结区，中间为粘结区。

梁式试件还有其他多种类型，分别采用不同的构造和尺寸。一般认为梁式测试的结果更符合实际。这是因为在拉拔测试中，FRP筋周围的混凝土处于受压状态，从而减少了FRP筋与混凝土的界面上裂缝出现和发展的概率，提高了粘结强度；而梁式试验中FRP

筋周围的混凝土处于受拉状态，尽管有箍筋的约束作用，但还是增加了 FRP 筋与混凝土的界面上裂缝出现和发展的概率，从而能更好地模拟 FRP 筋在梁中的粘结锚固状态。

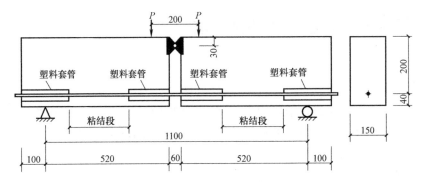

附录图 1.3.2　梁式测试（单位：mm）

拉拔测试中 FRP 筋混凝土的粘结强度要比从梁式测试中得到的粘结强度高。这是因为，在拉拔测试中，FRP 筋周围的混凝土处于受压状态，从而限制了裂缝的发生和开展，提高了粘结强度和混凝土的抗劈拉能力。而在梁式测试中，FRP 筋周围的混凝土处于受拉状态，较小的应力就很容易使混凝土产生裂缝，从而使裂缝能够得到更加充分的发展，降低了粘结强度和混凝土的抗劈拉能力，使梁式试件更加容易发生劈裂破坏。由于梁式试件更好地模拟了 FRP 筋在梁中的粘结性能，因而梁式试验得到的结果更加符合实际情况。

3.2　拉拔测试

附录图 1.3.3 所示为拉拔测试的试件设计和测试装置示意图。

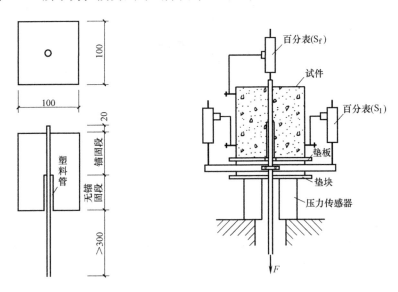

附录图 1.3.3　拉拔测试试件示意图（单位：mm）

试件设计说明如下：

（1）将一段 FRP 筋埋置于混凝土块中，在试件的加载端设置一段塑料管将 FRP 筋和混凝土分隔开，形成无粘结段，通过改变无粘结段的长度来改变 FRP 筋的锚固长度。

（2）在试件的自由端，FRP 筋伸出混凝土块外一段长度，以便于测试各级荷载作用下 FRP 筋自由端的滑移量。

（3）为避免水泥浆进入无粘结段，并使 FRP 筋的位置保持固定，采用胶泥对塑料管端部进行封闭。

（4）为避免对 FRP 筋造成损伤，在 FRP 筋的加载端设置足够长度的套筒灌胶式锚具。

测试装置说明如下：

（1）在 FRP 筋加载端的锚具上安装一个夹具，采用穿心千斤顶施加拉拔荷载。

（2）在 FRP 筋的加载端和自由端各设置一个百分表，测试各级荷载作用下加载端和自由端的滑移量。

（3）为避免混凝土发生局部受压破坏，在试件的加载面上放置一块厚钢板作为承压垫板，其尺寸应大于试件加载面的尺寸。承压垫板的中心预留圆孔，以使 FRP 筋穿过垫板。

（4）测试中需要记录各级荷载、与各级荷载对应的加载端和自由端滑移以及试件发生粘结破坏时对应的极限荷载（若 FRP 筋被拉断，则无此项数据）。

3.3　梁式测试

附录图 1.3.4 所示为梁式测试的试件设计和测试装置示意图。

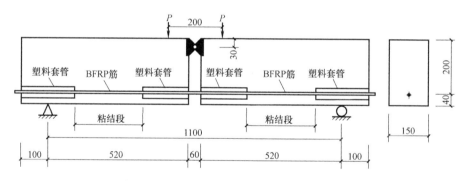

附录图 1.3.4　梁式测试试件示意图（单位：mm）

试件设计说明如下：

（1）试件由两个对称的部分构成，两部分在跨中受压区顶部用转动铰相连，从而使跨中截面具有明确的内力臂。

（2）FRP 筋置于梁底受拉区，在 FRP 筋的加载端和自由端分别采用塑料管将 FRP 筋和混凝土分隔开，各设置一段无粘结段，两段无粘结段之间为锚固段，通过改变无粘结段的长度来改变 FRP 筋的锚固长度。

（3）在试件的自由端，FRP 筋伸出混凝土外一段长度，以便于测试各级荷载作用下 FRP 筋自由端的滑移量。

（4）为避免水泥浆进入无粘结段，并使 FRP 筋的位置保持固定，采用胶泥对塑料管端部进行封闭。

试验装置说明如下：

（1）试验在门式反力架上进行，在试件跨中顶面设置分配梁，采用手动液压千斤顶施加对称竖向荷载。

（2）在 FRP 筋的加载端和自由端分别设置百分表，测试各级荷载作用下加载端和自由端的滑移量。

（3）测试中需要记录各级荷载、与各级荷载对应的加载端和自由端滑移以及试件发生粘结破坏时对应的极限荷载（若 FRP 筋被拉断，则无此项数据）。

3.4 计算

FRP 筋与混凝土的粘结强度通常是指埋长范围的平均粘结强度，一般可采用拔出试验来测定。设拔出力为 F，则以粘结破坏（筋被拔出或混凝土劈裂）时，FRP 筋与混凝土界面上的最大平均粘结应力作为粘结强度 τ_u，即：

$$\tau_u = \frac{F}{\pi d l} \qquad\qquad (\text{附录 1.3.1})$$

式中，τ_u 为 FRP 筋混凝土的平均粘结强度；F 为 FRP 筋加载端的拔出力；d 为 FRP 筋的名义直径；l 为 FRP 筋的锚固长度或埋长。

由于进行标准拔出试验时，埋入长度一般较短，粘结应力在埋入长度范围内的分布相对比较均匀，平均粘结应力也较高，因此按上式确定的平均粘结强度较高；埋入长度越大，则粘结应力分布越不均匀，平均粘结强度较小，但总粘结力随埋入长度的增加而增大。

附录2 FRP筋混凝土梁抗弯抗剪设计指南

1 FRP筋混凝土梁抗弯设计指南

对于FRP筋混凝土梁的抗弯设计，所采取方法主要为极限状态设计法，即首先根据抗弯强度要求对构件进行配筋设计，而后再对正常使用性能、疲劳性能和徐变性能等进行验算。在FRP筋混凝土梁的抗弯设计中，可以将允许挠度和抗弯承载力作为控制参数。

由于FRP筋为线弹性的材料，没有屈服点，并且弹性模量也较低。因此，与钢筋混凝土梁相比，FRP筋混凝土梁开裂后的刚度较低，从而产生较大的挠度和裂缝，并且还有可能产生比较特殊的受弯破坏形态，即在加载点附近发生受弯破坏或弯剪破坏。所以，对FRP筋混凝土梁而言，应该更加严格地控制它的挠度。对于FRP筋混凝土梁的抗弯承载力，采用极限平衡理论即可得到较满意的结果，而钢筋混凝土梁的挠度理论并不能较好地应用于FRP筋混凝土梁，因此，在对FRP筋混凝土梁的挠度进行分析时，需要根据FRP筋的材料特性，建立适用于FRP筋混凝土梁的更为准确和详尽的挠度计算方法。

1.1 基本假定和材料本构关系

1. 基本假定

（1）截面应变保持平面。

（2）忽略混凝土的抗拉强度。

（3）忽略纵向受压钢筋的抗压作用。

（4）FRP筋混凝土不发生粘结破坏。

（5）构件不发生受剪破坏。

2. 材料本构关系

（1）混凝土

混凝土的受压应力-应变关系采用如附录图2.1.1所示。

$$\varepsilon_c \leqslant \varepsilon_0 \quad \sigma_c = f_c \left[1 - \left(1 - \frac{\varepsilon_c}{\varepsilon_0} \right)^2 \right]$$

（附录2.1.1a）

$$\varepsilon_0 < \varepsilon_c \leqslant \varepsilon_{cu} \quad \sigma_c = f_c$$

（附录2.1.1b）

式中，$\varepsilon_0 = 0.002$；f_c 为混凝土轴心抗压强度；ε_{cu} 为混凝土极限压应变，$\varepsilon_{cu} = 0.0033$。

（2）BFRP纵筋

BFRP纵筋的受拉应力-应变关系为线性

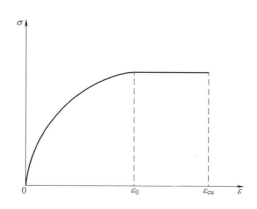

附录图2.1.1 混凝土受压应力-应变曲线

$$\sigma_f = E_f \varepsilon_f \qquad \text{(附录 2.1.2)}$$

$$\varepsilon_f \leqslant \varepsilon_{fu} \qquad \text{(附录 2.1.3)}$$

式中，ε_{fu} 为 BFRP 筋的极限拉应变。

1.2 抗弯破坏模式

由于 FRP 筋为线弹性的材料，不存在屈服，因此，FRP 筋混凝土梁的受弯破坏模式可分为受拉破坏（FRP 筋被拉断）和受压破坏（混凝土被压碎）两种类型。其中，受拉破坏的脆性性质十分明显，破坏前无明显征兆。受压破坏虽然也为脆性性质，但不如受拉破坏明显，破坏前表现出一定的塑性特征，构件的变形性能也相对较好，相比之下，受压破坏更加理想。为使 FRP 筋的强度得到充分的利用，可以将其与高强混凝土配合使用，采用高强混凝土可以增加构件开裂后的截面刚度，但是，由于高强混凝土的脆性性质更加明显，因此，采用高强混凝土也会降低构件的整体变形性能。

在对 FRP 筋混凝土梁进行抗弯设计时，可以将其设计为发生受拉破坏，也可以将其设计为发生受压破坏，前提条件是满足承载力极限状态和正常使用极限状态的要求。为弥补延性的不足，与钢筋混凝土梁相比，FRP 筋混凝土梁应该具有更高的强度储备。

1.3 平衡配筋率

FRP 筋混凝土梁的抗弯承载力与其受弯破坏模式有关，根据构件破坏时受压区混凝土边缘纤维和 FRP 筋的应力或应变状态，可将 FRP 筋混凝土梁的破坏模式划分为受拉破坏和受压破坏两种。

平衡配筋率即受压区混凝土被压碎和 FRP 筋被拉断同时发生时 FRP 筋的配筋率。由于 FRP 筋没有屈服点，因此，在 FRP 筋混凝土梁平衡配筋率的计算中采用的是 FRP 筋的抗拉强度设计值。平衡配筋率的计算公式如下：

$$\rho_{fb} = 0.85 \beta_1 \frac{f'_c}{f_{fu}} \frac{E_f \varepsilon_{cu}}{E_f \varepsilon_{cu} + f_{fu}} \qquad \text{(附录 2.1.4)}$$

式中，β_1 为等效矩形应力图形的高度与受压区高度的比值；f'_c 为混凝土抗压强度设计值；f_{fu} 为 FRP 筋抗拉强度设计值；E_f 为 FRP 筋抗拉弹模；ε_{cu} 为混凝土最大压应变。

当 FRP 筋的配筋率低于界限配筋率时（$\rho_f < \rho_{fb}$），构件发生受拉破坏，反之则发生受压破坏（$\rho_f < \rho_{fb}$）。与钢筋混凝土梁的界限配筋率相比，由于 FRP 筋的抗拉强度较高且抗拉弹模较低，FRP 筋混凝土梁的界限配筋率要小得多，在某些情况下，甚至会低于钢筋混凝土梁的最小配筋率。

1.4 抗弯承载力

1. 受拉破坏模式下的抗弯承载力

构件发生受拉破坏时抗弯承载力的分析包含以下几个未知量：破坏时受压区混凝土边缘纤维压应变 ε_c，中和轴高度 c，以及等效矩形应力图形系数 α_1 和 β_1。因此，与受压破坏情形相比，构件发生受拉破坏时抗弯承载力的分析较为复杂。受拉破坏时构件的抗弯承载力可以按照下式计算：

$$M_u = A_f f_{fu}(h_0 - \beta_1 c / 2) \qquad \text{(附录 2.1.5)}$$

对于某一给定的截面，$\beta_1 c$ 值的大小主要取决于截面材料性能和 FRP 筋配筋率。当混凝土达到其极限压应变值 0.003 时，$\beta_1 c$ 取得最大值 $\beta_1 c_b$。因此，受拉破坏时构件抗弯承载力的计算可以采用以下简化、保守计算式：

$$M_u = 0.8 A_f f_{fu}(h_0 - \beta_1 c_b / 2) \qquad \text{（附录 2.1.6a）}$$

$$c_b = \left(\frac{\varepsilon_{cu}}{\varepsilon_{cu} + \varepsilon_{fu}}\right) h_0 \qquad \text{（附录 2.1.6b）}$$

式中，f_{fu} 和 ε_{fu} 分别为 FRP 筋的抗拉强度和极限拉应变；h_0 为截面有效高度；c_b 为平衡配筋情况下受压区混凝土边缘纤维到截面中性轴的距离；β_1 为等效矩形应力图形的高度与受压区高度的比值；A_f 为 FRP 筋的配筋面积；ε_{cu} 为混凝土的极限压应变。

可见，受拉破坏情形时的抗弯承载力实际上是对受压破坏时抗弯承载力的折减。采用式（附录 2.1.6a）中的折减系数 0.8 可以较保守地估算 FRP 筋混凝土梁在受拉破坏模式下的抗弯承载力。若要获得更加准确的估算值，建议可以去掉式（附录 2.1.6a）中的折减系数 0.8。

2. 受压破坏模式下的抗弯承载力

受压破坏模式下抗弯承载力的理论公式为

$$M_u = \rho_f f_f \left(1 - 0.59 \frac{\rho_f f_f}{f'_c}\right) b h_0^2 \qquad \text{（附录 2.1.7a）}$$

$$\rho_f = \frac{A_f}{b h_0} \qquad \text{（附录 2.1.7b）}$$

$$f_f = \left(\sqrt{\frac{(E_f \varepsilon_{cu})^2}{4} + \frac{0.85 \beta_1 f'_c}{\rho_f} E_f \varepsilon_{cu}} - 0.5 E_f \varepsilon_{cu}\right) \leqslant f_{fu} \qquad \text{（附录 2.1.7c）}$$

式中，f_{fu} 为 FRP 筋的抗拉强度；b 为截面宽度；h_0 为截面有效高度；f_f 和 A_f 为 FRP 筋的拉应变和配筋面积；β_1 为等效矩形应力图形的高度与受压区高度的比值；ρ_f 为 FRP 筋配筋率；E_f 为 FRP 筋的弹性模量；ε_{cu} 为混凝土的极限压应变；f'_c 为混凝土抗压强度。

1.5　抗裂承载力

混凝土开裂前，FRP 筋混凝土梁处于弹性工作阶段，所以，FRP 筋混凝土梁的抗裂承载力可以采用换算截面求解，其计算公式的基本形式与钢筋混凝土梁的计算公式类似，即

$$M_{cr} = \gamma f_{ctk} W_0 \qquad \text{（附录 2.1.8a）}$$

$$\gamma = \left(0.7 + \frac{120}{h}\right) \gamma_m \qquad \text{（附录 2.1.8b）}$$

$$f_{ctk} = 0.55 f_{tk} \qquad \text{（附录 2.1.8c）}$$

式中，γ 为截面抵抗矩塑性影响系数；γ_m 为混凝土构件的截面抵抗矩塑性影响系数基本值，对于矩形截面，$\gamma_m = 1.55$；W_0 为换算截面受拉边缘的弹性抵抗矩；f_{ctk} 为素混凝土轴心抗拉强度标准值；f_{tk} 为混凝土轴心抗拉强度标准值；h 为截面高度（mm）。

FRP 筋混凝土梁的换算截面惯性矩计算如下：

附录图 2.1.2 所示为 BFRP 筋混凝土梁的换算截面示意图。令

$$\alpha_E = \frac{E_f}{E_c} \qquad \text{（附录 2.1.9）}$$

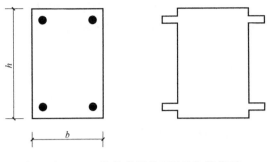

附录图 2.1.2　构件的原截面及其换算截面

混凝土开裂前，FRP 筋和周围混凝土的拉应变相同，即

$$\varepsilon_c = \frac{\sigma_c}{E_c} = \varepsilon_f = \frac{\sigma_f}{E_f}$$

（附录 2.1.10）

则 FRP 筋中的拉力为

$$T = \sigma_f A_f = \frac{E_f}{E_c} \sigma_c A_f = \alpha_E \sigma_c A_f$$

（附录 2.1.11）

由式（附录 2.1.11）可见，在换算截面中，FRP 筋的面积换算为 α_E 倍混凝土面积，采用同样的方法，也可将顶部架立筋的面积换算为对应的混凝土面积。在将构件原截面转化为由单一材料构成的换算截面后，即可根据线弹性理论计算构件的抗裂承载力。

1.6　挠度公式

混凝土开裂前，FRP 筋混凝土梁处于弹性工作阶段，构件的挠度采用线弹性的方法进行求解即可，其计算公式的基本形式与钢筋混凝土梁的计算公式类似。混凝土开裂后，构件进入塑性工作阶段，从而使挠度的分析变得复杂。

由于 FRP 筋混凝土梁的挠度和裂缝较大，因而其抗弯设计通常受使用性能标准的控制，并且钢筋混凝土梁的挠度理论也不能较好地应用于 FRP 筋混凝土梁。对 FRP 筋混凝土梁而言，其开裂后的挠度可采用有效惯性矩来计算。

对承受两个对称集中荷载 $P/2$ 作用的简支梁而言，其跨中挠度可按下式计算

$$\Delta = \frac{Px}{48 E_c I_e}(3L^2 - 4x^2)$$

（附录 2.1.12）

式中，E_c 为混凝土弹性模量；L 为构件净跨；x 为构件剪跨段长度；I_e 为修正 Branson 有效惯性矩，其表达式如下

$$I_e = \left(\frac{M_{cr}}{M_a}\right)^3 \beta_d I_g + \left[1 - \left(\frac{M_{cr}}{M_a}\right)^2\right] I_{cr} \leqslant I_g$$

（附录 2.1.13）

$$\beta_d = \alpha_b(E_f/E_s + 1)$$

（附录 2.1.14）

式中，M_{cr} 为开裂弯矩；M_a 为使用弯矩；I_g 为毛截面惯性矩；I_{cr} 为开裂截面的换算截面惯性矩；β_d 为考虑 FRP 筋材料特点的折减系数；α_b 为 FRP 筋的粘结系数；E_f 和 E_s 分别为 FRP 筋和钢筋的弹性模量。

1.7　裂缝间距和宽度

对于 FRP 筋混凝土梁的裂缝，主要有以下两种不同的看法观点：

（1）FRP 筋的耐腐蚀性较好，对 FRP 筋混凝土梁的裂缝控制应该适当宽松。

（2）与钢筋混凝土梁相比，FRP 筋混凝土梁开裂后的截面刚度较低，并且 FRP 筋抵抗销栓作用的能力也较差，因此，对 FRP 筋混凝土梁而言，其受力性能受裂缝宽度大小的影响较大，所以，应该更加严格地控制 FRP 筋混凝土梁的裂缝。

研究表明，FRP 筋混凝土梁的变形和裂缝均较大，并且 FRP 筋为各向异性的材料，

销栓作用对它的不利影响也更加明显。基于以上考虑，本指南从严控制FRP筋混凝土梁的裂缝宽度。

钢筋混凝土梁的最大裂缝宽度的计算公式为

$$\omega_{s,\,max}=\alpha_{cr}\psi\frac{\sigma_{sk}}{E_s}\left(1.9c+0.08\frac{d_{eq}}{\rho_{te}}\right) \tag{附录2.1.15}$$

FRP筋混凝土梁的裂缝宽度受到较多因素的影响，其中，起主要作用的是FRP筋的弹性模量和粘结性能。由于FRP筋的弹性模量较低，并且FRP筋和钢筋的粘结性能也存在较大的差异，所以，应从这两个方面着手，根据FRP筋的材料特性，对式（附录2.1.15）进行修正。

为简化起见，不对FRP筋混凝土的粘结强度进行修正，而只考虑FRP筋较低的弹性模量的影响，由此得到FRP筋混凝土梁的最大裂缝宽度的计算公式为

$$\omega_{f,\,max}=\alpha_{cr}\psi\frac{\sigma_{sk}}{E_s}\left(1.9c+0.08\frac{d_{eq}}{\rho_{te}}\right)\times\frac{E_s}{E_f}=\alpha_{cr}\psi\frac{\sigma_{sk}}{E_f}\left(1.9c+0.08\frac{d_{eq}}{\rho_{te}}\right)$$

$$\tag{附录2.1.16}$$

采用同样的方法，对钢筋混凝土梁的平均裂缝宽度和平均裂缝间距的计算公式进行修正，得到FRP筋混凝土梁的平均裂缝间距和平均裂缝宽度的计算公式为

$$l_{f,m}=1.9c+0.08\frac{d_{eq}}{\rho_{te}} \tag{附录2.1.17}$$

$$\omega_{f,m}=\alpha_c\psi\frac{\sigma_{sk}}{E_f}\left(1.9c+0.08\frac{d_{eq}}{\rho_{te}}\right) \tag{附录2.1.18}$$

式中，c为最外层BFRP筋外边缘至受拉区底边的距离；d_{eq}为FRP筋的等效直径；α_{cr}为构件受力特征系数；α_c为裂缝间混凝土自身伸长对裂缝宽度的影响系数；ψ为反映裂缝间受拉混凝土对BFRP筋应变的影响程度；ρ_{te}为有效纵向受拉钢筋的配筋率。式（附录2.1.16）～式（附录2.1.18）中，钢筋的有关计算参数采用与FRP筋的数量和直径相同的钢筋的计算值。在尚未得到更加合适的数据前，有关系数的取值可参照钢筋混凝土梁的取值规定。

1.8 配筋率限制条件

当构件设计为发生受拉破坏模式时，需要限制FRP筋的最小配筋率，以避免构件发生"一裂即坏"的现象。而当构件设计为发生受压破坏模式时，最小配筋率的条件则自动得到满足。由于FRP筋和钢筋的材料性能相差较大，若套用钢筋混凝土梁的最小配筋率公式，通常会使FRP筋混凝土梁产生过大的挠度和裂缝，从而不满足设计要求，对于FRP筋混凝土梁的最小配筋率公式，必须考虑到FRP筋的材料特性。

FRP筋混凝土梁的最小配筋率为

$$\rho_{f,min}=\frac{5.4\sqrt{f_c}}{f_u}\geqslant\frac{360}{f_u} \tag{附录2.1.19}$$

满足最小配筋率要求的FRP筋混凝土梁，大部分都发生受压破坏，然而，构件还有可能不满足挠度的要求，因此，还需要增加FRP筋的配筋率，当配筋率增加到一定程度

时，再继续增加配筋率，不仅对减小挠度收效甚微，还会造成材料的浪费。所以，还需要限制 FRP 筋的最大配筋率，其表达式如下

$$\rho_{\mathrm{f,max}}=0.24\frac{\beta_1 f_{\mathrm{c}}}{E_{\mathrm{f}}\varepsilon_{\mathrm{fy}}}$$ （附录 2.1.20）

式中，β_1 为受压区高度系数；$\varepsilon_{\mathrm{fy}}$ 为 FRP 筋的名义屈服应变；其取值范围为 $[1600\times 10^{-6},2400\times 10^{-6}]$。在对 FRP 筋混凝土梁进行抗弯设计时，最大配筋率的作用在于调整构件的截面尺寸，当超过最大配筋率时，挠度对 FPP 筋配筋率变化的敏感程度明显降低。为使 FRP 筋混凝土梁满足延性和变形等方面的要求，一般应按照受压破坏模式来对 FRP 筋混凝土梁进行抗弯设计。

1.9 抗弯设计程序

为提高 FRP 筋混凝土梁抗弯设计的效率，基于 MATLAB7.0 平台开发了 FRP 筋混凝土梁抗弯设计的图形用户交互式界面程序，如附录图 2.1.3 所示。

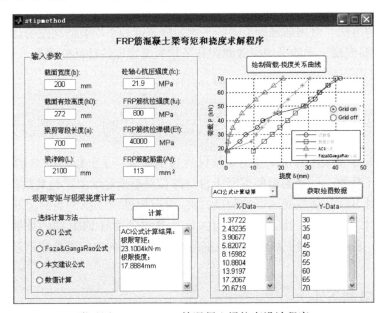

附录图 2.1.3　FRP 筋混凝土梁抗弯设计程序

2 FRP 筋混凝土梁抗剪设计指南

对于 FRP 箍筋混凝土梁的抗剪承载力，一般假设构件的抗剪承载力由两部分构成：混凝土承担的剪力和 FRP 箍筋承担的剪力，而该假设成立的前提条件是构件中的受剪斜裂缝能够得到充分的控制。

$$V_{\mathrm{n}}=V_{\mathrm{c}}+V_{\mathrm{f}}$$ （附录 2.2.1）

式中，V_{c} 为混凝土提供的抗剪能力；V_{f} 为 FRP 箍筋提供的抗剪能力。

对于 FRP 箍筋承担的剪力，其计算公式基本相似；而由于混凝土抗剪作用机理的复杂性，对于混凝土承担的剪力，其计算公式存在较大差异。

2.1　FRP 箍筋承担的剪力

由于 FRP 箍筋和钢箍在材料性能上的差异，当采用 FRP 箍筋作为抗剪增强筋时，需要注意以下几点：

（1）FRP 筋的抗拉弹模较低；

（2）FRP 筋的抗拉强度较高且没有屈服点；

（3）FRP 筋为各向异性的材料，FRP 箍筋弯折部位的抗拉强度明显低于其直线部位的抗拉强度。

箍筋的作用主要有以下几个方面：

（1）传递斜截面上的拉力；

（2）约束受压区混凝土，从而增加抗剪承载力；

（3）约束纵向钢筋，防止混凝土的劈裂破坏。

箍筋的抗剪贡献主要取决于箍筋的最大拉应力。对钢箍而言，一般取其屈服强度为最大拉应力。而对 FRP 箍筋而言，由于 FRP 筋为线弹性的材料，不存在屈服，因此，需要根据它所能达到的最大拉应变来确定它的最大拉应力。

当采用矩形 FRP 箍筋时，FRP 箍筋承担的剪力为

$$V_f = \frac{A_{fv} f_{fv} h_0}{s} \qquad\qquad （附录 2.2.2）$$

当采用 FRP 连续螺旋箍筋时，FRP 箍筋承担的剪力为

$$V_f = \frac{A_{fv} f_{fv} h_0}{s} \sin\alpha \qquad\qquad （附录 2.2.3）$$

式中，A_{fv} 为构件横截面内箍筋横截面积；f_{fv} 为 FRP 箍筋抗拉强度设计值；h_0 为构件横截面有效高度；s 为 FRP 箍筋间距。

2.2　混凝土承担的剪力

混凝土承担的剪力是由斜截面开裂后产生的 5 个作用机理提供的，即

（1）受压区混凝土中的剪应力。受压区混凝土的抗剪贡献主要取决于混凝土的抗压强度和受压区的高度。

（2）斜截面上的骨料咬合作用。斜截面上的骨料咬合作用使剪力可以通过斜裂缝传递，在钢筋混凝土梁中，骨料咬合作用的抗剪贡献约为受压区混凝土的抗剪贡献的 33%～50%，随着斜裂缝宽度的增加，该作用也随之减弱。骨料咬合作用的大小主要受到以下三种因素的影响：混凝土中粗骨料的尺寸、斜裂缝的宽度以及混凝土的抗拉强度。

（3）纵向受拉钢筋的销栓作用。纵筋的销栓作用可以阻止斜裂缝两侧截面的相对滑移，销栓作用的大小主要取决于纵筋的刚度和强度。有研究认为，该作用的大小可忽略不计。

（4）加载点和支座之间的拱作用。当构件的剪跨比小于 2.5 时，拱作用比较明显，拱作用的存在可以较大地提高构件的抗剪承载力。拱作用的大小主要取决于混凝土的有效抗压强度和纵筋的强度。

（5）斜截面上的残余拉应力。斜截面上的残余拉应力仅在斜裂缝宽度较小的情况下存

在，有研究发现，当斜裂缝宽度小于 0.15mm 时，残余拉应力尚有数值，当斜裂缝宽度较大时，该作用即消失。一般认为，该作用的抗剪贡献可以忽略。

对于混凝土的抗剪贡献，有以下几种计算公式，其适用性各不相同。

（1）GB 50010—2010（2015 年版）公式

$$V_c = \frac{1.75}{\lambda + 1} f_t b h_0 \qquad\qquad (附录 2.2.4)$$

式中，λ 为构件的剪跨比；f_t 为混凝土轴心抗拉强度；b 为截面宽度；h_0 为截面有效高度。

（2）ACI 318-08 公式

简单公式：

$$V_c = 0.17\lambda'\sqrt{f_c}\, b h_0 \qquad\qquad (附录 2.2.5)$$

详细公式：

$$V_c = \left(0.16\sqrt{f_c} + 17\rho_s \frac{V_u h_0}{M_u}\right) b h_0 \leqslant 0.29\sqrt{f_c}\, b h_0 \quad \frac{a}{h_0} \geqslant 2.5 \quad (附录 2.2.6a)$$

$$V_c = \left(3.5 - 2.5\frac{M_u}{V_u h_0}\right)\left(0.16\sqrt{f_c} + 17\rho_s \frac{V_u h_0}{M_u}\right) b h_0 \leqslant 0.5\sqrt{f_c}\, b h_0 \quad \frac{a}{h_0} < 2.5$$

$$(附录 2.2.6b)$$

式中，a 为构件剪跨段长度；λ' 为轻骨料混凝土的修正系数，对于普通混凝土，$\lambda' = 1$；f_c 为混凝土抗压强度；ρ_s 为纵筋率；V_u 和 M_u 为临界截面上的最大剪力和最大弯矩。

当 $a/h_0 \geqslant 2.5$ 时，临界截面取在距加载点一倍梁有效高度的截面处，此时，$M_u/V_u h_0 = a/h_0 - 1$；当 $a/h_0 < 2.5$ 时，临界截面取在距加载点 $a/2$ 处，此时，$M_u/V_u h_0 = a/h_0$ 且不大于 1。

（3）CSA A23.3-94（1998）公式

$$V_c = 0.2\sqrt{f_c}\, b h_0 \qquad h_0 \leqslant 300\text{mm} \qquad\qquad (附录 2.2.7a)$$

$$V_c = \left(\frac{260}{1000 + h_0}\right)\sqrt{f_c}\, b h_0 \geqslant 0.1\sqrt{f_c}\, b h_0 \qquad h_0 > 300\text{mm} \qquad (附录 2.2.7b)$$

（4）JSCE（1997）公式

$$V_c = \beta_d \beta_\rho \beta_n f_{vcd} b h_0 \qquad\qquad (附录 2.2.8a)$$

$$\beta_d = \left(\frac{1000}{h_0}\right)^{1/4} \leqslant 1.5 \qquad\qquad (附录 2.2.8b)$$

$$\beta_\rho = (100\rho_s)^{1/3} \leqslant 1.5 \qquad\qquad (附录 2.2.8c)$$

$$f_{vcd} = 0.2(f_c)^{1/3} \leqslant 0.72 \qquad\qquad (附录 2.2.8d)$$

式中，β_d 为考虑尺寸效应影响的系数；β_ρ 为考虑纵筋率影响的系数；β_n 为考虑预应力效应影响的系数，对非预应力构件，$\beta_n = 1$。

（5）Eurocode 2 公式

$$V_c = \tau_{Rd} k_d (1.2 + 40\rho_s) b h_0 \qquad\qquad (附录 2.2.9a)$$

$$\tau_{Rd} = 0.25 f_t / r_c \qquad\qquad (附录 2.2.9b)$$

式中，τ_{Rd} 为单位面积上的剪应力；r_c 为混凝土强度安全系数，$r_c = 1.6$；ρ_s 为纵筋率，$\rho_s \leqslant 2\%$；当超过 50% 的纵向受拉钢筋为搭接连接时，$k_d = 1$，否则 $k_d = 1.6 - h_0 \geqslant 1$（$h_0$ 的单位为 m）。

（6）Zsutty 公式

$$V_c = 2.17\left(f_c\rho_s\frac{h_0}{a}\right)^{1/3}bh_0 \quad \frac{a}{h_0}\geqslant 2.5 \qquad (附录 2.2.10a)$$

$$V_c = 2.17\left(2.5\frac{h_0}{a}\right)\left(f_c\rho_s\frac{h_0}{a}\right)^{1/3}bh_0 \quad \frac{a}{h_0}<2.5 \qquad (附录 2.2.10b)$$

（7）Rebeiz 公式

$$V_c = \left(0.4+\sqrt{f_c\rho_s\frac{M}{Vh_0}}\right)(10-3A_d)bh_0 \qquad (附录 2.2.11a)$$

$$A_d = 2.5 \quad \frac{a}{h_0}\geqslant 2.5 \qquad (附录 2.2.11b)$$

$$A_d = \frac{a}{h_0} \quad 1.0<\frac{a}{h_0}<2.5 \qquad (附录 2.2.11c)$$

式中，V 和 M 为临界截面上的剪力和弯矩。

2.3　抗剪设计程序

为提高 FRP 箍筋混凝土梁抗剪设计的效率，基于 MATLAB7.0 平台开发了 FRP 箍筋混凝土梁抗剪设计的图形用户交互式界面程序，如附录图 2.2.1 所示。

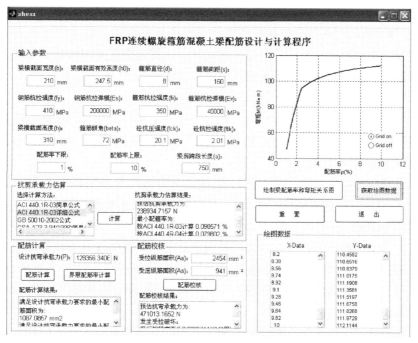

附录图 2.2.1　FRP 箍筋混凝土梁抗剪设计程序

3　全无磁 FRP 筋混凝土梁抗弯及抗剪设计指南

全无磁 FRP 筋混凝土梁，指的是纵向受拉筋、纵向受压筋（或架立筋）、箍筋以及锚具系统等均采用非金属材料的混凝土梁。本书所采用的非金属筋材特指 FRP 纵筋和 FRP

箍筋。采用完全非金属配筋混凝土结构，可以杜绝钢筋的锈蚀问题，从而可以广泛应用于恶劣环境、非导电和非磁性环境等特殊环境中的结构工程。

3.1 抗弯设计

对于全无磁 FRP 筋混凝土梁的抗弯设计，其方法和思路与箍筋仍采用钢筋的 FRP 筋混凝土梁相同，其设计要点如下：

1. FRP 筋长期暴露于外部环境中，其抗拉强度、蠕变断裂强度和疲劳强度等都会降低。因此，需要对 FRP 筋的出厂保证抗拉强度进行折减。ACI 440 建议取 FRP 筋的设计抗拉强度为

$$f_{fu} = C_E f_{fu}^*$$ （附录 2.3.1）

式中，C_E 为环境折减系数，对于不同类型的 FRP 筋其取值也不同；f_{fu}^* 为 FRP 筋的保证抗拉强度。

2. 为弥补构件延性的不足，应限制 FRP 纵筋的最大工作应力，使构件具备更高的强度储备。一般的做法是人为地设置一个名义屈服强度，名义屈服强度的大小一般取抗拉强度的 70%～85%。

3. 为使构件满足延性和变形等方面的要求，一般应按照受压破坏模式来对构件进行抗弯设计。

4. FRP 筋独特的材料性能使其配筋混凝土梁的抗弯设计主要受挠度和裂缝等使用性能标准的控制，本书建议在对构件进行抗弯设计时，首先根据使用性能标准的要求来对构件进行配筋设计，然后再根据极限平衡理论进行强度验算。

5. 受弯破坏模式的界定

当 $\rho_f < \rho_{fb}$ 时，构件发生受拉破坏；当 $\rho_f > \rho_{fb}$ 时，构件发生受压破坏。这只是一种理想情况，而实际上，由于实测混凝土强度一般高于设计混凝土强度，所以，对于 $\rho_f > \rho_{fb}$ 的构件，也有可能发生受拉破坏。

为避免设计与实际情况相背离，建议按照以下情形来区分构件的受弯破坏模式：当 $\rho_f < \rho_{fb}$ 时，构件发生受拉破坏；当 $\rho_f > 1.4\rho_{fb}$ 时，构件发生受压破坏。

6. 强度折减系数

由于构件的受弯破坏为脆性，因此，为安全起见，须使构件具备较高的强度储备，一般采用强度折减系数对构件的抗弯强度进行折减来储备强度。如日本有关规范（JSCE 1997）建议取 1/1.3 作为强度折减系数，Benmokrane 等通过概率分析，建议取 0.75 作为强度折减系数。

由于受拉破坏的脆性比受压破坏更加明显，因此，针对不同的破坏模式（或不同的配筋率水平），分别建议了不同的强度折减系数：

$$\phi = \begin{cases} 0.5 & \rho_f \leqslant \rho_{fb} \\ \rho_f / 2\rho_{fb} & \rho_{fb} < \rho_f < 1.4\rho_{fb} \\ 0.7 & \rho_f \geqslant 1.4\rho_{fb} \end{cases}$$ （附录 2.3.2）

7. 当 $\rho_f < \rho_{fb}$ 时，为避免构件发生"一裂即坏"的现象，需要限制 FRP 纵筋的最小配筋率，最小配筋率公式见式（附录 2.1.19）。

3.2　抗剪设计

对于全无磁 FRP 筋混凝土梁的抗剪设计，其计算公式与纵筋仍采用钢筋的 FRP 箍筋混凝土梁有所区别，其设计要点如下：

1. 由于斜拉破坏的脆性性质非常明显，而斜压破坏的延性相对较好，因此，本书建议按照斜压破坏模式来对构件进行抗剪设计。

2. FRP 箍筋弯折部位的抗拉强度

影响 FRP 箍筋弯折部位抗拉强度的主要因素有：弯折部位的弯曲半径和筋直径的比值 r_b/f_b、FRP 箍筋末端的锚固长度以及混凝土强度等。其中，起主要作用的是 r_b/f_b。本指南建议的 FRP 箍筋弯折部位抗拉强度的理论计算公式为

$$f_{fb}=\left(0.05 \cdot \frac{r_b}{d_b}+0.3\right)f_{fu} \leqslant f_{fu} \qquad (附录 2.3.3)$$

该公式为 FRP 箍筋弯折部位抗拉强度的保守估计式，为 FRP 箍筋留出了足够的强度储备。FRP 箍筋弯折部位抗拉强度的原始关系式是由试验结果拟合得来的，该拟合关系式在 JSCE 规范中的表述为

$$f_{fb}=\left(0.09 \cdot \frac{r_b}{d_b}+0.3\right)f_{fu} \leqslant f_{fu} \qquad (附录 2.3.4)$$

3. FRP 箍筋的工作应力

为避免 FRP 箍筋在弯折部位发生破坏、控制剪切斜裂缝的开展宽度以及维持混凝土受剪工作的整体性，需要限制 FRP 箍筋的工作应力。如加拿大公路桥梁设计规范（CSA 2000）建议控制 FRP 箍筋的拉应变不超过 0.002，Eurocrete Project 建议取 0.0025，美国混凝土规范（ACI 318-95）建议取 0.00275。

应变限值过低，将会得到过于保守的结果，即过低地估计构件的抗剪承载力，同时过高的强度储备也造成了材料浪费。本指南认为，采用 0.004 的应变限值仍然可以有效防止斜截面上的骨料咬合力和混凝土抗剪能力的损失。建议 FRP 箍筋的最大工作应力限制为

$$f_{fv}=0.004E_f \leqslant f_{fb} \qquad (附录 2.3.5)$$

式中，E_f 为 FRP 箍筋的弹性模量；f_{fb} 为 FRP 箍筋弯折部位的抗拉强度设计值。

4. 强度折减系数

由于构件的受剪破坏为脆性，因此，为安全起见，须使构件具备较高的强度储备，一般采用强度折减系数对构件的抗剪强度进行折减来储备强度。建议取 $\phi=0.75$ 作为抗剪强度折减系数。

5. 最小配箍率

当 $V_u > \phi V_c/2$ 时（V_u 为构件的抗剪强度，V_c 为混凝土的抗剪能力，ϕ 为强度折减系数），需要限制箍筋的最小配筋率，以防止构件因为剪切斜裂缝的突然形成而发生受剪破坏。为避免构件发生"一裂即坏"的现象，建议 FRP 箍筋的最小配箍率公式为

$$A_{fv,min}=0.35\frac{b_w s}{f_{fv}} \qquad (附录 2.3.6)$$

式中，b_w 为矩形截面的宽度或 T 形截面的腹板宽度；s 为箍筋间距。

由于上式没有考虑受拉纵筋刚度和混凝土强度的影响，因此，采用上式计算得到的最

小配箍率偏于保守。随着受拉纵筋刚度的提高或者混凝土强度的增加，最小配箍率随之降低。对于全无磁 FRP 筋混凝土梁而言，由于 FRP 纵筋的刚度较小，因此，与对应的钢筋混凝土梁相比，其最小配箍率较大。

6. FRP 箍筋的最大间距

限制 FRP 箍筋最大间距的目的在于：避免形成过宽的剪切斜裂缝，使剪切斜裂缝的分布较为均匀以及保证每条剪切斜裂缝至少与一个箍筋相交。建议 FRP 箍筋的最大间距取 $h_0/2$ 和 600mm 两者的较小值。

7. 混凝土的抗剪能力

由于 FRP 纵筋的轴向刚度较低，因此，与具有同等抗弯强度的钢筋混凝土梁相比，全无磁 FRP 筋混凝土梁开裂后，受压区混凝土高度较小，裂缝宽度较大，导致由斜截面骨料咬合力和受压区混凝土提供的抗剪能力都较小。无腹筋混凝土梁受剪性能的有关研究表明，受拉纵筋的刚度会影响到混凝土提供的抗剪能力。

当构件中的受拉纵筋采用 FRP 纵筋时，混凝土抗剪能力的计算公式主要有以下几种：

(1) JSCE (1997) 公式

$$V_c = \beta_d \beta_\rho \beta_n f_{vcd} b h_0 \qquad (附录 2.3.7)$$

$$\beta_d = \left(\frac{1000}{h_0}\right)^{1/4} \leqslant 1.5 \qquad (附录 2.3.8)$$

$$\beta_\rho = (100 \rho_f E_f / E_s)^{1/3} \leqslant 1.5 \qquad (附录 2.3.9)$$

$$f_{vcd} = 0.2 (f_c)^{1/3} \leqslant 0.72 \qquad (附录 2.3.10)$$

式中，β_d 为考虑尺寸效应影响的系数；β_ρ 为考虑纵筋率和 FRP 纵筋弹性模量影响的系数；β_n 为考虑预应力效应影响的系数，对非预应力构件，$\beta_1 = 1$；ρ_f 为 FRP 纵筋的配筋率；b 为截面宽度；h_0 为截面有效高度；E_f、E_s 分别为 FRP 纵筋和钢筋的弹性模量；f_c 为混凝土抗压强度。

(2) Deitz 公式

简单公式：

$$V_c = \frac{1}{2} \sqrt{f_c} b h_0 \frac{E_f}{E_s} \qquad (附录 2.3.11)$$

详细公式：

$$V_c = \frac{3}{7} \left(\sqrt{f_c} + 120 \rho_f \frac{V_f h_0}{M_f}\right) b h_0 \frac{E_f}{E_s} \leqslant 0.9 \sqrt{f_c} b h_0 \frac{E_f}{E_s} \qquad (附录 2.3.12)$$

式中，V_f、M_f 分别为临界截面上的剪力和弯矩。

(3) ISIS M03-01 公式

$$V_c = 0.2 \sqrt{f_c} b h_0 \sqrt{E_f / E_s} \qquad h_0 \leqslant 300mm \qquad (附录 2.3.13a)$$

$$V_c = \left(\frac{260}{1000 + h_0}\right) \sqrt{f_c} b h_0 \sqrt{E_f / E_s} \geqslant 0.1 \sqrt{f_c} b h_0 \sqrt{E_f / E_s} \quad h_0 > 300mm$$

$$(附录 2.3.13b)$$

(4) CSA S806-02 公式

$$0.1 \sqrt{f_c} b h_0 \leqslant V_c = 0.035 \left(f_c \rho_f E_f \frac{V_f h_0}{M_f}\right)^{1/3} b h_0 \leqslant 0.2 \sqrt{f_c} b h_0 \quad h_0 \leqslant 300mm$$

$$(附录 2.3.14a)$$

$$V_c = \left(\frac{130}{1000+h_0}\right)\sqrt{f_c}\, bh_0 \geqslant 0.08\sqrt{f_c}\, bh_0 \quad h_0 > 300\text{mm} \quad (\text{附录 } 2.3.14\text{b})$$

（5）ACI 440.1R-03 公式

$$V_c = \frac{1}{6}\frac{\rho_f E_f bh_0}{90\beta_1 f_c} \leqslant \frac{1}{6}\sqrt{f_c}\, bh_0 \qquad\qquad (\text{附录 } 2.3.15)$$

$$0.65 \leqslant \beta_1 = 1.05 - 0.05\frac{f_c}{6.895} \leqslant 0.85 \qquad (\text{附录 } 2.3.16)$$

式中，β_1 为与混凝土强度有关的系数。

（6）ACI 440.1R-03 修正公式

$$V_c = 5k\sqrt{f_c}\, bh_0 \qquad\qquad\qquad (\text{附录 } 2.3.17)$$

$$k = \sqrt{2\rho_f E_f/E_c + (\rho_f E_f/E_c)^2} - \rho_f E_f/E_c \qquad (\text{附录 } 2.3.18)$$

式中，k 为截面相对受压区高度。

（7）Razaqpur 公式

$$V_c = 0.035 K_s K_a \left[1 + (\rho_f E_f)^{1/3}\right]\sqrt{f_c}\left(\frac{V_f h_0}{M_f}\right)^{2/3} bh_0 \leqslant 0.2 K_s \sqrt{f_c}\, bh_0$$

$$(\text{附录 } 2.3.19)$$

$$K_s = \frac{750}{450+h_0} \leqslant 1 \qquad\qquad (\text{附录 } 2.3.20)$$

$$K_a = \frac{2.5 V_f h_0}{M_f} \geqslant 1 \qquad\qquad (\text{附录 } 2.3.21)$$

式中，K_s 为考虑尺寸效应影响的系数；K_a 为考虑构件剪跨段长度影响的系数。

（8）Zsutty 公式

$$V_c = 2.17\left(f_c\rho_s\frac{h_0}{a}\frac{E_f}{E_s}\right)^{1/3} bh_0 \quad \frac{a}{h_0} \geqslant 2.5 \qquad (\text{附录 } 2.3.22\text{a})$$

$$V_c = 2.17\left(2.5\frac{h_0}{a}\right)\left(f_c\rho_s\frac{h_0}{a}\frac{E_f}{E_s}\right)^{1/3} bh_0 \quad \frac{a}{h_0} < 2.5 \qquad (\text{附录 } 2.3.22\text{b})$$

式中，a 为构件剪跨段长度。

（9）Eurocode 2 公式

$$V_c = 1.3\sqrt{E_f/E_s}\,\tau_{Rd} k_d (1.2 + 40\rho_s) bh_0 \qquad (\text{附录 } 2.3.23)$$

$$\tau_{Rd} = 0.25 f_t/r_c \qquad\qquad (\text{附录 } 2.3.24)$$

式中，τ_{Rd} 为单位面积上的剪应力；f_t 为混凝土抗拉强度；r_c 为混凝土强度安全系数，$r_c = 1.6$；ρ_s 为纵筋率，$\rho_s \leqslant 2\%$；当超过 50% 的纵向受拉钢筋为搭接连接时，$k_d = 1$，否则 $k_d = 1.6 - h_0 \geqslant 1$（$h_0$ 的单位为 m）。

3.3 抗弯及抗剪设计程序

对于全无磁 FRP 筋混凝土梁的抗弯设计、配筋校核和抗剪设计，为提高效率，可采用附录图 2.3.1、附录图 2.3.2 所示的图形用户交互式界面程序。

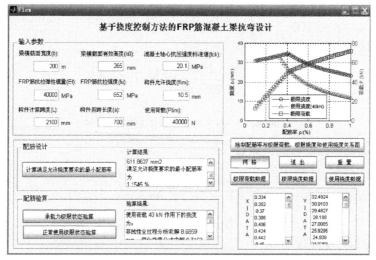

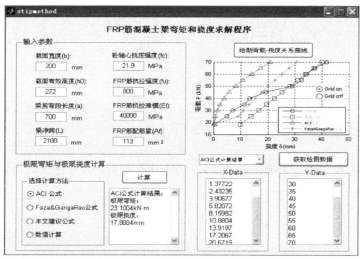

附录图 2.3.1　全无磁 FRP 筋混凝土梁抗弯设计和配筋校核程序

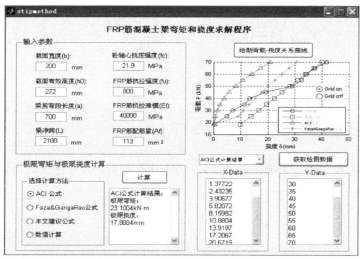

附录图 2.3.2　全无磁 FRP 筋混凝土梁抗剪承载力求解程序

附录 3　FRP 筋混凝土结构施工指南

1　一般规定

1.1　施工技术资料的审查批准

1.1.1　除非合同文件另有说明，施工前应向工程师提交以下技术资料，经审查批准后准予使用。

1.1.1.1　FRP 筋：FRP 筋厂商提供的 FRP 筋材料性能的认证测试报告。

1.1.1.2　FRP 筋的安装图纸：FRP 筋和 FRP 筋支座的加工尺寸、安装部位等。

1.1.1.3　FRP 筋的连接：FRP 筋的连接方法，以及采用合同约定以外连接方法的申请。

1.1.1.4　FRP 筋的支座：未包括在 2.1.3 条中的 FRP 筋的支座和固定材料。

1.1.2　FRP 筋的重新安装。当 FRP 筋安装的尺寸偏差超过容许值时，应提交 FRP 筋的重新安装申请，并提交重新安装方案和方案论证结果。

1.1.3　质量检验和控制。厂商应提供 FRP 筋生产的质量保证计划或质量控制计划。

1.2　材料运输、储存和加工

1.2.1　材料运输、储存和加工过程中，应避免材料弯曲，表面覆土、覆油或者覆盖其他材料，避免材料发生其他损伤。

1.2.2　在施工现场对 FRP 筋进行加工、运输等操作时，应采用不会对筋材造成损伤和磨损的设备。起吊成捆的 FRP 筋时，应设置多个起吊点，避免因 FRP 筋弯曲而造成筋材的损伤。避免随意抛掷或在地面上拖移 FRP 筋。

1.2.3　FRP 筋应离地储存，放置于平台、垫木或者其他支撑构件上，其储存地点应尽量靠近施工安装地点。如果 FRP 筋在户外的储存时间超过 4 个月，应采用不透光的塑料膜或其他材料覆盖保护，避免紫外线对筋材造成损伤。

1.2.4　FRP 筋储存过程中，避免将 FRP 筋暴露于 50℃ 以上的高温环境中。

2　产品要求

2.1　材料

2.1.1　FRP 筋。除非合同文件另有规定，应采用表面缠绕纤维丝（带）、表面覆砂、表面带肋等工艺，使 FRP 筋的外表面具备变形特征，从而使 FRP 筋与混凝土之间形成较好的粘结。FRP 筋的类型和尺寸应满足合同文件或有关设计指南的要求。

容许损伤。FRP 筋的最大可见损伤应满足以下要求：每根 FRP 筋单位长度上的容许损伤不应超过单位长度上 FRP 筋表面积的 2%，FRP 筋横截面上的损伤深度不应超过 1mm。

2.1.2　FRP 筋网格和格栅。主要指采用 FRP 筋现场加工制作的网状增强筋，不包括预制成型的 FRP 筋网状增强筋。

2.1.3　FRP 筋的支座。FRP 筋的支座应采用绝缘材料制作，或者采用具有绝缘涂层的导电材料制作（如环氧树脂涂层铁件）。

2.1.4　FRP 筋的预制混凝土支座。可采用预制混凝土构件来支撑 FRP 筋，对预制混凝土支座的要求是：支撑表面积不小于 $2500mm^2$，混凝土的抗压强度和耐久性能不低于 FRP 筋混凝土结构施工中所采用的混凝土的指标值。

2.2　现场加工

FRP 筋的现场加工仅限于根据设计规定和施工图纸要求所进行的绑扎、切割等操作，并且还需满足有关施工技术要求。

3　施工技术要点

3.1　准备工作

混凝土浇筑完成后，应避免 FRP 筋与混凝土之间的机械咬合力对筋材造成损伤。

3.2　FRP 筋安装

3.2.1　尺寸偏差。应按施工图纸要求对 FRP 筋进行安装、支撑和固定，在浇筑混凝土前，应对 FRP 安装的尺寸偏差进行检查，除非有关设计指南中另有说明，FRP 筋的安装偏差不应超过容许值。

3.2.2　FRP 筋的重新安装。当 FRP 筋的安装偏差超过容许值时，为避免干扰其他筋材、管线和预埋件正常安装，应重新安装不符合尺寸偏差要求的 FRP 筋，并提交重新安装方案，经论证后实施。

3.2.3　混凝土保护层。不同环境条件下 FRP 筋的混凝土保护层厚度要求如附录表 3.3.1 所示（不包括防火保护层厚度要求）。当采用多根 FRP 筋组合形成的 FRP 束时，混凝土保护层厚度等于 FRP 束的等效直径，除非需要满足附录表 3.3.1 中规定的最小保护层厚度要求，FRP 束的混凝土保护层厚度但不应大于 50mm。FRP 束的等效直径采用 FRP 束的横截面积进行计算，根据横截面积反算出等效直径。混凝土保护层的耐久性应满足有关设计指南要求。

3.2.4　FRP 筋的支座。除非另有规定，应采用以下几种类型的 FRP 筋支座：

3.2.4.1　采用预制混凝土支座，将 FRP 筋支撑于施工场地的地面或泥土之上，避免污染 FRP 筋。

3.2.4.2　采用绝缘的镀锌线缆，或者其他绝缘材料制作的线缆作为 FRP 筋的支座。

FRP 筋的混凝土保护层厚度　　　　　　　　　　　　**附录表 3.3.1**

	混凝土保护层厚度(mm)
板和托梁	
顶部和底部的 FRP 筋	
$d \leqslant 32.3$mm	20
与土壤接触的支模浇筑的混凝土表面,支撑在垫块上的混凝土底面,表面覆土的混凝土板	
$d \leqslant 15.9$mm	40
19.1mm$\leqslant d \leqslant 32.3$mm	50
梁	
FRP 矩形箍筋,FRP 螺旋箍筋,FRP 拉筋	40
纵向主筋	50
与土壤接触	
FRP 矩形箍筋和 FRP 拉筋	50
纵向主筋	65
墙	
$d \leqslant 32.3$mm	20
与土壤或地面接触的混凝土表面	50
基础和承台	
支模浇筑的混凝土表面,支撑在混凝土垫块上的混凝土底面	50
不支模浇筑的混凝土表面,与土壤接触的混凝土底面	75
基础顶部	同板的规定
桩顶面以上	50

3.2.4.3　FRP 筋混凝土结构中的钢筋和预埋铁件,应具有镀锌涂层或其他非金属绝缘涂层,也可以采用不锈钢制成的钢筋和预埋铁件,或者在钢筋和预埋铁件外包裹一层不锈钢。若采用 CFRP 筋,则镀锌涂层、不锈钢材料或不锈钢包裹层不应直接与 CFRP 筋接触。

3.2.4.4　FRP 筋预制混凝土支座中预埋的钢丝绳或钢销钉,应采用具有绝缘涂层或不锈钢包裹层的钢丝绳或钢销钉。

3.2.4.5　采用筋材作为 FRP 筋的支座时,筋材支座应具有环氧涂层,或者筋材支座本身就是 FRP 筋。

3.2.4.6　墙中分布筋之间的横向支撑短筋,应采用环氧涂层钢筋或者 FRP 筋。墙体中 FRP 筋的专用锚夹具和横向支撑短筋应采用耐腐蚀的材料制作,或者在锚夹具表面覆盖绝缘涂层。

3.2.4.7　对 FRP 筋进行绑扎时,应采用塑料扎丝或者环氧涂层铁扎丝。若将 GFRP 筋应用于电磁绝缘环境中,应采用尼龙扎丝或塑料扎丝对其进行绑扎。此外,还可采用注塑成型的热塑性塑料夹具来固定 FRP 筋。

3.2.5 FRP 筋网。当地面混凝土垫层不能连续浇筑时，垫层中的 FRP 筋网应延伸至混凝土边缘以外 50mm 范围内，FRP 筋网的搭接和 FRP 筋网的切割按施工图纸要求进行。除非另有规定，不应将 FRP 筋网贯穿于伸缩缝两侧。FRP 筋网底部应设置支座，以便在浇筑混凝土的过程中维持 FRP 筋网的设计位置。不应采用不设置 FRP 筋支座，而在混凝土浇筑过程中或浇筑完成后逐渐提升 FRP 筋网至设计位置的施工方法。

3.2.6 FRP 筋的连接。应按照施工图纸的要求对 FRP 筋进行连接。FRP 筋的连接不允许采用机械连接。

3.2.7 FRP 的现场弯折或调直。在施工现场不允许对 FRP 筋进行弯折或调直，FRP 筋的弯折或调直应由厂商在 FRP 筋的生产过程中完成。

3.2.8 生产过程中 FRP 筋的弯折。FRP 筋弯折部位的内弯曲半径应符合附录表 3.3.2 中的要求，并且，弯折点距混凝土表面的距离不应小于弯折部位的最小直径。

FRP 筋弯折部位的尺寸要求   附录表 3.3.2

FRP 筋直径	最小内弯曲半径
$9.5\text{mm} \leqslant d \leqslant 25.4\text{mm}$	$1.5d$
$28.7\text{mm} \leqslant d \leqslant 32.3\text{mm}$	$2d$

3.2.9 伸缩缝处的 FRP 筋。混凝土中 FRP 筋不应贯穿于伸缩缝两侧。伸入节点或止水带的 FRP 销钉，不应与混凝土粘结，或者仅在节点或止水带的一侧与混凝土粘结。

3.3 FRP 筋的修复

当 FRP 筋因损伤造成可见的暴露纤维，或者割痕、缺陷深度超过 1mm 时，该 FRP 筋应作为废料处理，不能在工程中使用。而当 FRP 筋的可见损伤不超过单位长度上 FRP 筋表面积的 2%，且经工程师鉴定可以不作为废料处理时，则应对其进行修复。应采用以下方法对受损伤的 FRP 筋进行修复：在受损伤部位搭接一段新的 FRP 筋，并且在损伤部位的每一侧都应具有足够的搭接长度。

3.4 施工现场 FRP 筋的截断

3.4.1 在施工现场对 FRP 筋进行截断时，应经工程师允许，并采用工程师认可的截断方法。不允许采用剪切的方法对 FRP 进行现场截断。

3.4.2 FRP 筋截断后，应按照厂商或工程师的要求对 FRP 筋的端头进行密封保护，在截断过程中对 FRP 筋表面所造成的任何损伤，都应由工程师进行检查，并按照工程师要求进行修复。

3.5 混凝土浇筑

在混凝土浇筑过程中，如果由于 FRP 筋的支撑和固定措施不完善，引起 FRP 筋下沉、上浮或偏移，应暂停浇筑混凝土，直至采取了有效措施避免以上现象再次发生。

　　FRP 筋混凝土结构施工指南中的强制性条文建议、推荐性条文建议和应提交施工技术资料一览表分别见附录表 3.3.3～附录表 3.3.5。

强制性条文建议　　　　　　　　　　　　　　　　　附录表 3.3.3

条文编号	注意事项
2.1.1　FRP 筋	应在合同文件中阐明 FRP 筋的使用范围,并对 FRP 筋的类型和直径进行说明
3.4　施工现场 FRP 筋的截断	应对工程师批准的 FRP 筋截断方法进行说明。推荐采用金刚砂锯片或金刚石锯片来截断 FRP 筋,此外,也可采用电动砂轮或圆锯片来截断 FRP 筋

推荐性条文建议　　　　　　　　　　　　　　　　　附录表 3.3.4

条文编号	注意事项
1.1　施工技术资料的审查批准	对不需要提交的施工技术资料进行说明
2.1.1　FRP 筋	当不采用表面变形或表面覆砂 FRP 筋时,需进行说明。FRP 筋用于传递剪力时,允许 FRP 筋产生适量滑移,此时应采用光圆 FRP 筋
3.2.3　混凝土保护层	当 FRP 筋的混凝土保护层厚度与附录表 3.3.1 中规定的值不一致时,需进行说明
3.2.4　FRP 筋的支座	当 FRP 筋的垫块不一致时,需进行说明
3.2.5　FRP 筋网	当 FRP 筋网贯穿于伸缩缝两侧时,需进行说明

应提交施工技术资料一览表　　　　　　　　　　　附录表 3.3.5

条文编号	注意事项
1.1.1.1　FRP 筋	FRP 筋厂商提供的 FRP 筋材料性能的认证测试报告
1.1.1.2　FRP 筋的安装图纸	FRP 筋和 FRP 筋支座的加工尺寸、安装部位等
1.1.1.3　FRP 筋的连接	FRP 筋的连接方法,以及采用合同约定以外连接方法的申请
1.1.1.4　FRP 筋的支座	FRP 筋所采用的支座和固定材料的说明
1.1.2 和 3.2.2 FRP 筋的重新安装	当 FRP 筋的安装偏差超过容许值时,为避免干扰其他筋材、管线和预埋件正常安装,重新安装 FRP 筋的方案
1.1.3　质量检验和控制	FRP 筋生产的质量保证计划或质量控制计划

参 考 文 献

［1］ 中华人民共和国住房和城乡建设部. 纤维增强复合材料工程应用技术标准：GB 50608—2020 ［S］. 北京：中国计划出版社，2020.

［2］ 李趁趁，高丹盈，赵军. FRP 加固混凝土结构耐久性研究 ［M］. 北京：中国建筑工业出版社，2012.

［3］ 吕志涛. FRP 混凝土桥梁结构 ［M］. 南京：江苏凤凰科学技术出版社，2016.

［4］ MOSTAFA EL-MOGY M. Behaviour of Continuous Concrete Beams Reinforced with FRP Bars ［M］. LAP Lambert Academic Publishing，2012.

［5］ SAEED A，ALI I M. Strengthening of Structural Elements Using FRP ［M］. LAP Lambert Academic Publishing，2013.

［6］ ZOGHI M. The International Handbook of FRP Composites in Civil Engineering ［M］. CRC Press，2013.

［7］ BALAGURU P，NANNI A，GIANCASPRO J. FRP Composites for Reinforced and Prestressed Concrete Structures：A Guide to Fundamentals and Design for Repair and Retrofit ［M］. CRC Press，2008.

［8］ SINGH S B. Analysis and Design of FRP Reinforced Concrete Structures ［M］. McGraw-Hill Education，2015.

［9］ JAIN R，LEE L. Fiber Reinforced Polymer (FRP) Composites for Infrastructure Applications：Focusing on Innovation，Technology Implementation and Sustainability ［M］. Springer，2012.

［10］ HASAN N. Behaviour of RC Beams Retrofitted/Repaired in Shear with FRP ［M］. LAP Lambert Academic Publishing，2013.

［11］ MANJUL A. Analysis of Bond Strength of FRP Rebar on Concrete ［M］. LAP Lambert Academic Publishing，2013.

［12］ IBRAHIM S，LLUIS T. RC Elements Strengthened with Near NSM FRP Reinforcement ［M］. Scholars' Press，2015.

［13］ HAYDER A. Strengthening Design of Reinforced Concrete with FRP ［M］. Scholars' CRC Press，2014.

［14］ Department of Defense United States of America. UFGS 04 01 20：Rehabilitation of Reinforced and Unreinforced Masonry Walls Using FRP Composite Structural Repointing ［M］. Bibliogov，2013.

［15］ Department of Defense United States of America. UFGS 04 01 21：Rehabilitation of Reinforced and Unreinforced Masonry Walls Using Surface Applied FRP Composites ［M］. Bibliogov，2013.

［16］ VISTASP M. Rehabilitation of Metallic Civil Infrastructure Using Fiber Reinforced Polymer (FRP) Composites：Types Properties and Testing Methods ［M］. Woodhead Publishing，2014.

［17］ BAI J. Advanced Fiber-Reinforced Polymer (FRP) Composites for Structural Applications ［M］. Woodhead Publishing，2013.

［18］ UDDIN N. Developments in Fiber-Reinforced Polymer (FRP) Composites for Civil Engineering ［M］. Woodhead Publishing，2013.

[19] TENG J G，CHEN J F，YU T. FRP-strengthened RC Structures［M］. Wiley，2016.

[20] 葛文杰，张继文. FRP 筋和钢筋混合配筋增强混凝土梁受弯性能［J］. 东南大学学报：自然科学版，2012，42（1）：114-119.

[21] 张鹏阳，姚勇. FRP 加固混凝土箱型梁的抗剪贡献计算方法研究［J］. 玻璃钢/复合材料，2014（5）：41-45.

[22] 冉俣，邢国华，牛荻涛，等. FRP（钢绞线）加筋混凝土梁正截面受弯承载力计算［J］. 防灾减灾工程学报，2014（1）：85-90.

[23] 张鹏，刘闻冰，邓宇. 二次受力下 FRP 筋内嵌加固混凝土梁抗弯承载力分析［J］. 广西工学院学报，2013，24（3）：18-22.

[24] 朱虹. 预应力 FRP 筋增强 RC 梁受弯破坏模式研究［J］. 土木建筑与环境工程，2012，34（5）：97-101.

[25] 王作虎，杜修力，詹界东. 有粘结和无粘结相结合的预应力 FRP 筋混凝土梁抗弯承载力研究［J］. 工程力学，2012，29（3）：67-74.

[26] 吴智深，唐永圣，黄璜. 利用自传感 FRP 筋实现结构性能全面监测和自诊断研究［J］. 建筑结构，2013（19）：5-9.

[27] 袁渐超，黄鹏超，王国栋. FRP 在人行天桥上的应用研究［J］. 世界桥梁，2014，42（5）：63-67.

[28] 黎伟捷，李彪. 我国 FRP 筋产品标准及指标的探讨［J］. 玻璃钢/复合材料，2014（8）：101-104.

[29] 潘金龙，王路平. FRP 加固锈蚀钢筋混凝土梁的受弯性能分析［J］. 东南大学学报：英文版，2014，30（1）：77-83.

[30] 高丹盈，房栋，祝玉斌. 体外预应力 FRP 筋加固混凝土单向板受弯性能及承载力计算方法［J］. 应用基础与工程科学学报，2015，23（1）：115-126.

[31] 邵劲松，薛伟辰. FRP 加固木结构研究和应用综述［J］. 玻璃钢/复合材料，2015（4）：91-95.

[32] 吴赛，赵均海，王娟，等. 基于统一强度理论的 FRP 约束 RC 柱承载力分析［J］. 混凝土，2012（10）：10-13.

[33] 陶毅，钟灵俊，郑晓龙，等. FRP 束与砌体材料锚固性能试验研究［J］. 西安建筑科技大学学报：自然科学版，2015，47（6）：825-829.

[34] 邹星星，陈军. 高抗剪强度 FRP 型材组合梁成型工艺及试验研究［J］. 土木工程学报，2016，49（4）：40-47.

[35] 周乐，王连广. FRP 管钢骨高强混凝土柱受压承载力计算方法［J］. 沈阳建筑大学学报：自然科学版，2014，30（5）：786-793.

[36] 陈光明，刘迪，李云雷. 抗剪加固 FRP 与混凝土界面粘结性能的试验研究［J］. 工程力学，2015，32（7）：164-175.

[37] 张卫东，王振波，孙文彬. FRP 筋与混凝土粘结性能研究进展［J］. 玻璃钢/复合材料，2015（9）：99-103.

[38] 蔺新艳，孟海平. FRP 加固钢筋混凝土梁实用刚度模型［J］. 玻璃钢/复合材料，2013（3）：13-17.

[39] 王景全，李嵩林，吕志涛. 基于单层纤维失效准则的 FRP 型材-混凝土组合梁极限承载力计算与试验［J］. 东南大学学报：自然科学版，2013，43（5）：952-956.

[40] 卢毅，张誉，贾彬，等. 预应力纤维增强复合材料加固钢管锚具的受力性能及设计方法研究［J］. 工业建筑，2015，45（9）：174-177.

[41] 郑志勇. 嵌入式 FRP 筋加固梁抗弯承载力分析［J］. 建筑结构，2016，46（5）：80-85.

[42] 董江峰，王清远. 复合材料加固混凝土梁斜截面承载力的研究［J］. 四川大学学报：工程科学版，

2012，44（3）：71-77.

[43] 崔学常，张锡祥，巫祖烈. FRP 桥梁人行道栏杆工程应用效果研究 [J]. 重庆交通大学学报：自然科学版，2016，35（3）：22-26.

[44] 冯鹏，田野，覃兆平. 纤维增强复合材料拉挤型材桁架桥静动力性能研究 [J]. 工业建筑，2013，43（6）：36-41.

[45] 蒋田勇. FRP 筋复合式锚具锚固性能的试验研究 [J]. 预应力技术，2013（4）：10-17.

[46] 彭晖，张建仁. 表层嵌贴预应力 CFRP-strip 加固钢筋混凝土梁的受力性能研究 [J]. 工程力学，2012，29（A01）：79-85.

[47] 周长东，李季. 纤维复合材料自锁式锚具设计及力学性能研究 [J]. 建筑结构学报，2013，34（2）：141-148.

[48] 田茂峰. 世界最长的 FRP 大桥——东京龟户小原桥临时人行天桥 [J]. 玻璃钢，2015（1）：25-25.

[49] 李伟文，彭伟. 基于粘结单元的 FRP-混凝土粘结界面的数值分析 [J]. 防灾减灾工程学报，2016（1）：119-125.

[50] 徐明磊，张俊. 不同强度混凝土 T 形加固梁抗弯承载力试验研究 [J]. 混凝土，2012（4）：31-33.

[51] 高可为，陈小兵，丁一，等. 纤维增强复合材料在新建结构中的发展及应用 [J]. 工业建筑，2016，46（4）：98-103.

[52] 朱虹，董志强. FRP 筋混凝土梁的刚度试验研究和理论计算 [J]. 土木工程学报，2015，48（11）：44-53.

[53] 田水，孔亚美，季育. 斜向粘贴纤维片材加固砌体墙的抗剪承载力分析 [J]. 建筑结构，2014（11）：48-51.

[54] 许晓，艾军. 预应力纤维布加固钢筋混凝土小梁工艺及预应力损失试验研究 [J]. 工业建筑，2013，43（12）：129-132.

[55] 李嵩林，邹星星，王景全. 两种 FRP-混凝土组合梁对比试验及界面抗剪 [J]. 武汉理工大学学报：交通科学与工程版，2013，37（5）：984-988.

[56] 黄田良. 纤维增强材料与黏土砖有效粘结长度分析 [J]. 四川建筑科学研究，2015，41（2）：195-198.

[57] 谢建和，孙明炜，郭永昌，等. FRP 加固受损 RC 梁受弯剥离承载力预测模型 [J]. 中国公路学报，2014，27（12）：73-79.

[58] 庞蕾，屈文俊，李昂. 混合配筋混凝土梁抗弯计算理论 [J]. 中国公路学报，2016，29（7）：81-88.

[59] 夏晓宁，杨勇新，姚勇. FRP 桁架桥施工组织设计 [J]. 玻璃钢/复合材料，2012（S1）：247-249.

[60] 吴栋，张立伟，景文俊. 预应力 FRP 抗弯加固混凝土梁性能研究 [J]. 高科技纤维与应用，2013（6）：5-9.

[61] 童谷生. 表层嵌贴 FRP-混凝土黏结加固研究进展 [J]. 混凝土，2014（12）：156-160.

[62] 郑宇宙，杨星，王文炜，等. 纤维增强复合筋与混凝土黏结性能试验及黏结-滑移本构关系模型 [J]. 工业建筑，2015（6）：1-6.

[63] 冯鹏. 复合材料在土木工程中的发展与应用 [J]. 玻璃钢/复合材料，2014（9）：99-104.

[64] 李耘宇，王言磊，欧进萍. FRP-混凝土组合梁优化设计方法探讨 [J]. 武汉理工大学学报：交通科学与工程版，2015，39（3）：551-555.

[65] 董伟伟. FRP 加固混凝土结构抗剪承载力的用量分析 [J]. 华东公路，2012（2）：62-65.

［66］ 彭晖，高勇，谢超，等. FRP-混凝土界面粘结行为的参数影响研究［J］. 实验力学，2014，29 （4）：489-498.

［67］ 方志，张旷怡，涂兵. FRP 筋大型粘结式群锚体系试验研究［J］. 预应力技术，2015（5）： 13-25.

［68］ 高丹盈，张普，张长辉. 纤维增强复合材料加固钢筋混凝土单向板受弯性能研究［J］. 建筑结构 学报，2015，36（7）：51-58.

［69］ 陈贡联. 纤维布在砌体结构加固中的应用［J］. 华北水利水电学院学报，2012，33（2）：6-9.

［70］ 吴毅彬，金国芳，瞿革. 基于可靠度的 FRP 加固混凝土结构设计方法研究［J］. 土木工程学报， 2012（S1）：75-80.

［71］ 张斯，徐礼华. 纤维布加固砖砌体墙平面内受力性能有限元模型［J］. 工程力学，2015，32 （12）：233-242.

［72］ 谢尔盖，李中郢. 玄武岩纤维材料的应用前景［J］. 纤维复合材料，2003（3）：17-20.

［73］ 王茂龙，朱浮声，金延. 纤维塑料筋（FRP 筋）在混凝土结构中的应用［J］. 混凝土，2005 （11）：17-23.

［74］ 齐风杰，李锦文，李传校，等. 连续玄武岩纤维研究综述［J］. 高科技纤维与应用，2006，32 （2）：42-45.

［75］ 霍冀川，雷永林，王海滨，等. 玄武岩纤维的制备及其复合材料的研究进展［J］. 材料导报， 2006，20：382-385.

［76］ 胡显奇，陈绍杰. 世界复合材料现状及其连续玄武岩纤维的发展良机-欧洲 2005 年 JEC 复合材料 展会巡视［J］. 高科技纤维与应用，2005，30（3）：9-12.

［77］ 高丹盈，李趁趁，朱海堂. 纤维增强塑料筋的性能与发展［J］. 纤维复合材料，2002（4）：37-40.

［78］ 朱虹，钱洋. 工程结构用 FRP 筋的力学性能［J］. 建筑科学与工程学报，2006，23（3）：26-31.

［79］ 郝庆多，王勃，欧进萍. 纤维增强塑料筋在土木工程中的应用［J］. 混凝土，2006（9）：38-44.

［80］ ACI Committee 440. Guide for the Design and Construction of Structural Concrete Reinforced with Fiber-Reinforced Polymer Bars, ACI 440. 1R-15［R］. Farmington Hills, Michigan：American Concrete Institute Committee 440，2015.

［81］ ACI Committee 440. Specification for Carbon and Glass Fiber-Reinforced Polymer Materials Made by Wet Layup for External Strengthen, ACI 440. 8-13［R］. Farmington Hills, Michigan：American Concrete Institute Committee 440，2014.

［82］ ACI Committee 440. Pre-stressing Concrete Structures with FRP Tendons（Reapproved 2011）, ACI 440. 4R-04［R］. Farmington Hills, Michigan：American Concrete Institute Committee 440，2004.

［83］ ACI Committee 440. Guide for the Design and Construction of Externally Bonded FRP Systems for Strengthening Concrete Structures, ACI 440. 2R-08［R］. Farmington Hills, Michigan：American Concrete Institute Committee 440，2008.

［84］ ACI Committee 440. Guide Test Methods for Fiber-Reinforced Polymers（FRPs）for Reinforcing or Strengthening Concrete Structures, ACI 440. 3R-12［R］. Farmington Hills, Michigan：American Concrete Institute Committee 440，2012.

［85］ ACI Committee 440. Specifications for Construction with Fiber-Reinforced Polymer Reinforcing Bars, ACI 440. 5-08［R］. Farmington Hills, Michigan：American Concrete Institute Committee 440，2008.

［86］ ACI Committee 440. Specifications for Carbon and Glass Fiber-Reinforced Polymer Bar Materials for Concrete Reinforcement, ACI 440. 6-08［R］. Farmington Hills, Michigan：American Concrete

Institute Committee 440，2008.

[87] ACI Committee 440. Report on Fiber-Reinforced Polymer（FRP）Reinforcement for Concrete Structures，ACI 440R-07 ［R］. Farmington Hills，Michigan：American Concrete Institute Committee 440，2007.

[88] ACI Committee 440. Guide for Design & Constr of Externally Bonded FRP Systems for Strengthening Unreinforced Masonry Structures，ACI 440. 7R-10 ［R］. Farmington Hills，Michigan：American Concrete Institute Committee 440，2010.

[89] ACI 318-14. Building Code Requirements for Structural Concrete（ACI 318-08）and Commentary ［S］. Farmington Hills，Michigan：American Concrete Institute Committee 318，2014.

[90] 金文成，简方梁，张晓飞. 完全非金属材料配筋混凝土结构研究 ［J］. 华东公路，2006（6）：78-82.

[91] 张轲，叶列平，岳清瑞. 预应力 CFRP 布加固混凝土梁疲劳寿命分析 ［J］. 工业建筑，2008，38（7）：107-112.

[92] 薛伟辰，钱卫. 部分预应力 CFRP 筋混凝土梁疲劳性能研究 ［J］. 中国公路学报，2008，21（2）：43-48.

[93] 薛伟辰，曾磊，谭园. 预应力 CFRP 板加固混凝土梁设计理论研究 ［J］. 建筑结构学报，2008，29（4）：127-133.

[94] 邓朗妮，张鹏，燕柳斌，等. 预应力碳纤维板加固钢筋混凝土梁施工工艺及试验研究 ［J］. 混凝土，2009（8）：117-119.

[95] 曹国辉，方志. 体外配置 CFRP 筋预应力混凝土箱梁收缩徐变效应分析 ［J］. 铁道学报，2008，30（6）：131-136.

[96] 吴刚，魏洋，吴智深，等. 玄武岩纤维与碳纤维加固混凝土矩形柱抗震性能比较研究 ［J］. 工业建筑，2007，37（6）：14-18.

[97] 秦国鹏，王连广，吴迪. GFRP 管钢骨混凝土受弯构件受力性能研究 ［J］. 混凝土，2009（9）：59-61.

[98] 葛畅，薛伟辰. FRP 型材拼装箱梁的受力性能研究 ［J］. 玻璃钢/复合材料，2009（1）：68-72.

[99] 汤寄予，高丹盈，赵军，等. GFRP 筋高温破坏特性测试方法 ［J］. 工程塑料应用，2009，37（3）：63-66.

[100] 周长东，吕西林，金叶. GFRP 筋增强混凝土结构的抗火设计 ［J］. 建筑材料学报，2009，12（1）：32-35.

[101] 高丹盈，李趁趁，赵广田. 纤维增强聚合物条带约束混凝土圆柱的耐久性 ［J］. 水利学报，2008，39（6）：739-746.

[102] 岳清瑞，杨勇新，沙吾列提·拜开依. 不同环境条件下 CFRP 自然老化性能试验研究 ［J］. 工业建筑，2008，38（2）：1-3.

[103] 罗漪，王全凤，杨勇新，等. 华东自然环境下 CFRP 片材的耐久性 ［J］. 华侨大学学报，2009，30（5）：572-574.

[104] 王川，欧进萍. FRTP 筋制备与基本物理力学性能试验 ［J］. 玻璃钢/复合材料，2007（5）：20-23.

[105] 吕志涛，梅葵花. 国内首座 CFRP 索斜拉桥的研究 ［J］. 土木工程学报，2007，40（1）：54-59.

[106] 高丹盈，谢晶晶，李趁趁. 纤维聚合物筋混凝土粘结性能的基本问题 ［J］. 郑州大学学报（工学版），2002（1）：3-3.

[107] KACHLAKEV D I，LUNDY J R. Bond strength Study of Hollow Composite Rebars with Different Micro Structure ［C］//Proceedings of the Second International Conference on Composites in Infra-

structure. Arizona，USA：1998：1-14.

[108] CHAALLAL，BONMOKRANE B，MASMOUDI R. An innovative glass-fiber composite rebar for concrete structures [J]. Advanced Composites Materials in Bridges and Structures（CSCE），1992：179-188.

[109] EHSANI M R，SAADATMANESH H，TAO S. Design Recommendations for Bond of GFRP Rebars to concrete [J]. Journal of Structural Engineering，1996（3）：247-254.

[110] BROWN V L，BARTHOLOMEW C L. FRP reinforcing Bars in Reinforced concrete Members [J]. ACI Materials Joumal，1993（1）：34-39.

[111] PLEIMANN L G. Strength，modulus of elasticity and bond characteristics of deformed FRP rods [J]. Advanced Composites Materials in Civil Engineering and Structures（ASCE），1991：99-110.

[112] 薛伟辰，康清梁. 纤维塑料筋 FRP 在混凝土结构中的应用 [J]. 工业建筑，1999，29（2）：19-21.

[113] 薛伟辰. 模拟钢材料的研制和应用 [R]. 南京：河海大学，1999.

[114] ALSAYED S H. Fiber Reinforced Polymer Repair Materials-some facts [J]. Civil Engineering，2000（8）：131-134.

[115] ABDALLA H A. Evaluation of Deflection in Concrete Members Reinforced with Fiber Reinforced Polymer（FRP）Bars [J]. Composite Structures，2002（56）：63-71.

[116] BROWN V L，BARTHDOMEW C L. Glass Reinforcement in Concrete Members [J]. Concrete International，1992，14（9）：23-27.

[117] 陈辉，杨彦克，王传波. 纤维增强聚合物筋混凝土的研究与应用 [J]. 混凝土，2007（1）：42-45.

[118] 屈文俊，梁志强，黄海群. 混杂配筋混凝土梁的延性分析 [J]. 混凝土，2006（10）：464-470.

[119] NANNI A. Guide for the Design and Construction of Concrete Reinforced with FRP Bars（ACI 440. 1R-03）[EB/OL]. [2022-12-03]. http：//rb2c. mst. edu/documents/MP-1. pdf. 1-6.

[120] NANNI A. North American Design Guidelines for Concrete Reinforcement and Strengthening Using FRP：Principles，Applications and Unresolved Issues [J]. Construction and Building Materials，2003（17）：439-446.

[121] MORPHY R. Behavior of Fiber Reinforced Polymer（FRP）Stirrups as Shear Reinforcement for Concrete Structures [D]. Winnipeg，Manitoba：University of Manitoba，1999.

[122] NAGASAKA T，FUKUYAMA H，TANIGAKI M. Shear Performance of Concrete Beams Reinforced With FRP Stirrups [J]. Special Publication（ACI Publications），1993，138：789-812.

[123] Japanese Society of Civil Engineers. Recommendation for Design and Construction of Concrete Structures Using Continuous Fiber Reinforcing Materials [S]. Tokyo：Japan Society of Civil Engineers，1997.

[124] Canadian Standards Association. Design and Construction of Building Components with Fiber-Reinforced Polymers [S]. Toronto：Canadian Standards Association，2002.

[125] MORPHY R，SHEHATA E，RIZKALLA S. Bent Effect on Strength of CFRP Stirrups [EB/OL]. [2022-12-03]. http：//www4. ncsu. edu/～srizkal/TechPapers1997/BentEffectOn_Ryan_Oct1997. pdf. 1-9.

[126] SHEHATA E，MORPHY R，RIZKALLA S. Use of FRP as Shear Reinforcement for Concrete Structures [EB/OL]. [2022-12-03]. http：//www4. ncsu. edu/～srizkal/TechPapers1998/UseOf FrpAsShearReinforcement_Shehata_Jan98. pdf.

[127] SHEHATA E，MORPHY R，RIZKALLA S. Fiber Reinforced Polymer Reinforcement for Con-

cretc Structures [J]. Special Publication (ACI Publications), 1999, 188: 157-168.

[128] EL-SAYED A K, EL-SALAKAWY E, BENMOKRANE B. Mechanical and Structural Characterization of New Carbon FRP Stirrups for Concrete Members [J]. Journal of Composites for Construcstructure. 2007, 11 (4): 352-362.

[129] SONOBE Y, KANAKUBO T. Structural Performance of Concrete Beams Reinforced with Diagonal FRP Bars [J]. Non-Metallic (FRP) Reinforcement for Concrete Structures, 1995: 344-351.

[130] GRACE N F, SOLIMAN A K, ABDEL-SAYED G, et al. Behavior and Ductility of Simple and Continuous FRP Reinforced Beams [J]. Journal of Composites for Construction. 1998, 2 (4): 186-194.

[131] ALKHRDAJI T, WIDEMAN M, BELARBI A, et al. Shear Strength of GFRP RC Beams and Slabs [C] //Proc., CCC 2001, Composites in Construction. Porto, Portuga: 2001: 110-112.

[132] FAM A Z, ABDELRAHMAN A A, RIZKALLA S H, et al. FRP Flexural and Shear Reinforcements for Highway Bridges in Manitoba [EB/OL]. [2022-12-03] http: //www4. ncsu. edu/~srizkal/TechPapers1994-95/FrpFlexturalAndShearReinforcement_Fam_May95. pdf. 105-112.

[133] 詹界东, 杜修力, 邓宗才. 预应力 FRP 筋锚具的研究与发展 [J]. 工业建筑, 2006, 36 (12): 65-68.

[134] 薛伟辰, 刘华杰, 王小辉. 新型 FRP 筋粘结性能研究 [J]. 建筑结构学报, 2004, 25 (2): 104-109.

[135] 张玉成, 徐德新. 新型 FRP 筋混凝土受弯梁正截面承载力设计 [J]. 建筑技术开发, 2004, 31 (10): 8-10.

[136] American Concrete Institute. Application news [J]. Reinforced plastics, 2008: 5.

[137] TAMUZE V, APINIS R, MODNIKS J. The Performance of Bond of FRP Reinforcement in Concrete [C] //46th International SAMPE Symposium and Exhibition: A Materials and Processes Odyssey. Long Beach, California: 2001: 1738-1748.

[138] 过镇海. 钢筋混凝土原理 [M]. 北京: 清华大学出版社, 1999.

[139] BENMOKRANE, TIGHIOUART B, CHAALLAL O. Bond Strength and Load Distribution of Composite GFRP Reinforcing Bars in Concrete [J]. ACI Materials Journal, 1996, 93 (3): 246-253.

[140] ACHILLIDES Z, PILAKOUTAS K. Bond Behavior of Fiber Reinforced Polymer Bars under Direct Pullout Conditions [J]. Journal of Composites for Construcure, 2004, 8 (2): 173-181.

[141] 郝庆多, 王勃, 欧进萍. FRP 筋与混凝土的粘结性能 [J]. 建筑技术, 2007, 38 (1): 15-17.

[142] 郭恒宁. 混凝土中 FRP 筋的粘结性能 [J]. 纤维复合材料, 2006 (3): 10-13.

[143] 朱浮声, 张海霞. FRP 筋与混凝土粘结滑移力学性能研究综述 [J]. 混凝土, 2006 (2): 12-15.

[144] MALVAR L J. Bond Properties of GFRP Reinforced Bars [J]. ACI Materials Journal, 1995, 92 (3): 276-285.

[145] 中华人民共和国住房和城乡建设部. 混凝土结构设计规范: GB 50010—2010 [S]. 2015 年版. 北京: 中国建筑工业出版社, 2016.

[146] 中华人民共和国住房和城乡建设部. 混凝土结构试验方法标准: GB/T 50152—2012 [S]. 北京: 中国建筑工业出版社, 2012.

[147] 张鹏, 薛伟辰, 李冰, 等. FRP 筋混凝土梁裂缝控制验算方法的研究 [J]. 武汉理工大学学报, 2007, 29 (7): 89-91.

[148] MOTA C P. Flexure and Shear Behavior of FRP-RC Members [D]. Manitoba: University of Manitoba, 2005.

[149]　FICO R，PROTA A，MANFREDI G. Assessment of Eurocode-like Design Equations for the Shear Capacity of FRP RC Members [J]. Composites，2008，39：792-806.

[150]　WEGIAN F M，ABDALLA H A. Shear Capacity of Concrete Beams Reinforced with Fiber Reinforced Polymers [J]. Composite Structures，2005，71：130-138.

[151]　张川，张百胜，黄建锋. 钢筋混凝土无腹筋简支梁的抗剪承载力研究 [J]. 重庆建筑大学学报，2005，27 (1)：48-52.

[152]　THOMAS T，HSU C. Unified Approach to Shear Analysis and Design [J]. Cement and Concrete Composites，1998 (20)：419-435.

[153]　THOMAS T，HSU C. Toward A Unified Nomenclature for Reinforced-Concrete Theory [J]. Journal of Structure Engineering，1996，122 (3)：275-283.

[154]　ALSAYED S H. Flexural Behavior of Concrete Beams Reinforced with GFRP Bars [J]. Cement and Concrete Composites，1998，20：1-11.

[155]　ALSAYED S H，AL-SALLOUM Y A，ALMUSALLAM T H. Performance of Glass Fiber Reinforced Plastic Bars as A Reinforcing Material for Concrete Structures [J]. Composites：Part B，2000 (31)：555-567.

[156]　吴智明，祁皑. FRP 筋混凝土受弯梁正截面受力分析 [J]. 工程抗震与加固改造，2006，28 (3)：26-30.

[157]　张鹏，薛伟辰，李冰，等. FRP 筋混凝土梁变形计算与控制研究 [J]. 广西工学院学报，2006，17 (4)：69-71.

[158]　MASMOUDI R，THERIAULT M，BENMOKRANE B. Flexural Behavior of Concrete Beams Reinforced with Deformed Fiber Reinforced Plastic Reinforcing Rods [J]. ACI Structural Journal，1998，95 (6)：665-675.

[159]　TEGOLA A L. Actions for Verification of RC Structures with FRP Bars [J]. Journal of Composites for Construction，1998，2 (3)：145-148.

[160]　ALMUSALLAM T H. Analytical Prediction of Flexural Behavior of Concrete Beams Reinforced by Fiber Reinforced Polymer (FRP) Bars [J]. Journal of Composites for Materials，1997，31 (7)：640-657.

[161]　TOUTANJI H A，SAAFI M. Flexural Behavior of Concrete Beams Reinforced with Glass Fiber Reinforced Polymer (GFRP) Bars [J]. ACI Structural Journal，2000，97 (5)：712-719.

[162]　AIELLO M A，OMBRES L. Load-Deflection Analysis of FRP Reinforced Concrete Flexural Members [J]. Journal of Composites for Construction，2000，4 (4)：164-171.

[163]　FAVRE R，CHARIF H. Basic Model and Simplified Calculations of Deformations According to the CEB-FIP Model Code 1990 [J]. ACI Structural Journal，1994，91 (2)：169-177.

[164]　FAZA S S，GANGA H V. Theoretical and Experimental Correlation of Behavior of Concrete Beams Reinforced with Fiber Reinforced Plastic Rebars. Fiber-Reinforced Plastic Reinforcement for Concrete Structures [J]. Special Publication (American Concrete Institute)，1993，138：599-614.

[165]　NEWHOOK J，GHALI A. Cracking and Deformability of Concrete Flexural Sections with Fiber Reinforced Polymer [J]. ASCE Journal of Structural Engineering，2002，128 (9)：1195-1201.

[166]　张海霞，朱浮声，李纯. FRP 筋混凝土梁正截面极限抗弯承载力的性能研究 [J]. 混凝土，2005 (12)：14-17.

[167]　RASHID M A，MANSUR M A，PARAMASIVAM P. Behavior of Aramid Fiber-Reinforced Polymer Reinforced High Strength Concrete Beams under Bending [J]. Journal of Composites for Construction，20005，9 (2)：117-127.

[168] 王勃，付德成，尹新生. FRP 加筋混凝土梁受弯性能有限元分析 [J]. 混凝土，2008（5）：13-15.

[169] 王连广，刘嵩，杨丽君. 预应力钢与高强混凝土组合梁有限元分析 [J]. 沈阳建筑大学学报（自然科学版），2005，21（3）：192-195.

[170] 张鹏，邓宇. 基于 ANSYS 的碳纤维筋混凝土梁有限元分析 [J]. 广西工学院学报，2005，16（2）：5-8.

[171] 郝文化等. ANSYS 土木工程应用实例 [M]. 北京：中国水利水电出版社，2005.

[172] 吕西林，金国芳，吴晓涵，钢筋混凝土结构非线性有限元理论与应用 [M]. 上海：同济大学出版社，1997.

[173] 江见鲸. 钢筋混凝土结构非线性有限元分析 [M]. 西安：陕西科学技术出版社，1994.

[174] OSPINA C E, GROSS S P. Rationale for the ACI 440. 1R-06 Indirect Deflection Control Design Provisions [EB/OL]. http：//www. quakewrap. com/frp％20papers/Rationaleforthe ACI440. 1R-06IndirectDeflectionControlDesignProvisions. pdf. 651-670.

[175] THOMAS T，HSU C. Stresses and crack angles in concrete membrane elements [J]. Journal of Structural Engineering，1998，124（12）：1476-1484.

[176] 季韬. 钢筋混凝土转动角软化桁架模型的新解法 [J]. 计算力学学报，2003，20（2）：250-254.

[177] 贾昌文. 钢筋混凝土薄膜元裂缝角软化桁架模型 [J]. 合肥工业大学学报（自然科学版），1999，22（2）：111-116.

[178] 狄谨. 无腹筋钢筋混凝土梁的抗剪承载力 [J]. 长安大学学报（自然科学版），2004，24（5）：43-47.

[179] 陈萌. 钢筋混凝土深受弯构件的受剪机理分析 [J]. 郑州大学学报（工学版），2003，24（4）：63-66.

[180] 季文玉. 混凝土 T 型截面梁斜截面抗剪强度实用计算方法 [J]. 北方交通大学学报，1999，23（4）：26-28.

[181] JENG C H，HSU T. A softened membrane model for torsion in reinforced concrete members [J]. Engineering Structures，2009（31）：1944-1954.

[182] WANG G L，MENG S P. Modified strut-and-tie model for prestressed concrete deep beams [J]. Engineering Structures，2008（30）：3489-3496.

[183] FOSTER S J，MALIK A R. Evaluation of efficient factor models used in strut-and-tie modeling of non-flexural members [J]. Journal of Structural Engineering，2002，128（5）：569-577.

[184] FOSTER S J. Design of non-flexural members for shear [J]. Cement and Concrete Composites，1998，20：465-475.

[185] ZHANG N，TAN K H. Direct strut-and-tie model for single span and continuous deep beams [J]. Engineering Structures，2007，29：2987-3001.

[186] TAN K H，TONG K，TANG C Y. Direct strut-and-tie model for prestressed deep beams [J]. Journal of Structural Engineering，2001，127（9）：1076-1084.

[187] YU H W，HWANG S J. Evaluation of Softened Truss Model for Strength Prediction of Reinforced Concrete Squat Walls [J]. Journal of Engineering Mechanics，2005，131（8）：839-846.

[188] BAKIR P G，BODUROGLU H M. Nonlinear Analysis of Beam-Column Joints Using Softened Truss Model [J]. Mechanics Research Communication，2006，33：134-147.

[189] 季韬，郑作樵，郑建岚. 一种新的钢筋混凝土软化桁架模型 [J]. 建筑结构学报，2001，22（1）：69-75.

[190] BAKIR P G，BODUROGLU H M. Mechanical behavior and non-linear analysis of short beams

using softened truss and direct strut & tie models [J]. Engineering Structures，2005，27：639-651.

[191] MANSOUR M Y，LEE J Y，HINDI R. Analytical Prediction of the Pinching Mechanism of RC Elements under Cyclic Shear Using A Rotating-angle Softened Truss Model [J]. Engineering Structures，2005，27：1138-1150.

[192] KIM J H，MANDER J B. Influence of Transverse Reinforcement on Elastic Shear Stiffness of Cracked Concrete Elements [J]. Engineering Structures，2007（29）：1798-1807.

[193] 季韬，郑建岚. 固定角软化桁架模型的新计算方法 [J]. 中国公路学报，2003，16（1）：47-49.

[194] WANG T，HSU C. Nonlinear finite element analysis of concrete structures using new constitutive models [J]. Computers & Structures，2001，79：2781-2791.

[195] LI B，TRAN C. Reinforced concrete beam analysis supplementing concrete contribution in truss models [J]. Engineering Structures，2008，30：3285-3294.

[196] ABDALLA K M，ALSHEGEIR A，CHEN W F. Analysis and design of mushroom slabs with a strut-and-tie model [J]. Computers & Structures，1996，58（2）：429-434.

[197] PERERA R，VIQUE J. Strut-and-tie modeling of reinforced concrete beams using genetic algorithms optimization [J]. Construction and Building Materials，2009，23：2914-2925.

[198] GILLILAND J A. Truss Model for Predicting Tendon Stress at Ultimate in Unbonded Partially Prestressed Concrete Beams [D]. Kingston，Ontario：Queen's University，1994.

[199] 狄谨. 无腹筋钢筋混凝土梁的抗剪承载力 [J]. 长安大学学报（自然科学版），2004，24（5）：43-47.

[200] 赵树红，叶列平. 基于桁架-拱模型理论对 CFRP 布加固混凝土柱受剪承载力的分析 [J]. 工程力学，2001，18（6）：134-140.

[201] 贾平一，李延涛，王立军. 基于桁架拱模型的抗剪承载力计算方法 [J]. 河北建筑工程学院学报，2001，19（1）：7-9.

[202] 常学亮，杜进生. 无腹筋 RC 梁抗剪强度的解析公式 [J]. 华东公路，1994（6）：26-30.

[203] 王有志，薛云冱，张启海，等. 预应力混凝土结构 [M]. 北京：中国水利电力出版社，1999.

[204] 吕西林. 建筑结构加固设计 [M]. 北京：科学出版社，2001.

[205] 张有才，段敬民. 建筑物的检测、鉴定、加固与改造 [M]. 北京：冶金工业出版社，1997.

[206] 卓尚木，季直仓，卓昌志. 钢筋混凝土结构事故分析与加固 [M]. 北京：中国建筑工业出版社，1997.

[207] 赵彤，谢剑. CFRP 布补强加固混凝土结构新技术 [M]. 天津：天津大学出版社，2001.

[208] 吴刚，安琳，吕志涛. CFRP 布用于钢筋混凝土梁抗弯加固的试验研究 [J]. 建筑结构. 2000，30（7）：3-6.

[209] 赵彤，谢剑. CFRP 布加固混凝土梁的受弯承载力试验研究 [J]. 建筑结构，2000，30（7）：11-15.

[210] 中华人民共和国国家质量监督检验检疫总局. 定向纤维增强聚合物基复合材料拉伸性能试验方法：GB/T 3354—2014 [S]. 北京：中国标准出版社，2015.

[211] 胡孔国，岳清瑞，叶列平. CFRP 布加固混凝土桥面板受弯性能的试验研究 [J]. 建筑结构，2000，30（7）：44-481.

[212] 中国建筑工业出版社. 现行建筑结构规范大全（缩印本）（上下册）[M]. 北京：中国建筑工业出版社，2009.

[213] 天津大学，同济大学，东南大学. 混凝土结构 [M]. 北京：中国建筑工业出版社，1994.

[214] SAADATMANESH H，EHSANI M R. RC Beams Strengthened with GFRP Plates-Part Ⅰ：Ex-

perimental Study [J]. Journal of Structural Engineering. November，1991：3417-3433.

[215] FANNING P J，KELLY O. Ultimate Response of RC Beams Strengthened with CFRP Plates [J]. Journal of Composites for Construction. 2001：122-127.

[216] RAHIMI H，HUTCHINSON A. Concrete Beams Strengthened with Externally Bonded FRP Plates [J]. Journal of Composites for Construction. February，2001：44-55.

[217] 叶列平，崔卫，岳清瑞，等. CFRP 布加固混凝土构件正截面受弯承载力分析 [J]. 建筑结构，2001，31（3）：3-5.

[218] 胡孔国，陈小兵. 考虑二次受力 CFRP 布加固混凝土构件正截面承载力计算 [J]. 建筑结构，2001，31（7）：63-65.

[219] 李国平. 预应力混凝土结构设计原理 [M]. 北京：人民交通出版社，2000.

[220] 中国工程建设标准化协会. 碳纤维增强复合材料加固混凝土结构技术规程：T/CECS 146：2022 [S]. 北京：中国标准出版社，2022.

[221] 龚剑，朱亮. MATLAB 5. X 入门与提高 [M]. 北京：清华大学出版社，2000.

[222] BEDARD C. Composite Reinforcing Bars：Assessing Their Use in Construction [J]. Concrete International，1992，14（1）：55-59.

[223] 张富春，等. 建筑物的鉴定与改造 [M]. 北京：中国建筑工业出版社. 1992.

[224] MCKENNA J K，ERKI M A. Strengthening of reinforced concrete flexural members using externally applied steel plates and fiber composite sheet survey [J]. Canadian Journal of Civil Engineering，1994（21）：16-24.

[225] THANASIS C. TRIANTAFILLOU. Shear Strengthening of Reinforced Concrete Beams Using Epoxy-Bonded FRP Composites [J]. ACI Structure Joural，1998（3-4）：107-115.

[226] MALEK A M，SAADATMANESH H. Uitmate shear capacity of reinforced concrete beams strengthened with web-bonded fiber-reinforced plastic [J]. ACI Structure Joural，1998（7-8）：391-399.

[227] GRANJU J L. Thin Bonded Overlays：About the Role of Fiber Reinforcement on the Limitation of Their Debonding [J]. Advanced Cement Based，1996（3）：21-27.

[228] SEBASTIAN W M. Significance of Midspan Debonding Failure in FRP Plated Concrete Beams [J]. Journal of Structural Engineering，2001（7）：792-798.

[229] LEUNG C K Y. Delamination Failure in Concrete Beams Retrofitted with a Bonded Plate [J]. Journal of Materials in Civil Engineering，2001（3-4）：106-113.

[230] 王小荣，蹇开林，刘敏，等. CFRP 布加固混凝土结构有限元分析 [J]. 重庆大学学报，2003，26（2）：132-135.

[231] 刘涛、杨凤鸣. 精通 ANSYS [M]. 北京：清华大学出版社. 2002.

[232] 张媛媛，郭东，令狐可，等. 动载作用下钢筋混凝土梁非线性有限元分析 [J]. 四川建筑科学研究，2003，29（4）：19-20.

[233] 张誉，蒋利学，张伟平. 混凝土结构耐久性 [M]. 上海：上海科学技术出版社，2003.

[234] 王文炜，赵国藩. FRP 加固混凝土结构技术及应用 [M]. 北京：中国建筑工业出版社，2007.

[235] 薛伟辰，王晓辉. 有黏结预应力 CFRP 筋混凝土梁试验及非线性分析 [J]，中国公路学报，2007（7）：42-47.

[236] 薛伟辰. 新型 FRP 筋预应力混凝土梁试验研究与有限元分析 [J]. 铁道学报，2003，25（5）：103-108.

[237] 王岚，陈阳，李振伟. 连续玄武岩纤维及其复合材料的研究 [J]. 玻璃钢/复合材料，2000（6）：22-24.

［238］ BENMOKRANE B，ZHANG B，CHENNOUF A. Tensile Properties and Pullout Behaviour of AFRP and CFRP Rods for Grouted Anchor Applications ［J］. Constraction and Building Materials，2000（14）：157-170.

［239］ MATHMOUD M，TAHA R，SHRIVE G N. New Concrete Anchors for Carbon Fiber-Reinforced Polymer Post-tensioning Tendons-Part 1：State-of-the-Art Review/Design ［J］. ACI Structural Journal，2003，100（1）：86-95.

［240］ 孟履祥. 纤维塑料筋部分预应力混凝土梁受弯性能研究 ［D］. 北京：中国建筑科学研究院，2005.

［241］ 钱洋. 预应力 AFRP 筋混凝土梁受弯性能试验研究 ［D］. 南京：东南大学，2004.

［242］ KACHLAKEV D I，LUNDY J R. Bond strength Study of Hollow Composite Rebars with Different Micro Structure ［C］//Proceedings of the Second International Conference on Composites in Infra-structure. Arizona，U. S. A.：Vol. Ⅱ，1998：1-14.

［243］ 叶列平. 钢筋混凝土结构 ［M］. 北京：清华大学出版社，2002.

［244］ 蓝宗建，梁书亭，孟少平. 混凝土结构设计原理 ［M］. 南京：东南大学出版社，2002.

［245］ 中国建筑科学研究院. 混凝土结构研究报告选集第 3 集 ［M］. 北京：中国建筑工业出版社，1994.

［246］ 高丹盈. 纤维聚合物筋混凝土的粘结机理及锚固长度的计算方法 ［J］. 水利学报，2000（11）：70-78.

［247］ 朱虹，吕志涛，张继文. AFRP 筋松弛性能的试验研究 ［J］. 工业建筑，2006，36（7）：62-64.

［248］ 房贞政. 预应力结构理论与应用 ［M］. 北京：中国建筑工业出版社，2005.

［249］ Canadian Standards Association. Canadian Highway Bridge Design Code，S6-00 ［S］. Toronto：Canadian Standards Association，2000.

［250］ HALL T，GHALI A. Long-term deflection prediction of concrete members reinforced with glass fibre reinforced polymer bars ［J］. Can. J. Civ. Eng. 2000（27）：890-898.

［251］ 程东辉，郑文忠. 无粘结部分预应力纤维聚合物筋混凝土梁试验 ［J］. 中国铁道学报，2008，29（2）：59-66.

［252］ 李国平. 预应力混凝土结构设计原理 ［M］. 北京：人民交通出版社，2000.

［253］ ABDELRAHMAN A A，TADROS G，RIZLCALIA S H. Test model for the first canadian smart highway bridge ［J］. ACI Materials Journal，1995，92（4）：451-458.

［254］ 中华人民共和国住房和城乡建设部. 无粘结预应力混凝土结构技术规程：JGJ 92—2016 ［S］. 北京：中国建筑工业出版社，2016.

［255］ NAAMAN A E，JEONG S M. Structural Ductility of Concrete Beams Prestressed With FRP Tendons ［J］. Non-metallic（FRP）Reinforcement for Concrete Structures，1995：379-386.

［256］ KAKIZAWA T，OHNO S，YONEZAWA T. Flexural Behavior and Energy Absorption of Carbon FRP Reinforced Concrete Beams ［J］. Special Publication（ACI Publications），1993，138：585-598.

［257］ 杨剑. CFRP 预应力筋超高性能混凝土梁受力性能研究 ［D］. 长沙：湖南大学，2007.

［258］ 陶学康. 无粘结预应力混凝土设计与施工 ［M］. 北京：地震出版社，1993.

［259］ KATO T，HAYASHIDA N. Flexural Characteristics of Prestressed Concrete Beams with CFRP Tendons ［J］. Special Publication（ACI Publications），1993，138：419-440.

［260］ JIANG S Y，YAO W L，et al. Time Dependent Behavior of FRP Strengthened RC Beams Subjected to Preload ［J］. Composite Structures，2018，200：599-613.

［261］ JIANG S Y，YAO W L，et al. Finite Element Modeling of FRP Strengthened RC Beam under

Sustained Load [J]. Advances in Materials Science and Engineering，2018，11（1）：1-16.

［262］ 姚未来，江世永，等. 粘贴纤维增强复合材料加固混凝土梁的蠕变特性研究进展 [J]. 材料导报，2019，33（17）：2890-2901.

［263］ 江世永，蔡涛，等. 粘贴 CFRP 板加固钢筋混凝土梁的长期变形性能试验研究与数值模拟 [J]. 玻璃钢/复合材料，2018（06）：28-33.

［264］ 江世永，蔡涛，等. 一种粘贴 FRP 加固混凝土梁设计阶段的挠度验算方法 [J]. 玻璃钢/复合材料，2018（09）：11-16.

［265］ 江世永，蔡涛，等. 开裂混凝土梁粘贴 CFRP 加固后长期挠度试验研究 [J]. 工程抗震与加固改造，2018，40（4）：102-108＋129.